Logistik in Industrie, Handel und Dienstleistungen

Herausgegeben von R. Jünemann und H.-C. Pfohl

Springer
Berlin
Heidelberg
New York
Barcelona
Budapest
Hongkong
London
Mailand
Paris
Singapur
Tokio

Reinhardt Jünemann · Andreas Beyer

Steuerung von Materialfluß- und Logistiksystemen

Informations- und Steuerungssysteme, Automatisierungstechnik

Mit 156 Abbildungen und 30 Tabellen

Springer

Professor Dr.-Ing. Dr. h.c. Dr.-Ing. E.h. Prof. E.h. REINHARDT JÜNEMANN
Leiter des Fraunhofer-Instituts für Materialfluß
und Logistik
Lehrstuhl für Förder- und Lagerwesen
Universität Dortmund
Emil-Figge-Str. 73
D - 44221 Dortmund
e-mail: www-flw.mb.uni-dortmund.de

Dr.-Ing. ANDREAS BEYER
SAP AG
Homberger Str. 25
40882 Ratingen

Der Band erscheint als 2. Auflage von dem Titel: „Materialfluß und Logistik" (ISBN: 3-540-51225-X)

ISBN-13: 978-3-540-64514-6 e-ISBN-13: 978-3-642-72225-7
DOI: 10.1007/978-3-642-72225-7

Die Deutsche Bibliothek - CIP-Einheitsaufnahme
Jünemann, Reinhardt:
Steuerung von Materialfluß- und Logistiksystemen: Informations- und Steuerungssysteme, Automatisierungstechnik / Reinhardt Jünemann; Andreas Beyer. Reihenherausgeber: Reinhardt Jünemann; Hans-Christian Pfohl. - 2. Auflage - Berlin; Heidelberg; New York; Barcelona; Budapest; Hongkong; London; Mailand; Paris; Singapur; Tokio: Springer, 1998
(Logistik in Industrie, Handel und Dienstleistungen)

Satz: Camera ready-Vorlage von Autoren
SPIN: 10082088 7/3020 - 5 4 3 2 1 0 - Gedruckt auf säurefreiem Papier

Vorwort

Flüsse von Gütern und Informationen stellen wichtige Querschnittsfunktionen in allen Unternehmen der Industrie, des Handels und der Dienstleistungsbranche dar.

Um die in Zukunft immer umfangreicheren Aufgaben stärker vernetzter Systeme in Materialfluß und Logistik angehen zu können, sind immenses Know-how, Engineering-Wissen und Projekterfahrung erforderlich. Neu strukturierte Beschaffungs- und Distributionskonzepte mit kombinierten und gebündelten Verkehren zur Optimierung des zwischenbetrieblichen Materialflusses, wie auch neue leistungsfähigere und wirtschaftlichere Materialfluß- und Logistiksysteme für die Produktion lassen sich nur durch effizienten Technik-Einsatz realisieren.

Die Vielschichtigkeit derartiger Projekte erfordert umfassende Kenntnisse auf den Gebieten des Material- und Informationsflusses, der Informationstechnik, Datenverarbeitungstechnik, Steuerungstechnik, Kommunikationstechnik und Automatisierungstechnik inklusive der Sensortechnik und Antriebstechnik bis hin zur Mechanik.

Im Jahre 1989 erschien das inzwischen eingeführte Standardwerk *Materialfluß und Logistik* in der Reihe Logistik in Industrie, Handel und Dienstleistungen. Infolge der Wissensexplosion und der schnellen Weiterentwicklung des Fachgebietes ist es nun notwendig, diesen damals schon 762 Seiten starken Band in vier Bänden erscheinen zu lassen, von denen nunmehr der Band *Steuerung von Materialfluß- und Logistiksystemen* zur Verfügung steht.

Dieses Buch stellt die Grundlagen der Steuerung logistischer Systeme dar. Die Auswahl der in diesem Buch behandelten fachlichen Schwerpunkte wurden durch die Autoren aufgrund ihrer Tätigkeit am Fraunhofer-Institut für Materialfluß und Logistik und am Lehrstuhl für Förder- und Lagerwesen der Universität Dortmund zusammengestellt. Sie stellen das Spektrum des unverzichtbaren Rüstzeugs für die Praxis dar. In ihrer Kombination sind sie insbesondere ausgerichtet auf den Ingenieur, der in der Planung, Entwicklung und Realisierung logistischer Systeme mit dem Schwerpunkt Materialflußsteuerung tätig ist.

Bei den Informations- und Steuerungssystemen spielt insbesondere die immer dichtere informatorische Vernetzung eine gewichtige Rolle. Zusammen mit der Automatisierungstechnik ist sie zu einer selbständigen Disziplin in Materialfluß und Logistik und zum eigentlichen Schrittmacher der Weiterentwicklung geworden.

Einen Schwerpunkt dieses Buches bildet daher die Architektur und der Aufbau von Steuerungs- und Informationssystemen in Materialfluß und Logistik. Ergänzt wird diese Thematik durch die praxisgerechte Behandlung der Gerätetechnik der Informationsflußmittel und Steuerungsmittel. Dies umfaßt sowohl die Hardware als auch die Software, die mit den Grundlagen der Anwendungsprogrammierung und bedeutender Standardsoftware mit ihren Einsatzbereichen einfließen.

Es wird das Basiswissen für die Konzeption, Entwicklung, Realisierung und Betrieb von Steuerungs- und Informationssystemen für den automatisierten Materialfluß systematisch vermittelt und mit zahlreichen Beispielen marktüblicher Komponenten veranschaulicht. Im Hinblick auf das hohe Innovationstempo dieser Disziplin stehen hierbei stets die allen Realisierungen gemeinsamen, allgemeingültigen Konzepte und Entwicklungsstrategien im Vordergrund.

Auf Grund ihrer zunehmenden Bedeutung ist der Kommunikationstechnik ein eigenes Kapitel gewidmet, das die Grundlagen der Datenkommunikation von der physikalischen Übertragungsebene bis zum Anwender erläutert. Überdies werden die wichtigsten Kommunikationsstandards für die industrielle Datenkommunikation und ihre Anwendungsbereiche vorgestellt.

Zur Entwicklung innovativer Automatisierungskonzepte für die operative Materialflußebene sind Kenntnisse in der Automatisierungstechnik ein absolutes Muß für den Ingenieur. Dem wird in diesem Buch Rechnung getragen durch die Behandlung der Grundlagen der Meß-, Steuerungs- und Regelungstechnik. Der Sensortechnik und Antriebstechnik in ihrer zur Anwendung kommenden Vielfalt sind hierzu jeweils ein eigenes Kapitel gewidmet.

Das Buch richtet sich an Studenten des Maschinenbaus, der Elektrotechnik und der Logistik an wissenschaftlichen Hochschulen und Fachhochschulen. Dem in der Praxis tätigen Ingenieur soll es als Nachschlagewerk dienen und Hilfe bieten bei der Lösung von steuerungstechnischen Aufgabenstellungen in Materialfluß und Logistik.

Der besondere Dank gilt Herrn Dipl.-Ing. Frank Müller für seine Mitwirkung bei der Gestaltung inhaltlicher Beiträge zu den Kapiteln 5, 7 und 8 dieses Buches. Dank sei auch gesagt Herrn Martin Strube und Herrn Ansgar Kresse für die schnelle und sorgfältige Erstellung der Abbildungen.

Dortmund, im Sommer 1998

Reinhardt Jünemann, Andreas Beyer

Inhaltsverzeichnis

1 Einführung

1.1 Allgemeines

Industrie- und Handelsunternehmen sehen sich im Zuge der Globalisierung der Märkte einem immer stärkeren Wettbewerb ausgesetzt. Die Sicherung der internationalen Wettbewerbsfähigkeit stellt daher für die Unternehmen eine zentrale Aufgabe dar. Über die Wettbewerbsfähigkeit eines Unternehmens entscheidet heute immer häufiger dessen Leistungsfähigkeit in den Bereichen Materialfluß und Logistik. Konkurrenzsituation und der Preisdruck des Marktes erfordern das Ausschöpfen aller Potentiale.

Der Ansatz der *Logistik* ist eine durchgängige, vernetzte Prozeßorganisation von der Beschaffung über den innerbetrieblichen Materialfluß bis hin zur Distribution an den Endabnehmer. Heute stehen kurze Durchlaufzeiten, Termintreue, hohes Qualitätsniveau und niedrige Bestände als originäre Aufgaben der Logistik im Vordergrund.

Materialflußsysteme unterstützen Lagerung, Transport, Kommissionierung und Verpackung von Gütern. Die Effizienz eines Unternehmens beliebiger Branche hängt in hohem Maße davon ab, wie Prozesse, Daten, Informationen und Hilfsmittel gestaltet sind. In den hier betrachteten *Produktionsunternehmen* und *Logistikunternehmen* fallen dem durchgängigen, technisch unterstützten Informationsfluß und der effizienten Steuerung des innerbetrieblichen wie auch des zwischenbetrieblichen Materialflusses die Schlüsselrollen zu.

Durch die *Automatisierung* der Materialflußtechnik und durch die Automatisierung der *Informations- und Steuerungssysteme* läßt sich eine einfache und sichere Gestaltung derselben erreichen. Hierbei soll Automatisierung im weiteren Sinne aufgefaßt werden, d. h. als Verwendung technischer Hilfsmittel aus den Bereichen *Informationstechnik*, *Steuerungstechnik* und *Kommunikationstechnik*, die wesentliche Entwicklungsimpulse für Materialfluß und Logistik liefern. Durch die Automatisierung laufen formalisierbare technische und geistige Prozesse schnell, zuverlässig, sicher und stets reproduzierbar ab, werden fehlerträchtige manuelle Eingaben von Daten minimiert und komfortable Hilfsmittel zur Verbesserung der Arbeitsbedingungen bei gleichzeitiger Erhöhung der Produktivität bereitgestellt. Durch die rasante Entwicklung der Rechnervernetzung und der Leistungsfähigkeit der Rechnersysteme sind Produktionsunternehmen und Logistikunternehmen in einem Integrationsprozeß begriffen, der zunächst einmal revolutionäre Umstrukturierungen der Organisation erforderlich macht. Hohe Rationalisierungseffekte über alle Unternehmensbereiche führen zum Ziel einer ganzheitlichen Produktivitätssteigerung.

Die hiermit verbundenen, unternehmensweiten und immer mehr unternehmensübergreifenden Aufgaben und Problemstellungen lassen sich nur durch ganzheitliche Sichtweise sowie interdisziplinäres Denken und Arbeiten lösen. Theoretische und praktische Beiträge immatrieller wie materieller Art aus den wissenschaftlichen Disziplinen Elektrotechnik und Informatik werden dabei zu einem neuen Ganzen kombiniert.

Die *Elektrotechnik* als wissenschaftliche Disziplin befaßt sich mit Fragen der Entwicklung, dem Aufbau, der Konstruktion, der Arbeitsweise und der Gestaltung von Geräten und Einrichtungen zur Elektrizitätserzeugung, -umwandlung und -verteilung, elektrischen Verbrauchergeräten, Leuchten, Meß-, Prüf-, Steuerungs-, Regelungsgeräten und -einrichtigungen, nachrichtentechnischen Geräten und Einrichtungen sowie Rundfunk-, Fernseh- und phonotechnischen Geräten und Einrichtungen.

"Die *Informatik* ist die Wissenschaft von der Struktur und den Verfahren der Informationsverarbeitung mit technischen Hilfsmitteln. Sie beschäftigt sich insbesondere mit der Darstellung und Verarbeitung anwendungsbezogener Informationen mit technischen Funktionen heutiger Rechenanlagen. Dabei bemüht sie sich, von den Besonderheiten der einzelnen Anwendung zu abstrahieren und die grundlegenden und vielfach anwendbaren Kenntnisse und Verfahren herauszuarbeiten" (Definition aus dem Dritten Datenverarbeitungs-Programm der Bundesrepublik Deutschland).

Die *Informationswissenschaft* ist die wissenschaftliche Lehre, die sich mit Fragen der Entwicklung, dem Aufbau, der Konstruktion, der Arbeitsweise und der Gestaltung von *Informationssystemen* befaßt.

Die *Informationstechnik*, zu der auch die *Computertechnik* bzw. *Rechnertechnik* gehören, beinhaltet die Übertragung der wissenschaftlichen Erkenntnisse in Anwendungsgebiete sowie die Entwicklung von in der Praxis einsetzbaren Informationssystemen.

Das vorliegende Buch versucht, einen fachübergreifenden, praktischen Ansatz für die Gestaltung von Informations- und Steuerungssystemen in Materialfluß und Logistik zu formulieren. Aus der Elektrotechnik werden hierzu insbesondere die Fachgebiete Meßtechnik, Steuerungs- und Regelungstechnik, Antriebstechnik und Nachrichtentechnik bzw. Kommunikationstechnik einbezogen. Aus der Informatik ist schwerpunktmäßig die Informationstechnik von Bedeutung.

1.2 Entwicklung der Materialflußautomation

Die historische Entwicklung bei der Automatisierung von Materialflußprozessen mit den dazugehörigen Steuerungs- und Informationssystemen soll hier kurz - ohne Anspruch auf Vollständigkeit - beispielhaft anhand einiger ausgewählter Beispiele aufgezeigt werden. Die Informationen aus den 60er bis 80er Jahren dazu stammen überwiegend aus [SEL94], einer Chronik, die 1994 als Jubiläumsausgabe der Fachzeitschrift Materialfluß erschien.

Die 60er Jahre können als das Jahrzehnt der Lagertechnik angesehen werden. 1962 baut die Demag das weltweit erste Paletten-*Hochregallager (HRL)* für Bertelsmann. Dessen Bedienung erfolgt mittels eines manuell gesteuerten Regalbediengerätes (RBG), bei dem der Fahrer in einem Fahrkorb mitfährt. Des weiteren entstehen die unterschiedlichsten Lagertypen, wie z. B. Umlauf-, Durchlauf-, Kanal- und Schmalganglager. Das erste HRL mit vollautomatischem RBG, das über Lochkarten gesteuert wird, realisieren 1967/68 Tuchschmid und Digitron für Suchard. Im Bereich der automatischen Identifizierung mit Barcodes (vgl. Kap. 4) liegen die ersten Ergebnisse aus praktischen Anwendungen in Bibliotheken, Labors und im Handel vor.

In den 70er Jahren ist ein starker Boom für Hochregallager in den verschiedensten Branchen zu verzeichnen, z.B. Automobilindustrie, Textil- und Bekleidungsindustrie, Fotoindustrie, Pharmaindustrie, Buchhandel, Papierindustrie und Stahlindustrie. Statt der bisher üblichen Relais- und Schützsteuerung, wird erstmals ein elektronischer Prozeßrechner für die Steuerung von RBG eingesetzt. Die Pilotanlage hierfür ist ein Weinlager, das von der Firma OWL realisiert wurde.

Als neue Technik kommt die Verteiltechnik hinzu, die für die Errichtung automatischer Zentrallager und Distributionszentren von großer Bedeutung ist. Zu dieser Zeit sind Zielsteuerungen in Förderanlagen vornehmlich auf mechanischer Basis ausgeführt. Hängebahnanlagen haben beispielsweise Nockenschaltwerke mit mechanischer Abtastung.

In der Automobilindustrie werden fahrbare Plattformen als Ersatz für das Fließband eingeführt. Volvo führte dieses Konzept mit fahrbaren Plattformen, heute als *Fahrerloses Transportsystem (FTS)* bezeichnet, Anfang der 70er Jahre als Erster ein. Die Führung der Fahrzeuge erfolgte induktiv über im Boden verlegte Leitdrähte. Das System mit über 250 Fahrzeugen wurde von Digitron geliefert.

1972 beginnt mit dem Code 39 der Durchbruch der *Barcodetechnik* für die industriellen Anwendungen der Logistik im Materialfluß. Das Transportgut wird mit dem Code der maschinenlesbaren Kennzeichnung logisch verknüpft und kann so von einer übergeordneten DV-Anlage verwaltet werden.

1973 nehmen die Zeppelin-Metallwerke in Porz eine neue DV-Anlage vom Typ IBM 360/30 zur Lagerverwaltung (vgl. Kap. 3) und zur Unterstützung der Disposition für Neubestellungen in Betrieb. Später werden neben den IBM-Rechnern besonders die PDP-11 von DEC als Hardware für Lagerverwaltungsrechner eingesetzt.

1980 nimmt BMW ein neues HRL für Automobilkarossen in Betrieb. In dieser Anlage kommt zum ersten Mal eine *Speicherprogrammierbare Steuerung (SPS)* vom Typ Siemens Simatic S5 (vgl. Kap. 6) in einer Lagerrealisierung zum Einsatz. Als erste SPS der Welt überhaupt wurde 1969 die Modicon 084 (Entwickler: D. Morley) in den USA ausgeliefert. Mit dem Einsatz der freiprogrammierbaren SPS gewinnt man gegenüber den bisherigen, verbindungsprogrammierten Relais- und Schützsteuerungen eine wesentlich höhere Flexibilität beim Aufbau von Steuerungen, da Änderungen im Steuerprogramm keine Hardwareänderungen mehr erforderlich machen. Im Vergleich zum Prozeßrechner ist die SPS preiswerter und zudem ist die Programmierung weniger komplex als bei Prozeßrechnern, was nicht zuletzt zu der hohen Akzeptanz der SPS bei dem in seiner Denkweise durch unterschiedliche Ausbildungen geprägten Programmierern (Facharbeiter, Techniker, Ingenieure) führt und dadurch die Automatisierungstechnik nachhaltig revolutioniert.

Die 80er waren das Jahrzehnt der flexiblen Fertigung und von CIM (Computer Integrated Manufacturing) (vgl. Kap. 2). Die Erhöhung der Flexibilität in den Fertigungsabläufen wurde u.a. durch NC-gesteuerte Werkzeugmaschinen, SPS-gesteuerte Förder- und Lagertechnik, Portalroboter und automatisch gesteuerte

Krane erreicht. Im FTS-Bereich zeichnet sich der Trend zum freinavigierenden Fahrzeug ab, das zu dieser Zeit jedoch nur kurze Abschnitte ohne im Boden verlegten Leitdraht zurücklegen kann.

Innovationen im Bereich der Datenübertragung werden durch die Infrarottechnik (vgl. Kap. 4) erzielt. 1982 wird von Orenstein & Koppel das System ASL zur Datenübertragung per Infrarotlicht zwischen ortsfesten Rechnern und mobilen Stapler-Bordcomputern vorgestellt.

1985 kommen Identifizierungssysteme mit elektronischen Datenträgern (vgl. Kap. 4) verstärkt auf den Markt. Diese bieten neuartige Anwendungen für die Materialfluß- und Fertigungssteuerung (vgl. Kap. 4).

Mitte bis Ende der 80er Jahre werden mit der Steigerung der Leistungsfähigkeit von *Personal Computern (PC)* erste Lagerverwaltungssysteme auf der Basis vernetzter PC realisiert. Aufgrund der preiswerten Hardware, der komfortablen Entwicklungsumgebung und der Verwendungsmöglichkeit von Hochsprachen findet der PC schnell Anhänger, welche den PC auch zur Prozeßsteuerung einsetzen. Dies führt zur Entwicklung von industrietauglichen PC (IPC). Ein IPC unterscheidet sich trotz derselben CPU durch seinen mechanischen Aufbau und seinen Peripheriekartenbus deutlich von einem Büro-PC (vgl. Kap 6).

1987/88 werden mit CCD-Kameras und Lasersensoren (vgl. Kap. 8) neue Ansätze für freinavigierende FTS erprobt, die ohne jegliche Markierungen ihren Weg finden sollen.

In den 90er Jahren wurden Prinzipien und Konzepte wie *Just-in-Time* und *Lean Production* zu Schrittmachern der technischen Entwicklung. Ein Beispiel ist das 1991 realisierte Hochleistungslagersystem SISTORE (s. auch Kap. 3) im Distributionszentrum der Schweizer Calida AG. Dieses System, das im Vergleich zur konventionellen Regalbedientechnik ein Vielfaches an Leistung erreicht, wird vom Fraunhofer Institut für Materialfluß und Logistik zusammen mit der Siemag Transplan GmbH entwickelt und realisiert.

Zu einer der wichtigsten Entwicklungen der 90er zählt die zunehmende Verteilung der steuerungstechnischen Intelligenz auf die Steuerungen vor Ort. Man spricht von "verteilter" Intelligenz, da bereits Schlußfolgerungen auf der untersten Steuerungsebene gezogen werden, indem ein intelligenter Sensor (vgl. Kap. 8) eine Signalvorverarbeitung vornimmt und nur die relevanten Daten an die übergeordnete Ebene weiterleitet. Intelligente Antriebssyteme (vgl. Kap. 9) übernehmen selbständig die Positionierung einer Achse, nachdem über den Feldbus (vgl. Kap 7) lediglich die Bewegungsparameter von der übergeordneten Steuerung übergeben wurden.

Einen Anschub erhält der PC als Steuerung duch die Sensor-/Aktor-Bussysteme, die mit einer einzigen Einschubkarte als Buskoppler einen preiswerten Peripherieanschluß ermöglicht. Mit grafischen Benutzeroberflächen und Multimedia-Techniken findet der PC zunehmend auch als Visualisierungsstation Anwendung.

Mitte der 90er Jahre führt Siemens, mit der SIMATIC S5 Weltmarktführer bei SPS, die neue SPS-Generation SIMATIC S7 ein. Die wichtigsten Neuerungen sind eine windowsbasierte Entwicklungsumgebung mit integrierter Projektdatenbank für eine durchgängige Projektdatennutzung und die Einbeziehung des plattformunabhängigen Programmierstandards IEC 1131-3.

Mit zunehmender Automatisierung spielt die Objektdetektion, d.h. die Identifizierung in Verbindung mit Positionserkennung von Objekten eine wesentliche Rolle, insbesondere an Schnittstellen zu manuell bedienten Bereichen. Kamerageführte Förderzeuge und Roboter stellen den letzten Stand der Forschung und Entwicklung dar.

1.3 Zielsetzung

Im Sinne der unternehmerischen Zielsetzung muß als wirtschaftliches Ziel immer der kostenoptimale Betrieb eines Materialflußsystems im Vordergrund stehen. Generell anzustreben in allen Materialflußprozessen, sieht man ab von produktionstechnisch bedingten oder organisatorisch definierten Wartezeiten, sind möglichst kurze Durchlaufzeiten bei minimalen Beständen.

Die Koordination von Materialfluß und Informationsfluß ist hierbei eine Hauptaufgabe, die es immer wieder aufs Neue zu lösen gilt. Erreichen läßt sich dies mit den unterschiedlichsten Methoden und Verfahren organisatorischer und technischer Art.

Der überwiegende Teil der heutigen Materialflußsysteme stellt sich als komplexes Netzwerk dar. Technische Hilfsmittel sind zum Betrieb dieser Systeme unverzichtbar. Die Automatisierung spielt hierbei eine gewichtige Rolle. Ziel muß es sein, im Sinne einer logistisch ganzheitlichen Betrachtungsweise, ein unternehmensspezifisches, durchgängiges Konzept für manuelle Bedienung und Automation in Verbindung mit Informations- und Steuerungssystemen zu schaffen. Über die Verknüpfung von Materialfluß und Informationsfluß durch Steuerungs- und Informationssysteme werden sowohl der Informationsfluß-Prozeß als auch der Materialfluß-Prozeß gesteuert.

Die Anforderung an moderne Materialflußsysteme ist die durchgängige Integration in das unternehmensspezifische Logistikkonzept mit PPS-System, Warenwirtschafts-System, Einkauf, Distribution, Engineering, Lager und Leitständen. Die *Durchgängigkeit* zielt dabei sowohl auf den Materialfluß als auch den Informationsfluß und die Datenhaltung ab. Informations- und Kommunikationstechnologien bieten heute die Möglichkeit der Kommunikation über nahezu alle Unternehmensebenen, vom Einzelsensor bis zum Management-Informationssystem. Durch eine möglichst enge Kopplung von Material- und Informationsfluß werden folgende Ziele erreicht:

- Datenkonsistenz im gesamten Unternehmen,
- Transparenz im Materialfluß,
- Reduzierung von Durchlaufzeiten,
- Minimierung der Bestände,
- Erhöhung der Liefersicherheit,
- Erhöhung der Flexibilität.

Die Aufgabe des Steuerungs- und Informationssystems in Verbindung mit dem Materialflußsystem besteht darin, daß in einer vorgegebenen Zeit das Material in der erforderlichen Menge und Qualität mit den geringsten Kosten an den vorgegebenen Ort transportiert wird. Die hiermit verbundenen wichtigsten Ziele, die mit der Automatisierung von Materialflußsystemen verfolgt werden, sind:

- Personalkostensenkung,
- Leistungssteigerung,

- Optimierung der Materialverfügbarkeit,
- optimale Materialflußkoordination durch Leitrechner,
- Steigerung der Produktivität durch bessere Maschinenauslastung,
- Fehlerreduktion.

Die Automatisierungstechnik bietet eine Vielzahl von Alternativen zur Lösung unterschiedlichster Aufgabenstellungen an, die es für jeden Prozeß nach Art und Umfang auszuwählen und zu bewerten gilt. Der Automatisierungsgrad ist für jeden einzelnen Prozeß unter wirtschaftlichen und funktionalen Gesichtspunkten festzulegen. Die Lösung für den Einzelprozeß sollte dabei kompatibel zu den Lösungen der angrenzenden Prozesse sein. Dies gilt insbesondere vor dem Hintergrund der Prozeßschnittstellen, der Wartung und Pflege sowie der Ersatzteilhaltung.

Der Status quo bei Materialflußsystemen ist, daß man häufig individuelle Einzellösungen antrifft. Die Folgen hiervon sind hohe Kosten für Planung, Projektierung, Engineering, Fertigung, Montage, Inbetriebnahme und Änderungen.

Bei der Entwicklung moderner Automatisierungskonzepte für Materialflußsysteme sind unter dem Aspekt der Wirtschaftlichkeit folgende Ziele zu verfolgen:

- stufenweise Erweiterbarkeit durch *Modularität* in Hardware und Software,
- Integration elektronischer Baugruppen und Funktionen in mechanischen Modulen,
- herstellerunabhängige Lösungen durch offene Standards,
- höhere Funktionalität,
- höhere Sicherheit,
- kostengünstig und zuverlässig.

Alle Aufgabenstellungen in der Materialflußtechnik lassen sich jedoch nicht durch Standards lösen. Bei automatischen Materialflußsystemen lassen sich anspruchsvolle Individuallösungen aus dem High-tech-Bereich und preiswerte Standards nach dem Baukastenprinzip unterscheiden.

High-tech-Systeme, wie zum Beispiel freinavigierende FTS, mobile Kommissionierroboter oder bildsensorgesteuerte vollautomatische Güterumschlagzentren mit Automatikkranen seien hier als Beispiele hochtechnisierter Individuallösungen genannt, die in einem zunächst jeweils kleinen Marktsegment den technischen Fortschritt in der Automatisierungstechnik vorantreiben.

Standardisierte Low-cost-Lösungen, z. B. in der Lagertechnik, werden benötigt, um auch diejenigen Rationalisierungslücken in Industrie und Handel, die bisher aus wirtschaftlichen Gründen ausgeklammert waren, schließen zu können. Hierbei bedeutet Low-cost nicht eine Rückstufung der Funktionalität, sondern vielmehr eine standardisierte Lösung für definierte, häufig wiederkehrende Einsatzfälle zu schaffen, die, nach dem *Baukastenprinzip* aufgebaut, eine wirtschaftliche Serienproduktion ermöglicht. Der Anwender kann dabei die Variationsmöglichkeiten des Baukastens nutzen, dessen Module jedoch nicht veränderbar sind. Durch den Verzicht auf teure Individuallösungen, die häufig genug auch gar nicht erforderlich sind, wird hier eine erhebliche Kosteneinsparung erzielt.

Die konsequente Umsetzung des Baukastenprinzips für Fördersysteme erfordert die Zusammenfassung von Mechanik und Steuerungstechnik in einem Modul

(Bild 1.3-1). Vielseitig kombinierbare Fördermodule verfügen über standardisierte mechanische, energietechnische, elektronische und informationstechnische Schnittstellen, so daß ein Lager oder eine Förderanlage - hardware- und softwaretechnisch - einem Steckbaukasten gleich aufgebaut wird. Gleichzeitig wird durch die Minimierung von Individualsoftware eine höhere Funktionssicherheit erreicht. Mit der Realisierung eines *Modulbaukastens* lassen sich die Kosten von der Anlagenplanung über Engineering, Montage und Inbetriebnahme bis zur Wartung erheblich reduzieren. Auch nachträgliche Änderungen oder Erweiterungen sind ohne großen zeitlichen und finanziellen Aufwand durchführbar.

Die Software stellt heute einen absoluten Schwerpunkt in Informations- und Steuerungssystemen dar, da sie sehr personalintensiv ist und der überwiegende Teil der Funktionen durch Software realisiert ist. Die Steigerung der Produktivität bei der Softwareerstellung beispielsweise durch leistungsfähige Werkzeuge wie objektorientierte Programmierung oder CASE-Tools und ein hoher Wiederverwendungsanteil stellen hier die Ziele dar.

Die Realisierung eines solchen Modulbaukastens für Materialflußsysteme erfordert eine äußerst sorgfältige konzeptionelle Planung. Die immer noch bestehenden, klassischen Fachgrenzen zwischen Maschinenbau und Elektrotechnik wirken sich hier besonders hemmend aus. Es muß jedoch die zu realisierende Funktion im Vordergrund stehen. Dazu ist Systemdenken notwendig. Die Ingenieure sind hier zunehmend gefordert, die klassischen Fachgrenzen zu überspringen.

Auch angesichts einer immer stärkeren technischen Durchdringung der Unternehmen wird der Mensch weiterhin die zentrale Rolle im Unternehmen spielen. Sicherlich ist die moderne, maßgeschneiderte hardware- und softwaretechnische Ausstattung eine Grundvoraussetzung für den Erfolg eines jeden Unternehmens. Doch nur durch entsprechend gut ausgebildete und motivierte Mitarbeiter auf allen Unternehmensebenen läßt sich dies auch in Erfolg umsetzen.

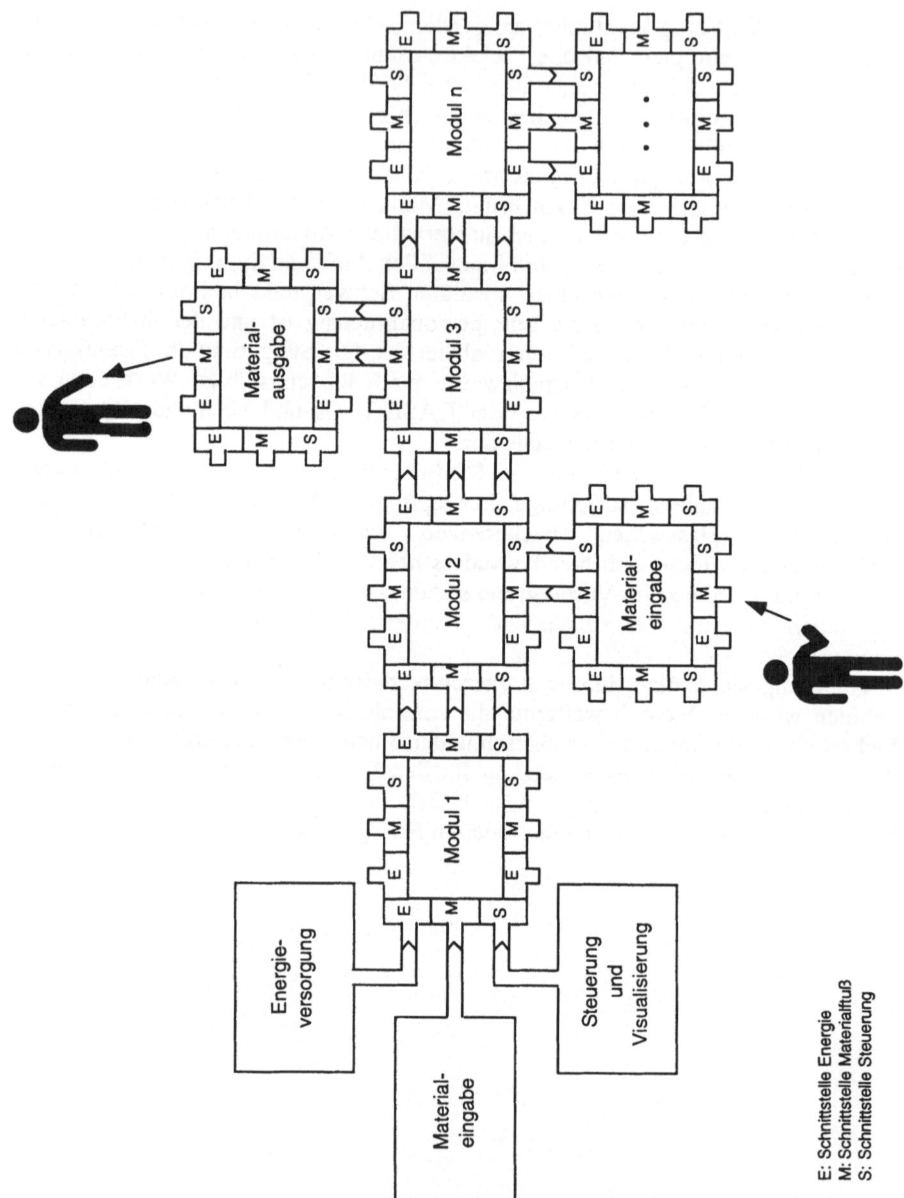

Bild 1.3-1: Materialflußtechnik in konsequenter Modulbauweise

1.4 Vorgehensweise

Die große Aufgabe für die nächsten Jahre besteht darin, die vielfältigen Möglichkeiten der neuen Kommunikations- und Informationstechnologien in wirtschaftliche Vorteile umzusetzen. Moderne Logistiklösungen und Materialflußsysteme - nach dem Prinzip des ganzheitlichen Ansatzes der Logistik konzipiert - können hier zu maßgeblichen Leistungs- und Qualitätssteigerungen beitragen. Ein durchgängiges Konzept für Automation, Informations- und Steuerungssysteme muß hierbei der Ansatzpunkt sein. Die Planung und Realisierung komplexer Logistiksysteme sind sehr wissensintensiv und setzen ein hohes Maß an Expertenwissen voraus, zumal in den wenigsten Fällen auf standardisierte Problemlösungen zurückgegriffen werden kann.

Im Hinblick auf durchgängige, maßgeschneiderte Lösungen kommt der Generalplanung eine Schlüsselrolle für moderne Logistiksysteme zu. Die Vielschichtigkeit derartiger Projekte erfordert umfassende Kenntnisse auf den Gebieten der Anlagentechnik, der Mechanik, des System-Engineerings, der Steuerungstechnik, der Datenverarbeitung, der Materialflußprozesse, der Informationsflußprozesse und der Geschäftsprozesse. Fundierte Kenntnisse des Planungsteams in diesen Disziplinen sind funktionsentscheidend für die Gesamtanlage. Daher sollte sich das Planungsteam möglichst interdisziplinär aus Spezialisten der Fachgebiete Maschinenbau, Elektrotechnik, Informatik und Wirtschaftswissenschaften zusammensetzen.

Der Ablauf einer *Planung* von Materialflußsystemen ist nach [JÜN89] in sieben Schritte gegliedert:

1. Formulierung der Aufgabenstellung.
2. Planungsdatenanalyse. Hier werden die Basisdaten ermittelt, d.h. Ermittlung und Analyse des Ist-Zustandes und der Zielzustand formuliert.
3. Entwurf von Prozeßvarianten. Hierbei werden alle Einflußgrößen erfaßt und Alternativen im Hinblick auf Materialfluß, Raumnutzung, Ausbaufähigkeit und Automatisierungsgrad erarbeitet.
4. Entwurf von Arbeitsmittelvarianten. Dies beinhaltet die Entwicklung verschiedener Systemkonzepte.
5. Dimensionierung, Überprüfung und Bewertung der Varianten. In diesem Rahmen werden die verschiedenen Systemkonzepte insbesondere auch unter Einbeziehung angrenzender Gewerke (Gebäude, Energieversorgung etc.) und im Hinblick auf die voraussichtlichen Investitions- und Betriebskosten miteinander verglichen. Unterstützt wird diese Planungsphase durch moderne Simulationswerkzeuge, mit denen bereits ganze Fabriken oder Versandzentren simulieren können. Die Simulation kann durch eine dreidimensionale Animation ergänzt werden, so daß der Betrieb des geplanten Systems vor der physischen Realisierung auf Schwachstellen hin untersucht werden kann, die sich in dieser Phase noch ohne großen Aufwand eliminieren lassen. Der erste Durchlauf der bisherigen Schritte ist als Grobplanung zu verstehen. Auf Basis der Grobplanung läßt sich bereits eine Vorauswahl treffen, es ist jedoch noch ein Feinplanung erforderlich.
6. Feinplanung. Auf Basis der Vorauswahl werden die Schritte eins bis fünf noch einmal mit einem höheren Detaillierungsgrad durchlaufen. Das Ergebnis der

Planung ist eine Gesamtkonzeption, die die technische Gestaltung des Materialfluß- und Lagersystems, der Informations- und Steuerungssysteme sowie Steuerungsstrategien, Organisationskonzepte und insbesondere eine genaue Beschreibung der Funktionsabläufe enthält. Dieser Anforderungskatalog kann auch als Basis für ein Lastenheft zur Ausschreibung verwendet werden.

7. Realisierung. Während der Realisierungsphase übernimmt der Generalplaner das Projektmanagement mit Steuerung und Überwachung der Ausführungsarbeiten bis zur Abnahme und Übergabe des Gesamtsystems an den Kunden.

2 Informationsfluß und Steuerungsstrukturen

2.1 Allgemeines

Daten und Informationen sind zur Planung, Steuerung und Überwachung der Material-, Personen-, Energie- und Informationsflüsse in Unternehmen erforderlich. Sie fließen nach dem Erfassen, Verdichten und Auswerten direkt in Entscheidungsprozesse ein. Der schnelle und sichere Informationsfluß - innerbetrieblich wie auch zwischenbetrieblich - ist eine Voraussetzung für die Optimierung des Materialflusses. Informationen und der mit ihnen verbundene Informationsfluß haben daher in der jüngeren Vergangenheit den Stellenwert eines Produktionsfaktors erlangt.

Informationen gehören, wie auch Güter, Energie, Arbeitsmittel und Personen, zu den *Gegenständen der Logistik*, s. [JÜN89]. In [GAB93] wird Information definiert als zweckbezogenes Wissen über Zustände und Ereignisse, das im *Informationssystem* (vgl. Kap. 3) eines Unternehmens übermittelt, gespeichert und verarbeitet wird. Informationen sind in der Regel mit den Gütern, die die Unternehmen in einer Transportkette durchlaufen, das heißt mit dem Materialfluß, verbunden, oder sie werden aus Fertigungs- oder Materialflußprozessen von den Arbeitsmitteln direkt gewonnen. Informationen können dem Materialfluß zeitlich vorauseilen, mit ihm synchronisiert sein oder ihm nachlaufen. Der entstehende Fluß der Informationen wird als *Informationsfluß* bezeichnet. Der *Informationsfluß* kann vom Materialfluß entkoppelt oder mit ihm verbunden sein Bild 2.1-1.

Daten sind quantifizierte Informationen und lassen sich durch Zeichen darstellen. Zu den Daten werden auch die in *Steuerungssystemen* (vgl. Kap. 5 und 6) verwendeten Steuerungssignale beziehungsweise Steuerungsdaten gezählt. Aus den Daten können wiederum Informationen gewonnen werden. Dazu erfolgt häufig eine Datenverdichtung und -verarbeitung. Mit Hilfe von Daten oder mit aus verdichteten und ausgewerteten Daten gewonnenen Informationen kann unter Einbeziehung von sogenannten *Informationsflußmitteln* (vgl. Kap. 4) ein Informationsfluß innerhalb und außerhalb eines Unternehmens aufgebaut werden. Der Informationsfluß als logistischer Prozeß bewirkt im Rahmen eines Transformationsprozesses eine Veränderung des Zustandes von Informationen in einem Informationssystem.

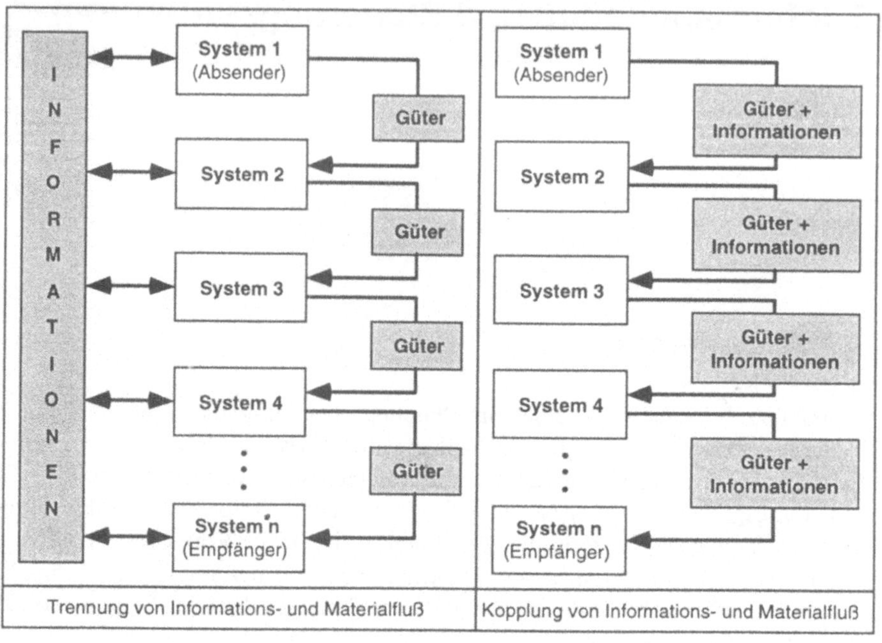

Bild 2.1-1: Informationsfluß mit und ohne Kopplung an die Güter

Zum Informationsfluß gehören folgende Funktionen bzw. Arbeitsoperationen:

- Daten ein- und ausgeben,
- Daten transportieren,
- Daten verarbeiten (ordnen, aufbereiten, steuern, disponieren) und
- Daten speichern (verwalten).

Bei den Informationsflußmitteln werden je nach Einsatzschwerpunkten vier Techniken unterschieden. Dies sind:

- Datenerfassungstechniken,
- Datenübertragungstechniken,
- Datenverarbeitungs- und -auswertetechniken und
- Datenausgabetechniken.

Kommunikationssysteme (vgl. Kap. 7) stellen die Summe aller möglichen Kommunikationsbeziehungen und Kommunikationswege zwischen betrieblichen Aufgabenträgern dar [GAB93]. Sie werden im folgenden vornehmlich als der Übertragung von Daten in Steuerungs- und Informationssystemen dienend betrachtet. Kommunikationssysteme sind damit durch ihre Querschnittsfunktion ein wesentlicher Bestandteil von Steuerungs- und Informationssystemen, s. Bild 2.1-2.

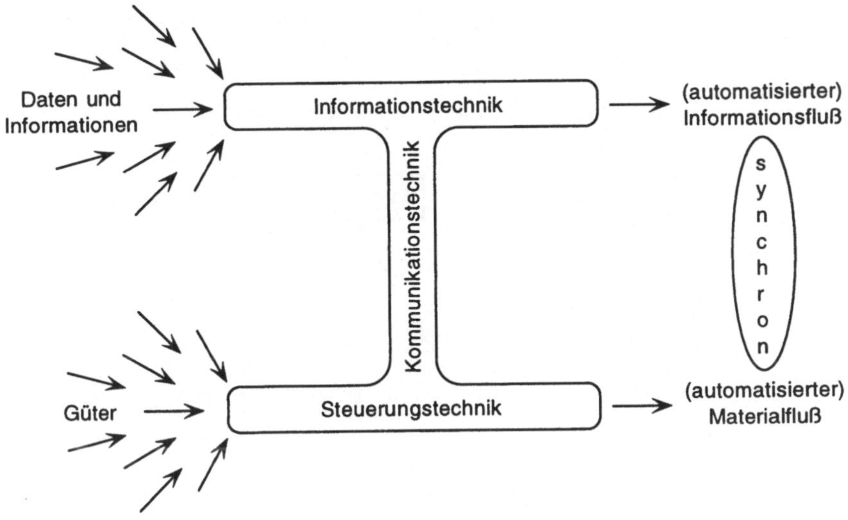

Bild 2.1-2: Informations-, Steuerungs- und Kommunikationstechnik als Fundament moderner Logistik und automatisierter Materialflußsysteme

2.2 Prozesse und Informationen

Die Beschreibung des Informationsflusses und der Steuerungsstrukturen in Materialfluß und Logistik setzt einen Systematisierungsvorgang voraus. Dabei müssen Systematisierungsprinzipien ausgewählt und Systemstrukturen entwickelt werden. Nach [GAB93] ist ein *System* eine Menge von geordneten Elementen mit Eigenschaften, die durch Relationen verknüpft sind. Die Menge der Relationen zwischen den Elementen eines Systems ist seine Struktur. Unter Element versteht man einen Bestandteil eines Systems, der innerhalb dieser Gesamtheit nicht weiter zerlegt werden kann. Die Ordnung bzw. die Struktur der Elemente eines Systems ist im Sinne der Systemtheorie seine Organisation. Nach [POL94] ist ein Charakteristikum eines Systems, daß es gleichzeitig eine *innere Sicht* (Aufbau und Wirkungsweise) und eine *äußere Sicht* ("black box") zuläßt.

In Form der äußeren Sichtweise stellt Bild 2.2-1 schematisch die Bedeutung von Informations- und Steuerungssystemen in der Wechselwirkung zwischen Arbeitspersonen in allgemeinen *Prozessen* und mit *technischen Prozessen* im Betrieb dar. Unter einem *Prozeß* versteht man allgemein die Umformung, Speicherung und/oder den Transport von Materie und/oder Information.

In Abgrenzung zum allgemeinen Prozeß ist ein *technischer Prozeß* dadurch gekennzeichnet, daß seine Zustandsgrößen (Eingangs- und Ausgangsgrößen) mit technischen Mitteln gemessen, gesteuert und/oder geregelt werden können.

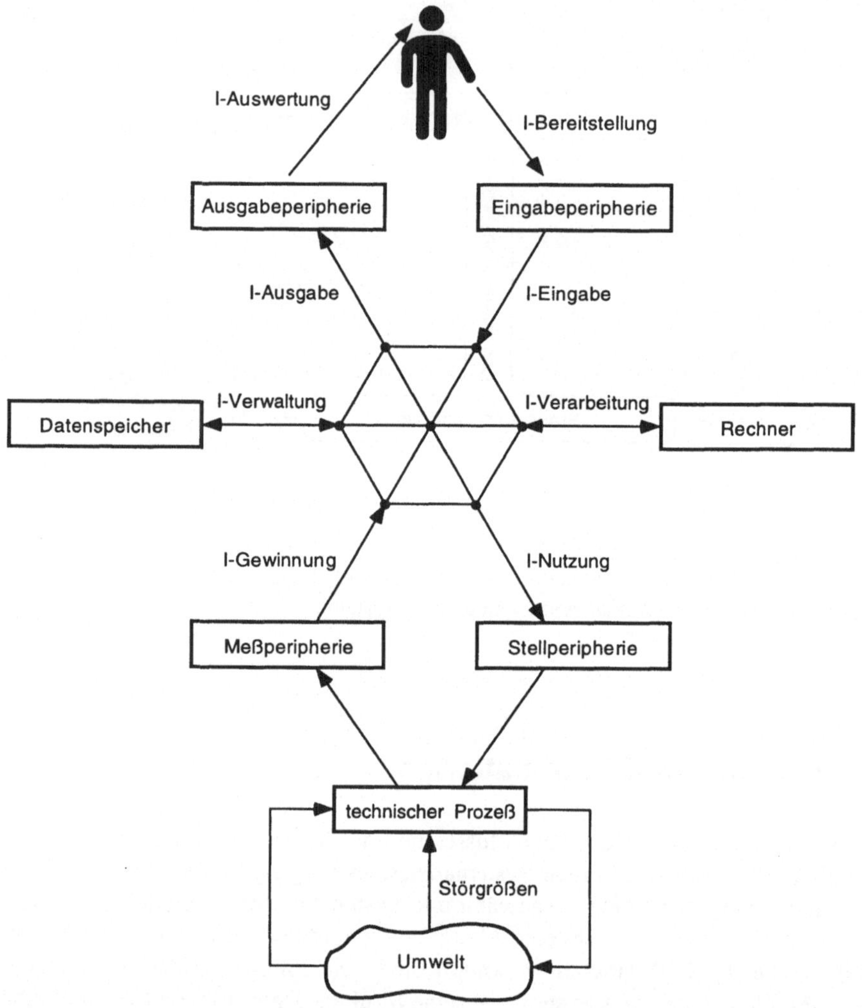

Bild 2.2-1: Grundstruktur der Verknüpfung von Informations- und Steuerungssystemen mit Menschen und technischen Prozessen

Systeme, die den Informationsfluß realisieren oder unterstützen, gliedert man in *Informations-* und *Steuerungssysteme*, s. Bild 2.2-1. Gemeinsame Kennzeichen von Informations- und Steuerungssystemen sind, daß sie über Einheiten zur Datenverarbeitung, -speicherung und -übertragung verfügen und mit einem Prozeß ihrer Umgebung in Verbindung stehen.

Das signifikante Unterscheidungsmerkmal zwischen einem Informations- und einem Steuerungssystem ist die Peripherie. Die Peripherie ist die Schnittstelle der Informations- und Steuerungssysteme nach außen, d.h. zum Menschen oder - allgemeiner - zum Prozeß. Der Mensch im Unternehmen ist eingebunden in die betrieblichen Prozesse, ist also auch Teil eines oder mehrerer Prozesse. Informationssysteme verfügen über eine Ein- und Ausgabeperipherie, die in erster Linie für die Interaktion mit dem Menschen konzipiert ist, z.B. Tastatur, Maus, Monitor, Drucker.

Im Unterschied zu Informationssystemen treten Steuerungssysteme überwiegend mit technischen Prozessen in Verbindung. Technische Prozesse, wie der Materialfluß, erfordern gegenüber einem allgemeinen Prozeß zusätzlich Sensoren und Aktoren. Sensoren nehmen Informationen über den Zustand eines technischen Prozesses durch Messung einer physikalischen Größe auf und leiten diese über die Meßperipherie zum Steuerungssystem (vgl. Kap. 8). Die aktive Beeinflussung des technischen Prozesses durch das Steuerungssystem geschieht über die Stellperipherie, welche über Aktoren in den Prozeß eingreift (vgl. Kap. 9).

Eine eindeutige Abgrenzung ist in der Praxis häufig nicht möglich, da in Steuerungssystemen auch Informationsaufgaben und in Informationssystemen auch Steuerungsaufgaben wahrgenommen werden. Je nachdem, ob Steuerungs- oder Informationsaufgaben überwiegen, kann entsprechend von Steuerungs- beziehungsweise Informationssystemen gesprochen werden.

Unter Informationssystemen werden im folgenden vorzugsweise Systeme verstanden, mit denen Informationen beispielsweise für Strategie-, Planungs- und Überwachungsaufgaben erfaßt, verdichtet, bearbeitet und bereitgestellt werden. Typische Informationssysteme sind beispielsweise Controlling-Systeme, die auf der Managementebene eines Unternehmens Verwendung finden, s. [JÜN89]. Ein *logistisches Informationssystem* ist die Anordnung und Relation von Informationen mit Informationsflußmitteln untereinander und zu anderen Gegenständen der Logistik, um Aufgabenstellungen der Planung, Steuerung und Überwachung in Systemen auszuführen.

Steuerungssysteme werden zur Steuerung von Prozessen, Arbeitspersonen, einzelnen Arbeitsmitteln sowie Gruppen von Arbeitsmitteln, die als komplexe Anlagen zusammenarbeiten können, eingesetzt. Sie können auch Teile von umfangreichen Informationssystemen darstellen, s. [JÜN89].

2.3 Modellierung und Strukturierung

Der Einsatz von Rechnern hat sich in Industrie und Handel durch alle Unternehmensebenen von der automatisierten Fertigung bis zur Entscheidungsunterstützung des Managements vollzogen. War lange Zeit der Einsatz von Rechnern für abgegrenzte Einsatzfelder typisch, etwa für die Buchhaltung im Rechnungswesen oder die Lohn- und Gehaltsabrechnung im Personalwesen, so geht es heute um die gesamte rechnergestützte Informationsversorgung von Arbeitsprozessen über Abteilungsgrenzen und zunehmend über die Betriebsgrenzen hinweg, z.B. die rechnergestützte Auftragsabwicklung einschließlich der Kunden-Lieferanten-Kommunikation. Mit der Schaffung der Durchgängigkeit von Informationsfluß, Arbeitsfluß und Datenhaltung verbunden mit einer engen Kopplung von Material- und Informationsfluß werden folgende Ziele erreicht: Datenkonsistenz im gesamten Unternehmen, Transparenz im Materialfluß, Reduzierung von Durchlaufzeiten, Minimierung der Bestände, Erhöhung der Liefersicherheit durch geprüfte und sichere Bestände sowie eine Erhöhung der Flexibilität gegenüber kurzfristigen Auftragsänderungen.

Dieser Durchgängigkeitsansatz findet sich in strategischen Integrationskonzepten wie CIM "Computer Integrated Manufacturing" und CIL "Computer Integrated Logistics" (vgl. Kap. 2.5) wieder, die auf die Unterstützung der Unternehmen mit Hilfsmitteln der Informations- und Kommunikationstechnologien abzielen.

Zur Umsetzung derartiger rechnergestützer Integrationskonzepte in Materialfluß und Logistik ist zunächst eine Modellierung und Strukturierung der Informationsflüsse und Steuerungsmechanismen in der Unternehmenslogistik erforderlich. Es existiert eine Vielzahl von Modellen zur Beschreibung der betrieblichen Vorgänge und der Verbindungen zwischen betrieblichen Bereichen, die je nach Disziplin und Sichtweise unterschiedliche Abstraktionsprinzipien verwenden und unterschiedliche Schwerpunkte technischer, administrativer, betriebswirtschaftlicher und logistischer Ausprägung setzen. Dem Anspruch eines in sich geschlossenen Unternehmensmodells wird jedoch keines der Modelle gerecht. Modelle sollen bestimmte Ausschnitte der Realität abstrakt und generalisierend beschreiben, Ausnahmen und Besonderheiten sind hierbei bewußt auszuklammern. Aus Gründen der Handhabbarkeit kann jedes Modell nur ein unvollständiges Abbild der Realität sein. Die Qualität eines Modells wird im wesentlichen durch die Struktur und die Art und Anzahl der Parameter bestimmt.

Zur Realisierung der informationsflußtechnischen Integration zwischen betrieblichen Bereichen können nach [BEC91] vier Integrationskomponenten unterschieden werden:

- Datenintegration,
- Datenstrukturintegration,
- Modulintegration und
- Funktionsintegration.

Die *Datenintegration* ist die gemeinsame Nutzung von Daten durch unterschiedliche betriebliche Bereiche. Dies führt dazu, daß Daten, die in einem Bereich anfallen, unternehmensweit genutzt werden können. Mehrfacheingaben, Dateninkonsistenzen oder aufwendige Konvertierungen zwischen inkompatiblen Systemen sind hierdurch weitgehend zu vermeiden.

Die *Datenstrukturintegration* bezieht sich auf die Nutzung eines Datensatzaufbaus für unterschiedliche Inhalte und auf das Zusammenwirken mehrerer Datensätze. Zur Erkennung von Gemeinsamkeiten auf der Informationsebene, die bei Betrachtung der realen Welt häufig nicht beobachtbar sind, werden Datenmodellierungstechniken verwendet.

Der Vorteil der Datenstrukturintegration liegt darin, daß sich durch die Mehrfachnutzung einer einmal definierten Datenstruktur der Entwicklungsaufwand für die Datenverwaltungssysteme verringert. Da die Daten auch Grundlage der betrieblichen Funktionen sind, sinkt damit auch der Entwicklungsaufwand für die Anwendungssysteme [BEC93].

Theoretische Arbeiten zur Form von Datenmodellen sind seit 1970 zunächst mit der Frage entstanden, wie das organisatorische Problem großer Datenbanksysteme zu lösen sei. Zuerst wurde das mathematisch fundierte relationale Datenmodell mit seinen Normalformen [COD70] formuliert, später das den semantischen Aspekt betonende Entity-Relationship-Modell (ER-Modell). Dieses von Chen [CHE76] entwickelte Modell weist als Konstruktionselemente das Objekt (Entity) und die Beziehung (Relationship) auf. 1975 wurde von der

ANSI/X3/SPARC DBMS Study Group eine umfassende und implentierungsunabhängige Strukturbeschreibung der Informationen eines Unternehmens mit dem Begriff "conceptual scheme" eingeführt. Diesem Schema, in der deutschen Übersetzung meist *Unternehmensdatenmodell (UDM)* genannt, kommt eine tragende Rolle für das Verständnis und die Beherrschung von Informationssystemen zu [SCHE88], [SCHE90a]. Eine weitere Detaillierung und Auseinandersetzung hiermit fand in der ISO-Arbeitsgruppe "Conceptual Scheme" statt, deren Arbeiten 1982 vorgestellt wurden [DUR84]. Seither sind diese Aspekte vielfach weiterentwickelt und teilweise auch zusammengeführt worden und begründen diverse Methoden, Verfahren und Werkzeuge, die die Erstellung von Datenmodellen unterstützen [ORT85], [GEB87], [WEN89], [ORT89]. Eine Übersicht über verschiedene Methoden der Datenmodellierung und ihre Darstellungsform gibt Tabelle 2.3-1.

Die *Modulintegration* bedeutet, daß mehrere betriebliche Bereiche dieselben EDV-Module gemeinsam nutzen. Beispielsweise wird ein Modul zur Lagerverwaltung von der Materialwirtschaft, der Auftragsabwicklung, der Produktionsplanung, der Produktionssteuerung und von der Instandhaltung benötigt. Der Vorteil der Modulintegration liegt im verringerten Aufwand für die Erstellung und Pflege der Anwendersoftware und durch ihren Standardisierungseffekt hinsichtlich der Vereinheitlichung der Ablauforganisation für unterschiedliche betriebliche Bereiche.

Die *Funktionsintegration* zielt zum einen ab auf einen Automatismus in der Bearbeitung - derart, daß das Ergebnis einer Bearbeitung in einem Bereich die Bearbeitung in einem anderen Bereich anstößt, und zwar immer dann, wenn bestimmte Schwellenwerte überschritten werden (Triggern von Funktionen). Zum anderen zielt die Funktionsintegration ab auf eine Verschmelzung von zuvor getrennten Funktionen. Da durch die Funktionsintegration Abläufe beschleunigt werden, lassen sich hiermit hohe Rationalisierungseffekte erzielen.

Als Realisierungsalternativen für die vier Integrationskomponeten werden bei [BEC93] drei Alternativen vorgeschlagen: die direkte Kopplung von Systemen, das Unternehmensdatenmodell (UDM) und das *CIM-Interface*. Die direkte Kopplung ist zwar sehr verbreitet, aber recht aufwendig und vor allem sehr änderungsintensiv, da die Anzahl der Kopplungsmodule quadratisch mit der Anzahl der zu koppelnden Systeme anwächst. Da die eigenen Datenbestände der Bereiche bestehen bleiben, spricht man hierbei auch von einer Quasi-Integration. Die Umsetzung der Integration über das logische Konzept eines UDM unterstützt insbesondere die Daten- und Datenstrukturintegration. Eine indirekte Wirkung geht zudem auf die Modulintegration und die Funktionsintegration im Sinne des Zusammenwachsens von Funktionen aus. Das CIM-Interface stellt den Mittelpunkt einer sternförmigen Kopplung der verschiedenen Systeme dar. Als aktiver Sternmittelpunkt hat es die Aufgaben, einen Datenabgleich über unterschiedliche Systeme herbeizuführen, Datenübertragungen anzustoßen und das Update der Daten zu überwachen. Die Anzahl der Kopplungsmodule beträgt im Gegensatz zur direkten Kopplung nur $2 \cdot n$.

Tabelle 2.3–1: Methoden der Datenmodellierung und ihre Schwerpunkte [LÖF88]

Methode	Schwerpunkt
Structured Analysis (SA)	Darstellung von Funktionen, Datenbereichen, Schnittstellen und den sie verbindenden Datenflüssen in Form von hierarchisch organisierbaren Netzen
Structured Design (SD)	Darstellung von Modulen und ihren Schnittstellen in sog. Structured Charts und Modulschichtenmodellen
SADT	Darstellung von Funktionen und den sie verbindenden Daten und Steuerflüssen in Form von hierarchisch organisierbaren Netzen
Entity-Relationship-Modell	Darstellung von Objekten und ihren quantifizierbaren Beziehungen (1:1; 1:n; etc.) in Form von Netzen
Entscheidungs-tabellen	Darstellung, unter welchen Kombinationen von Bedingungen bestimmte Aktionen ausgeführt werden, in Form von Tabellen
Endliche Automaten	Darstellung von Zuständen und Zustandsübergängen sowie von Zustandswechsel auslösenden Inputs und von bei Zustandswechsel ausgelösten Outputs in Form von Netzen
Petri-Netze	Darstellung von Zuständen und Ereignissen in Form von Netzen, deren Verhalten aufgrund der Petri-Netz-Regeln dynamisch untersucht werden kann
ISAC	Darstellung von Informationsmengen und Informationsflüssen und Funktionsabläufen in Form von insgesamt sieben Arten von Netzen
Jackson-Structured Programming (JSP)	Darstellung der Datenstruktur eines Problems und Ableitung der Programmstruktur aus dieser Datenstruktur
Jackson-System-Development (JSD)	Darstellung von Objekten und ihren Aktionen in Form von Bäumen und der Zusammenhang von Objekten in Form von Netzen
MASCOT	Darstellung von Prozessen (und Geräten) und ihrer Kommunikationsbereiche in Netzen
Funktionsnetze	Darstellung von Prozessen und Geräten sowie ihrer Kommunikation in Form von Netzen
HIPO	Baumartige Zerlegung eines Systems und Definition jedes Teiles durch Ein- und Ausgabedaten und den erforderlichen Arbeitsschritten

Als Weg zu einer rechnergestützten Integration der Informationen sieht [POL94] die "projektübergreifende Informationskonsolidierung", die zu einem verbindlichen Unternehmensinformationsmodell führt [SCHE88], [VET89], [SCHL83], [WED80]. Diese Informationsmodelle [KRU87] heißen "semantisch" oder "konzeptionell", da sie auf der benutzernahen Ebene die Begriffsbedeutungen und Begriffszusammenhänge abbilden, nicht jedoch die DV-technische Realisierung und anwendungsspezifische Auswahl dieser Informationen. Durch geeignete Darstellungstechniken werden aus Informationen Daten und Informationsmodellen Datenmodelle [POL94], vgl. Tabelle 2.3-1.

Der Stand der Technik heute ist, daß im Zuge der Entwicklung von Informationssystemen zunächst inhaltliche, anwendungslogische und organisationsorientierte Eigenschaften der Daten durch eine Datenstrukturanalyse untersucht und in einem semantischen bzw. konzeptionellen Informationsmodell beschrieben werden müssen, bevor daraus dann das Datenmodell abgeleitet werden kann. Hieraus sind erst die DV-technischen Anforderungen abzuleiten und festzulegen [POL94].

Unternehmensdatenmodelle bilden als unternehmensweite, anwendungsneutrale und implementierungsunabhängige Strukturbeschreibung der Informationen in einem Unternehmen darüberhinaus den Vorteil einer gemeinsamen sprachlichen Basis für die Kommunikation der an der DV-Organisation beteiligten Personen.

Um von der realen Welt zu einer begrifflichen Beschreibung zu gelangen, muß die Realität abstrahiert werden. In [POL94] werden folgende Abstraktionsprinzipien unterschieden:

- klassenbildende Abstraktion,
- begriffsbildende Abstraktion,
- komplexbildende Abstraktion und
- funktionale Abstraktion.

Für weitergehende Ausführungen, diese Abstraktionsprinzipien betreffend, sei auf [POL94] verwiesen. Je nach Zweck und Ziel läßt sich ein System mehr oder weniger detailliert, mehr oder weniger abstrakt formulieren. Eine systematische Ordnung kann dabei über die Beschreibung eines Systems über mehrere Ebenen funktionaler Abstraktion erreicht werden, s. Bild 2.3-1. Zwischen der untersten Abstraktionsebene, die die spezifische physikalische Welt beschreibt, und der höchsten Abstraktionsebene, die den Zweck oder das Ziel des Systems beschreiben, können je nach Art des Systems und der Zielvorstellungen eine unterschiedliche Zahl von Ebenen realisiert werden [RAS85].

Mit dieser Modellvorstellung wird in die Vielfalt von Darstellungsformen eines einzigen Systems Ordnung gebracht und insbesondere verdeutlicht, daß nicht eine einzige Darstellung ausreichend ist, sondern je nach Sichtweise auf das System auch mehrere Darstellungen erforderlich sind. Eine Vielzahl technischer und ökonomischer Systeme sind nach diesem Architekturprinzip erstellt worden [POL94]. Typische Beispiele sind Rechnerarchitekturen und Architekturen von Kommunikationseinrichtungen, letzteres bekannt als das 7-Schichtenmodell der Datenkommunikation oder auch ISO/OSI-Referenzmodell (vgl. Kap. 7).

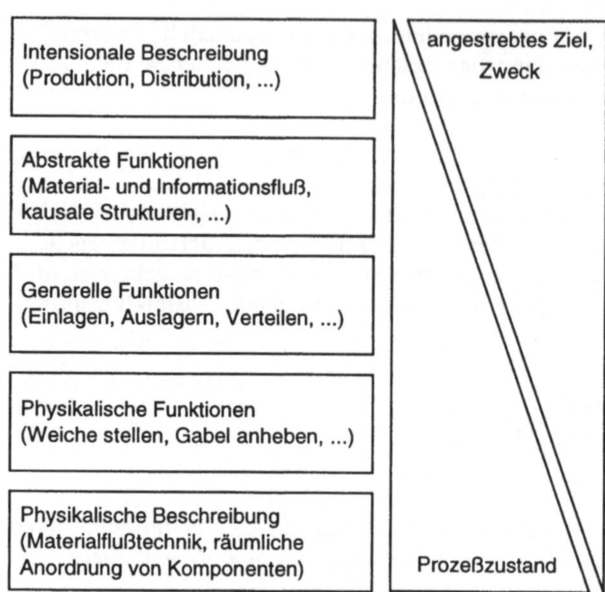

Bild 2.3-1: Systemmodellierung durch Bildung funktionaler Abstraktionsebenen mit Beispielen, in Anlehnung an [RAS85]

2.4 Modell der rechnergestützten Unternehmenslogistik

Das im folgenden in Kurzform dargestellte Modell der Unternehmenslogistik aus [JÜN89] mit horizontaler und vertikaler Gliederung läßt sich ebenfalls auf das in Kap. 2.3 vorgestellte Architekturprinzip zurückführen.

2.4.1 Horizontaler Aufbau der Unternehmenslogistik

Die Unternehmenslogistik ist mit dem Personalwesen und dem Finanzwesen als Querschnittsfunktion im Gegensatz zu den Linienfunktionen (Forschung und Entwicklung, Beschaffung, Produktion, Absatz und Marketing) in das Unternehmen einzuordnen [JÜN89].

An den Schnittpunkten der Querschnittsfunktion Logistik mit den Linienfunktionen ergeben sich spezifische Aufgabenbereiche, die zu einer horizontalen Gliederung der Unternehmenslogistik nach den Phasen des Materialflusses in die folgenden Aufgabenbereiche führt:

- *Beschaffungslogistik*,
- *Produktionslogistik*,
- *Distributionslogistik*,
- *Entsorgungslogistik* und
- *Verkehrslogistik*.

Nicht jedes Unternehmen muß jeden Bereich aufweisen; so setzen Handelsunternehmen sich nicht mit produktionslogistischen Fragestellungen auseinander, und Unternehmen, die keinen eigenen Fuhrpark besitzen, werden im Sinne einer Verkehrslogistik auch keine Tourenplanungen durchführen. Letzteres bleibt die Aufgabe von Spediteuren mit eigener LKW-Flotte oder anderer Verkehrsunternehmen. Im folgenden werden die einzelnen Aufgabenbereiche in ihrer Zielsetzung und Funktion nach [JÜN89] und [PFO96] beschrieben. Der Umfang der Beschreibung wurde auf das Maß beschränkt, wie es für das Verständnis von Informationsfluß und Steuerungsstrukturen sowie deren Realisierung durch Informations- und Steuerungssysteme erforderlich ist.

2.4.1.1 Beschaffungslogistik

Die Beschaffung umfaßt den Einkauf und die Beschaffungslogistik. Der Einkauf hat nach dem Angebot des Beschaffungsmarktes die Bedarfsanforderungen des Unternehmens an Gütern zu erfüllen. Die Bestellung erfolgt nach dem Kriterium, welche Lieferanten die Bedarfe mit den richtigen Funktions- und Gebrauchseigenschaften der Güter in der richtigen Qualität und zu einem günstigen Preis befriedigen können. Mit dem Abschluß des Einkaufsvorganges wird der Eigentumserwerb als rechtliche Funktion des Einkaufs vollzogen.

Die Aufgabe der Beschaffungslogistik besteht in der Planung, Steuerung und Kontrolle der Transport- und Lagerprozesse mit dem Ziel, die bestellten Güter (betriebsfremde Roh-, Hilfs- und Betriebsstoffe, Handelsware, Halbfertigerzeugnisse und Kaufteile) ihrer zweckbestimmten Verwendung im Unternehmen bedarfsgerecht verfügbar zu machen. Die Beschaffungslogistik nimmt damit wesentlichen Einfluß auf die Gestaltung des Material- und Informationsflusses zwischen dem Beschaffungsmarkt und der Produktion bzw. Produktionslogistik. Im einzelnen betrifft dies folgende Prozesse der logistischen Kette:

- Transport vom Lieferanten zum Wareneingang des Abnehmers,
- Warenannahme und -prüfung,
- Beschaffungslagerhaltung,
- innerbetrieblicher Transport zum Verbrauchsort.

Die Beschaffungslogistik ist daher ein marktverbundenes Logistiksystem [PFO96], das die Verbindung zwischen der Distributionslogistik des Lieferanten und der Produktionslogistik eines Unternehmens herstellt. Wesentlichen Einfluß auf die in der Beschaffungslogistik entstehenden Kosten haben die zur Anwendung gelangenden Prinzipien der externen Materialbereitstellung. Es lassen sich drei Prinzipien unterscheiden [GRO86], die jeweils grundsätzlich andere Anforderungen an die Beschaffungslogistik stellen:

- Einzelbeschaffung im Bedarfsfall,
- Beschaffung mit Vorratshaltung,
- produktions- oder einsatzsysnchrone Anlieferung.

Zu den Anforderugen und den Vor- und Nachteilen der einzelnen Prinzipien sei auf [PFO96] und [GRO86] verwiesen. In bezug auf die Informations- und Steuerungsstrukturen ist insbesondere das Prinzip der produktions- oder einsatzsynchronen Anlieferung zu betrachten, das eine besonders enge Kooperation zwischen Abnehmer und Lieferant oder gegebenenfalls einem Logistikdienstleister erfordert. Dieses Prinzip - heute allgemein gebräuchlich als *JIT*-Anlieferung (*Just-in-Time*) bezeichnet - beruht auf dem Ansatz, die Bereitstellung von Material an den Verbrauchsorten so zu optimieren, daß die Lagerbestände bis auf das absolut unvermeidbare Mindestmaß reduziert werden können [JÜN89]. Eine bedarfsorientierte Produktion bringt auch auf der Lieferantenseite den Vorteil einer minimierten Lagerhaltung, so daß sowohl beim Abnehmer als auch beim Lieferanten Kosteneinsparungen möglich werden.

Wie bereits aus diesen kurzen Ausführungen ersichtlich wird, sind die Anforderungen an die informationelle Kopplung zwischen Abnehmer und Lieferant sehr hoch. Sie können in der erforderlichen Intensität nur durch den Einsatz moderner Informationstechnik erfüllt werden (vgl. Kap. 3 und 4).

2.4.1.2 Produktionslogistik

Die Produktionslogistik ist entsprechend der horizontalen Gliederung der Unternehmenslogistik zwischen der Beschaffungs- und Distributionslogistik angeordnet und stellt das Bindeglied zwischen diesen dar. Nach [PFO96] umfaßt die Produktionslogistik alle Aktivitäten, die im Zusammenhang mit der Versorgung des Produktionsprozesses mit Einsatzgütern (Roh-, Hilfs- und Betriebsstoffe sowie Halbfertigerzeugnisse und Kaufteile) und der Abgabe der Halbfertig- und Fertigerzeugnisse an das Absatzlager stehen. Produktionsvorgänge und logistische Aktivitäten sind sehr eng miteinander verknüpft, teilweise sogar untrennbar miteinander verbunden [JÜN89]. In [PFO96] wird eine mögliche Abgrenzung von Produktion und Logistik darin gesehen, daß man als Aufgabe der Produktion definiert, Produktionskapazitäten in der erforderlichen Kapazität (qualitativ und quantitativ) und Flexibilität zur Verfügung zu stellen. Aufgabe der Logistik ist es dann, die Produktionskapazitäten zu nutzen, indem die Produktionslogistik der Produktion im Rahmen der internen Materialbereitstellung das für die Produktionsprozesse benötigte Material bereitstellt.

Die enge Verflechtung von Logistik- und Produktionsprozessen spiegelt sich insbesondere in der Auftragsabwicklung wider. Das bei der Auftragsabwicklung zum Einsatz gelangende Prinzip beeinflußt in hohem Maße den Informationsfluß und die Steuerungsstrukturen. In [PFO96] wird eine informationsflußorientierte Definition der Auftragsabwicklung aufgestellt. Danach ist die Funktion der

Auftragsabwicklung die Gewährleistung des mit dem Material- und Güterfluß in Zusammenhang stehenden Informationsflusses. Gegenstand der Auftragsabwicklung sind hier interne Aufträge, die in Produktionsaufträge und logistikbezogene Transport- und Lageraufträge unterteilt werden.

Die nach [PFO96] eigentliche Aufgabe der Auftragsabwicklung ist die Realisierung des Informationsflusses, der die physische Bereitstellung der Einsatzgüter begleitet. Die Produktionsaufträge werden von *der Produktionsplanung und -steuerung (PPS)* veranlaßt, womit die Beziehung zum *PPS-System* geknüpft ist.

Zur Illustration der Informations- und Steuerungsstrukturen in der Produktionslogistik wird der im Rahmen der Auftragsabwicklung zu realisierende Informationsfluß im folgenden kurz skizziert.

Bedarfsmeldungen der Produktion an Einsatzgütern führen zu einem entsprechenden Bereitstellungsauftrag für die Produktionslogistik. Diese führen zur Generierung von Lager- und Transportaufträgen, welche die Durchführung der zur Materialbereitstellung erforderlichen Materialflußprozesse veranlassen. Die Materialflußprozesse werden von entsprechenden Lager- und Transportsystemen realisiert. Die physikalische Ausführung der Lager- und Transportaufträge durch die Lager- und Transportsysteme wird in Form von Meldungen (Status-, Störungs-, Vollzugsmeldungen) bezüglich des Bearbeitungsstatus der Aufträge dokumentiert.

Um eine effiziente Koordination des Materialflußprozesses, der verschiedenen logistischen Prozesse und dem Produktionsprozeß zu erreichen, muß eine Integration der mit ihnen verbundenen Informationsflüsse das Ziel sein. In [BEC93] erfolgt eine ausführliche Darstellung hierzu. Die Integrationsbestrebungen konzentrieren sich sowohl auf die informationelle Kopplung als auch auf die steuerungstechnische Kopplung zwischen der Steuerung der logistischen Prozesse und der Steuerung der Produktion. Für die informationelle Kopplung ist die Schaffung einer gemeinsamen Datenbasis (Teile-, Transportmittel-, Behälter-, Umschlags- und Lagerdaten) wichtig, auf die sowohl die Steuerung der logistischen Prozesse als auch das PPS-System zugreifen können. Die steuerungstechnische Kopplung zwischen logistischen Prozessen und Produktionsprozessen sieht die Möglichkeit vor, daß eine Funktion des einen Steuerungssystems eine Funktion im anderen Steuerungssystem automatisch anstößt.

Neben der Kopplung zwischen Produktionslogistik und der Produktionsplanung und -steuerung sind insbesondere die Verknüpfungen zur Beschaffungs- und Distributionslogistik von Bedeutung. In Kap. 3 werden diese Schnittstellen im Rahmen von Informationssystemen betrachtet. Überdies erfolgen in Kap. 3 detaillierte Betrachtungen der o.g. Informationsflüsse und die Vorstellung entsprechender Realisierungskonzepte.

2.4.1.3 Distributionslogistik

Die Abgrenzung zwischen dem Absatz- oder Vertriebsbereich und der Distributionslogistik eines Unternehmens wird in [PFO96] wie folgt vorgenommen. Der Absatzbereich des Unternehmens hat die Aufgabe, Kundenkapazitäten zur Verfügung zu stellen, vorhandene Kundenkapazitäten zu pflegen und zukünftige Kundenkapazitäten zu gewinnen. Die Distributionslogistik nutzt die vorhandenen Kundenkapazitäten, indem sie die notwendigen Warenflüsse erzeugt, um dem Kunden die von ihm gekauften Waren in gewünschter Weise physisch verfügbar zu machen.

Die Distributionslogistik verbindet die Produktionslogistik eines Unternehmens mit der Beschaffungslogistik des Kunden. Wie die Beschaffungslogistik ist die Distributionslogistik ein marktverbundenes Logistiksystem [PFO96]. Distributionslogistik und Beschaffungslogistik beziehen sich dabei auf den gleichen Sachverhalt aus Sicht des Liefernden bzw. aus der Sicht des Belieferten [GAB93]. Im Sinne der Kundenorientierung kommt bei der Distributionslogistik dem Service eine wichtige Bedeutung zu. In diesem Sinne muß man in der Distributionslogistik zudem die beschaffungslogistischen Probleme des Kunden kennen und ihn bei der Problemlösung unterstützen.

Das Aufgabengebiet der Distributionslogistik umfaßt somit die Planung, Steuerung und Kontrolle des physischen Warenflusses sowie des damit verbundenen Informationsflusses zwischen Produktions- und Handelsunternehmen und den jeweiligen Abnehmern, z.B. Händler, weiterverarbeitende Industrie, andere Endverbraucher öffentlicher oder gewerblicher Art. Im einzelnen betrifft dies folgende Prozesse der logistischen Kette:

- Distributionslagerhaltung
- Kommissionierung
- Verpackung
- Warenausgangskontrolle
- Transport vom Lieferanten zum Wareneingang des Abnehmers

Kommissionieren ist das Zusammenstellen von bestimmten Teilmengen (Artikel) aus einer bereitgestellten Gesamtmenge (Sortiment) auf grund von Bedarfsinformationen (Aufträge). Dabei findet eine Umformung eines lagerspezifischen Zustandes in einen verbrauchsspezifischen Zustand statt [VDI 3590].

Bei der Erfüllung ihrer Aufgaben hat sich die Distributionslogistik an folgenden Zielsetzungen zu orientieren [JÜN89]:

- Bei gegebenen Kosten ist der maximale distributionslogistische Output (Leistungsgröße, z.B. Lieferservice) anzustreben.
- Bei gegebenem Output des Logistiksystems sind die Kosten (Input des Systems) zu minimieren.

Der Aufbau von Informations- und Steuerungssystemen zur Erfüllung dieser Aufgaben wird in den Kapiteln 3 und 5 behandelt.

2.4.1.4 Entsorgungslogistik

Im Sinne des Umweltschutzes ist der Entsorgung und insbesondere dem Recycling von Abfallstoffen eine hohe Bedeutung zuzumessen. Dabei ist schon innerhalb des Unternehmens der entstehende Abfall gesondert unter logistischen Gesichtspunkten zu behandeln. Er wird entweder sofort recycelt und dem Produktionsprozeß direkt wieder zugeführt oder alternativ, extern wieder aufbereitet und im Bedarfsfall dem Unternehmen wieder zum Verbrauch angeboten. Abfallstoffe, die keinem Recyclingprozeß zugeführt werden können, müssen gesondert entsorgt werden.

Die Entsorgungslogistik hat im Rahmen des Recyclings von Abfällen, die innerhalb des Unternehmens entstehen eine Schnittstelle zur Produktionslogistik.

2.4.1.5 Verkehrslogistik

Die Verkehrslogistik ist institutionell in Verkehrsunternehmen angesiedelt, deren Hauptzweck es ist, logistische Leistungen zwischen den Industrie- und Handelsunternehmen und den Haushalten zu erfüllen [JÜN89]. Das Angebot von Logistikdienstleistern geht im Sinne von ganzheitlichen Logistiklösungen über das Leistungsspektrum der traditionellen Spedition hinaus. Outsourcing wird in diesem Zusammenhang dahingehend praktiziert, daß Logistikdienstleister beispielsweise die gesamte Distribution für Produktionsunternehmen übernehmen. Für die rationelle Abwicklung logistischer Leistungen ist ein dem Materialfluß möglichst weit vorauseilender Informationsfluß anzustreben, um den Dispositionsspielraum zu erhöhen.

2.4.2 Vertikale Gliederung der Unternehmenslogistik

Im logistischen Sinn werden unter dem Gesichtspunkt der funktionalen Abstraktion vertikal drei Ebenen im Unternehmen unterschieden:

- *Management-Ebene*,
- *Logistik-Ebene*,
- *Materialfluß-Ebene*.

Bei der Verknüpfung sowohl des horizontalen als auch des vertikalen Aufbaus der Unternehmenslogistik ergibt sich der Gesamtaufbau der Unternehmenslogistik als zweidimensionale Gliederung des Unternehmens im logistischen Sinne (Bild 2.4-1). Alle Logistikbereiche werden über die Informationspfeile miteinander in eine klare Beziehungsstruktur gebracht. Weiterhin ist in Bild 2.4-1 die globale Einbindung des Betriebes angedeutet, die wiederum durch eine höhere Abstraktionsebene repräsentiert ist, beispielsweise durch volkswirtschaftliche Zielvorstellungen.

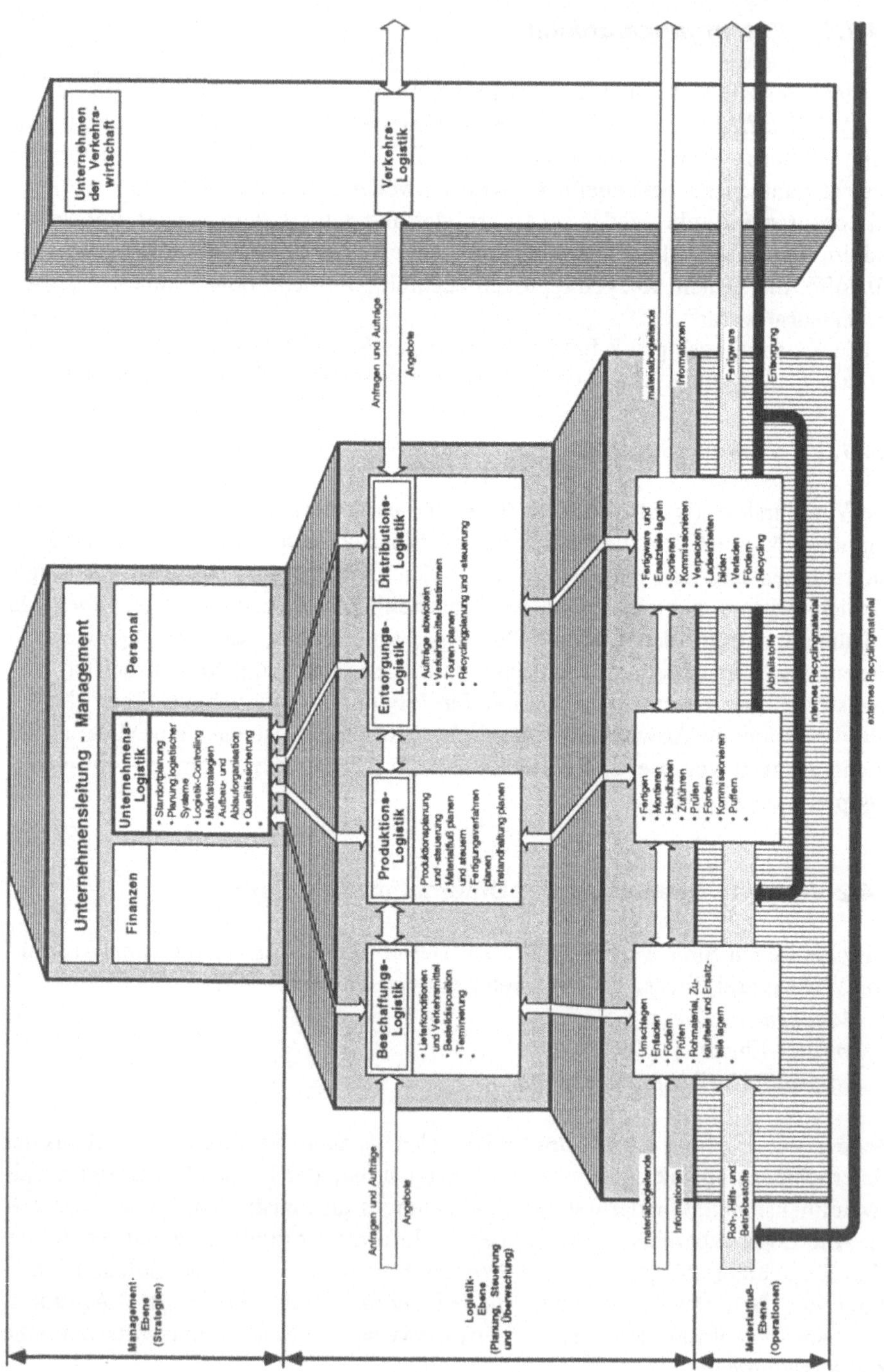

Bild 2.4-1: Aufbau der Unternehmenslogistik in Industrieunternehmen

Die *Management-Ebene* stellt die oberste Ebene in einem Unternehmen dar. Auf der Management-Ebene der Industrieunternehmen findet sich die Logistik neben den Bereichen Personal und Finanzen als Querschnittsfunktion wieder. Auf dieser Ebene sind beispielsweise auch Fragen der Standortplanung, der Qualitätssicherung, der Marktstrategien, der Aufbau- und Ablauforganisation sowie des Logistik-Controlling zu lösen. Diese Aufgaben sind wegen ihrer übergeordneten Bedeutung für das Unternehmen als Managementoperationen einzustufen.

Die *Logistik-Ebene* nimmt die mittlere Stellung ein. In der Logistik-Ebene sind die einzelnen Logistikbereiche der beschriebenen Horizontalgliederung über einen durchgehenden, hierarchisch gegliederten Informationsfluß verbunden, der nach außen über Anfragen, Aufträge und Angebote mit den anderen Unternehmen in Kontakt tritt. Hierbei werden Steuerungsaufgaben für den Materialfluß wahrgenommen sowie dispositive, administrative und auch strategische Aufgaben erfüllt, die logistische Tätigkeitsfelder berühren.

Die Logistik-Ebene führt hierarchisch hinunter bis zum Materialfluß im Unternehmen, der die unterste Ebene der vertikalen Gliederung bildet. Der Materialfluß verbindet alle Unternehmensbereiche. Er verknüpft die Operationen, die das Material erfährt. Alle Informationen, die während des Materialflußprozesses anfallen, werden von der Logistik-Ebene verarbeitet. Dem Materialfluß kommt dabei - analog zur Logistik - die Rolle einer Querschnittsfunktion im Unternehmen zu.

Somit sind die beiden Funktionen Materialfluß und Logistik im Unternehmen wie folgt zu bestimmen:

- Materialfluß und Logistik belegen unterschiedliche, hierarchische Ebenen und sind beide als Querschnittsfunktionen zu verstehen.
- Logistik ist die Planung, Steuerung und Überwachung des Material- bzw. Objektflusses und die Durchführung sämtlicher ihn betreffenden Operationen mit informativen Mitteln.
- Materialfluß ist ein operativer Prozeß. Er verkettet alle Unternehmensbereiche und wird dabei über die Logistik gestaltet.

Die Strukturen der Unternehmen unterscheiden sich zwischen Vorhanden- oder Nichtvorhandensein bzw. über die Mehr- oder Minderausprägung einzelner Informations- und Steuerungspfade. Zentrales Merkmal moderner, wettbewerbsfähiger Unternehmen ist der Informationsverbund innerhalb und zwischen den Unternehmensebenen und damit aller am Prozess beteiligten Einrichtungen. Die wichtigsten Elemente solcher Betriebe sind neben kommunikationsfähigen Rechner-, Fertigungs- und Materialflußsystemen insbesondere Netzwerke, die die datentechnische Verbindung zwischen den Einzelsystemen horizontal und vertikal über alle Ebenen realisieren.

2.4.3 Hierarchische Funktionsteilung

Basierend auf dem in Kap. 2.4 beschriebenen Modell der Unternehmenslogistik nach [JÜN89] wird im folgenden der funktionale Aspekt der vorgenommenen Gliederung behandelt. Bild 2.4-2 zeigt die Funktion der unterschiedenen Ebenen und die Qualität dieser Funktionen in bezug auf den Materialfluß.

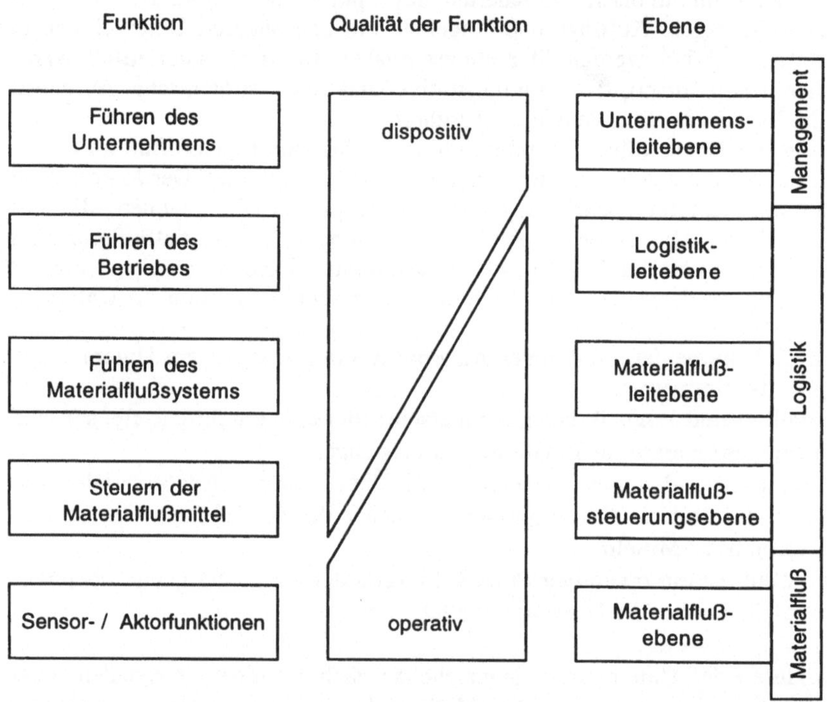

Bild 2.4-2: Funktionaler Einfluß der Hierarchieebenen auf den Materialfluß, in Anlehnung an das Ebenenmodell nach [POL84b]

Im Hinblick auf die Architektur von Informations- und Steuerungssystemen in Materialfluß und Logistik wurde die Logistikebene durch eine Untergliederung in drei weitere Ebenen funktional detailliert. Die Logistikebene gliedert sich damit in die Unterebenen

- *Logistikleitebene*,
- *Materialflußleitebene* und
- *Materialflußsteuerungsebene.*

Diese drei Ebenen unterscheiden sich in ihren Anteilen von dispositiven und operativen Funktionen. Mit absteigender Hierarchie nimmt der dispositive Anteil ab, während gleichzeitig der operative Anteil zunimmt. Gemäß den unterschiedenen Ebenen überwiegen daher Steuerungssysteme in der operativen Ebene des Materialflusses, während auf der Logistik- und Managementebene mehr Informationssysteme für die Abarbeitung strategischer, dispositiver und administrativer Aufgaben eingesetzt werden (vgl. Kap. 2.1). In Bild 2.4-3 sind die typischen Funktionen für den Informationsfluß und für die Steuerung logistischer Systeme den fünf Ebenen zugeordnet. Diese fünf Ebenen werden auch im weiteren im Hinblick auf die funktionale Gliederung von Informations- und Steuerungssystemen unterschieden.

Weiterhin wurde hier eine schematische Darstellung der zwischen den Ebenen auszutauschenden Datenmengen und eine Typisierung dieser Daten vorgenommen. Daten, die in Richtung höherer Hierarchieebenen, d.h. von unten nach oben fließen, erfahren hierbei in jeder Ebene eine Verarbeitung, Auswertung und Verdichtung und gewinnen dadurch einen immer stärker werdenden informationellen Charakter.

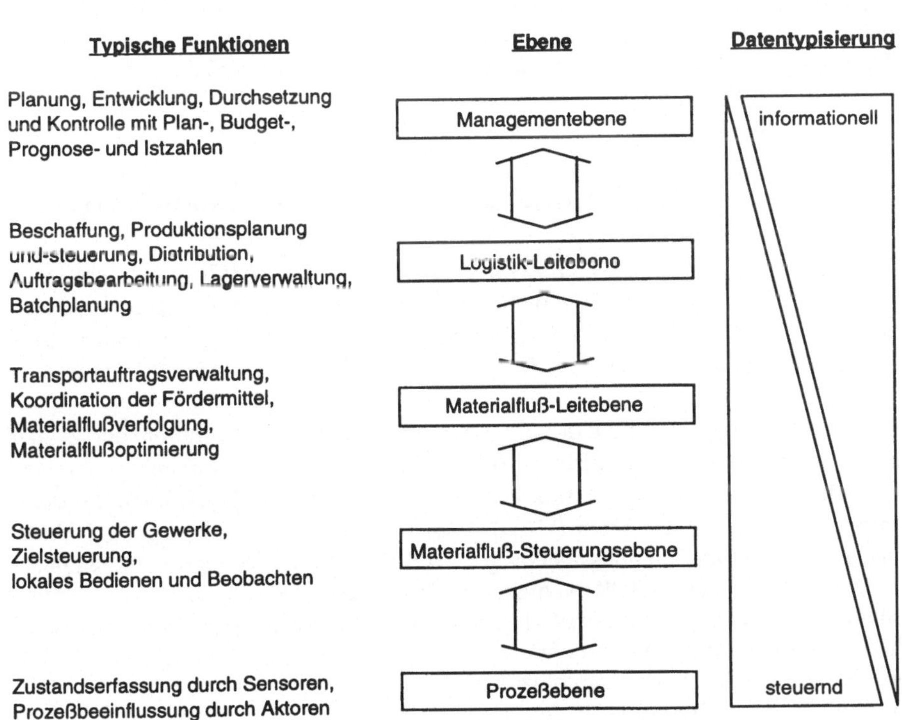

Bild 2.4-3: Funktionsebenen für Informationsfluß und Steuerung logistischer Systeme

Die zielgerichtete Aufarbeitung der in den Daten enthaltenen Informationen unterstützt die Entscheidungsfindung auf der jeweilige Ebene. Aus der Entscheidung ergeben sich Anweisungen, die in Form von Daten mit steuerndem Charakter an die jeweils untergeordnete Hierarchieebene übermittelt werden. Daten, die in Richtung niedrigerer Hierarchieebenen, d.h. von oben nach unten fließen, erfahren dabei in jeder Ebene einen höheren Detaillierungsgrad für die operative Durchsetzung der Anweisung. Dabei nimmt der operativ steuernde Charakter der Daten zu.

Die zu übertragenden und in den jeweiligen Ebenen zu verarbeitenden Datenmengen ergeben sich aus der Anzahl der erzeugten Daten und der Übertragungshäufigkeit. Die Übertragungshäufigkeit ergibt sich wiederum aus den typischen Reaktionszeiten der einzelnen Ebenen. Durch die hohe Zahl von Eingangs- und Ausgangssignalen und Reaktionszeiten im Millisekunden-Bereich ist die anfallende Datenmenge auf der untersten Steuerungsebene am höchsten. Auf der Managementebene werden langfristige Entscheidungen getroffen. Bei strategischen Entscheidungen beispielsweise beträgt der Zeithorizont meist mehrere Jahre. Die zu übertragenden Datenmengen unterscheiden sich deutlich von der Steuerungsebene, da es sich hier um große Datenpakete mit geringer Übertragungshäufigkeit handelt.

An die Informations-, Steuerungs- und Kommunikationssysteme werden daher auf den verschiedenen Ebenen unterschiedliche Anforderungen gestellt, die es durch entsprechende Techniken zu erfüllen gilt. Diese Techniken werden in den Kapiteln 3 bis 9 vorgestellt.

2.5 CIL - ein Integrationskonzept für Logistische Betriebe

Der Begriff des *Computer Integrated Manufacturing (CIM)* beschreibt nach [GAB93] ein Integrationskonzept für die Informationsverarbeitung in Produktionsunternehmen. Eine einheitliche Definition für CIM gibt es hingegen nicht. Eine der am häufigsten verwendeten Definitionen ist das Y-CIM-Modell von Scheer [SCHE90b], s.
Bild 2.5-1. Es beschreibt CIM als die rechnergestützte Integration der primär betriebswirtschaftlich-dispositiv orientierten Produktionsplanungs- und Steuerungsfunktionen (PPS) mit den primär technischen Funktionen Produktentwurf (CAE), Konstruktion (CAD), Arbeitsplanung (CAP), Fertigung (CAM), Instandhaltung und Qualitätssicherung (CAQ) in einem Fertigungsunternehmen.

Der CIM-Gedanke stellt weniger die Einzelfunktionen in den Vordergrund sondern vielmehr deren koordiniertes Zusammenwirken. Die Ziele von CIM lassen sich wie folgt zusammenfassen:

- Verkürzung der Auftragsdurchlaufzeiten,
- Erhöhung der Flexibilität in der Fertigung,
- Erhöhung der Transparenz bei der Auftragsverfolgung,
- Redundanzvermeidung bei der Datenhaltung.

Durch den vorrangigen Bezug auf produzierende Unternehmen bleiben sogenannte *Logistische Betriebe* von CIM unberücksichtigt. Logistische Betriebe erzielen im Unterschied zu produzierenden Unternehmen keine *Wertschöpfung*, sondern bieten logistische Leistungen an. Dies können beispielsweise Handelsunternehmen oder Verkehrsunternehmen sein oder allgemein Betriebe, die

Dienstleistungen im Sinne logistischer Leistungen erbringen (vgl. [JÜN89] Kapitel A.2.3: Unternehmenslogistik).

Für eine durchgängige rechnergestützte Vernetzung in Logistischen Betrieben wurde in [JÜN89] synonym zu CIM in produzierenden Unternehmen der Begriff *CIL* (*Computer Integrated Logistic Enterprise*) eingeführt. CIL beinhaltet die strategischen Aspekte zur Verbesserung der Effizienz und Qualität der Dienstleistung in Logistischen Betrieben. Unter Einsatz moderner Informations- und Kommunikationstechnologien wird als vorrangiges Ziel der durchgängige und unterbrechungsfreie Material- und Informationsfluß angestrebt. Der Begriff CIL umfaßt in Analogie zu CIM ein Integrationskonzept für alle rechnergestützten Funktionen beispielsweise in Handelsunternehmen oder Verkehrsunternehmen.

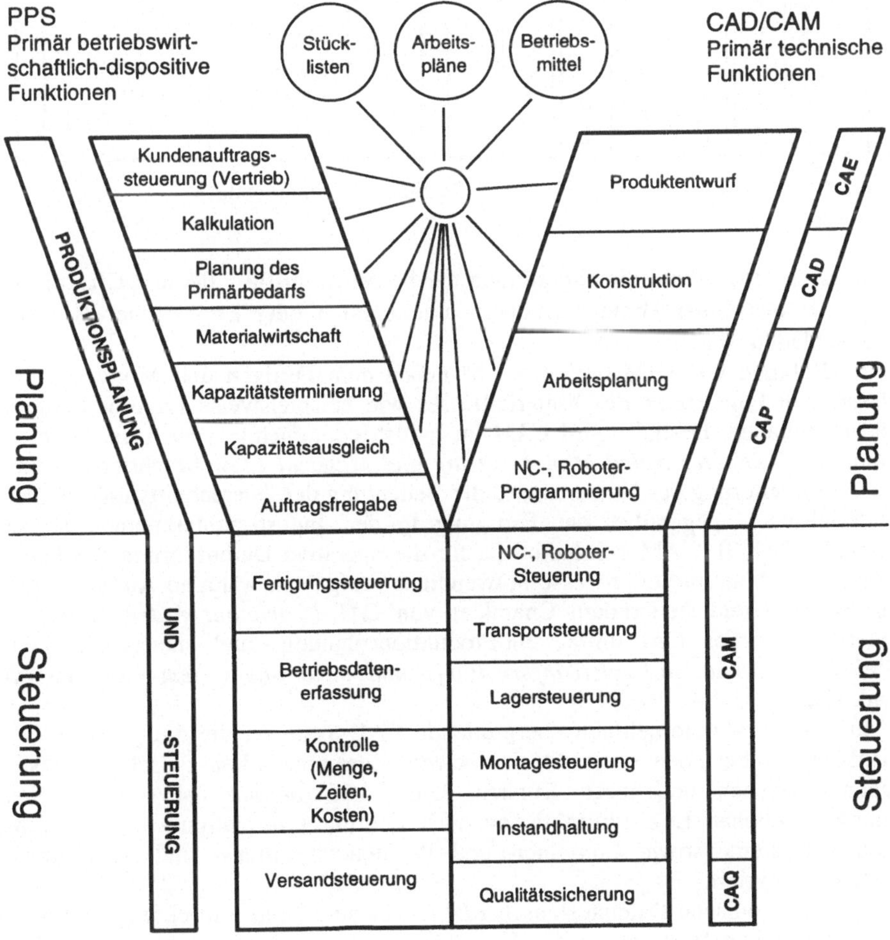

Bild 2.5-1: Y-CIM-Modell nach [SCHE90b]

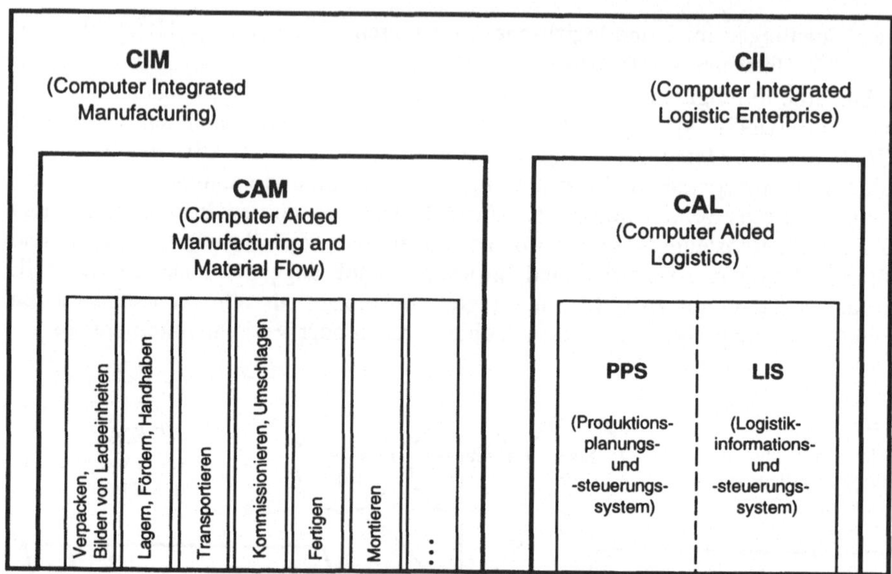

Bild 2.5-2: Rechnergestützte Logistik, Begriffe und deren Einordnung

Bild 2.5-2 verdeutlicht die Einordnung der beiden Begriffe CIM und CIL, die je nach Art des Unternehmens (Industrieunternehmen oder Logistischer Betrieb) unterschieden werden.

Im Rahmen von CIM umfaßt CAM neben dem Fertigen und Montieren die klassischen Funktionen des Materialflusses wie beispielsweise Lagern, Fördern und Handhaben. Deshalb wird *CAM* im Industrieunternehmen auch im weiteren Sinne als *Computer Aided Manufacturing and Material Flow* beschrieben. Eine solche Erweiterung des Namens wird der Bedeutung der Querschnittsfunktion des Materialflusses gegenüber der Fertigung in den Industrieunternehmen besser gerecht [JÜN89]. CAM beinhaltet die für die operative Durchführung der Fertigungs- und Materialflußprozesse notwendigen Aufgaben, während Aufgaben mit dispositivem und steuerndem Charakter von *CAL (Computer Aided Logistics)* unterstützt werden. CAL umfaßt ein Produktionsplanungs- und -steuerungssystem (PPS-System) und ein *Logistikinformations- und -steuerungssystem* (LIS-System) (vgl. Kap 3).

Insbesondere unternehmensübergreifende CAL-Systeme, die die gesamte Logistikkette einbeziehen, unterstützen eine enge Zusammenarbeit zwischen Logistischen Betrieben und ihren Kunden. Unter LIS werden daher neben den innerbetrieblichen Logistikfunktionen auch Fuhrparkinformations- und Tourenplanungssysteme sowie Container- und Palettendispositions- und -steuerungssysteme integriert.

Der elektronische Datenaustausch *EDI (Electronic Data Interchange)* führt zu einer deutlichen Verkürzung der Übertragungszeiten, Verringerung der Fehlerquellen und des administrativen Aufwandes. Überdies ermöglicht EDI die Verfolgung von Aufträgen entlang der Logistikkette, so daß zum einen die Dispositions- und Steuerungsmöglichkeiten des Logistikdienstleisters verbessert werden und zum anderen der Kunde jederzeit über den Aufenthaltsort und Status seiner Lieferung informiert ist.

Durch die Integration von PPS und LIS mit ihren zahlreichen Interdependenzen unter der Überschrift CAL ergeben sich daher zahlreiche Verbesserungen bei der Disposition von Bestellungen, Tourenplanung, Auftragsterminierung und bei der Abstimmung der Kapazitäten der Fertigung und des Transports.

CAM und CAL weisen Schnittstellen auf, über die der notwendige Daten- und Informationsaustausch gewährleistet sein muß. CAM und CAL stellen in der hier vorgestellten Form wichtige Instrumente im Rahmen von CIM in rechnergestützten Industrieunternehmen dar. Eine vergleichbare Bedeutung kommt beiden Begriffen in Logistischen Betrieben im Rahmen von CIL zu. Da Logistische Betriebe keine Wertschöpfung erbringen, entfallen im Rahmen von CIL für CAM das Fertigen und Montieren und für CAL die Komponente PPS. Die Struktur eines rechnerintegrierten Logistischen Betriebes bleibt im Vergleich zur Struktur eines Industrieunternehmens unverändert.

Bild 2.5-3 zeigt die Integration von LIS und PPS in Verbindung mit den Stammdaten des Unternehmens zu einer *Logistik-Leitzentrale*, welche die Koordination von Informationsfluß und Materialfluß unterstützt. Die Stammdaten umfassen hierbei sowohl produktionstechnische Informationen (Material, Stücklisten, Produktionsprozsse, CAD-Daten, Seriennummern etc.) als auch logistische Informationen (Kundendaten, Lieferantendaten, Termine, Qualität, Größen, Gewichte, Verpackungseinheiten, Ladehilfsmittel etc.).

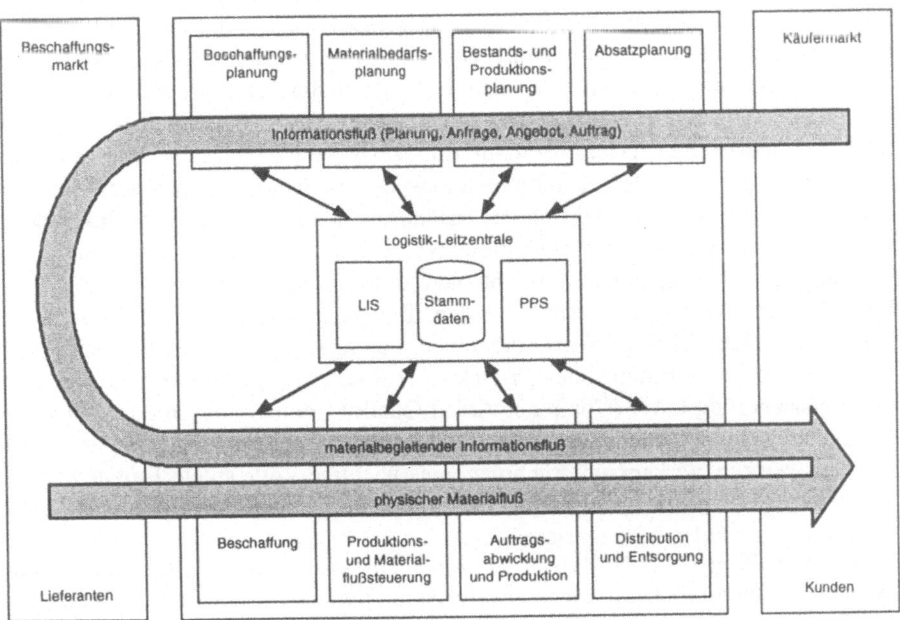

Bild 2.5-3: Koordination von Informationsfluß und Materialfluß mittels einer integrierten Logistik-Leitzentrale

Die Logistik-Leitzentrale übernimmt in der gesamten logistischen Kette des Unternehmens ablaufoptimierende Koordinationsaufgaben. Für die Einzelfertigung in einem Unternehmen koordiniert die Leitzentrale beispielsweise den gesamten Auftrag von der Beschaffung bis zur Distribution, wobei gleichermaßen der operative und administrative Bereich von Bedeutung ist. Bei der Serienfertigung liegt Koordinierungsbedarf überwiegend bei der operativen Wertschöpfung und der Synchronisation der autonomen Subsysteme.

Beispielhafte Aufgaben im Rahmen der Steuerungsfunktion bilden die Optimierung der Beschaffung bei der Wahl der Lieferanten sowie eine Mengen/Preisabwägung und die Festlegung der Fertigungstiefe. In der Produktion gilt es unter anderem, geeignete Arbeitsvorgangsfolgen, die Zuweisung von Fertigungsaufträgen zu den einzelnen Arbeitsmitteln, die günstigsten Losgrößen, die Zusammenfassung von Teilen zu Teilefamilien, den Kapazitätsabgleich zwischen Materialfluß- und Produktionsmitteln zur Auslastungsoptimierung sowie Instandhaltungsregeln festzulegen. Von besonderer Bedeutung ist die Abgleichung von Materialfluß und Fertigung im Rahmen der Produktionsplanung und -steuerung.

2.6 C-Techniken im Verbund

Zur Realisierung des Integrationszieles sind alle in einem Unternehmen eingesetzten rechnergestützten Systeme über ein gemeinsames, zentrales Kommunikationsnetz und mit einer durchgängigen, gemeinsamen Datenbasis miteinander zu koppeln. Hierdurch werden über den Rationalisierungseffekt durch die Rechnerunterstützung der einzelnen Funktion hinaus weitere Rationalisierungspotentiale im Unternehmen erschlossen. In Bild 2.6-1 sind wichtige rechnergestützte Systeme in ein zentrales Kommunikationsnetz eingebunden. Die Realisierung einer durchgängigen, gemeinsamen Datenbasis kann dabei als zentrale oder verteilte Datenbank erfolgen. Auf diese Weise können eine größtmögliche Transparenz des Unternehmens erreicht und Informationen in unterschiedlichen Bereichen zur Verfügung gestellt werden. Beispiele hierfür sind EDM-Systeme (Electronic Data Management), die einen durchgängigen Datenfluß über den gesamten Lebenszeitraum eines Produktes realisieren, oder die rechnergestützte Qualitätssicherung CAQ (Computer Aided Quality Control), die in den Industrieunternehmen in verschiedenen Teilsystemen wie auch in Logistischen Betrieben, beispielsweise in Verkehrsunternehmen, eine wichtige Rolle spielt. Einige weitere wichtige rechnergestützte Systeme neben den beschriebenen CAL und CAM werden im folgenden kurz umrissen.

Mit dem Begriff *CAD (Computer Aided Design)* werden Hilfsmittel zusammengefaßt, die eine Geometriedatenverarbeitung erlauben. Bei den Geometriedaten kann es sich um Konstruktionszeichnungen von Arbeitsmitteln oder von Teilen eines Arbeitsmittels, Pläne von Gebäuden und Unternehmen oder auch um einfache Diagramme handeln. CAD ist gegenüber vielen anderen rechnergestützten Systemen am weitesten entwickelt und erlaubt auch die Darstellung von sehr komplexen Konstruktionen. Durch die vielfältigen Einsatzmöglichkeiten haben sich CAD-Systeme schon in vielen Unternehmen bewährt. Häufig findet man eine

Integration von CAD-Systemen in CAM-Systemen, die dann als CAD/CAM-Systeme bezeichnet wird. Ihr liegt eine durchgängige Nutzung im Rahmen der Konstruktion eingegebener Geometriedaten für die Programmerstellung der Produktionsmittel zugrunde.

CAE (Computer Aided Engineering) hat von seiner Bedeutung her bis heute eine Begriffswandlung vollzogen. Während ursprünglich unter CAE verschiedene, die Konstruktion unterstützende Hilfsmittel, wie beispielsweise Simulationswerkzeuge, zusammengefaßt waren, werden heute unter CAE die Hilfsmittel verstanden, die für Entwicklungen im elektrotechnischen Bereich eingesetzt werden. Dazu gehören die Erstellung von Stromlaufplänen, das Design und die Entflechtung von Leiterplatten und die Erstellung von Verdrahtungsplänen. Es ergeben sich damit im Hinblick auf CAD-Systeme ähnliche Aufgabenstellungen, so daß sich CAD-Systeme und CAE-Systeme von ihrem Grundaufbau her nur wenig unterscheiden.

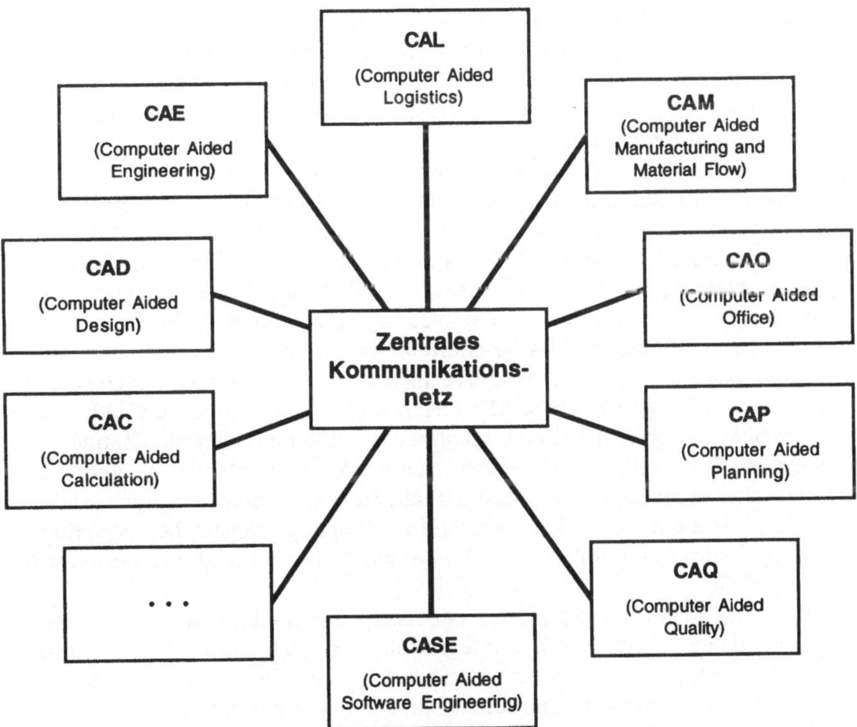

Bild 2.6-1: Wichtige rechnergestützte Funktionen im Verbund

Rechnergestützte Berechnungsverfahren, mit denen im wesentlichen in der Konstruktion gearbeitet wird, umfassen Simulationswerkzeuge und Berechnungswerkzeuge zur Dimensionierung von Werkstücken (Finite-Elemente-Programme). Sie werden unter *CAC (Computer Aided Calculation)* zusammengefaßt.

Die in den Unternehmen für den Betrieb der Datenverarbeitungsgeräte notwendige Software wird immer leistungsfähiger und komfortabler und damit auch komplexer und umfangreicher. Zudem ist auch der Softwarebedarf in der Vergangenheit in vielen Unternehmen stark angestiegen. Es werden deshalb heute zur Softwareentwicklung häufig Entwicklungswerkzeuge eingesetzt, die den Entwicklungsvorgang in unterschiedlichen Phasen unterstützen. Sie werden durch den Begriff *CASE (Computer Aided Software Engineering)* beschrieben. Im einzelnen lassen sich Entwurfswerkzeuge, Codierwerkzeuge, Testhilfen und Dokumentationswerkzeuge (vgl. Kap. 4) unterscheiden, wobei heute eine große Anzahl von Codierwerkzeugen zur Verfügung steht.

CAO (Computer Aided Office) umfaßt die Rechnerintegration typischer Bürofunktionen wie Schriftguterstellung, -verteilung und -archivierung sowie Kommunikationsdienste wie E-mail, Telefax, Telex und Bildschirmtext (BTX). Insbesondere durch die neuen Kommunikationsmöglichkeiten, die das zukünftig eingeführte ISDN (Integrated Services Digital Network) bietet, ist der Bereich CAO von steigendem Interesse.

CAQ (Computer Aided Quality) umfaßt die rechnergestützte Qualitätssicherung, die nicht nur innerhalb der Fertigungsprozesse von Bedeutung ist. Auch die Qualität von logistischen Leistungen ist zu überwachen und zu sichern. Die rechnergestützte Qualitätssicherung kann im Unternehmen oder auch darüber hinaus bis zum Zulieferer notwendig sein. Insbesondere im Hinblick auf Logistikstrategien wie Just-in-Time ist eine schon beim Lieferanten beginnende Qualitätssicherung von Bedeutung.

Produzieren im Hinblick auf einen optimalen Arbeitsmittel- und Gütereinsatz erfordert einen mit zunehmender Komplexität der Produktion steigenden Planungsaufwand, z.B. im Bereich der Arbeitsplanung. Eine rechnergestützte Arbeitsplanung, *CAP (Computer Aided Planning),* umfaßt unter anderem eine Arbeitsablaufplanung, die beispielsweise die Reihenfolge verschiedener Arbeitsvorgänge festlegt. Eine mögliche Prozeßplanung beinhaltet etwa die Programmerstellung für rechnergesteuerte Arbeitsmittel, die Vorgabe von Zeiten oder die Auswahl der Arbeitsmittel. Insbesondere in diesem Bereich sind Daten von der rechnergestützten Konstruktion (CAD, CAE) und von der Logistik (CAL) erforderlich, die über das *zentrale Kommunikationsnetz* übertragen werden können.

Neben den vorgestellten rechnergestützten Funktionen gelangen weitere Funktionen wie die rechnergestützte Instandhaltung von Anlagen zunehmend zur Realisierung. Besonders die rechnergestützte Planung logistischer Systeme, s. [JÜN89], und der gesamten Unternehmen wird zunehemend als permanenter Prozeß aufgefaßt.

Im Büro- und Verwaltungsbereich ist ebenfalls die Erschließung von Rationalisierungspotentialen durch Rechnerintegration von Bedeutung. Mit möglichst weitgehender Integration und Computerunterstützung aller Bürotätigkeiten wird die integrierte Verarbeitung und elektronische Übertragung von formatierten Daten, Texten, Sprache und Bildern angestrebt. Dazu werden Multmedia-PCs eingesetzt, die über eine einheitliche Benutzerschnittstelle alle Kommunikations- und Verarbeitungsfunktionen anbieten. In Anlehnung an CIM/CIL wird die Anwendung integrierter Informationstechnik im Bereich Büro und Verwaltung mit Begriff CIO (Computer Integrated Office) bezeichnet [VAJ90].

Da die Integrationskonzepte CIM und CIL über die Unternehmensgrenzen hinausgehen, ist neben der betrieblichen Vernetzung insbesondere die Unternehmensvernetzung von Bedeutung. Hierbei sind die unterschiedlichsten Netzwerktypen mit unterschiedlichsten angeschlossenen Rechnern untereinander zu vernetzen (vgl. Kap 7).

3 Informationssysteme

3.1 Allgemeines

Nach [GAB93] ist ein *Informationssystem* die Summe aller geregelten betriebsinternen und -externen Informationsverbindungen sowie deren technische und organisatorische Einrichtungen zur Informationsgewinnung und -verarbeitung. Das Informationssystem ist der formale Teil des gesamten betrieblichen Kommunikationssystems.

Die DV-Unterstützung von Informationssystemen hat sich über den gesamten Informationsfluß von der Datenerfassung über die Datenspeicherung, Datenverarbeitung und -auswertung bis hin zur Datenausgabe und Datenübertragung nahezu flächendeckend durchgesetzt. So lassen sich die Erfassung, die Übertragung und die Verarbeitung der Daten und Informationen vielfach automatisieren. Wesentliche Verbesserungen in den Unternehmen erbringt der Einsatz DV-gestützter Informationssysteme hinsichtlich der Datenproblematik, das heißt unterschiedlicher Fehlerquellen und großer Datenmengen. Mit Hilfe von Datenbanksystemen (vgl. Kap. 4) kann die Verwaltung, Auswertung und Beurteilung einer Vielzahl von Daten vereinfacht und eine Verdichtung zu sinnvollen Kennzahlen und plausiblen Informationen erreicht werden. Auch die Bereitstellung von Daten und Informationen an weitere Informationssysteme wird einfacher und sicherer gestaltet. Entsprechend sind die in rechnergestützten Informationssystemen auftretende Fehlerrate und die möglichen Informationsverluste deutlich niedriger als in Systemen, in denen Arbeitspersonen in die Informationsübermittlung einbezogen sind, z.B. bei der Datenerfassung mit Hilfe einer Tastatur. Die effektive Nutzung von Informationssystemen führt damit zu einer deutlichen Reduzierung des Zeitaufwandes für die Informationsbeschaffung und -aufbereitung.

Computergestützte Informationssysteme finden Anwendung beispielsweise als *Management-Informationssystem* (MIS), *Controlling-Informationssystem*, *Warenwirtschaftssystem (WWS)* oder *Logistik-Informationssystem.*

Ein Management-Informationssystem ist ein Softwaresystem in der betrieblichen Datenverarbeitung, das der Unternehmensführung Informationen zur Vorbereitung und Unterstützung strategischer oder taktischer Entscheidungen liefert. Entscheidungsrelevante Informationen werden dazu aus Daten des computergestützten Administrationssystems und computergestützten Dispositionssystems verdichtet und geeignet dargestellt, z.B. in Form von Tabellen oder Graphiken [GAB93].

Ein Controlling-Informationssystem ist ein MIS bezüglich Controlling mit dem vorrangigen Ziel der schnellen und genauen Darstellung aller zur Deckung des strategischen, taktischen und operativen Informationsbedarfs notwendiger Controllinggrößen. Ein vollständiges Controlling-Informationssystem umfaßt sämtliche Unternehmensbereiche; es schließt v.a. das Kosten- und Erfolgs-, Finanz- und Investitions-, Beschaffungs-, Produktions-, Logistik- und Absatzcontrolling ein. Controlling-Informationssysteme bauen auf Kennzahlensystemen auf, die die Datenbasis einer Datenbank problembezogen auswerten und dabei die benötigten Informationen i.d.R. in mehreren Stufen entscheidungsträgerrelevant verdichten [GAB93].

Ein Warenwirtschaftssystem (WWS) ist ein computergestützes System zur artikel-, stückgenauen sowie mengen- und wertmäßigen Warenverfolgung in Handelsbetrieben [GAB93]. Voraussetzung hierfür ist die artikelgenaue Erfassung aller Warendaten bei Bestellung und Wareneingang Die Aufgabe eines WWS ist die Steuerung von Bestellung, Wareneingang, Lagerung, Verkauf und Disposition; zusätzlich werden andere Funktionskreise (Finanzbuchhaltung, Inventur, MIS, Statistik u.a. Informationen) zur Verfügung gestellt. Die Anwendungsbereiche liegen schwerpunktmäßig in Großhandelsunternehmen (Auftragsabwicklung und Fakturierung mit der Verwaltung von Kunden- und Debitorendaten) und im Einzelhandel (Identifikation der Warenbewegung und Bestände, ggf. die Verbindung zwischen einer Zentrale und den Filialen).

Ein Logistik-Informationssystem ist ein integriertes DV-basiertes System zur Unterstützung der Ausführung von Logistikfunktionen im Unternehmen. Es umfaßt miteinander verbundene Materialfluß-, Auftragsabwicklungs-, Planungs-, Dispositions- und Entscheidungsunterstützungs-Systeme.

Die weiteren Erläuterungen über Informationssysteme in diesem Kapitel beziehen sich schwerpunktmäßig auf Logistik-Informationssysteme. Sie sind sowohl auf Industrieunternehmen als auch auf Logistische Betriebe übertragbar.

3.2 Informationsaufkommen und Informationsbedarf

Informationen fallen mit unterschiedlichen Informationsinhalten und in unterschiedlicher Menge zu unterschiedlichen Zeiten und an unterschiedlichen Orten in den Bereichen eines Unternehmens an. Für Informationssysteme in der Logistik sind insbesondere Informationen zum Materialfluß aus den Unternehmensbereichen Beschaffung, Produktion, Entsorgung und Distribution von Bedeutung.
Die folgenden Ausführungen dienen nicht der Funktionsbeschreibung dieser Unternehmenensbereiche an sich, sondern zielen darauf ab, die Anforderungen dieser Bereiche an ein Informationssystem und deren Realisierungsmöglichkeiten zu beschreiben. In den einzelnen Unternehmensbereichen ergeben sich unterschiedliche Zielsetzungen und damit auch unterschiedliche Daten und Informationen, die in unterschiedlichen Systemen erfaßt, ausgegeben, übertragen, verarbeitet, gespeichert und ausgewertet werden müssen. Bild 3.2-1 zeigt beispielhaft den Informationsbedarf in den genannten Unternehmensbereichen, die im Rahmen der Logistik zur Ableitung von Entscheidungen herangezogen werden können.

Der Unternehmensbereich *Beschaffung* hat die Zielsetzung, zu möglichst günstigen Konditionen einzukaufen und einen Sicherheitsbestand anzulegen, mit dem ein Ausfall von Zulieferungen überbrückt werden kann. Wichtige Informationen sind in diesem Zusammenhang beispielsweise eine aktuelle und übersichtliche Darstellung der unterschiedlichen Lieferanten oder die Zusammensetzung der Bestellungen in bezug auf die Abhängigkeit von Fremdbezugsteilen und Lieferanten. Weitere wichtige Informationen erhält man durch eine Gegenüberstellung von Preis- und Lieferkonditionen sowie eine Lieferüberwachung bezüglich der Qualitäts- und Termineinhaltung. Das eingesetzte Informationssystem sollte hierfür die abgewickelten, offenen und geplanten Bestellungen differenziert nach Menge und Wert darstellen können [MER84].

Daten, die im Bereich der Beschaffung zur Erstellung der genannten Informationen notwendig sind, können beispielsweise mit Hilfe eines Wareneingangskontrollsystems gewonnen werden. Mengen, Termine und Lieferqualitäten lassen sich etwa über mobile Terminals schon im Wareneingang erfassen und noch vor der Einlagerung in ein Wareneingangslager oder vor dem Weitertransport in die Produktion zur Entscheidungsfindung (z.B. Reklamation, Umtausch) heranziehen. Noch sinnvoller ist die Erfassung von Daten schon beim Lieferanten, die über Datenfernleitungen in das eigene Unternehmen übertragen werden können. Insbesondere im Bereich der Just-in-Time-Anlieferung gewinnt diese Vorgehensweise immer mehr an Bedeutung.

Die Zielsetzung im Unternehmensbereich *Produktion* heißt gleichmäßige und möglichst weitgehende Auslastung der Produktionsmittel bei möglichst kurzen Materialdurchlaufzeiten.

In diesem Bereich sind daher vor allem Informationen über die Kapazitäten der Produktionsmittel von Interesse. Dadurch kann ihre Auslastung bei gleichzeitiger Einhaltung kurzer Durchlaufzeiten und unter Vermeidung von hohen Beständen verbessert werden. Die Überwachung von Terminen erlaubt die Erfassung des Produktionsfortschritts und der Kapazitätsengpässe. Damit kann die Kapazitätsplanung kontrolliert und verbessert werden.

Aussagen über die Qualität der Produkte können beispielsweise aus dem Materialverbrauch sowie aus Ergebnissen der Qualitätskontrollen gewonnen werden. Weitere wichtige Informationen für das Qualitätsmanagement sind Angaben über Art und Häufigkeit von Reklamationen und Garantiefällen für die Produkte [MER84]. Informationen über den Instandhaltungszustand lassen Stillstandsursachen erkennen und führen zu geringeren Stillstandszeiten. So können Instandhaltungsstrategien beurteilt und gegebenenfalls an veränderte Randbedingungen angepaßt werden.

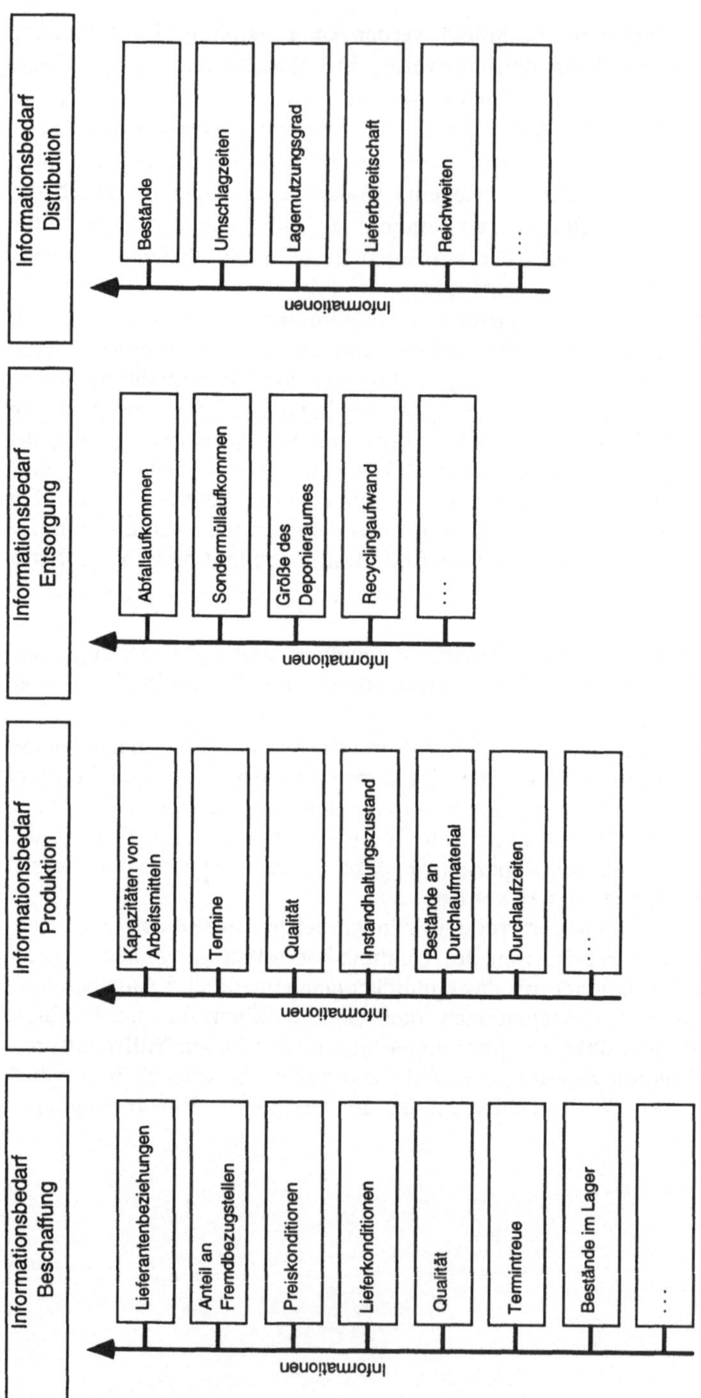

Bild 3.2-1: Informationsbedarf in den Unternehmensbereichen Beschaffung, Produktion, Distribution und Entsorgung

Der Unternehmensbereich *Distribution* hat durch seine Nähe zum Kunden die höchste Wirksamkeit im Wettbewerb. Die zentrale Leistungsgröße der Distribution ist der Lieferservice, der sich aus vier Komponenten zusammensetzt [PFO96]:

- Lieferzeit,
- Lieferzuverlässigkeit,
- Lieferungsbeschaffenheit und
- Lieferflexibilität.

Die Lieferzeit wird dabei als die Zeitspanne zwischen der Auftragserteilung und dem Warenzugang beim Kunden verstanden. Unter Lieferzuverlässigkeit (Liefertreue, Termintreue) versteht man die Wahrscheinlichkeit, mit der die Lieferung eingehalten wird. Kurze Lieferzeit und hohe Termintreue sind für den Kunden von großer wirtschaftlicher Bedeutung, da sie die Reduzierung oder sogar Vermeidung von Sicherheitsbeständen erlauben.

Die Lieferungsbeschaffenheit wird prozentual daran gemessen, wie häufig der Kunde die Lieferung hinsichtlich Art, Menge und Zustand beanstandet hat. Die Lieferflexibilität schließlich ist ein Ausdruck für die Möglichkeiten des Auslieferungssystems, die besonderen Bedürfnisse des Kunden hinsichtlich Auftragsmodalitäten (Auftragsgröße, Abnahmemenge etc.), Liefermodalitäten (Verpackungsart, Transportmittel etc.) und Informationsbedarf (Liefermöglichkeiten, Auftragsstatus, Lieferverzögerungen etc.) zu befriedigen.

Die Distribution benötigt für die Distributionslagerhaltung, Kommissionierung und Verpackung vor allem die innerbetrieblich verfügbaren Informationen über Bestände, Umschlagzeiten, Lagernutzungsgrad, sowie über Lieferbereitschaft und Reichweiten.

Im Sinne der Kundenorientierung muß die Distributionslogistik zudem Informationen über die beschaffungslogistischen Probleme des Kunden gewinnen, um ihn bei der Problemlösung optimal zu unterstützen. Neben den dargestellten Informationen (vgl. Bild 3.2-1), die nur exemplarisch für die verschiedenen Unternehmensbereiche stehen, müssen unternehmensspezifisch noch eine Vielzahl von weiteren Informationen erfaßt werden. Die Informationen können von Branche zu Branche beträchtlich variieren.

Die Tourenplanung und der physische Transport der Ware vom Lieferanten zur Warenannahme des Abnehmers betrifft die Verkehrslogistik. Hier lassen sich insbesondere durch einen möglichst großen Vorlauf der Informationen vor dem Materialfluß und durch die ständige Aktualisierung der Informationen Rationalisierungen erzielen.

Dazu werden Informationen über Lkw-Standorte, Verkehrslage, neue Aufträge, Umdispositionen sowie freie Transportmittelkapazitäten und Ladungsüberhänge (Frachtraumbörse) etc. benötigt, die über mobile Kommunikationssysteme mit den jeweiligen Frachtführern auszutauschen sind.

Der Unternehmensbereich *Entsorgung* hat im Zuge des immer wichtiger werdenden Umweltschutzes einen rasanten Bedeutungszuwachs erfahren, denn durch die steigende Anzahl strenger Umweltschutzgesetze und -verordnungen und die Verteuerung der Endlagerung durch abnehmende Deponiekapazitäten haben entsorgungsrelevante Fragestellungen eine wachsende Kostenwirksamkeit für das Unternehmen.

Die Entsorgungslogistik hat die konsequente Anwendung der Logistik auf die Rückstände, die während der Produktentstehung und -nutzung anfallen, zur Aufgabe. Bei Rückständen unterscheidet man nach dem Kriterium der Verwertbarkeit zwischen Reststoffen und Abfällen. Während Reststoffe einem Recycling zugeführt werden können, sind Abfälle technisch und/oder wirtschaftlich nicht verwertbar.

Zur Erfüllung der entsorgungslogistischen Aufgabe werden beispielsweise Informationen über Abfallaufkommen, Größe des benötigten Deponieraumes und Recyclingmöglichkeiten und deren Aufwand benötigt. Ziel muß es sein, den entsorgungslogistischen Aufwand am Ende des Produktionsprozesses so weit wie möglich zu reduzieren, d.h. das Abfallaufkommen zu minimieren.

Neben den in Bild 3.2-1 dargestellten Informationen, die exemplarisch für die verschiedenen Unternehmensbereiche stehen, müssen unternehmensspezifisch noch eine Vielzahl von weiteren Informationen erfaßt werden. Die Informationen können von Branche zu Branche beträchtlich variieren.

3.3 Aufgabe von Informationssystemen

Die Aufgabe eines Informationssystems ist es, über Daten und Funktionen die Arbeitsabläufe im Unternehmen zu verbinden und alle notwendigen und relevanten Informationen in aufbereiteter und verdichteter Form den Entscheidungsträgern rechtzeitig zur Verfügung zu stellen. Der informative Charakter der Systeme steht hierbei im Vordergrund, d.h. es müssen keine Informationen oder Daten zum Zwecke einer strategischen oder dispositiven Beeinflussung der Prozesse im Unternehmen im Sinne einer Steuerung direkt zurückfließen. Dabei ist von besonderer Bedeutung, daß jeder Entscheidungsträger vorrangig die jeweils für seinen Bereich relevanten Informationen erhält.

Wichtige Aufgaben von Informationssystemen sind beispielsweise die Ermittlung der Auslastung von Arbeitsmitteln, die Erfassung von Kostenkennzahlen und die Ausübung von Controllingfunktionen. Damit können den Unternehmenserfolg beeinflussende Vorgänge, wie beispielsweise die Fertigungs- und Materialflußprozesse, transparent gemacht und somit wichtige Entscheidungen erleichtert werden.

Ein wichtiger Bestandteil von Logistik-Informationssystemen ist die Datenerfassung auf der Ebene des Materialflusses, beispielsweise durch Identifizierungssysteme, BDE und MDE. Im Unterschied zu Steuerungssystemen erfolgt hierbei allerdings kein direkter Rückfluß von Daten zur operativen Steuerung der Arbeitsmittel. Das Auftragsabwicklungssystem übernimmt die Kundenaufträge, überprüft sie, wandelt sie in innerbetriebliche Aufträge um, kontrolliert den Auftragsfortschritt und stößt bei Auftragserfüllung die Fakturierung an.

Planungs- und Dispositionssysteme dienen dazu, innerhalb eines logistischen Netzwerkes Angebot und Nachfrage in Übereinstimmung zu bringen. Entscheidungsunterstützungssysteme betreffen die Planung des logistischen Netzwerkes und seiner Komponenten. Dabei kommt der Simulationstechnik eine herausgehobene Rolle zu. Anwendungsbeispiele sind die Standortplanung, die Ermittlung der optimalen Fahrzeuganzahl und die Fabrik-Layout-Planung.

Häufig wird unter Logistik-Informationssystem auch ein Subsystem des unternehmensweiten Management-Informationssystems verstanden, das den Führungskräften Informationen zur Planung, Steuerung und Kontrolle des Logistikbereichs bereitstellt und diese auf verschiedene Arten aufbereitet [GAB93]. Als Medium für die Entscheidungsfindung und -durchsetzung ist das Logistik-Informationssystem somit eine Voraussetzung für die Effizienz logistischer Prozesse.

Für gesicherte Entscheidungsprozesse insbesondere auf der Management- und Logistikebene sind Informationssysteme sehr genau an die Bedürfnisse des jeweiligen Unternehmens anzupassen. Die Verdichtung und Aufbereitung von Daten und Informationen sollte mit dem Ziel erfolgen, diese in der richtigen Menge, am richtigen Ort, zum richtigen Zeitpunkt und mit dem richtigen Informationsinhalt bereitzustellen.

Dem Menschen als Nutzer von Informationssystemen sollte bei der Gestaltung insbesondere rechnergestützter Informationssysteme eine zentrale Rolle zukommen. Ein wichtiges Kennzeichen ist dementsprechend, daß die Erfassung oder Ausgabe von Daten und Informationen mit Hilfe für Menschen geeigneter Informationsflußmittel erfolgt. Ergonomisch gestaltete Bedienerschnittstellen erhöhen die Akzeptanz im Umgang mit rechnergestützten Informationssystemen und führen so zur gewünschten Produktivitätssteigerung. Die Arbeitspersonen werden mit Hilfe der für sie aufbereiteten und verdichteten Daten informiert und können so fundiert strategische, administrative und dispositive Entscheidungen treffen, um im Unternehmen ablaufende Prozesse beeinflussen zu können.

Für Entscheidungsträger in Unternehmen sind nicht nur die innerhalb des Unternehmens anfallenden Informationen von Bedeutung, sondern auch Informationen, die beispielsweise bei Kunden oder Lieferanten anfallen. Im Zuge der globalen Vernetzung findet daher in ähnlichem Umfang ein die Unternehmensgrenzen überschreitender Informationsfluß statt.

Die im Rahmen der globalen Vernetzung etablierte *Internet*-Technologie ist grundsätzlich auch dazu geeignet, firmeninterne Informationssysteme aufzubauen. Derartige Internet-basierende firmeninterne Informationssysteme werden als *Intranet* bezeichnet. Intranets bestehen aus einem Netzwerk mit TCP/IP-Protokoll (vgl. Kap. 7), einem Web-Server und Web-Clients (Browser) für die unterschiedlichen Rechnerwelten und einem Treiber auf HTML-Basis. Der Web-Server kann mit einem konventionellen Datenbank-Server (vgl. Kap. 6) verbunden sein.

Die Plattformunabhängigkeit ermöglicht eine zügige Einführung in heterogene Umgebungen. Weitere Vorteile sind der transparente Zugriff auf entfernte Systeme und die prinzipbedingte Skalierbarkeit. Mit der Entwicklung dieser Technologie (HTML-Erweiterungen, Java, Datenbankintegration durch die Datenbankhersteller, Publishing-Werkzeuge) ist die Realisierung immer anspruchsvollerer Applikationen möglich.

Die Intranet-Technologie ermöglicht die einfache Verteilung von Informationen im Unternehmen. Bei einer regelmäßigen Pflege ist überdies gewährleistet, daß nur Informationen dem aktuellen Stand entsprechend in Unternehmen verwendet werden.

Bei einer Kopplung des Intranet mit dem Internet ist die Information für die Mitarbeiter des Unternehmens unabhängig von Ort und Zeit verfügbar. Besondere Beachtung ist hierbei dem Sicherheitsaspekt zu schenken.

3.4 Logistik-Informationssysteme

Logistik-Informationssysteme werden in Industrieunternehmen vorwiegend auf der Management- und Logistikebene zur Planung, Steuerung und Überwachung logistischer Prozesse eingesetzt. Sie sind auf Grund der Querschnittsfunktion der Logistik im allgemeinen sehr komplex. Die Gestaltung eines Logistik-Informationssystems ist nach ganzheitlichem Systemansatz unter effektiver Einbeziehung aller Unternehmensbereiche vorzunehmen.

Dazu sind zunächst inhaltliche, anwendungslogische und organisationsorientierte Eigenschaften der im LIS zu verarbeitenden und verwaltenden Daten durch eine Datenstrukturanalyse zu analysieren. Diese sind dann in einem semantischen bzw. konzeptionellen Informationsmodell zu beschreiben, bevor daraus das Datenmodell abgeleitet werden kann (vgl. Kap 2). Erst hieraus werden die DV-technischen Anforderungen abgeleitet und festgelegt.

In der Struktur eines Informationssystems spiegelt sich die Struktur eines Unternehmens wider. Sie charakterisiert die Beziehungen der verschiedenen Unternehmensbereiche untereinander. Durch die Verknüpfungen innerhalb des Informationssystems werden die verschiedenen Unternehmensbereiche mit ihren unterschiedlichen Funktionen zusammengeführt.

Als ein integriertes DV-basiertes System umfaßt ein Logistik-Informationssystem verschiedene, miteinander verbundene Materialfluß-, Auftragsabwicklungs-, Planungs-, Dispositions- und Entscheidungsunterstützungs-Systeme. In Kap. 2.4 wurde das Modell der Unternehmenslogistik nach [JÜN89] mit einer zweidimensionalen Gliederung beschrieben. Auch ein das gesamte Unternehmen umfassendes Logistik-Informationssystem läßt sich entsprechend auf diese Idealstruktur zurückführen. Dabei ist es jedoch erforderlich, daß je nach Größe und Komplexität eines Unternehmens in der Praxis weitere Strukturierungen aufgebaut werden.

Bild 3.4-1 zeigt beispielhaft ein idealisiertes Logistik-Informationssystem eines Industrieunternehmens. Die Daten und Informationen werden über LAN (vgl. Kap. 7), die auf der Materialfluß-, Logistik- und Managementebene des Unternehmens angeordnet werden, an das Logistik-Informationssystem geleitet.

Auf der Materialflußebene werden einzelne Arbeitsmittel mit jeweils geeigneten Datenübertragungsverfahren (vgl. Kap. 7) an die einzelnen LAN angeschlossen. Datenerfassungstechniken (vgl. Kap. 4) in Form von BDE-Geräten (vorwiegend in manuellen Systemen) beziehungsweise Sensoren (in automatischen Systemen) erfassen Signale oder Daten an entsprechenden Netzwerkknoten (I- bzw. K-Punkte, Bedarfs- bzw. Bestandspuffer, Positionierung von Arbeitsmitteln). Die verschiedenen Materialflußprozesse und die sie bewirkenden Arbeitsmittel im Wareneingang, in Lagersystemen, Fertigungssystemen, Kommissioniersystemen und im Versand werden damit an das Logistik-Informationssystem angebunden.

Ebenfalls an das Logistik-Informationssystem angekoppelt und auch über dieses miteinander verbunden werden die Funktionen der Logistikebene:

- Materialwirtschaft (Materialbedarfsplanung, Materialbeschaffung/Einkauf, Bestandsführung, Lagerverwaltung, Rechnungsprüfung, ...),
- Produktionsplanung (Produktionsprogrammplanung, Mengenplanung, Termin- und Kapazitätsplanung, ...),
- Vertrieb und Distribution (Anfragen, Angebote, Aufträge, EDI, Versand, Transport, Rechnungsstellung, Rücksendungen, ...),
- Qualitätsmanagement,
- Instandhaltung und Wartungsplanung sowie
- Entsorgungsplanung.

Das Logistik-Informationssystem kann wiederum mit anderen rechnergestützten Systemen außerhalb des Unternehmens, beispielsweise von Kunden, Lieferanten oder Dienstleistern in Beziehungen treten. So können *Fuhrparkinformationssysteme*, *Tourenplanungssysteme*, *Sendungsverfolgungssysteme* sowie *Container-* und *Palettendispositionssysteme* mit aktuellen Informationen versorgt werden. Für Unternehmen, die mit in entfernt liegenden Ländern beziehungsweise in Übersee liegenden Unternehmen kommunizieren, ist der Verbund zu einem gemeinsamen Informationssystem durch die weltweite Vernetzung ebenfalls möglich. Die in der Telekommunikation eingesetzten unterschiedlichen Übertragungsmedien sind für den Anwender völlig transparent.

Das Logistik-Informationssystem kommuniziert darüber hinaus mit der Managementebene und gibt Informationen, die vom MIS verdichtet werden, für die dort anfallenden strategischen und planerischen Aufgabenstellungen ab.

Die Realisierung eines Logistik-Informationssystems, das in der in Bild 3.4-1 dargestellten Idealstruktur rechnergestützt betrieben werden soll, erfordert eine Abbildung auf geeigneten Rechnern mit der geeigneten Kommunikationstechnik. In diesem Zusammenhang sind geeignete Datenbanksysteme, Datenverarbeitungssoftware und Bedienoberflächen auszuwählen bzw. zu gestalten. Weiterhin sind Stellen im Unternehmen zu bestimmen, an denen Informationen erfaßt und einbeziehungsweise ausgegeben werden. Auch die Informationsinhalte sind im einzelnen festzulegen.

Auf Basis der Kopplung der rechnergestützten Funktionen müssen im Logistik-Informationssystem die Bereitstellung, Aktualität und Konsistenz der relevanten Daten stets gewährleistet sein. Voraussetzung hierfür ist die informationstechnische Integration der rechnergestützten Funktionen wie Materialwirtschaft, Produktionsplanung etc.

Diese Funktionen haben einen weitgehend definierten, abgegrenzten Umfang, so daß man hier auch von Bausteinen sprechen kann. In Abhängigkeit von den Eigenschaften ihrer Bausteine kann man drei Stufen computergestützer Informationssysteme unterscheiden:

1. Geschlossene Bausteine: Rechnerunterstützung für einzelne Bereiche ("Insellösungen"),
2. Kommunikationsfähige Bausteine: betriebsinterne Kommunikation zwischen den Bausteinen,
3. Datenformatkompatible Bausteine: Nutzung einer durchgängigen, gemeinsamen, betriebsinternen Datenbasis für alle Bausteine.

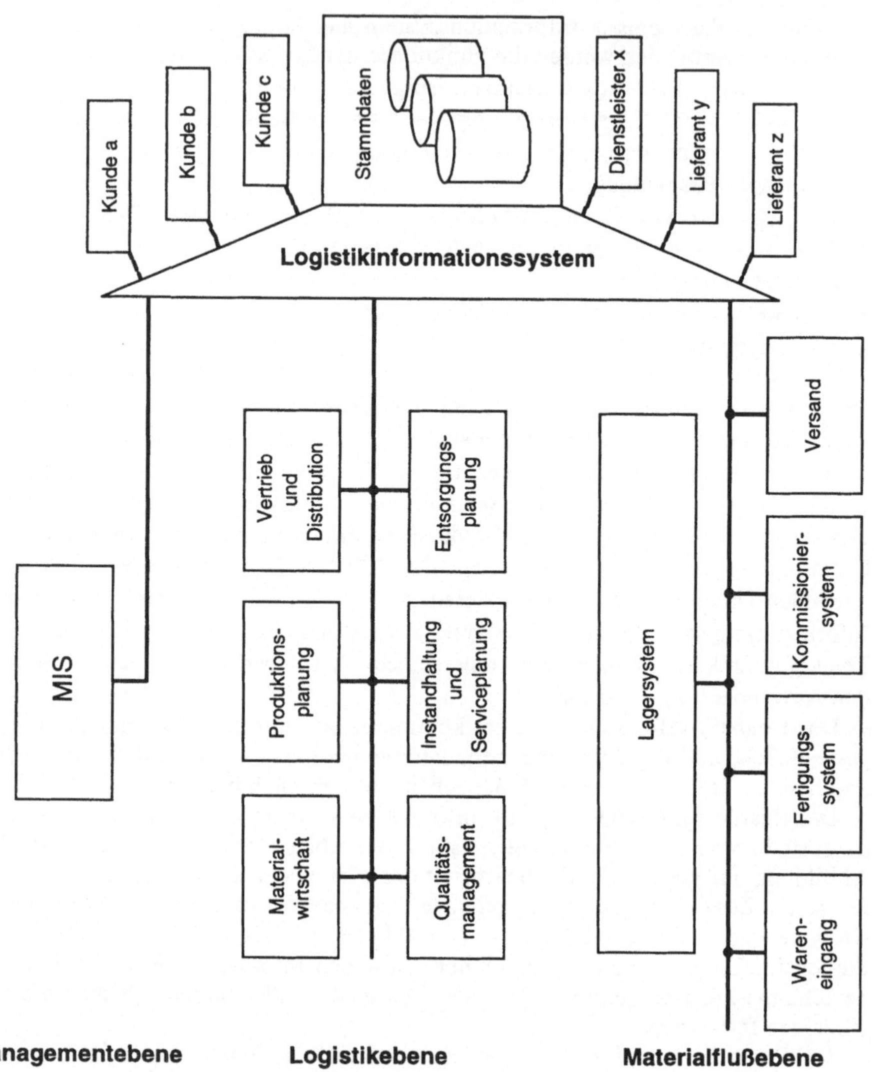

Bild 3.4-1: Idealisierter Aufbau eines Logistikinformationssystems

Die geschlossenen Bausteine sind dadurch gekennzeichnet, daß sie in Hardware und Software nicht miteinander kompatibel sind und so nicht ohne weiteres miteinander kommunizieren können. Die durch Insellösungen erzielbaren Rationalisierungseffekte sind heute bereits ausgeschöpft.

Durch die Verwendung von Standards für den Datenaustausch erhält man kommunikationsfähige Bausteine. Durch diese Fähigkeit können bereits Daten, wenn auch in beschränktem Umfang, zwischen Bausteinen ausgetauscht werden und so ein Informationsaustausch zwischen verschiedenen Unternehmensbereichen erreicht werden. Jedoch ist der Aufwand, der für die informationstechnische

Integration allein schon durch unterschiedliche Datenformate auf den unterschiedlichen Systemen getrieben werden muß, erheblich.

Der ausschließliche Einsatz normierter oder zumindest standardisierter Technologien ist die einzige Abhilfe hierfür, wenn auch teilweise Kompromisse bei den individuellen Bedürfnissen der Unternehmen eingegangen werden müssen. Dadurch kann das Ziel erreicht werden, das gesamte Unternehmen in das rechnergestützte Informationssystem einzubeziehen und eine durchgängige, gemeinsame Datenbasis mit minimalen Redundanzen zu schaffen, die von allen Unternehmensbereichen genutzt wird. Ein solches integriertes Informationssystem endet dabei nicht an der Unternehmensgrenze, sondern bindet verstärkt auch externe Informationsquellen in die Informationsgewinnung ein.

Aufbauend auf den oben beschriebenen Ansätzen und Erkenntnissen und unter Berücksichtigung der technischen Möglichkeiten der *Informationsflußmittel* (vgl. Kap. 4) ist ein integriertes Logistik-Informationssystem nach folgenden generellen Prinzipien zu gestalten:

- Automatisierung und Unterstützung der Geschäftsprozesse durch Datenverarbeitung und Datenbanken,
- hierarchische Rechnerarchitektur und Strukturierung in Netzwerken,
- standardisierte Gestaltung der Schnittstellen,
- standardisierte Gestaltung der Datensätze und Dateninhalte und
- zunehmende Verwendung von Standardsoftware.

In den folgenden Kapiteln werden Gruppen von in der Praxis verbreiteten Informationssystemen mit einer speziellen Ausprägung für Management, Vertrieb und Distribution, Materialwirtschaft oder Produktionsplanung vorgestellt. Der Schwerpunkt der Darstellung liegt dabei auf den logistischen Aspekten der Anwendung.

3.5 Management-Informationssysteme, Data Warehouse

Informationen bestehen auf der Managementebene wesentlich aus Plan,- Budget-, Prognose- und Ist-Zahlen, die als Grundlage für Planung, Entscheidung, Durchsetzung und Kontrolle dienen. Management-Informationssysteme (MIS) versorgen das Management mit entscheidungsrelevanten Informationen zum richtigen Zeitpunkt in der gewünschten Form.

Dazu werden die dem Unternehmen zugänglichen Daten stufenweise aggregiert oder in Drill-down-Analysen die zugrundeliegenden Basisdaten sichtbar gemacht. Synonym verwendet werden in der Praxis häufig die Begriffe *Führungsinformationssystem (FIS)*, *Executive Information System (EIS)*, *Entscheidungsunterstützungs-System (EUS)* und *Decision Support System (DSS)*.

Das Haupteinsatzgebiet von MIS sind Abweichungsanalysen inklusive der Prognose von Konsequenzen von Planverfehlungen. Um Trends frühzeitig zu erkennen und darauf aufbauend verschiedene Szenarien durchzuspielen, kann der Entscheider mittels Simulationen und What-if-Analysen die Folgen des eigenen Handelns sowie denkbarer Änderungen von Rahmenbedingungen abschätzen. Bekannte Anbieter von MIS in Deutschland sind beispielsweise Comshare, Information Builders, MIK, M.I.S., Pilot Software, PST, SAP oder SAS Institute.

Bestrebungen, ein unternehmensweites Informationssystem zu verwirklichen, führten zum *Data Warehouse*-Konzept. Hiermit verbindet sich der Anspruch, im Unternehmen oder einem Unternehmensbereich entscheidungsrelevante Daten aus unterschiedlichsten Quellen in einer einheitlichen Systemumgebung dem Anwender zur Auswertung zur Verfügung zu stellen. Damit unterscheidet sich ein Data Warehouse beispielsweise von Datenbanken, deren Aufgabe in einer leistungsfähigen Datenspeicherung und Wiederauffindung liegt, aber nicht unbedingt in einer anwendergerechten Art.

Data-Warehouse-Applikationen zielen auf eine strategisch orientierte, flexible Datenanalyse. Dabei kommt es nicht auf eine extrem zeitnahe Datenbasis an. In der Regel genügt es, wenn die Daten einmal täglich oder nur wöchentlich aktualisiert werden. Die Extraktion und Übertragung der operativen Daten für das Data Warehouse wird in belastungsschwachen Zeiten durchgeführt. So wird auch die Performanz der operativen Systeme nicht durch aufwendige Datenanalysen beeinträchtigt. Das Konzept des Data Warehouse setzt auf einer integrativen Speicherung nur der entscheidungsrelevanten Daten in einer Datenbank auf. Diese Data-Warehouse-Datenbank (DWDB) baut auf Daten der unterschiedlichsten operativen Systeme auf, die im Unterschied zu älteren, integrativen Ansätzen redundant gehalten werden. Kennzahlensysteme, die zielgerichtet für das Management aufbereitet sind, und Entscheidungsgeneratoren sind mit Prämissen belegt und folglich nur im Zusammenhang mit der Aufgabenstellung gültig, für die sie entwickelt wurden. Sie werden daher von der objektiven Datenbasis des Data Warehouse getrennt hinterlegt. Es entstehen Informationsforen, die subjektive Sichtweisen in komprimierter Darstellung (Warnpunkte, Kennzahlen) anbieten. Informationsforen verhalten sich typischerweise aktiv und bedienen sich sogenannter Agenten, die auf Anweisung von oben (top-down) nach berichtenswerten Informationen suchen. Die Befüllung eines Data Warehouse erfolgt dagegen häufig passiv, indem mit Trigger relevante Änderungen in den operativen Verfahren automatisch (bottom-up) in das Data Warehouse übertragen werden.

3.6 Vertriebs- und Distributionssysteme

Kunden erwarten einen schnellen, qualitativ hochwertigen und preiswerten Service. Die Kundenorientierung ist daher ein wichtiger Wettbewerbsfaktor, der effektiv durch ein DV-gestütztes System für Vertrieb und Distribution verbessert werden kann. Ein solches Vertriebs- und Distributionssystem zur Unterstützung der Geschäftsbeziehung zu den Kunden kann beispielsweise folgende Funktionen umfassen:

- Absatzplanung,
- Anfragen, Angebote, Aufträge,
- Kundenüberprüfung,
- Verfügbarkeitsprüfung,
- Variantenkonfiguration,
- Verträge,
- Rabattstaffelung,

- Fakturierung,
- Versand, Transport, Export,
- Rücksendungsbehandlung,
- EDI (Electronic Data Interchange),
- Internet-Anwendungen.

Die Integration dieser Funktionen in einem Vertriebs- und Distributionssystem hat den Vorteil, daß dem Kunden gegenüber schnelle und sichere Zusagen erteilt werden können. Über eine sehr enge informationstechnische Verflechtung zwischen Kunden und Lieferanten mit Hilfsmitteln der Informations- und Kommunikationstechnologien, kann der Lieferant seine Produktion besser dem Bedarf anpassen. Gemeinsame Datenverarbeitungsanwendungen zwischen Lieferanten und Produzenten, wie automatische Lieferabrufsysteme und der elektronische Lieferavis, unterstützen die Realisierung der einsatzsynchronen Beschaffung (Just-in-Time), [GAB93]. So kann über die Vernetzung eine Bestellung bei Unterschreitung einer bestimmten Bestandsgrenze beim Kunden automatisch ausgelöst, der Auftrag beim Lieferanten automatisch in die Produktion übernommen und nach Auslieferung die Rechnungsstellung automatisch erfolgen. Für produzierende Unternehmen ist dies eine verhältnismäßig verbreitete Form der Vernetzung.

Die Computerunterstützung der Teilelogistik ist in der Regel noch als bilaterale Vernetzung organisiert. Kompatibilitätsprobleme bei den DV-Systemen und der Datenfernübertragung (DFÜ) sowie eine unzureichende Datenstandardisierung sind die wesentlichen Gründe für die geringe Verbreitung umfassender Branchenlösungen. In einigen Branchen, wie z.B. der Automobilindustrie, zeichnen sich Fortschritte in der Datenstandardisierung und der Vereinheitlichung der Übertragungsprotokolle ab [GAB93].

In der Konsumgüterindustrie sind die Verhältnisse hinsichtlich der Zahl der relevanten Unternehmensbeziehungen und der Zahl der Artikel sehr komplex. Insbesondere für den Austausch von Bestell- und Rechnungsdaten zwischen der Markenartikelindustrie und dem Handel ist auf Initiative der jeweiligen Unternehmensverbände ein Dienstleistungsangebot geschaffen worden. Auf der Basis des hierfür entwickelten EAN-Standards (Europäische Artikelnumerierung) können die warenwirtschaftlichen Daten der beteiligten Unternehmen ausgetauscht werden.

Die Auftragszusammenstellung und der Versand betreffen die Kommissionierung der Güter im Lager, die Zusammenstellung und Fertigstellung der Versandpapiere und den Versand der Güter. Für diesen Aufgabenkreis werden rechnergestützte *Lagerverwaltungssysteme (LVS)* eingesetzt (vgl. Kap. 3.8).

In der Verkehrslogistik bzw. im Straßengütertransport werden Bordsysteme, die eine *Fahrzeugverfolgung* und *-steuerung* über Datenfunk oder Satellit ermöglichen, verstärkt eingesetzt (Beispiel Euteltracs). Neben der Automatisierung der physischen Güterprozesse durch integrierte Auftragsabwicklungssysteme spielen Informationssysteme zur Disponierung und Verwaltung der Betriebsmittel in Logistikunternehmen eine besondere Rolle. Hierzu gehören z.B. Fuhrparkinformations- und Tourenplanungssysteme sowie Container- und Palettendispositions- und -steuerungssysteme.

Unternehmensübergreifende, die gesamte Logistikkette umfassende Informationssysteme ermöglichen eine neue Form der Zusammenarbeit zwischen Logistikunternehmen und ihren Kunden. Besondere Bedeutung kommt dabei dem elektronischen Datenaustausch (*EDI*) zwischen allen an einer Logistikkette beteiligten Unternehmen zu. Er führt nicht nur zu einer Verringerung der Übertragungszeiten, der Fehlerquellen und des administrativen Aufwands, sondern ermöglicht eine Verfolgung der Logistikaufträge entlang der Logistikkette und verbessert damit die Dispositions- und Steuerungsmöglichkeiten für die verladende Wirtschaft. Durch internationale Normungsinstitutionen wie der ISO (International Organization for Standardization) werden die Datenelemente sowie die Regeln für den Datenaustausch zunehmend vereinheitlicht. Ein umfassender Standard liegt mit *EDIFACT* (Electronic Data Interchange for Administration, Commerce and Transport) vor [GAB93].

Über die Anwendung der Internet-Technologie für Marketing und Vertrieb können Unternehmen ihre Produkte und Dienstleistungen weltweit 24 Stunden anbieten. Das Internet stellt ein kostengünstiges Instrument zur Kommunikation sowohl mit Endverbrauchen als auch mit anderen Unternehmen dar. Mittels eines Web-Browsers kann der Kunde oder Interessent beispielweise Produktkataloge einsehen oder detailliertere Informationen über Produkte und Dienstleistungen abrufen und Produkte online bestellen. In den Beziehungen zwischen Unternehmen können die DV-Systeme über offene Standards für betriebswirtschaftliche Transaktionen miteinander interagieren. Ein solcher Standard wird beispielsweise von SAP, Microsoft und anderen Anbietern mit *BAPI* (Business Application Programming Interface) vorangetrieben.

3.7 PPS-Systeme

Der Ansatz, den Aufgabenkreis des Unternehmensbereichs Produktion (vgl. Kap. 3.2) durch DV-Systeme zu unterstützen, geht in die 60er Jahre zurück. In den USA wurden damals die ersten computergestützten Produktionsplanungs- und -steuerungssysteme entwickelt. Diese, kurz *PPS-Systeme* genannten, DV-Systeme fungieren als Bindeglied zwischen den produktionswirtschaftlichen und produktionstechnischen Funktionen eines Produktionsunternehmens. Als Hauptziele werden mit ihrem Einsatz die Ziele verfolgt, Bestände zu reduzieren, Durchlaufzeiten zu verringern sowie Termintreue und Kapazitätsauslastung zu verbessern.

PPS-Systeme folgen einem Konzept, das darauf ausgerichtet ist, das komplexe Problem der Produktionsplanung und -steuerung mit seinen vielfältigen Teilproblemen und dazwischen bestehenden sachlichen und zeitlichen Abhängigkeiten schrittweise optimal zu lösen. Zu diesem Zweck wird bei PPS-Systemen dieses komplexe Problem in modulartige Teilaufgaben zerlegt, die dann rechnergestützt einem interaktiven Lösungsprozeß zur optimalen Gestaltung und gegenseitigen Abstimmung unterzogen werden, wobei zur Bewältigung der einzelnen Teilaufgaben durchaus unterschiedliche Planungsansätze, Lösungsverfahren und DV-Konzepte in Betracht kommen [FAN94].

Für die unterschiedlichen Fertigungstypen (Werkstatt-, Fließfertigung) wurden unterschiedliche Planungsmethoden und -philosophien entwickelt, die hier der Vollständigkeit halber genannt seien:

- *MRP* (Material Requirement Planning),
- *MRP II* (Material Resource Planning),
- *OPT* (Optimized Production Technology),
- *Belastungsorientierte Fertigungssteuerung*,
- *Kanban*,
- *Fortschrittszahlenkonzept*,
- *JIT* (Just-in-Time),

Diese Methoden wurden in [PAP90] auf ihre Eignung für bestimmte Fertigungsstrukturen untersucht. Für nähere Beschreibungen der Methoden sei auf die weiterführende Literatur verwiesen [FAN94], [HAC89], [SCHE90], [WIE87].

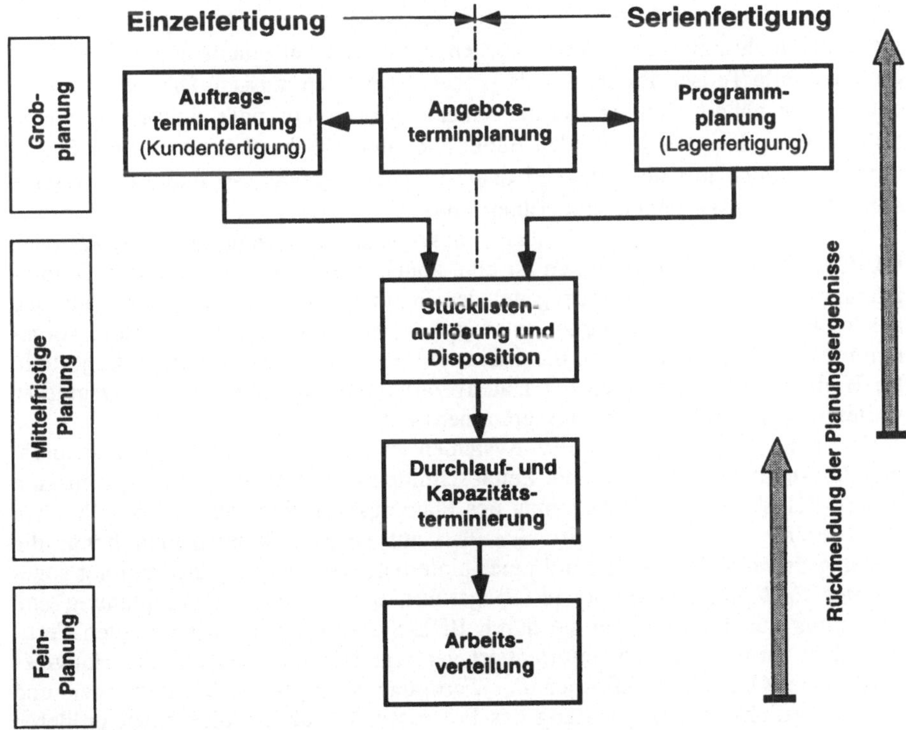

Bild 3.7-1: Stufen der Produktionsplanung und –steuerung, nach [WIE87]

Das stufenweise Vorgehen der Produktionsplanung und -steuerung mit zunehmendem zeitlichen Detaillierungsgrad umfaßt im wesentlichen drei Stufen, die in Bild 3.7-1 als hierarchisches 3-Ebenen-Modell mit *Grobplanung, mittelfristiger Planung* und *Feinplanung* dargestellt sind. Im Rahmen der Grobplanung wird aus Kunden- oder Lageraufträgen ein Produktionsprogramm aufgestellt. In der mittelfristigen Planung wird dieses in Zukauf- oder Eigenfertigungsteile zerlegt und damit ein terminierter Mengenbedarf ermittelt. Der Detaildurchlauf der Aufträge wird zunächst auf der Basis von Arbeitsplänen ohne Berücksichtigung des Kapazitätsangebotes geplant. Anschließend werden Kapazitätsbedarf und Kapazitäten abgeglichen. In der Feinplanung schließlich erfolgt die Reihenfolgebildung an den einzelnen Arbeitsplätzen und die Arbeitsverteilung. Die Produktionsplanung und -steuerung umfaßt im wesentlichen folgende Funktionen [HAC89]:

- Produktionsprogrammplanung,
- Mengenplanung,
- Termin- und Kapazitätsplanung,
- Auftragsveranlassung und
- Auftragsüberwachung.

Die ersten drei Stufen werden üblicherweise zur Planung gezählt, während die letzteren beiden der Steuerung zugeordnet werden. Der Planungsprozeß kann interaktiv mehrmals durchlaufen werden, ohne daß bei einem neuen Planungsdurchlauf alle Teilschritte nochmals ausgeführt werden müssen. Der verantwortliche Planer nähert sich so iterativ einem Optimimum oder zumindest einem Suboptimum. Bei den steuernden Funktionen der PPS handelt es sich um Steuerungsfunktionen mit überwiegend dispositivem Charakter, so daß PPS-Systeme den Informationssystemen zuzuordnen sind.

Eine Gliederung der PPS nach Funktionsgruppen zeigt Bild 3.7-2 nach [HAC89]. Von oben nach unten ist eine zunehmende Verfeinerung der Terminplanung und -steuerung in bezug auf den Planungshorizont erkennbar, ohne daß ausdrücklich eine Zuordnung zu einer groben, mittleren oder feinen Stufe vorgenommen wird. Zusätzlich sind die 5 Grundfunktionen weiter detailliert dargestellt. Im Hinblick auf den Einsatz der Datenverarbeitung ist der Detaillierungsgrad in weiteren Stufen bis hin zu Struktogrammen weiter zu steigern.

Probleme im Einsatz von PPS-Systemen ergeben sich insbesondere dadurch, daß die Realität sich in kürzeren Zeitabschnitten ändert als der Planungszeitraum dauert. Selbst bei einer Verkürzung des Planungshorizontes vom früher üblichen Wochenplan über einen 12-Stunden-Plan auf einen 2-Stunden-Plan hängt die Planung der aktuellen Situation immer hinterher. Dies hat zur Entwicklung sogenannter *Fertigungsleitsysteme (FLS)* geführt, die kurzfristige Feinplanung und -steuerung ausführen, wobei sie durch BDE-Systeme mit allen relevanten Fertigungsfortschrittsdaten echtzeitorientiert versorgt werden. Im Zuge der Entwicklung neuer Organisationsformen der Fertigung verlagern sich Funktionen und Verantwortlichkeiten in Richtung des Prozesses, so daß die FLS einen größeren Aufgabenumfang erhalten. In der modernen termin-, qualitäts- und kostenorientierten Fertigung entwickeln sich die FLS vom Durchsetzungssystem der PPS-Vorgaben zum selbständigen Steuerungssystem [SPU94].

Eine eindeutige Funktionstrennung zwischen PPS-System und FLS ist kaum möglich, jedoch können dem PPS-System schwerpunktmäßig die planerischen Funktionen und dem FLS die steuernden Funktionen zugeordnet werden.

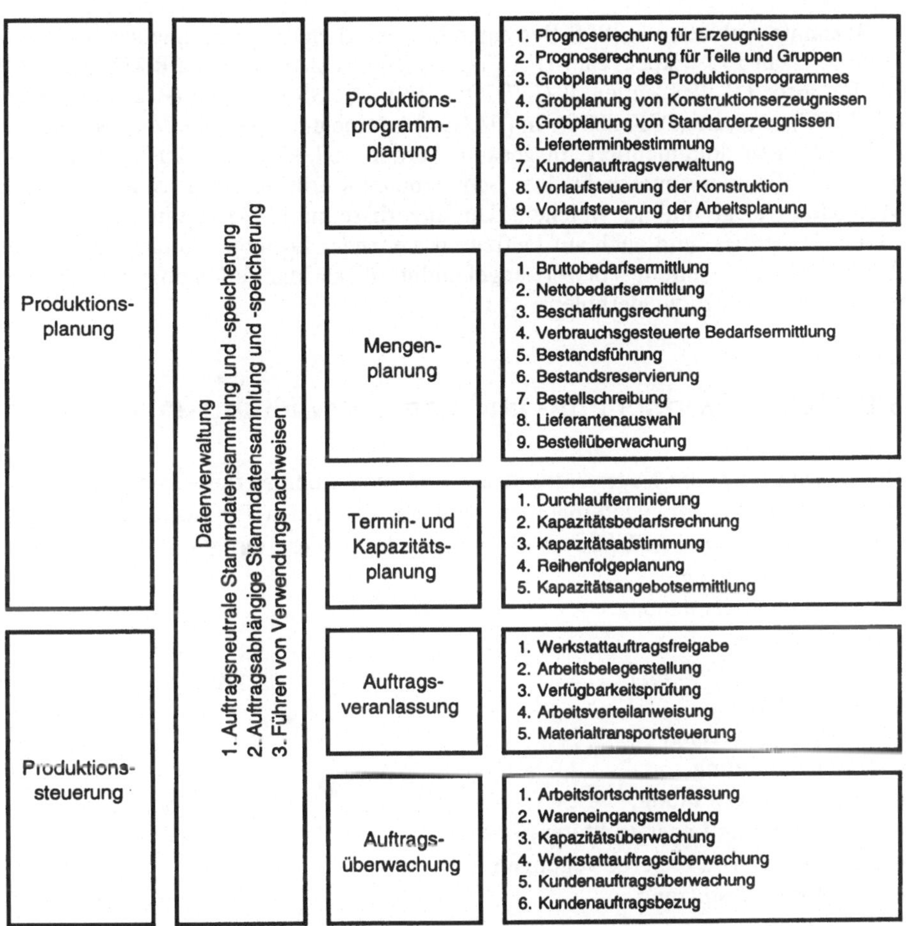

Bild 3.7-2: Gliederung der Produktionsplanung und Steuerung nach Funktionsgruppen, nach [HAC89]

Im Rahmen der Integrationsbestrebungen nach dem CIM/CIL-Konzept, (vgl. Kap. 2), werden PPS-Systeme heute nicht mehr isoliert betrachtet, sondern nach Möglichkeit in ein durchgängiges unternehmensweites Konzept über Vertrieb und Distribution, Materialwirtschaft, Produktion und Qualitätsmanagement integriert. In diesem Zusammenhang besteht auch der Trend, die Datenverwaltung aus dem eigentlichen PPS-System auszulagern und einem Datenbanksystem zu übertragen, auf das unternehmensweit zugegriffen werden kann.

Mit den PPS-Systemen ist es jedoch bis heute nicht gelungen, einen in sich geschlossenen kompletten Lösungsansatz zu finden. Von zentraler Bedeutung für den effektiven Einsatz eines PPS-Systems ist die Qualität der Daten und das Verständnis um die im PPS-System verwendeten Methoden. Die Instrumentalisierung durch ein PPS-System kann eine effektive Aufbauorganisation nicht ersetzen, sondern lediglich unterstützen.

Bekannte Anbieter von PPS-Systemen in Deutschland sind beispielsweise Baan (Triton, Baan IV), ExperTeam (FACTOR), IBM (CIMAPPS, INFRA/2, MAS90 BWR), infor (V-PPS), integral (INDIOS), PSI (PIUSS O), SAP (R/2, R/3), SNI (COMET), Strässle (PSK 2000). In [FAN94] ist eine umfangreiche Marktstudie zu PPS-Systemen dokumentiert. Insgesamt wurden 167 PPS-Produkte anhand von über 300 Kriterien untersucht. Der Schwerpunkt wurde in dieser Studie auf die Methoden gelegt und in welchem Umfang diese in PPS-Systemen eingesetzt werden. Überdies wird auch auf Defizite bestehender Lösungen hingewiesen. Die Autoren haben in ihrem Vorwort angekündigt, diese Markterhebung in regelmäßigen Abständen zu wiederholen.

3.8 Materialwirtschafts- und Lagerverwaltungssysteme

Die Beschaffung, die Lagerung und der Fluß von Rohmaterial, Halbzeugen und fertigen Produkten im Unternehmen wird i.a. durch den Einsatz eines DV-gestützten *Materialwirtschaftssystems* unterstützt. Dies umfaßt beispielsweise folgende Funktionen:

- Materialbedarfsplanung,
- Beschaffung,
- Lieferantenbewertung,
- Wareneingang,
- Rechnungsprüfung,
- Bestandsführung,
- Lagerplatzverwaltung,
- Definition von Lagerstrukturen,
- Verwaltung von Lagerbewegungen,
- Inventurunterstützung.

Zur Unterstützung der komplexen Abläufe im Lager stehen unterschiedliche Lösungen von veschiedenen industriellen Anbietern zur Verfügung. Die Systemarchitektur für den Lagerbereich kann in drei Ebenen gegliedert werden.

Auf der obersten Ebene, der sogenannten Host-Ebene, ist die betriebswirtschaftliche Standardsoftware (z.B. SAP R/3) angesiedelt. Auf dieser Ebene dominieren die dispositiven kaufmännischen Funktionen. Wichtig sind auf dieser Ebene Schnittstellen zur Produktionsplanung sowie zum Vertrieb und zur Distribution.

Die wesentlichen Aufgaben der mittleren Ebene sind die Verwaltung von Lagerplätzen, Beständen und Lager- bzw. Transporteinheiten sowie steuernde Funktionen dispositiver Art. Die mittlere Ebene wird mit Unix basierenden DV-Systemen und zunehmend in Client-Server-Architektur mit Windows 95 und Windows NT-Systemen realisiert. Die DV-Systeme dieser Ebene werden als *Lagerverwaltungssystem (LVS)* bezeichnet. Ein LVS verwaltet den Wareneingang, weist Lagerplätze zu, disponiert Material für Aufträge und steuert die Kommissionierbereiche. Im Vergleich zur obersten Ebene ist die LVS-Ebene durch einen höheren Anteil anwendungsspezifischer Individualsoftware gekennzeichnet.

Noch höher ist der Anteil an Individualsoftware auf der untersten Ebene, die aber überwiegend steuernden Charakter hat und daher nicht dem LVS zugerechnet wird (vgl. Kap. 5). Die Steuerungsebene übernimmt die Feindisposition, Koordinierung der Fördertechnik und die Zielsteuerung des Materials.

Das LVS gibt im wesentlichen Transportaufträge an das Materialflußsteuerungssystem und erhält Meldungen zurück. Diese kann man in *Statusmeldungen*, *Störmeldungen* und *Vollzugs-* oder *Quittierungsmeldungen* untergliedern. Statusmeldungen werden auf besondere Anforderung hin gesendet und erlauben die Verfolgung der Auftragsbearbeitung. Störmeldungen werden sofort beim Auftreten einer Störung gesendet. Man unterscheidet zwischen *abschaltenden* und *nicht abschaltenden Störungen*, auch *dispositive Störungen* genannt. Abschaltende Störungen erfordern den Eingriff von Personal zur Behebung der Störung. Dispositive Störungen, z.B. „Fach belegt bei Einlagerauftrag“, können durch eine Neudisposition auf der Leitebene behoben werden. Vollzugsmeldungen melden den ordnungsgemäßen Vollzug (evtl. auch mit Zeitangaben) von Transport- und Lageraufträgen. Über das Dialogsystem der Bedienoberfläche des LVS kann der Benutzer menügeführt die von ihm gewünschten Funktionen aufrufen.

Die Praxis in vielen DV-gestützten Lagern wird im folgenden beispielhaft anhand der Vorgänge beschrieben, die vom LVS unterstützt werden.

Materialanlieferungen von externen Lieferanten erfolgen im Wareneingang. Dort wird die Lieferung häufig mittels Barcodescanner, die am LVS angeschlossen sind, erfaßt und auf Art, Menge und Qualität geprüft.

Nach der Erfassung und eines eventuellen Umpackens wird vom LVS eine interne Nummer zur Verwaltung des Materials vergeben und ein entsprechendes Barcodeetikett zur Kennzeichnung der Lagereinheit gedruckt. Damit ist die Lager- bzw. Transporteinheit an entsprechend ausgestatteten Punkten im Materialflußsystem automatisch identifizierbar, womit die Materialflußverfolgung und damit die Zielsteuerung sicherer wird.

In Abhängigkeit von Kriterien wie Warentyp, Ladehilfsmittel, ABC-Klassifizierung, etc. wird der Lagereinheit dann ein Lagerort zugewiesen. Es kann sich hierbei um manuelle Lager (Blocklager, staplerbediente Lager, etc.) und/oder automatische Lager (Hochregallager, Satellitenlager, etc.) handeln. Die Strukturen der Läger werden im LVS definiert und verwaltet. Bei automatischen Lagern wird ein *Transportauftrag* vom LVS an den Lagersteuerungsrechner bzw. das Materialflußleitsystem gesendet, der die Ausführung des Auftrages koordiniert und aus einer Liste von anstehenden Transportaufträgen optimierte *Fahrbefehle* für die Regalbediengeräte bzw. für die Vorzonenfördertechnik erzeugt.

Bei einer *Einlagerung* passiert jede Lagereinheit vor dem Eintritt in den Lagerbereich den *I-Punkt*. Hier wird die Lagereinheit einer automatischen Konturenkontrolle unterzogen und ihre Identität per Laserscanner automatisch erfaßt. Werden bei der *Konturenkontrolle* Überstände entdeckt oder ist das Barcodeetikett nicht lesbar, muß die Lagereinheit auf einem eigens hierfür vorgesehenen Platz manuell nachbearbeitet werden.

Nach dem ordnungsgemäßen Passieren des I-Punktes wird das Material der Lagereinheit in der *Bestandsführung* des LVS als *Bestandszugang* gebucht. Hat die Lagereinheit den Zielort im Lager erreicht, wird der Vollzug des Transportauftrages an den LVS gemeldet und in der *Lagerplatzverwaltung* des LVS gebucht. Für manuelle Lager stehen als Hilfsmittel für die Vergabe und Vollzugsmeldung von Transportaufträgen beispielsweise Funkterminals zur Verfügung.

Zur *Auslagerung* von Material wird wiederum vom LVS ein Transportauftrag generiert, der analog zur Einlagerung ausgeführt und quittiert wird. In der Lagerplatzverwaltung wird der Lagerplatz nun wieder als frei verwaltet. Beim Austritt aus dem Lagerbereich passiert die Lagereinheit den *K-Punkt*, wo häufig noch einmal die Identität per Scannerlesung geprüft wird und so der *Bestandsabgang* entsprechend gesichert in der Bestandsführung gebucht werden kann.

Insbesondere in Versandlägern ist mit einem gewissen Vorlauf schon die Art und Menge des zur Kommissionierung auszulagernden Materials bekannt. Mit einer *Auftragsabwicklungsplanung* wird dann die *Auftragsreihenfolge* im Hinblick auf *Auftragsprioritäten* und auf Leistungsoptimierung des Materialflusses berechnet.

Als Beispiel für die Notwendigkeit einer Vorausplanung der Lagerspiele sei hier das Hochleistungslagersystem *SISTORE* der Siemag Transplan, Netphen angeführt. Dieses System zeichnet sich dadurch aus, daß die horizontalen und vertikalen Transportbewegungen im Lager fördertechnisch getrennt sind. Das Regalbediengerät (RBG) besitzt in jeder Lagerebene ein Lastaufnahmemittel, in diesem Beispiel 36, so daß es im Idealfall 36 Lagereinheiten gleichzeitig aufnehmen oder abgeben kann. Der vertikale Transport der Lagereinheiten wird auf der Stirnseite des Lagers von zwei Vertikalförderern (einer zur Einlagerung und einer zur Auslagerung) nach dem Paternosterprinzip realisiert. Die Leistung eines derartigen Lagerbedienkonzeptes liegt um ein Vielfaches höher als bei der konventionellen Technik mit einem Lastaufnahmemittel pro Regalbediengerät und kombinierter Horizontal- und Vertikalfahrt. Voraussetzung hierfür ist, daß das SISTORE mit einer Strategie betrieben wird, die das System möglichst nahe an seinen optimalen Betriebspunkt (36 Einlagerungen und 36 Auslagerungen an einer Halteposition des RBG) führt. Ohne eine geeignete Strategie würde im schlechtesten Fall pro Halteposition nur eine Einlagerung oder Auslagerung ausgeführt. Dies würde zu einer entsprechend geringen Leistung führen. Die Auftragsbearbeitungsplanung hat in diesem Beispiel also die Auftragsreihenfolge dahingehend zu optimieren, daß pro Haltepunkt möglichst viele Einlagerungen und Auslagerungen vorgenommen werden.

Die Einbindung der *Inventur* in ein LVS ist insofern von Bedeutung, daß die Bestände mittels der permanenten Inventur durch die Bestandsführung des LVS zum Bilanzstichtag einfach festgestellt werden. Die Vorteile der permaneten Inventur gegenüber der Stichtagsinventur sind, daß keine Betriebsunterbrechungen notwendig sind und die Personalkosten gesenkt werden.

Anbieter von LVS sind entweder Systemlieferanten der Materialfluß- und Lagertechnik, Softwarehäuser oder auch Industrieplaner. Einen Überblick hierüber und ein Firmenverzeichnis gibt beispielweise die jährlich erscheinende Marktübersicht Lagertechnik des Fördermittel Journals (Verlag Heinrich Publikationen).

3.9 Beispiel SAP R/3

Das *System R/3* der SAP AG, Walldorf ist zur Zeit weltweiter Marktführer für integrierte, betriebliche *Standardsoftware*. Aus diesem Grund soll dieses System hier kurz als Beispiel für ein integriertes betriebliches Informationssystem vorgestellt werden. Die SAP-R/3 Software ist in die drei Schwerpunktbereiche Finanzen, Personalwesen und Logistik gegliedert.

Das Ziel, das zur Entwicklung des SAP-Systems führte, war die Schaffung eines integrierten Softwarepaketes für die Unternehmens-DV mit einem Grundkonzept, das alle betriebswirtschaftlichen Funktionen enthalten sollte und so flexibel sein sollte, daß es an einzelne Branchen und Unternehmen anpaßbar ist. Dazu wurden idealtypische Betriebsabläufe in einem *Referenzmodell* definiert und Standardsoftwaremodule entwickelt. Das System R/2, das für den Einsatz auf Großrechnern konzipiert ist, wird seit den achtziger Jahren vorwiegend von Großunternehmen eingesetzt. 1992 wurde das System R/3 auf den Markt gebracht, das auch auf mittleren Rechnersystemen unter den Betriebssystemen UNIX und Windows NT und mit Datenbanken wie DB2, Oracle oder Informix installiert werden kann. Dadurch ist der Einsatz des System R/3 auch für mittelständische Unternehmen, die in der Regel nicht über Großrechner verfügen, möglich.

Zum R/3 Logistikbereich gehören die Module SD (Vertrieb und Distribution), PP (Produktionsplanung), MM (Materialwirtschaft), QM (Qualitätsmanagement), und PM (Instandhaltung und Servicemanagement). Diese Module und die Module der Bereiche Finanzen und Personalwesen werden über die definierten Betriebsabläufe logisch miteinander verknüpft und greifen auf eine gemeinsame Datenbasis zu, die entweder in einer zentralen Datenbank oder in verteilten Datenbanken gehalten werden.

Bevor ein derart komplexes Softwaresystem im Unternehmen implementiert werden kann, sind umfangreiche Vorbereitungen zu treffen. Als erster Schritt ist deshalb eine genaue Analyse der Geschäftsprozesse durchzuführen. Zur Unterstützung der Modellierung von Geschäftsprozessen existieren zahlreiche Werkzeuge, wie z.B. ARIS von IDS Prof. Scheer. Ausgegangen wird zunächst vom *SAP-Referenzmodell*, aus dem in mehreren Stufen das Unternehmensmodell generiert wird. Ein Ziel, das in der Regel mit der Einführung eines integrierten Informationssystems verfolgt wird, ist die Optimierung der Geschäftsprozesse. Auf Basis der *Geschäftsprozeßanalyse* wird dann eine Reorganisation der Geschäftsprozesse *(BPR - Business Process Reengineering)* durchgeführt. Dies geschieht mit Hilfe der Idealabläufe des SAP-Referenzmodells. Das R/3-Geschäftsprozeßmodell ist ein industriespezifisches Referenzmodell auf Basis von Unternehmensprozeßbereichen, auf das hier jedoch nicht näher eingegangen werden soll.

In einem mehrstufigen Prozeß von intuitiver Selektion, Reduktion und Konfiguration der relevanten Prozesse und Funktionen aus dem Referenzmodell wird das Zielsystem modelliert. In einem weiteren Modellierungsschritt werden die konfigurierten Geschäftsprozeßszenarien zu einem *Unternehmensprozeßmodell* zusammengefügt [KEL97].

Die Abbildung des Unternehmensprozeßmodells auf das System R/3 erfolgt im nächsten Schritt. Dazu werden die R/3-Softwaremodule durch Konfigurierung und Parametrierung den individuellen Anforderungen angepaßt. Dieser Implementierungsprozeß wird als *Customizing* bezeichnet. Reicht der Funktionsumfang der Standardsoftware nicht aus, werden individuelle Softwareanpassungen erforderlich, die mit Hilfe der R/3-Entwicklungsumgebung ABAP/4 implementiert werden können. Das individuell zusammengesetzte Programmpaket kann je nach Anforderung auf einen oder mehrere Server verteilt werden.

Die Systemarchitektur von R/3 basiert auf einem mehrstufigen *Client-Server-Konzept* mit Methoden zur Steuerung von Auftragnehmer/Auftraggeber-Beziehungen zwischen einzelnen Softwarekomponenten. Die Programm-Module werden dabei flexibel auf mehrere Rechner verteilt. Spezielle Server können unter Einhaltung der Integration von Daten und Prozessen des Gesamtsystems für bestimmte Aufgaben eingesetzt werden. Somit kann das Leistungspotential der verschiedenen Hardwareplattformen im Hinblick auf die unterschiedlichen Kosten optimal genutzt werden. Beispiele für R/3-Server sind Präsentationsserver zur Realisierung der grafischen Bedienoberfläche, leistungsmäßig skalierbare Applikationsserver für die Applikationslogik und Datenbankserver für die Speicherung und Wiedergewinnung von Daten [BUC96].

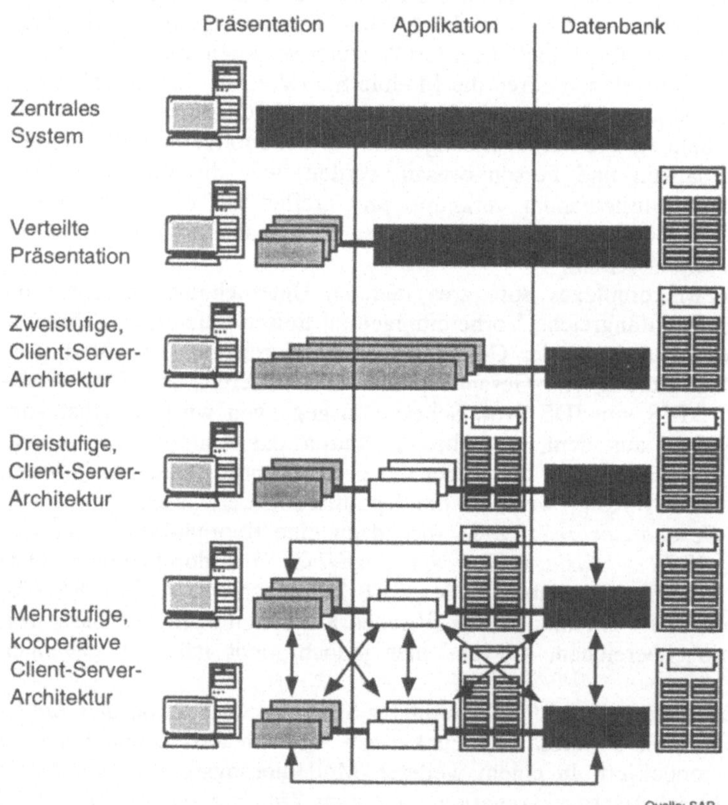

Bild 3.9-1: Client-Server-Konfigurationen des SAP System R/3

In Bild 3.9-1 ist der Stufenplan für Client-Server-Konfigurationen des System R/3 dargestellt. Einstufige Lösungen entsprechen im wesentlichen dem klassischen *Mainframe*-Konzept, bei dem ein Großrechner alle Verarbeitungsaufgaben erbringt. Für die Präsentation stehen heute jedoch anstelle der zeichenorientierten Terminals grafisch orientierte X-Terminals zur Verfügung. Zweistufige R/3-Konfigurationen werden typischerweise mit speziellen *Präsentationsservern* eingerichtet, die ausschließlich für die Aufbereitung und Darstellung der grafischen Oberfläche zuständig sind. Als Präsentationsserver eignen sich beispielsweise PC mit Windows-Betriebssystem. Alternativ kann eine zweistufige Lösung mit leistungsfähigen Desktop-Systemen installiert werden, auf denen Präsentation und Applikationen gemeinsam ablaufen. Derartige Konfigurationen sind besonders geeignet für Anwendungen mit hohem Rechenaufwand (z.B. Simulationen) oder für die Softwareentwicklung. Bei einer drei- und mehrstufigen R/3-Konfiguration werden eigene Rechner für Präsentation, Applikation und Datenbank genutzt. Dadurch kann die unterschiedliche Kostenstruktur für die Rechnerleistung im Frontend- und Backend-Bereich besser ausgenutzt werden. Die Daten eines *Datenbankservers* stehen dabei vielen *Applikationsservern* parallel zur Verfügung [BUC96].

Die Konfiguration einer Lagerverwaltung und -steuerung in einem Produktionsunternehmen in Verbindung mit dem System R/3 ist als Szenario in Bild 3.9-2 in Form eines Ebenenmodells dargestellt. Auf der obersten Ebene dieses Modells werden die SAP R/3 Module Materialwirtschaft (MM: Material Management), Vertrieb und Distribution (SD: Sales and Distribution) und Produktionsplanung (PP: Production Planning) eingesetzt. Hier erfolgen die Bestandsführung, Erstellung von Fertigungsaufträgen, Versand und Fakturierung der Kundenaufträge. Die Bestandsführung im System R/3 befaßt sich mit folgenden Aufgaben:

- mengen- und wertmäßige Führung der Materialbestände,
- Planung, Erfassung und Nachweis aller Warenbewegungen,
- Durchführung der Inventur.

Die betrieblichen Funktionsbereiche der obersten Modellebene dieses Beispiels greifen jeweils auf das Lager zu, dessen Verwaltung in der nächsten Ebene durch das SAP-Modul Lagerverwaltung (WM: Warehouse Management) realisiert wird, welches ein Submodul der Materialwirtschaft darstellt. Das Lagerverwaltungssystem erweitert die Bestandsführung um folgende Funktionen:

- Definition der Lagerstruktur,
- Verwaltung von Lagerarten, z.B. Hochregallager, Blocklager, Kleinteilelager,
- Verwaltung der Lagerplätze,
- Generierung von Transportaufträgen.

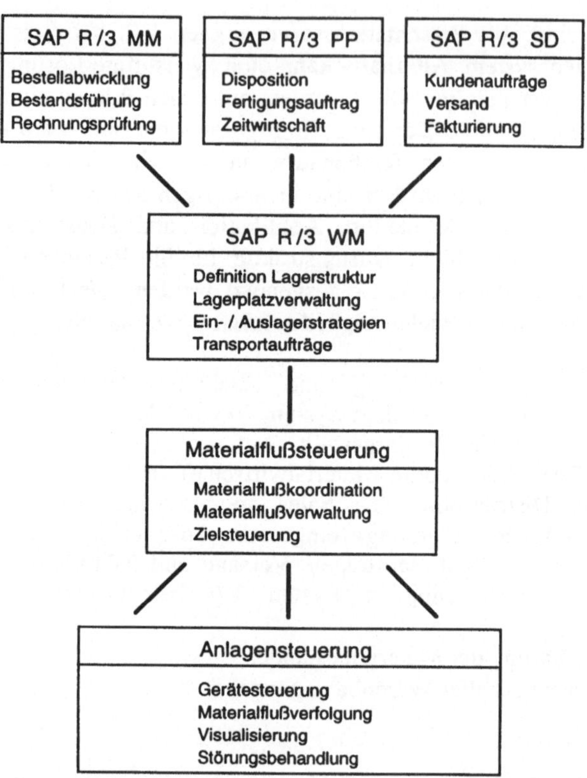

Bild 3.9-2: Szenario einer Lagerverwaltung und -steuerung in Verbindung mit dem SAP System R/3

Geplante Lagerbewegungen werden als Transportbedarfe verwaltet und stellen Anforderungen des Moduls MM an das WM dar. Ein Transportbedarf enthält Informationen über die Menge des zu bewegenden Materials und den Auslöser der Bewegung. Aus einem Transportbedarf wird ein Transportauftrag für die physische Lagerbewegung (Einlagern, Auslagern, Umlagern) generiert. Ein Transportauftrag enthält Informationen über die Durchführung der Lagerbewegung. Dies sind u.a.:

- Mengen,
- Materialnummern,
- beteiligte Lagerplätze.

Die eigentliche Materialfluß- und Lagersteuerung zur Erfüllung der Transportaufträge wird nicht mehr von den R/3-Modulen bedient. So sind für die Zusammenstellung eines Kundenauftrages aus dem Lager zwecks Versand beispielsweise die Regalbediengeräte des Hochregallagers, die Lagervorzone, die Kommissionieranlage und der Versand zu steuern. Dies wird durch das Materialflußleitsystem auf der nächsten Ebene realisiert (vgl. Kap. 5 und 6).

Das Materialflußleitsystem verwaltet, koordiniert und optimiert den Materialfluß im gesamten Materialflußsystem. Dazu werden die Transportaufträge der übergeordneten Ebene in mehrere Teilschritte aufgegliedert und als Einzelaufträge an die betreffenden Anlagensteuerungen auf der untersten Ebene gesendet, welche die physische Ausführung steuern. Die *Zielsteuerung* sorgt in Verbindung mit der *Materialflußverfolgung* dafür, daß die Einzelaufträge in der richtigen Reihenfolge ablaufen, damit das einzelne Objekt den richtigen Weg durch das Materialflußsystem nimmt.

Die Ausführung eines jeden Einzelauftrages wird von der Anlagensteuerungsebene an das Materialflußleitsystem quittiert. Sind alle zu einem Transportauftrag gehörigen Einzelaufträge ausgeführt, wird der Transportauftrag mit einer Quittierung an das WM-Modul abgeschlossen.

Neben dem in Bild 3.9-2 dargestellten Szenario sind auch andere Funktionsaufteilungen zwischen dem R/3-System und einem externen Lagerverwaltungs- und -steuerungssystem möglich. Insbesondere bei hochautomatisierten Lagern mit intelligenten Lagerverwaltungs- und -steuerungssystemen bietet es sich an, mit dem R/3-System nur eine lagerbezogene Bestandsführung zu realisieren, während die Lagerplatzverwaltung im externen System abläuft. Von der R/3-Seite her wird das Lager dabei als „Black Box" betrachtet, dem die Transportaufträge lediglich mengenmäßig übermittelt werden. Die Aufteilung der Transportaufträge in koordinatenbezogene Teilaufträge obliegt dem externen System ebenso wie die Festlegung der Ausführungsreihenfolge mittels der implementierten Ein- und Auslagerstrategien. Diese Funktionsaufteilung empfiehlt sich etwa, wenn individuelle Lösungen realisiert werden müssen, die der SAP-Standard nicht vorsieht. Dabei muß die SAP-Standardsoftware nicht modifiziert oder erweitert werden, was sich im Hinblick auf Releasewechsel als Vorteil erweist.

Zur Ankopplung von Fremdsystemen bietet die SAP AG standardisierte Schnittstellen zur Lagersteuerrechnern, Staplerleitsystemen und Mobilen Datenerfassungssystemen an. Die Entwicklung der SAP-Schnittstellen auf den Fremdsystemen wird unterstützt von einer Funktionsbausteinbibliothek, die von der SAP für unterschiedliche Entwicklungsplattformen angeboten wird. Zum Nachweis der Erfüllung der SAP-Spezifikation bietet die SAP AG überdies eine Schnittstellen-Zertifizierung für Fremdsysteme an.

Als weiterführende Literatur zum SAP System R/3 sei hier auf [BUC96], [HUT97], [KEL97] und im Hinblick auf die Detailbeschreibung der einzelnen Module mit ihren Funktionen auf die umfangreichen Broschüren der SAP AG verwiesen.

4 Informationsflußmittel

4.1 Allgemeines

Der *Informationsfluß* als logistischer Prozeß bewirkt im Rahmen eines Transformationsprozesses eine Veränderung des Zustandes von Informationen in einem Informationssystem. Zum Informationsfluß gehören folgende Funktionen bzw. Arbeitsoperationen:

- Daten ein- und ausgeben,
- Daten transportieren,
- Daten verarbeiten (ordnen, aufbereiten, steuern, disponieren) und
- Daten speichern (verwalten).

4.2 Gliederung der Informationsflußmittel

Informationsflußmittel sind technische Hilfsmittel zum Aufbau und zur Unterstützung von Informationsflüssen innerhalb und außerhalb eines Unternehmens. Sie lassen sich je nach Einsatzschwerpunkten in fünf Klassen einteilen:

- Datenträger,
- Datenerfassungssysteme,
- Datenübertragungssysteme,
- Daterverarbeitungssysteme und
- Datenausgabesysteme.

4.2.1 Datenträger

Datenträger sind die materiellen Träger der Daten. Hierzu gehören alle Mittel, die eine Aufzeichnung von Daten zulassen sowie das zerstörungsfreie Lesen dieser Daten gestatten. Je nach physikalischem Prinzip, mit dem die Datenträger gelesen und beschrieben werden können, werden *mechanische, magnetische, optische* und *elektronische Codierungen* unterschieden (vgl. Kap. 4.4). Wenn die eingesetzten Datenträger mehrmals beschrieben werden können, lassen sie sich als Träger unterschiedlicher Informationen wiederverwenden. Das Beschreiben kann je nach eingesetzter Technik berührend oder berührungslos erfolgen.

Codierungsarten

Das Hauptkennzeichen der Datenträger ist die Art ihrer Codierung. Nach DIN 44300 [DIN 44300] wird der Code als eine Vorschrift für die eindeutige Zuordnung der Zeichen eines Zeichenvorrates zu denjenigen Zeichen eines anderen Zeichenvorrates bezeichnet.

Als Datenträger können dabei beispielsweise Etiketten oder auch die Güter selbst eingesetzt werden. Nicht programmierbare Datenträger bieten sich bevorzugt dort an, wo sich der Zustand der gekennzeichneten Güter im Materialflußprozeß nicht mehr ändert oder ändern soll, d.h. wo die Daten über den gesamten Materialfluß- und Fertigungsprozeß hinweg identisch bleiben. Sie sind sehr preisgünstig und können deshalb wirtschaftlich zur individuellen Kennzeichnung von Massengütern, wie in der Konsumgüterindustrie, eingesetzt werden.

Mechanische Codierungen sind in der Regel preiswert, einfach zu handhaben und robust. Das Lesen kann beispielsweise mit einem mechanischen oder induktiven Schalter sowie mit einer optischen Lichtschranke erfolgen.

Magnetische Codierungen sind in der Regel unempfindlich gegenüber Verschmutzungen und besitzen eine hohe Lesesicherheit. Die Magnetkarte kann eine große Datenmenge aufnehmen. Nachteilig ist der relativ hohe Preis der Datenträger und Leseeinrichtungen.

Optische Codierungen, speziell die Barcodes, besitzen gegenwärtig durch die preiswerten Datenträger und hohe Lesesicherheit der Codierungen die größte Verbreitung.

Elektronische Codierungen benötigen einen technisch aufwendigen und damit kostenintensiven Datenträger. Die elektronische Codierung wird bei *Mobilen Datenspeichern (MDS)* eingesetzt (vgl. Kap. 4.4).

Der Mensch ist ohne Hilfsmittel nicht in der Lage, alle Codierungen zu lesen. Er muß vielfach geeignete Hilfsmittel (vgl. Kap. 4.4) einsetzen. Lesbar sind für ihn die optischen Klarschriftcodierungen wie auch das *OCR-System* (Optical Character Recognition), das über die Schriften OCR-A-Schrift und OCR-B-Schrift verfügt.

4.2.2 Datenerfassungssysteme

Die *Datenerfassungstechnik* unterstützt die Erfassung aktueller Daten aus allen Unternehmensbereichen. Die *Datenerfassung* ist die Aufnahme von Daten in eine Rechnerorganisation, wo sie dann für weitere Aufgaben zur Verfügung stehen. Beispiele zur Datenerfassung sind:

- Objektidentifizierung,
- Anwesenheitszeiterfassung,
- Arbeitsmitteldatenerfassung,
- Qualitätssicherung und
- Wareneingangskontrolle und -ausgangskontrolle.

Die zu erfassenden Daten lassen sich in drei Klassen einteilen:
- von Menschen lesbare Daten (Klarschrift, Zeichnungen, Bilder),
- phonetische Daten (gesprochene Wörter)
- maschinenlesbare Daten (Informationen auf Datenträgern),
- physikalische Größen.

Für die Informationserfassung lassen sich verschiedene Hilfsmittel klassifizieren:
- manuelle Erfassungsgeräte,
- Sensoren,
- Identifizierungssysteme,
- Spracherkennungssysteme,
- Laufwerke für Massenspeicher,
- Online-Dienste.

Zu den *manuellen Erfassungsgeräten* gehören Tastatur, Maus, Digitalisierbrett und Scanner. Hierbei erfolgt die Eingabe, die ohne das Lesen von Datenträgern auskommt, direkt in den Rechner. Die Dateneingabe über die in der Regel schreibmaschinenähnliche *Tastatur* ist sehr weit verbreitet. In der Regel wird eine die Eingabe unterstützende Software in Form einer Bildschirmmaske eingesetzt. Dabei erfolgt eine programmgesteuerte Führung des Bedieners zu verschiedenen Eingabefeldern mit dem Ziel, die Eingabegeschwindigkeit zu erhöhen und die Fehlerrate beim Eingeben zu senken.

Mit Hilfe des *Digitalisierbretts* können auch Skizzen, Grafiken oder Symbole erfaßt werden und in eine für den Rechner lesbare Form überführt werden. Ein Digitalisierbrett besteht im wesentlichen aus einer flächenförmig aufgespannten Matrix. Die einzelnen Matrixpunkte werden mit einem schaltungstechnisch mit der Matrix verbundenen Stift aktiviert. Die dabei entstehenden Daten können dann gelesen werden. Aus den einzelnen Matrixpunkten wird in einem nachgeschalteten Rechner das abgetastete Bild zusammengesetzt.

Die Dateneingabe mit einer *Maus* erfolgt ähnlich wie bei einem Digitalisierbrett. Es wird dabei eine Maus auf einer Fläche geführt. Hier ist allerdings die Fläche nicht aktiv, sondern passiv. Der aktive Teil des Systems ist die Maus, mit der in der Regel durch die Rollbewegung einer Kugel in der Maus die Bewegung auf der Fläche erfaßt wird. Die Rollbewegung der Kugel wird in Koordinaten der Fläche umgesetzt, aus denen ein nachgeschalteter Rechner Skizzen, Grafiken oder Symbole ableiten kann.

Ein *Scanner* ist eine Abtastvorichtung, die mittels eines geführten Lichtstrahles eine Vorlage (Etikett, Bild, Dokument) abtastet und ein binäres, pixelorientiertes Abbild der Vorlage erzeugt. Zur Erkennung der in der Vorlage enthaltenen Information ist eine entsprechende Bildanalysesoftware erforderlich. In Verbindung mit einer entsprechenden Analysesoftware gehört ein Scanner dann aber in die Klasse der Identifizierungssysteme.

Sensoren sind technische Funktions- oder Bauelemente zur Erfassung von physikalischen Größen und deren Umwandlung in elektrische Signale. Sensoren werden in der Regel in Steuerungssystemen zur Prozeßdatenerfassung, insbesondere in automatischen Systemen, eingesetzt. Die erfaßten Daten können jedoch auch für die Auswertung in Informationssystemen verwendet werden. Sensoren werden gesondert in Kap. 8 behandelt.

Identifizierungssysteme dienen der Erfassung von Informationen, die auf Datenträgern abgelegt sind. Auch Geräte zur Klarschriftlesung fallen in diese Kategorie. Identifizierungssysteme können manuell und automatisch eingesetzt werden Identifizierungssysteme enthalten in der Regel Sensoren. In Materialfluß- und Logistiksystemen werden die Güter entweder zur Datenerfassung zu einem stationären Identifizierungssystem geführt, oder die Daten werden an den Orten, an denen sich die Güter befinden, erfaßt. In diesem Zusammenhang unterscheidet man die *mobilen Datenerfassung* (MDE) von *der stationären Datenerfassung*. Die verwendeten Geräte für die mobile Datenerfassung können wahlweise *online* oder *offline* mit einem Datenerfassungssystem verbunden sein und weisen in der Regel neben der automatischen Identifizierungtechnik auch eine Tastatur für manuelle Eingaben auf. Weitere Ausführungen zu Identifizierungssystemen finden sich in Kap. 4.4.

Einrichtungen zur *Spracherkennung* ermöglichen die Eingabe gesprochener Wörter in ein Informationssystem. Obwohl brauchbare Lösungen existieren und an dieser Technik weiter gearbeitet wird, steht eine durchgängige Ablösung der Mensch-Maschine-Kommunikation mittels Display und Tastatur nicht in Aussicht. Ein wesentlicher Grund ist die individuelle Sprechweise eines jeden Menschen, die eine benutzerunabhängige, sichere Erkennung heute noch nicht zuläßt.

Massenspeichermedien sind Diskette, Magnetband und CD-ROM. Die entsprechenden *Laufwerke* erlauben die Datenerfassung von diesen Datenträgern.

Online-Dienste, wie das Internet, bieten Informationen extern an, so daß es auch möglich ist, mit geringem Zeitaufwand Informationen aus Bereichen zu erhalten, die nicht direkt zum eigenen Informationssystem gehören.

4.2.3 Datenübertragungssysteme

Informationsübertragung oder *Kommunikation* dient dazu, Nachrichten zwischen einem Sender und einem oder mehreren Empfängern zu übertragen. Es kann sich hierbei um visuelle, auditive oder alphanumerische Informationen handeln.

Die *Kommunikationstechnik* umfaßt alle technischen Hilfsmittel, die den Prozeß der Kommunikation unterstützen. Im Sinn eines logistisch optimierten Betriebes ermöglicht die Kommunikationstechnik einen umfassenden Zugriff auf einmal erfaßte bzw. erzeugte Daten.

Es können drei große Teilbereiche der *Datenübertragungstechnik* voneinander abgegrenzt werden (vgl. Kap. 7): die *leitungsgebundene*, die *leitungnahe* und die *leitungsfreie* Informationsübertragung. Die leitungsgebundene Informationsübertragung kann entweder elektrisch oder optisch (mittels Lichtwellenleiter) erfolgen. Die leitungsnahe Informationsübertragung erfolgt elektrisch mittels Schleifleitungen oder elektromagnetisch über Schlitzhohlleiter. Für die leitungslose Informationsübertragung lassen sich prinzipiell akustische, optische (z.B. Infrarot), und elektromagnetische Lösungen (Funk) unterscheiden.

In logistischen System stellt die Kommunikationstechnik die hard- und softwaretechnischen Voraussetzungen für den Informationsaustausch zwischen den einzelnen datenverarbeitenden Komponenten sowie zwischen diesen und den Peripheriekomponenten eines Materialflußsystems zur Verfügung. Die Kommunikationstechnik wird in Kap. 7 ausführlich behandelt.

4.2.4 Datenverarbeitungssysteme

Der *Computer* oder *Rechner* ist das technische Arbeitsmittel für die *Datenverarbeitung*. Ein Computer besteht aus physischen und nicht-physischen Komponenten. Die *Hardware* ist die physische Ausrüstung des *Datenverarbeitungssystems*, die *Software* umfaßt vorrangig Methoden, Algorithmen, Programme und Programmiersysteme. Dazu gibt es noch die sogenannte *Firmware*. Damit werden ständig benötigte Programme bezeichnet, die dauerhaft in *ROM*-Speicherschaltkreisen also als Hardware realisiert sind.

Die Einteilung von Rechnern in verschiedenen Klassen kann nach Größen-, Leistungs-, Anwendungs-, technologischen und anderen Aspekten erfolgen. Dies ist inbesondere im Hinblick auf die Einordnung, Vergleichbarkeit, Bewertung und aufgabengerechte Auswahl eines Rechners von Bedeutung. Die rasante Entwicklung von Hard- und Software führt jedoch dazu, daß sich die Klassifizierungsmerkmale rasch ändern und eine Klasseneinteilung dadurch nur wenige Jahre Bestand haben kann.

Obwohl die Verarbeitungsgeschwindigkeit eine große Bedeutung hat, werden auch andere grundsätzliche Beurteilungskriterien bei der Auswahl eines Datenverarbeitungssystems herangezogen. Diese sind zum Beispiel die Verfügbarkeit geeigneter Software für die verschiedenen Anwendungen, die Verfügbarkeit geeigneter Mitarbeiter, der Service der Hardware- und Softwarelieferanten, die Qualität der Software, der Preis, die Betriebssicherheit und die Ausbaufähigkeit der Software. Die Rechnertechnik in Imformationssystemen wird ausführlicher in Kap. 4.3 behandelt.

4.2.5 Datenausgabesysteme

Die *Datenausgabe* in einem Informationssystem dient der *Informationsdarstellung* und muß daher in einer vom Menschen lesbaren Form erfolgen.

Wichtige Datenausgabegeräte sind *Bildschirmgeräte* und *Drucker*. Es werden aber je nach Einsatz noch eine Vielfalt anderer Datenausgabegeräte eingesetzt wie beispielsweise Plotter, Fotosatzgeräte und Sprachausgabegeräte.

Bildschirmgeräte - auch Displays genannt - stellen zusammen mit den Dateneingabesystemen (Tastatur und Maus) die Schnittstellen in der *Mensch-Maschine-Kommunikation* dar. Mit Hilfe des Displays lassen sich sowohl Daten ausgeben als auch eingegebene Daten kontrollieren. Bei Arbeitsplatzrechnern ist ein zweigeteilter Aufbau üblich. Dabei erfolgt die Bildaufbereitung bis zur Erzeugung der Videosignale durch eine *Grafikkarte* im Computergehäuse, während der Monitor in einem gesonderten Gehäuse das Anzeigeelement enthält, das als Elektronenstrahlröhre oder Flüssigkristalldisplay (*LCD*: Liquid Crystal Display) ausgeführt ist. Einfache Lösungen verfügen nur über den *Textmodus*, leistungsfähigere zusätzlich über den *Grafikmodus*. Die Auflösung des Bildschirmes muß der Menge der auszugebenden Informationen angepaßt werden. Bei der Einrichtung und dem Betrieb von Arbeitsplätzen mit Display sind ergonomische Faktoren und teilweise auch gesetzliche Vorschriften zu beachten. *Bedienoberflächen* lassen sich mit Hilfe von *Multimedia-Techniken* besser der menschlichen *Bedienlogik* anpassen, was zu einem höheren *Bedienkomfort* führt und helfen soll, *Bedienfehler* zu vermeiden.

Bei der *Visualisierung* von Daten unterscheidet man zwischen bewegten Bildern und Standbildern. Die Beobachtung bewegter Bilder auf Bildschirmgeräten ist bei der Visualisierung von technischen Prozessen oder bei der Präsentation von *Simulationen* und deren Ergebnissen üblich. Es ist so beispielsweise möglich, den Betrieb eines Materialflußsystems schon vor der konkreten Realisierung zu beobachten. Auch bei der Einsatzplanung von Industrierobotern können verschiedene Robotertypen in einer Fertigungszelle simuliert werden. Eventuelle Schwachstellen können so schon am Bildschirm entdeckt werden und vor der eigentlichen Realisierung eliminiert werden. In diesem Zusammenhang wird auch von *Computeranimation* gesprochen.

Drucker lassen sich nach ihrem Druckprinzip in *mechanische* und *nicht-mechanische* Drucker unterteilen. Wichtige mechanische Drucker sind *Typendrucker, Banddrucker, Kettendrucker*, *Nadeldrucker*, *Tintenstrahldrucker.*

Typendrucker bauen die Zeile Zeichen für Zeichen auf. Die Symbole für die Zeichendarstellung befinden sich auf Typenhebeln, Kugelköpfen oder Typenrädern. *Trommeldrucker* erreichen durch den zeilenweisen Druck eine sehr hohe Druckgeschwindigkeit. Sie arbeiten mit einer Typenwalze und sind dadurch nicht grafikfähig. *Typenband-* oder *Kettendrucker* haben an einem horizontal umlaufenden Endlosband die Drucktypen befestigt. Auch sie sind nicht grafikfähig. *Nadeldrucker* drucken ein Zeichen mit Nadeln spaltenweise, so daß ein Zeichen aus einer Matrix von Punkten aufgebaut wird. Auch hier wird die Zeile zeichenweise aufgebaut. Sie werden auch als Mehrfarbendrucker ausgeführt, wobei dann ein Vierfarbband verwendet wird. Auch *Tintenstrahldrucker* bauen die Zeichen aus einer Matrix auf. Es wird jedoch kein Farbband verwendet, sondern mit steuerbaren Tintendüsen gearbeitet, die feinste Tintentropfen auf das Papier spritzen.

Heute gehören *Laserdrucker* auf Grund stark gefallender Preise bereits zum Standard bei den Datenausgabegeräten. Ein Laserdrucker ist ein nicht-mechanischer Drucker, bei dem eine dem Fotokopierer ähnliche Technologie eingesetzt wird. Im Unterschied zum Fotokopierer geschieht die Belichtung der Druckwalze mit einem gesteuerten Laserstrahl, der mit einer Auflösung von in der Regel 600 dpi (dots per inch) geführt wird. Diese Drucker sind gekennzeichnet durch:

- hohe Auflösung,
- verschiedene, softwaremäßig zu erzeugende Schrifttypen,
- die Möglichkeit, Grafik und Texte in einem Ausdruck zu mischen,
- geräuscharmer Betrieb und
- hohe Druckleistung.

Zur Ausgabe von Kurven, Grafiken, technischen Zeichnungen oder ähnlichem haben sich *Plotter* bewährt. Es können Papierformate von DIN A4 bis DIN A0 eingesetzt werden. Die Zeichengenauigkeit hängt unter anderem davon ab, mit welcher Schrittgröße Papier und Stift bewegt werden können. Sie liegt bei 0,05 mm und besser.

Bei Einrichtungen zur *Datenausgabe in Sprachform* erzeugen Wortgeneratoren aus digitalen Informationen synthetisch die menschliche Sprache. Typische Anwendungsgebiete dieser Technik sind computergestützte Auskunftssysteme, die über das Telefon erreichbar sind.

4.3 Datenverarbeitungstechnik

4.3.1 Historie

In der *Rechnertechnik* und Datenverarbeitung wird historisch eine Diversifizierung zwischen *Datenverarbeitungsanlage* und *Prozeßrechner* gezogen, obwohl die Steuerung von Prozessen mit einem Rechner durchaus auch eine Verarbeitung von Daten ist [WIT77].

Datenverarbeitungsanlagen waren gekennzeichnet durch das interaktive Arbeiten von Mensch und Maschine bei der Dateneingabe und -ausgabe. Zwar war die *Zentraleinheit* eines Prozeßrechners durchaus mit der einer Datenverarbeitungsanlage vergleichbar, jedoch wurde dieser in viel stärkerem Maße von seinen Peripherie-Anschlüssen geprägt.

Die *Entwicklungsstufen* bei Computern werden nach überwiegend technischen Merkmalen abgegrenzt. Der erste arbeitsfähige programmgesteuerte Rechenautomat ZUSE Z3 in Relaistechnik wurde 1941 von Konrad Zuse vorgestellt [WER95]. Mitte der 40er Jahre wurde das Prinzip des von-Neumann-Computers formuliert, nach dem die heutigen Standardrechner arbeiten. Bei den elektronischen Computern werden i.allg. folgende Entwicklungsstufen unterschieden:

Erste Computer-Generation: Röhrencomputer
Der erste Rechner mit Elektronenröhren war 1946 der ENIAC. Als Ein- und Ausgabegeräte standen in dieser Computergeneration Lochkarten-, Lochstreifengeräte und elektrische Schreibmaschinen zur Verfügung. Externe Speicher standen noch nicht zur Verfügung. Programmiert wurden die Röhrencomputer in Maschinencode und Assemblersprachen. Anwendung fand diese Rechnergeneration ausschließlich im wissenschaftlich-technischen Bereich [WER95].

Zweite Computer-Generation: Transistorcomputer
Der erste Computer mit Transistoren war 1955 der TRADIC von den Bell Labs WER95]. Zu den Ein- und Ausgabegeräten der ersten Generation kam der Walzendrucker hinzu und es standen mit Magnetband- und Magnettrommelspeicher erstmals externe Speicher zur Verfügung. Neben den Assemblersprachen kommen erste problemorientierte Sprachen hinzu. Diese Rechnergeneration wurde bereits im kommerziellen Bereich und als Prozeßrechner eingesetzt.

Dritte Computer-Generation: IC-Computer
Ab Mitte der 60er Jahre kamen erste Computer mit integrierter Schaltkreistechnik auf. Diese Technik ermöglicht die Zusammenfassung von Transistoren und Widerständen zu komplexeren Schaltelementen oder Schaltgruppen, sogenannten *IC (Integrated Circuit)*. Die in dieser Generation erreichte *Integrationsdichte* wird als MSI (Medium Scale Integration) bezeichnet. Zu den bisherigen Ein- und Ausgabemedien kamen Bildschirmgeräte und zu den externen Speichermedien kam die Wechselplatte hinzu [WER95]. Weitere Merkmale dieser Generation sind

der Bau von Computerfamilien und der erstmalige Einsatz von Betriebssystemen [GAB93]. Beispiele sind die Computer-Familien IBM/360 und DEC PDP-8.

In den 60er Jahren wurden in der DV Peripheriegeräte über Datenfernübertragungseinrichtungen (DFÜ) mit einem entfernten Rechner verbunden. Mit solchen Einrichtungen konnte einerseits auf einen eigenen Rechner, z.B. in einer Filiale, verzichtet werden und andererseits konnten Anwendungen, die die Gesamtorganisation eines Unternehmens betrafen, direkt Daten mit örtlich entfernten Endstellen austauschen.

Mit Beginn der siebziger Jahre entstanden auch die ersten größeren Rechnernetze, deren Hauptziele unter den folgenden drei Schlagwörtern zusammengefaßt wurden: Funktionsverbund, Datenverbund und Lastverbund. Ebenfalls Anfang der 70er Jahre wurden *Datenbanksysteme* eingeführt [GRO83].

1969 wurden in den Bell Labs von AT&T Dienstprogramme im Assembler-Code entwickelt, die zur Urversion von *UNIX* führten. 1972 wurde die *Programmiersprache C* entwickelt und der UNIX-Code in diese Sprache umgeschrieben.

Die Weiterentwicklung der Integrationstechnik (LSI, später VLSI, ULSI) und die Entwicklung von Speicherchips leiten schließlich den Übergang zur 4. Generation ein.

Vierte Computer-Generation: Mikroprozessor-Computer

Die Basis für die heutige Rechnertechnik und Datenverarbeitung war die Entwicklung des *Mikroprozessors*, der die aus mehreren Elementen aufgebaute Zentraleinheit der damaligen Minicomputer in einen Chip integrierte. Nahezu alle heute eingesetzten Computer wie auch der Personalcomputer basieren auf der Mikroprozessortechnik.

Wie so oft bei erfolgreichen Entwicklungen wird auch die Erfindung des Mikroprozessors von mehreren Halbleiterfirmen für sich in Anspruch genommen. Nach [BÄH91] begann es im Jahre 1969 damit, daß die japanische Firma Busicom die amerikanische Firma Intel damit beauftragte, einen Satz von 12 Halbleiter-Bausteinen für eine geplante Reihe von programmierbaren Hochleistungs-Tischrechnern zu entwickeln.

Der damalige Stand der Technik erlaubte es, einen Tischrechner aus ca. 6 Bausteinen mit je 600 bis 1000 MOS-Transistoren aufzubauen. Die Firma Intel - heute Weltmarktführer bei Mikroprozessoren - war zu dieser Zeit gerade 3 Jahre alt und hatte im selben Jahr den ersten löschbaren Festwertspeicher entwickelt, das EPROM 1701, welches vom Benutzer elektrisch programmiert und durch ultraviolettes Licht gelöscht werden konnte. Für Intel lag deshalb als Lösungsansatz nahe, die damals bei Tischrechnern übliche festverdrahtete Schaltlogik durch einen Mikroprogrammspeicher zu ersetzen und so zu einem Satz von Bausteinen zu kommen, der vom Benutzer dem jeweiligen Problem angepaßt werden konnte.

Diese Idee führte zu einem Satz von lediglich 3 Bausteinen: *Zentraleinheit (CPU)* mit 2250 Transistoren, *Festwertspeicher* (ROM) und *Schreib-/Lesespeicher* (RAM). Die CPU umfaßte eine 4-bit-ALU, die in BCD-Arithmetik rechnete, einen bidirektionalen 4-bit-Datenbus sowie einen 12-bit-Adreßbus. Der Befehlssatz umfaßte 45 Befehle. Die parallel entwickelte Lösung für die Firma Busicom in konventionellem Aufbau mit festverdrahteter Logik benötigte im Vergleich 12 Bausteine mit durchschnittlich 2000 Transistoren und jeweils 36 bis 40 Anschlüssen. Als größten Vorteil gegenüber der bisherigen Technik erwies sich jedoch die Flexibilität im Einsatz. So konnten mit Standardsystemen anwendungsspezifische Kundenwünsche erstmals dadurch erfüllt werden, indem einfach der Inhalt des Programmspeichers entsprechend verändert wurde. 1971 wude der CPU-Baustein unter der Bezeichnung Intel 4004 als "Herz" eines Mikrocomputer-Systems (MCS-4) aus 4 Bausteinen angeboten.

Fast gleichzeitig zur Entwicklung des Intel 4004 beauftragte im Herbst 1969 die Firma Datapoint Corporation als Hersteller intelligenter Terminals und kleiner Computersysteme die Firmen Intel und Texas Instruments, die gesamte Tastatursteuerung eines intelligenten Terminals in einem Baustein unterzubringen. Intel hatte damit Erfolg, jedoch war der Baustein zehnmal langsamer als die Spezifikation vorschrieb. Der Baustein wurde ab 1972 unter der Bezeichnung Intel 8008 als universelle 8-bit-CPU vertrieben. Er besaß einen Satz von 45 Befehlen mit einer durchschnittlichen Ausführungszeit von 30 Mikrosekunden, sechs 8-bit-Register, einen 16-kbyte Adreßraum, 18 Anschlüsse und war in PMOS-Technologie mit zwei Betriebsspannungen realisiert.

Der Begriff "Mikroprozessor", bis dahin nur für mikroprogrammierbare Großcomputer benutzt, wurde ab 1972 für die neu entwickelten Prozessoren eingeführt. Im nachhinein wurden die bisher beschriebenen Mikroprozessoren als Prozessoren der ersten Generation bezeichnet. Trotz der nahen Verwandtschaft der Mikroprozessoren mit allgemeinen Datenverarbeitungsanlagen war es zunächst das Gebiet der mechanischen, hydraulischen, pneumatischen oder elektronischen Steuerungen, auf dem der Mikroprozessor seinen Siegeszug antrat. Der Grund, weshalb Mikroprozessoren erst allmählich begannen, Eingang in das Gebiet der eigentlichen Datenverarbeitung zu finden, liegt an dem Vorsprung an Geschwindigkeit und Komplexität, den die maßgeschneiderten großen Systeme bis dahin besaßen, vgl. [WIT77].

Die zweite Generation der Mikroprozessoren erschien 1972 mit dem Intel 8080. Dieser besaß mit einer durchschnittlichen Befehlsausführungszeit von 2 Mikrosekunden eine ausreichende Geschwindigkeit und durch 30 zusätzliche Befehle genügende Rechenfähigkeit für vielfältige Anwendungen. Dies wurde insbesondere durch eine ausgereifte Unterstützung von externen Unterbrechungen (Interrupts) zur Prozeßsteuerung sowie von Unterprogramm-Sprüngen erreicht. Der Adreßbereich wurde auf 64 kbyte vergrößert und in einem weiteren, getrennten Adreßbereich konnten bis zu 256 Ein-/Ausgabe-Schnittstellen adressiert werden. Der 8080 bestand aus 5000 Transistoren und wurde in kurzer Zeit zum damaligen Industriestandard.

1974 erschien der 6800 von Motorola als erster Prozessor in der moderneren NMOS-Technologie, die nur noch eine 5-Volt-Betriebsspannung benötigte. Durch die Entwicklung von Schnittstellen- und Steuerbausteinen wurden die Prozessoren zu Mikroprozessor-Systemen ergänzt. 1974 wurden auch die ersten Spezialprozessoren entwickelt, wozu insbesondere solche zur Steuerung von Floppy-Disk-Speichern und Kathodenstrahlröhren gehörten.

Die Datenverarbeitung in größeren Systemen zu dieser Zeit war dadurch gekennzeichnet, daß die eigentliche Verarbeitung der Daten in einem Rechenzentrum geschah, das für viele Kunden im Zeitmultiplex arbeitete. Schnittstelle zum Benutzer war ein Terminal, das es in verschiedenen Ausführungsformen gab. Den Kunden wurden dabei Leitungskosten für die Anschaltdauer (Größenordnung 50,-- DM pro Stunde) und die reinen Rechnerkosten (Größenordnung 1,-- DM pro Sekunde) in Rechnung gestellt. Aufwendige Eingaben zogen eine lange Anschaltdauer nach sich, so daß die Leitungskosten schnell die Rechnerkosten um ein vielfaches überstiegen. Hieraus ergab sich die Entwicklung intelligenter Terminals, die zunächst den gesamtem Eingabevorgang, beispielsweise von Programmen, ohne Verbindung zum Rechenzentrum ermöglichten, dann auch Aufgaben wie die Syntaxprüfung übernahmen und schließlich auch mit Archivierungsmedien wie Floppy Disks oder Magnetbandkassetten ausgerüstet wurden. Dies war der Grundstein für den heutigen *Personal Computer (PC)*, der völlig ohne eine Kopplung zu einem Rechenzentrum auskommt. Während früher die zu verarbeitenden Daten beim Anwender waren und zur Verarbeitung an das Rechenzentrum gesendet wurden, ist es heute genau umgekehrt: Die Intelligenz ist vor Ort und die Information liegt in den im weltweiten Netz verteilten Datenbanken.

Die dritte Generation von Mikroprozessoren wurde 1974 mit dem ersten 16-bit-Prozessor PACE der Firma National Semiconductor eingeläutet. 1975 gab es bereits 40 verschiedene Mikroprozessortypen, die hauptsächlich in Personal Computern und kleinen Geschäftscomputern eingesetzt wurden. Die 16-bit-Prozessoren setzten sich jedoch zunächst nicht durch, da sie aufgrund der Führung von Daten und Adressen über denselben Bus eine geringere Verarbeitungsgeschwindigkeit aufwiesen. Der Z80 der Firma Zilog setzte sich in den folgenden Jahren als 8-bit-Prozessor weiter durch. Er bot 158 verschiedene Befehle, unter denen die des 8080 vorhanden waren, so daß er aufwärtskompatibel zum Industriestandard war. 1978 erschien dann mit dem Intel 8086 der erste 16-bit-Prozessor mit größerer Verbreitung. Auf einer lediglich 27 % größeren Fläche brachte er 29.000 Transistoren unter, also fast das sechsfache des 8080. Der Adreßraum wurde auf 1 Mbyte, der zusätzliche Adreßraum für Ein-/Ausgabe-Schnittstellen auf 64 kbyte vergrößert. 1979 folgten als Konkurrenzprodukte der Z8000 von Zilog und der 68000 von Motorola. Letztgenannter hatte einen Befehlssatz, wie er ähnlich in Minicomputern üblich war. Er zeichnete sich durch einen 32-bit-Registersatz sowie eine 16-Mbyte-Adreßbereich aus. Auf einer Siliziumfläche von 6,2 mm × 7,1 mm wurden 68.000 Transistoren untergebracht. Die Taktfrequenz betrug 8 MHz. 1982 erschien als Nachfolger des 8086 der Intel 80286, der bereits 130.000 Transistoren besaß und mit dem Personal Computer IBM AT und den sogenannten "IBM-kompatiblen" PC eine große Verbreitung fand.

In den 70er Jahren erreichten die Mikroprozessoren die Geschwindigkeit von allgemeinen Datenverarbeitungsanlagen mittlerer Leistung, so daß einige Minicomputer-Hersteller erstmals Alternativen zu ihren eigenen Produkten anboten. Als Beispiel sei hier der Mikroprozessor LSI-11 der Digital Equipment Corp. (DEC) genannt, der softwarekompatibel war zum damals bekanntesten Minicomputer überhaupt, der PDP-11. Die Software-Kompatibilität machte dabei die bereits vorhandenen umfangreichen Programmbibliotheken nutzbar. Die PDP-11 wurde beispielsweise häufig für die Lagerverwaltung eingesetzt.

Eine weitere wegweisende Entwicklung dieser Zeit, die nicht direkt in das Gebiet Mikroprozessortechnik fällt, doch eng mit der rasanten Entwicklung verknüpft ist, war die Spezifikation für ein lokales Netzwerk durch die Firmen DEC, Intel und Xerox. Diese zu Beginn der achtziger Jahre festgelegte Spezifikation ist heute als *ETHERNET* bekannt.

Die vierte Generation von Mikroprozessoren begann 1981 mit dem 32-bit-Prozessor iAPX432 von Intel, der sich jedoch nicht auf dem Markt durchsetzen konnte. Durchgesetzt haben sich vor allem die Prozessoren Intel 80386, Motorola 68020 und der NS 32332 von National Semiconductor. Der Intel 80386 enthält beispielsweise 275.000 Transistoren und die Nachfolgetypen Intel 80486 und Motorola 68040 bestehen bereits aus etwa 1.200.000 Transistoren. Die Pentium-Reihe von Intel stellt die letzte Entwicklungsstufe der 32-bit-Prozessoren dar.

Konkurrenten von Intel sind in dieser Leistungsklasse AMD (K6), Cyrix (M2) und als Nachfolger der 68000-Familie der PowerPC, eine Gemeinschaftsentwicklung von IBM, Apple und Motorola.

Die fünfte Generation von Mikroprozessoren wurde mit der Alpha-Architektur von DEC 1992 eingeläutet. Der Alpha-Prozessor bietet eine direkte 64-bit-Adressierung und eine hohe Rechenleistung insbesondere für die Gleitkomma-Arithmetik. Bei einer Taktfrequenz von 300 MHz beträgt die Rechenleistung des 21164 Alpha-Prozessors 1.200 MIPS. Der 21264 wird bereits bis 500 MHz getaktet. Damit ist er besonders für den Bereich der Simulation interessant. Es lassen sich beispielsweise dreidimensionale dynamische Modelle oder Regler bzw. Regelalgorithmen unter Echtzeitbedingungen austesten, was vorher nur mit kostspieligen Analogrechnern oder mit digitalen Signalprozessoren (DSP) möglich war, die speziell für die Echtzeit-Verarbeitung von digitalisierten physikalischen Signalen entwickelt wurden.

Auf den seit Mitte der 90er Jahre stark wachsenden Einsatz von Multimedia-Techniken reagierten die Prozessorhersteller mit multimediaspezifischen Erweiterungen ihrer Prozessoren (Intel Pentium-Pro MMX) oder speziellen Multimedia-Coprozessoren.

Durch die Fortschritte der Integrationstechnik stieg der Integrationsgrad bei den Mikroprozessoren im Schnitt pro Jahr um ca. 40 %. Direkt verknüpft hiermit ist auch die Erhöhung der Prozessorleistung und Vergrößerung der Kapazitäten bei den Speicherbausteinen, was letzlich dazu geführt hat, daß die Rechnerleistung eines Rechenzentrums der 70er Jahre heute von einem PC übertroffen wird.

Trotz großer Sprünge in der Leistungsfähigkeit wurde die Hardware durch die Massenproduktion immer preiswerter. Der Aufwand für die Software jedoch stieg in erster Linie wegen des stark gestiegenen Anspruchs an die Benutzeroberflächen immens an. Die Mensch-Maschine-Kommunikation hat durch grafische Bedienoberflächen jedoch gravierende Verbesserungen im Hinblick auf einen höheren Bedienkomfort erfahren. Kennzeichnend für die Gegenwart der vierten Computergeneration ist auch die Vernetzung, die den Zugriff zu weltweiten Informations- und Kommunikationsnetzen von jedem Rechner aus ermöglicht.

Fünfte Computer-Generation

Zur Zeit befindet sich eine neue Computer-Generation in der Entwicklung. Da es sich wie immer um einen fließenden Genrationswechsel handeln wird, fließen Methoden und Mittel für diese fünfte Generation bereits in die heute verfügbare vierte Rechnergeneration ein. Grundlegende Merkmale der neuen Computer-Generation ist die Weiterentwicklung der heutigen Multimedia-Technik bis zur Ein- und Ausgabe in natürlicher Sprache, eine neue Architektur der Hardware und eine große Zahl von spezialisierten Prozessoren. Die Verarbeitung von Wissen (wissensbasiertes System, Expertensystem) und die Anwendung von Methoden und Ergebnissen der künstlichen Intelligenz finden ebenfalls Eingang in diese neue Generation.

4.3.2 Hardware

Unter dem Begriff Hardware werden die materiellen Komponenten eines Computers zusammengefaßt. Für die Datenverarbeitung und -auswertung in der *Zentraleinheit* sind ein *Zentralprozessor*, ein Zentralspeicher sowie Eingabe- und Ausgabeeinheiten, die eventuell durch einen Eingabe- und Ausgabeprozessor, der den Datentransfer zwischen *Peripheriegeräten* und Zentraleinheit unterstützt, notwendig. Unter dem Sammelbegriff Peripherie werden alle technischen Bausteine, die nicht zur Zentraleinheit gehören, zusammengefaßt. Die internen Komponenten sind über den internen Bus, bestehend aus Datenbus, Adreßbus und Steuerbus, miteinander verbunden.

Der Zentralprozessor umfaßt das *Steuerwerk* zur Durchführung der einzelnen Befehle eines Programmes und das *Rechenwerk*, das die Rechenoperationen ausführt. Der Zentralspeicher ist ein Speicher innerhalb der Zentraleinheit, auf den der Zentralprozessor unmittelbaren Zugriff hat. Er ist für die vorübergehende Datenspeicherung zuständig und durch eine hohe Zugriffsgeschwindigkeit, die im Nanosekundenbereich liegt, gekennzeichnet. Die Aufgaben des Zentralspeichers liegen in der Aufnahme der Programme während der Ausführung sowie der Speicherung von Eingabe- und Ausgabedaten.

Neben diesen internen Speichern gibt es die externen Speicher, die außerhalb der Zentraleinheit liegen. Kennzeichnend für diese Speicher ist eine größere Zugriffszeit und eine größere Speicherkapazität. Als Speichermedium werden zum Beispiel Magnetband-, Magnetplattengeräte, Diskettenlaufwerke und CD-ROM eingesetzt.

Nur-Lese-Speicher werden nur einmal mit Daten beschrieben, die dann auch nicht mehr korrigiert werden können. Diese Speichersysteme sind also für sich nicht ändernde Daten geeignet, wie beispielsweise Anwendersoftware. *Schreib-Lese-Speicher* lassen hingegen das mehrmalige Beschreiben des Speichermediums zu und können deshalb auch für sich oft ändernde Daten eingesetzt werden.

Eine Klassifizierung von Rechnersystemen kann auf Grund der in Kap. 4.2.4 genannten Gründe nur für einen Zeitraum von wenigen Jahren Gültigkeit besitzen. Gegenwärtig dominieren in Informationssystemen folgende Hauptklassen:

- Personal Computer,
- Workstations,
- Minicomputer,
- Großrechner/Mainframes,
- Superrechner.

Personal Computer

Der Personal Computer ist die am weitesten verbreitete Klasse, die auch im privaten Bereich eingesetzt wird und so zu einem preiswerten Massenkonsumgut geworden ist. Kennzeichnend sind sehr kurze Innovationszyklen verbunden mit einem starken Preisverfall der jeweils abgelösten Generation.

Überwiegend werden PC von einer oder sehr wenigen Personen als Arbeitsplatzrechner oder Mobilrechner (Laptop, Notebook) eingesetzt. Die periphere Ausstattung eines PC besteht in der Regel aus Tastatur, Maus, Display, Festplattenlaufwerk, Diskettenlaufwerk und CD-ROM. Mit eigenen Druckern sind in der

Regel nur PC, die unter einem Einzelnutzer-Betriebssystem genutzt werden, ausgestattet. PC sind häufig in ein Netzwerk nach dem Client-Server-Konzept eingebunden, das die gemeinsame Nutzung peripherer Einrichtungen und den Zugriff auf einen Fileserver ermöglicht. Hierzu ist ein netzwerkfähiges Betriebssystem erforderlich.

Workstations
Arbeitsplatzrechner dieser Klasse arbeiten unter einem Mehrnutzer-Betriebssystem, sind grundsätzlich in ein Rechnernetz eingebunden und können auf die Ressourcen eines großen Fileservers zurückgreifen. Gleichfalls ist eine isolierte Nutzung mindestens auf PC-Niveau möglich. Workstations werden vorwiegend für anspruchsvolle Aufgaben mit umfangreichen Programmsystemen und hohen Anforderungen an die Grafik eingesetzt, z.B. in den Bereichen Entwurf, Konstruktion (CAD), Planung und Simulation. Die Grafikausstattung kann bei Bedarf durch Scanner und Zeichengerät aufgerüstet werden.

Minicomputer
Minicomputer stellen den Bereich der mittleren Datentechnik dar und sind durch ihren modularen Aufbau leistungsmäßig skalierbar. Minicomputer sind auf der Ebene eines Abteilungsrechners einzuordnen. Von den verschiedenen Arbeitsplätzen der Abteilung aus kann per Terminal oder PC an diesen Rechnern gearbeitet werden. Einsatzbeispiel für einen Minicomputer ist ein Lagerverwaltungsrechner, auf dem an verschiedenen Arbeitsplätzen der Abteilung gearbeitet wird. Kennzeichnend für einen solchen Rechner ist neben dessen umfangreicher Speicherkapazität auch dessen Kopplung sowohl zur übergeordneten Unternehmensrechnerebene als auch zur untergeordeten Ebene, beispielsweise eine Materialflußsteuerung und Identifizierungssysteme. Leistungssteigerungen lassen sich in dieser Rechnerklasse durch zusätzliche Zentraleinheiten erreichen.

Großrechner/Mainframes
Großrechner oder Mainframes werden üblicherweise in Rechenzentren, als *Unternehmensserver* in Großunternehmen und für größere Verbundsysteme installiert, in denen insbesondere Massendatenverarbeitung zu leisten und sehr große Datenbasen zu verwalten sind. Kennzeichen sind mehrere Zentraleinheiten, leistungsfähige Ein- und Ausgabegeräte sowie sehr große Massenspeicher. In ihrer Funktion als zentrale Datensammel- und -verteilungsstelle ist die Netzwerkanbindung üblich. Der Betrieb von Großrechnern erfordert im allgemeinen besonderes Fachpersonal und besondere Betriebsbedingungen (klimatisierte Räume). Der Raumbedarf für Großrechner ist beträchtlich.

Supercomputer
Die oberste Preis- und Leistungsklasse bilden die sogenannten Supercomputer. Hierbei handelt es sich um Multiprozessor- oder Vektorrechner für besonders umfangreiche und hochparametrige numerische Lösungen oder Aufgaben, die in kürzester Zeit gelöst werden müssen. Die hohe Verarbeitungsleistung ergibt sich dadurch, daß die Aufgabe auf die vorhandenen Prozessoren verteilt wird und dann

mit hoher Parallelität abgearbeitet wird. Voraussetzung ist, daß sich die verwendeten Algorithmen parallelisieren lassen, was jedoch nur auf einen begrenzten Aufgabenkreis zutrifft [WER95]. Anwendungsgebiete sind etwa komplexe Simulationen, Echtzeitauswertungen bewegter Bilder und klassischerweise Wettervorhersagen mit komplexen Klimamodellen.

Die hohen Leistungssteigerungen bei der PC-Technologie haben dazu geführt, daß die Grenze zwischen PC und Workstation aufgeweicht ist. Der gegenwärtige Trend geht sogar in die Richtung, daß - abgesehen von den Supercomputern - bald nur noch zwischen PC und Mainframe unterschieden werden könnte.

4.3.3 Software

Für den Anwender lassen sich vier *Softwarekategorien* unterscheiden:

- *Betriebssysteme,*
- *Entwicklungstools,*
- *Anwendungssoftware* und
- *Individualsoftware.*

4.3.3.1 *Betriebssysteme*

Als *Betriebssystem* (Operating System) wird nach [DIN44300] die Gesamtheit derjenigen Programme bezeichnet, die zusammen mit den Eigenschaften des jeweiligen Rechnersystems die Basis der möglichen Betriebsarten bilden. Dazu gehört die Steuerung der Dateneingabe und -ausgabe, die Verwaltung der externen Speicher und insbesondere die Steuerung und Überwachung der Programmabarbeitung. Die Aufgaben von Betriebssystemen sind in Tabelle 4.3-1 zusammengefaßt.
Unter der Betriebsart eines Rechners, auch Nutzungsform genannt, versteht man die Form des Zugangs des Nutzers zu diesem System [WER95]. Hierbei unterscheidet man zwischen

- *Stapelverarbeitung* (batch processing),
- *Dialogverarbeitung* (interactive time-sharing),
- *Verteilte Verarbeitung* (distributed processing) und
- *Echtzeitverarbeitung* (real-time processing).

Bei der Stapelverarbeitung gibt der Nutzer seinen Auftrag (job) in geschlossener Form zur Verarbeitung an den Rechner. Er erhält die Resultate erst nach Abschluß der Bearbeitung zurück. Diese Betriebsart ist für Großrechner üblich.

Die Dialogverarbeitung, wie sie für Personal Computer und Workstations üblich ist, ist die heute am weitesten verbreitete Betriebsart. Charakteristisch ist, daß der Nutzer die Bearbeitung seines Programms im Dialog mit dem Betriebssystem startet und auch während der Bearbeitung im fortlaufenden Dialog mit dem Programm steht, beispielsweise bei Textverarbeitungsprogrammen.

Tabelle 4.3–1: Aufgaben von Betriebssystemen [WER95]

Auftragsverwaltung	• Übernahme von Aufträgen • Steuerung der Auftragsbearbeitung • Rückgabe der Resultate
Betriebsmittelverwaltung	• Bereitstellung von Betriebsmitteln • Umgehen von Systemverklemmungen
Hauptspeicherverwaltung	• Bereitstellen von Speicherplatz • Realisierung eines virtuellen Speichers
Datenverwaltung	• Verwaltung von Daten auf externen Speichern • Realisierung eines logischen Ein-/Ausgabesystems
Ein-/Ausgabesteuerung	• Steuerung von Übertragungsleitungen • Bedienung von peripheren Geräten
Ablaufsteuerung	• Erzeugung, Verwaltung und Abschluß von Prozessen • Koordinierung paralleler Prozesse
Zugriffsschutz und Ausnahmebehandlung	• Gewährleistung der Datensicherheit • Realisierung der Zuverlässigkeit des Rechnersystems

Die verteilte Verarbeitung zielt darauf ab, die Verarbeitung in einem verteilten System aus mehreren Computern durchzuführen. Ziele sind hierbei der Zugriff auf verteilte Datenbestände (*Datenverbund*), die gemeinsame Nutzung von Spezialcomputern und Peripheriegeräten (*Betriebsmittelverbund*) und die arbeitsteilige Erfüllung von Aufträgen (*Lastverbund*).

Die Echtzeitverarbeitung ist für nur Steuerungssysteme von Bedeutung, so daß diese Betriebsart in Kap. 6.8 behandelt wird.

Weitere Klassifizierungsmerkmale von Betriebssystemen sind [WER95]

- Anzahl der gleichzeitig am selben Rechner arbeitenden Nutzer: *Einzelnutzerbetrieb* (*single-user mode*) - *Mehrnutzerbetrieb* (*time-sharing, multi-user mode*)
- Anzahl der gleichzeitig im selben Rechner bearbeiteten Aufträge: *Einzelprogrammbetrieb* (*single-task mode*) - *Mehrprogrammbetrieb* (*multitasking mode*)
- Einbindung in Rechnernetze:
  Einzelrechnerbetriebssystem - Netzwerkbetriebssystem - verteiltes Betriebssystem.

Für die Auswahl eines Betriebssystems sind die folgenden Kriterien von besonderer Bedeutung:

- Einsatzgebiet,
- Hardware-Plattform und benötigte Hardware-Ressourcen,
- Verbreitungsgrad bzw. erwarteter Verbreitungsgrad,
- Herstellerabhängigkeit,
- Verfügbarkeit von Anwendungssoftware,
- Einarbeitungsaufwand,
- Systembetreuung,
- Updates/Upgrades,
- Service, Beratung und Schulung,
- Preis.

Die Entwicklung eines Betriebssystems erfordert einen sehr hohen Aufwand, der sich im Bereich von 100 Mannjahren bewegen kann. Hinzu kommt noch, daß Anwendungsprogramme in der Regel nur unter einem bestimmten Betriebssystem lauffähig sind. Aus diesen Gründen haben sich in der Praxis nur sehr wenige Betriebssysteme durchgesetzt. Von den aktuellen Betriebssystemen sollen die bedeutendsten in den jeweiligen Rechnerklassen hier als Beispiele aufgezählt werden.

Microsoft Windows, Windows NT

Die Firma Microsoft entwickelte das Betriebssystem MS-DOS für den IBM-PC. Für dieses Betriebssystem wurden parallel zur raschen Verbreitung eine große Anzahl von Anwenderprogrammen entwickelt, was letztendlich einer der Hauptfaktoren für die Akzeptanz eines Betriebssystems ist. Auf dieser Basis wurde das fensterorientierte Betriebssystem MS-Windows entwickelt. Es ist wie MS-DOS ein Dialogbetriebssystem für den Einzelnutzer-Einzelprogramm-Betrieb. Die Weiterentwicklungen Windows 3.x, enthalten bereits Komponenten zum Aufbau einfacher PC-Netze mit gleichberechtigten Teilnehmern zur gemeinsamen Nutzung der Ressourcen (Windows for Workgroups).

Der Nachfolger *Windows 95* ist ein 32-bit-Betriebssystem. Windows 95 enthält noch zahlreiche Komponenten, die auf der 16-bit-Technik beruhen. Gemäß der Philosophie von Microsoft sind unter Windows 95 nach wie vor die 16-bit-Programme von Windows 3.x lauffähig. *Windows 98* stellt wiederum die Weiterentwicklung von Windows 95 dar.

Windows NT (New Technology) stellt die komplette Neuentwicklung eines selbständigen Netzwerkbetriebssystem für 32-bit-Personal Computer dar. Es ist auch als Betriebssystem für Netzwerkserver geeignet. Weiterhin zeichnet es sich als Multitasking-Betriebssystem mit der Möglichkeit des Betriebs auf symmetrischen Mehrprozessorsystemen aus.

UNIX

UNIX ist ein Multiuser-Multitasking-Betriebssystem, das vorwiegend für Workstations und Server eingesetzt wird. Es wurde von den AT&T Bell Labs für die rationelle Entwicklung von Programmsystemen im interaktiven Betrieb durch Arbeitsgruppen entwickelt. Es ist zum überwiegenden Teil in der maschinenunabhängigen Programmiersprache C geschrieben. Hieraus ergab sich lange Zeit der Vorteil der relativ einfachen Portierbarkeit von UNIX auf andere Hardwareplattformen gegenüber anderen Betriebssystemen. Für die Hardwareplattformen der unterschiedlichen Hersteller wurden UNIX-Derivate unter verschiedenen anderen Namen angeboten, z.B. AIX (IBM), SINIX (Siemens), Sun-OS und Solaris (Sun), ULTRIX (DEC), HP-UX (Hewlett Packard). Nachdem Windows NT neben der Leistungsfähigkeit auch eine bis dahin nicht von Microsoft-Produkten bekannte Stabilität nachgewiesen hat, sinkt der Marktanteil von UNIX im Workstationbereich.

OS/400

OS/400 ist ein proprietäres, d.h. herstellerabhängiges Betriebssystem für die IBM Rechnersysteme AS/400. Diese 1988 eingeführte Rechnerfamilie ist in den Bereich der Minicomputer einzuordnen und dominierte schnell die Datenverarbeitung im kommerziellen Bereich. Aus diesem Grund ist auch die Verfügbarkeit bedeutender Anwendersoftware wie z.B. SAP R/3 gegeben, obwohl es sich bei OS/400 um ein proprietäres Betriebssystem handelt. OS/400 ist ebenso wie UNIX ein Multiuser-Multitasking-Betriebssystem. Ein besonderes Kennzeichen von OS/400 ist, daß es ein voll integriertes relationales Datenbanksystem besitzt.

MVS

Bei Großrechner-Betriebssystemen handelt es sich ausschließlich um proprietäre Systeme. MVS (IBM) ist immer noch das dominierende Betriebssystem für den oberen Großrechnerbereich. MVS wurde für die Hardwarearchitektur der IBM/370-Reihe entwickelt. Diese ging aus der IBM/360-Architektur hervor, der ersten Architektur, die sich über eine ganze Rechnerfamilie erstreckte und dadurch den großen Erfolg und die Marktführerschaft der Firma IBM begründete. Diese Rechner konnten mit dem Unternehmen wachsen, da für die Kompatibilität gesorgt war. Ab Mitte der 70er Jahre hat sich MVS von einem stapelorientierten zu einem dialogorientierten Betriebssystem entwickelt. Es deckt alle Betriebsarten gleichermaßen ab, kann eine große Anzahl von Benutzern (mehr als 1000) bedienen und umfangreichste Datenbestände sicher und schnell verwalten. MVS findet sich auf großen, zentralen Unternehmensservern, die, um eine hohe Ausfallsicherheit zu garantieren, vielfach doppelt ausgelegt sind. Den letzten Entwicklungsstand stellt die IBM/390-Architektur dar.

Als weiterführende Literatur zu Betriebssystemen sei auf [TAN95] verwiesen.

4.3.3.2 Entwicklungstools

Die wissenschaftliche Disziplin *Softwareengineering* bzw. *Softwaretechnologie* befaßt sich mit den Prinzipien, Methoden, Werkzeugen, Normen und Hilfsmitteln, die den Prozeß der Softwareentwicklung technisch und organisatorisch unterstützen [WER95].

Entwicklungsphasen

Man kann bei der *Softwareentwicklung* von der Idee bis zum fertigen Programm verschiedene *Phasen* unterscheiden. In den ersten drei Phasen *Vorstudie*, *Anforderungsanalyse* und *Leistungsdefinition* werden zusammen mit den Anwendern Probleme analysiert und das Leistungsprofil festgehalten. Die Phase der *Systemkonzeption* beinhaltet die Erstellung eines Programmablaufplanes aus dem einzelne Softwarekomponenten hervorgehen, die dann in der Phase der Komponentenrealisierung erstellt werden. Daran anschließend folgen die Phasen *Systemintegration*, *Systeminstallation* und *Systembetrieb*. Hier wird die Software an das Rechnersystem des Anwenders angepaßt und nach einer entsprechenden Installation in Betrieb genommen und getestet.

In der Praxis läßt sich der Entwicklungsprozeß nicht als eine derartig strenge Abfolge der Phasen realisieren. Im Gegenteil, der Entstehungsprozeß ist durch eine Rückkopplung zwischen den einzelnen Phasen gekennzeichnet, so daß der Prozeß iterativ abläuft. In einem, insbesondere bei großen Softwareprojekten, stark iterativen, arbeitsteiligen Entwicklungsprozeß sind Phasenmodelle jedoch zur Orientierung in der Vorgehensweise außerordentlich wichtig. Typische Vorgehensmodelle sind das Wasserfallmodell, das Spiralmodell oder das evolutionäre Modell [WER95], die hier jedoch nicht weiter beschrieben werden sollen.

Für die verschiedenen Phasen der Softwareentwicklung werden heute unterschiedliche Softwareentwicklungswerkzeuge, sogenannte Entwicklungsstools, eingesetzt. Diese Werkzeuge reichen von einfachen Texteditoren bis zu komplexen, integrierten *CASE*-Tools.

Programmiersprachen

Programmiersprachen dienen dem Ziel, die Bearbeitung einer vorgegebenen Aufgabe mit einem dem Problem angepaßten Abstraktionsgrad zu formulieren. Die Formulierung der Lösung in Form von Algorithmen und Datenstrukturen in einer Programmiersprache führt zu einem auf einem Rechner ausführbaren Programm. Die Entwicklung der Programmiersprachen hat sich über mehrere Generationen hin vollzogen.

Programmiersprachen der ersten Generation sind reine *Maschinensprachen*, die zusammen mit den *Assemblersprachen* (zweite Generation) auch als maschinenorientierte Sprachen bezeichnet werden. Maschinenorientiert bedeutet auch, daß sich diese Sprachen von Prozessortyp zu Prozessortyp unterscheiden. Bei einer solchen Programmerstellung ist eine hohe Rechengeschwindigkeit zu erwarten, da die internen Möglichkeiten des Zentralprozessors sehr gut genutzt werden können. Die Lesbarkeit eines solchen Programmes durch Arbeitspersonen wird allerdings erschwert, wodurch der Wartungsaufwand stark ansteigt.

In der Regel werden die anwendungsspezifischen Probleme deshalb in einer sogenannten *höheren Programmiersprache* programmiert, die anwendungsorientiert ist (dritte Generation). Sie ermöglichen dem Programmierer, das Programm in einer maschinenunabhängigen, abstrakten Schreibweise zu erstellen. Je nach Art der Problemstellung existieren verschiedene Programmiersprachen, die den jeweiligen Anwendungsfall unterstützen. Das Konzept dieser Programmiersprachen ist ablauforientiert. Das Programm setzt sich dabei aus einer Folge von Anweisungen zusammen. Der Programmierer muß in zeitlichen Abläufen denken und seine Problemlösung aus Schritten aufbauen, die nacheinander auszuführen sind.

Oft eingesetzte Programmiersprachen sind *FORTRAN, COBOL, PASCAL* und *C und C++*, wobei die beiden letzteren den aktuellen Standard bei Neuentwicklungen von Software darstellen. Während COBOL für kaufmännische Probleme eingesetzt wird, findet FORTRAN bei mathematisch-technischen Problemen teilweise noch Verwendung. Dem Wunsch vieler Programmierer, aus Gründen der Übersichtlichkeit und Wartung, strukturiert zu programmieren, kommen die Programmiersprachen PASCAL und C entgegen. Diese werden daher häufig bei mathematisch-technischen Problemen eingesetzt, lassen aber auch Programmieranwendungen im kaufmännischen Bereich zu. C++ stellt eine Erweiterung von C dar, die auch die objektorientierte Programmierung ermöglicht. C und C++ sind aufwärtskompatibel, d.h. jeder C++-*Compiler* akzeptiert und übersetzt auch C-Programme.

Programmiersprachen der vierten Generation sind oft implementierungsorientiert. Dazu gehören integrierte Programmsysteme (sogenannte Datenbanksprachen), mit deren Hilfe sehr mächtige Befehle auf große Datenmengen angewendet werden und die in der Regel auch interaktiv, das heißt durch Benutzereingriff gesteuert, betrieben werden können. Sie sind insbesondere für die Informationssysteme auf der Managementebene als auch für Logistik-Informationssysteme geeignet.

Für die Anwendung in den Bereichen der *Künstlichen Intelligenz* und *Expertensysteme* hat man den Begriff Programmiersprachen der fünften Generation geprägt. Es handelt sich hierbei um deklarative Sprachen, deren Konzept es ist, nicht vorrangig die Lösung zu beschreiben, sondern das Problem, das es zu lösen gilt. Aus dieser Beschreibung kann dann ein Programm in prozeduraler Form abgeleitet werden. Beispiele für deklarative Programmiersprachen sind *PROLOG* und *LISP*.

Programmierung

Es werden verschiedene sogenannte *Programmierparadigmen*, d.h. *Programmierstile* unterschieden. Der einfache *imperative Programmierstil* beruht auf Befehlen wie Wertzuweisungen und Verzweigungen. Es können arithmetische und logische Ausdrücke ausgewertet werden. Der *prozedurale Programmierstil* erweitert die imperative Programmierung um Abstraktionsmechanismen zur Bildung von Unterprogrammen (Prozeduren). Der Grundgedanke des *funktionalen Programmierstils* nutzt das mathematische Prinzip der Funktionen. Dabei werden einfache Funktionen zu komplexeren zusammengebaut. Der *logische Programmierstil* basiert auf der Idee, daß der Programmierer die Fakten und Eigenschaften des Problems beschreibt, für das eine Lösung gesucht wird. Der *objektorientierte Programmierstil* beruht auf der Vorstellung, daß die Welt aus einer Menge von Objekten besteht, die miteinander über Nachrichten kommunizieren.

Keine der existierenden Programmiersprachen folgt in reiner Form einem einzigen Programmierparadigma. In zunehmenden Maße wird die Integration verschiedener Paradigma in einer Sprache versucht, wobei in der Regel eines der Paradigma dominierend ist.

Objektorientierung

Die objektorientierte Technik ist eine Schlüsseltechnologie für verteilte Systeme. Mit dieser Methode soll das enorme Anwachsen der Informationsmenge und Informationskomplexität bewältigt werden. Die Objekttechnik schöpft ihren wesentlichen Vorteil aus der Abbildung der realen Welt in Informationsobjekte, die sowohl über Daten wie Eigenschaften als auch Methoden verfügen. Das Methodenspektrum eines Objekts bestimmt, wie auf Nachrichten, die das Objekt erhält, reagiert wird. Ein Zugriff auf die Objektdaten ist ausschließlich über die Objektmethoden möglich. Objekte sind Elemente einer hierarchisch orientierten Welt und vererben einander über die Hierarchieebenen Attribute und Methoden. Der objektorientierte Stil ist verbunden mit Konzepten wie Modularisierung, Geheimnisprinzip (information hiding) oder abstrakter Datentyp.
Ein Ziel der Objekttechnik ist es, den Wiederverwendungsgrad von Software zu erhöhen. Während bei konventioneller Software ein Bruch zwischen der Design- und Implementierungsphase entsteht, kann die Objekttechnik durchgängig in allen Phasen eingesetzt werden. Die semantische Durchgängigkeit im Entwicklungszyklus erhöht die Qualität und Fehlerfreiheit der Implementierung. Durch die Objektkapselung, Objektbibliotheken und Wiederverwendbarkeit in Folgeprojekten wird die Entwicklungszeit reduziert. Nach [BRA95] liegen die Produktivitätssteigerungen nach einer Anlaufphase bei mehr als 50 %. Damit schafft die Objekttechnik Wettbewerbsvorteile und trägt zur Lösung des Komplexitätsproblems bei.

Programmiersprachen-Verarbeitung

Die Entwicklung eines Programmes erfolgt an einem *Entwicklungssystem* für ein *Zielsystem*, auf dem das Programm später ablaufen soll. In bestimmten Fällen kann es sich bei Entwicklungs- und Zielsystem auch um ein und denselben Rechner handeln.

Um ein Programm in einer bestimmten Programmiersprache in den Rechner einzugeben benötigt man einen *Editor* (Texteditor oder grafischer Editor). Das Ergebnis der Programmierung bezeichnet man als *Quellprogramm* oder *Sourcecode*. Bevor das Programm ausgeführt werden kann, muß das in einer höheren Progammiersprache geschriebene Quellprogramm in die hardwarespezifische Maschinensprache des Zielsystems übertragen werden. Dazu bestehen zwei Möglichkeiten, das Interpretieren und das Übersetzen (*Compilieren*).

Interpreter lesen die Programmelemente zur Laufzeit des Programmes, d.h. während der Programmausführung, Schritt für Schritt und bestimmen den Maschinencode, der zur Ausführung gelangt.

Compiler übersetzen das gesamte Programm einmalig. Die Compilierung besteht i.allg. aus mehreren Schritten. Zunächst werden die lexikalische, syntaktische und semantische Analyse durchgeführt. Werden hierbei Fehler entdeckt, gibt es entsprechende Meldungen, die auf die Programmzeile verweisen, so daß entsprechende Korrekturen vorgenommen werden können. Bei Fehlerfreiheit wird das Programm vom Compiler übersetzt.

In der Regel sind Programme in mehrere Module gegliedert und unter Verwendung von Standardbausteinen bzw. -funktionen geschrieben, die wiederum in Bibliotheken abgelegt sind. Die einzelnen, zum Programm gehörigen Komponenten werden in einem sogenannten *makefile* angegegeben. Das Zusammensetzen der übersetzten Programmteile übernimmt der *Linker.* Als Ergebnis des Compilierens steht das komplette Programm in *Maschinensprache* (*Objectcode*) zur Verfügung.

Das ablauffähige Programm kann danach gestartet werden bzw. auf das Zielsystem geladen werden und dort gestartet werden, um es auf seine Funktionalität hin zu testen. Hierzu stehen Hilfsmittel wie der *Debugger* zur Verfügung. Mit einem Sourcelevel-Debugger kann die Programmabarbeitung im Quellprogramm am Bildschirm verfolgt und beeinflußt werden. So kann das Programm schrittweise per Tastendruck bearbeitet werden oder an bestimmten Stellen (*Breakpoints*) angehalten werden, um beispielsweise Werte von Variablen zu analysieren. Der Debugger stellt ein wesentliches Hilfsmittel für die Fehlersuche dar. Treten in der Testphase keine Fehler mehr zu Tage, kann das Programm der Anwendung zugeführt werden. In der Regel treten während der Anwendung noch weitere Fehler auf, die im Rahmen der Softwarepflege eliminiert werden.

Der Zeitbedarf für die Abarbeitung eines compilierten Programmes ist in der Regel geringer als bei einem interpretierten Programm, da das Interpretieren während der Laufzeit entfällt. Überdies bieten verschiedene Compiler als Option die Optimierung des erzeugten Maschinencodes in verschiedenen Stufen an.

4.3.3.3 Anwendungssoftware und Individualsoftware

Anwendungssoftware dient primär der Lösung fachspezifischer Aufgabenstellungen. Für viele Probleme, die in den Unternehmen auftreten, sind Standardprogramme erstellt worden, die wiederholt bei verschiedenen Anwendern eingesetzt werden können. Beispiele für solche Softwareprodukte sind CAD-, Textverarbeitungs-, Datenbank- (vgl. Kap. 4.3.3.4), Tabellenkalkulations-, Finanzbuchhaltungs- und Fakturierungssoftware. Andererseits sind von den Softwareherstellern auch *Individualprogramme* erhältlich, die nur für spezielle Anwendungsfälle hergestellt werden, wie etwa eine Lagerverwaltung, die insbesondere unternehmensspezifische Aufgaben berücksichtigt. Solche Programme haben immer einen hohen Erstellungsaufwand, da den Entwicklungskosten nur eine Anwendung beim Auftraggeber entgegensteht.

Software hat verschiedene Qualitätsmerkmale zu erfüllen. Es werden aus Entwicklersicht gute Lesbarkeit des Programmquelltextes und des Datenmaterials, eine Anpaßbarkeit an geänderte Leistungsanforderungen und Wartbarkeit, eventuell durch online-Wartung, gefordert.

Der Anwender fordert hingegen Fehlerfreiheit, Benutzerfreundlichkeit, Erfüllung des geforderten Leistungsumfanges und eine ausreichende Ablaufgeschwindigkeit (*Performance*) der Software.

4.3.3.4 Datenbanksysteme

Im Informationssystem eines Unternehmens wird eine Vielzahl von Daten verarbeitet. Hierzu ist eine leistungsfähige Datenspeicherung und -verwaltung erforderlich, die das schnelle Bereitstellen und Wiederauffinden von einmal erfaßten Informationen unterstützt. Hierfür ist eine Organisation der Informationen in Datenbanken notwendig. Von diesen Datenbanken können dann gegebenenfalls verschiedene Informationen von verschiedenen Benutzern abgerufen werden.

Eine Datenbank ist eine Sammlung vieler inhaltlich zusammenhängender Informationen beziehungsweise Daten, die für verschiedene Anwendungen verfügbar gehalten werden. Die Daten sollten mit kontrollierter Redundanz abgespeichert werden und unabhängig von den benutzenden Programmen sein.

Im Gegensatz zur konventionellen Dateiverwaltung zeichnet sich das Konzept des Datenbanksystems duch die Ausübung einer zentralen Kontrolle über einen Datenbestand, der mehreren Benutzern zugänglich gemacht wird, aus. Ein *Datenbanksystem* (DBS) ist die Zusammenfassung einer Datenbank (DB) und eines Datenbankmanagementsystems (DBMS) [WER95].

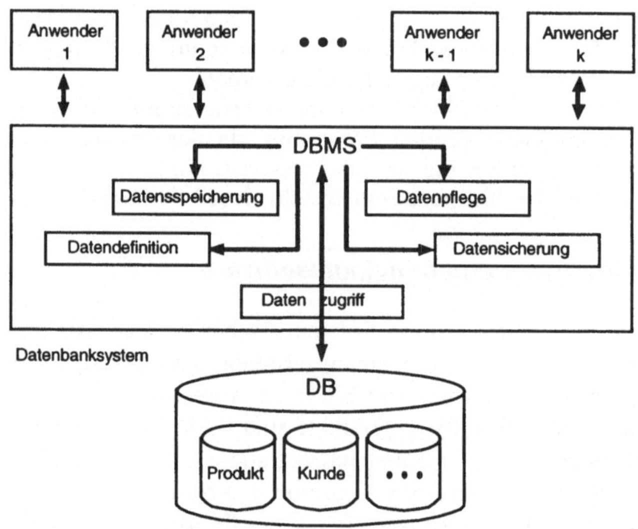

Bild 4.3-1: Beziehungen zwischen Datenbanksystem, Datenbank, Datenbankmanagementsystem und Anwender [FAN94]

Die Datenbank besteht aus den strukturierten Nutzerdaten. Das DBMS - auch DB-Verwaltungssystem oder DB-Betriebssystem genannt - umfaßt eine Verwaltungssoftware, die zum einen Daten verwaltet und zum anderen eine Sprache bereitstellt, um Daten zu lesen und zu schreiben. Bild 4.3-1 stellt die Beziehungen zwischen Datenbanksystem, Datenbank, Datenbankmanagementsystem und Anwender dar.

Datenmodelle beschreiben die Struktur der Informationen für ein bestimmtes DBMS. Unterschieden werden:

- Hierarchisches Modell,
- Netzwerkmodell und
- Relationenmodell .

Das *hierarchische Modell* basiert auf einer Baumstruktur der abgelegten Daten. Ein Baum besteht aus einer Wurzel (Knoten) aus der sich nach unten weitere Teilbäume verzweigen. Die hierarchische Beziehung wird durch Pfeile ausgedrückt. Man spricht hier auch von Vater-Sohn Beziehungen. Ein Datenbeschreibungsschema muß folgende Bedingungen erfüllen:

- Es gibt genau einen Eintrag, der sich auf der obersten Hierarchiestufe befindet.
- Jeder Eintrag, der sich nicht auf der obersten Hierarchiestufe befindet, hat genau einen Vorgänger.

Datenbanksysteme auf Basis des hierarchischen Datenmodells orientieren sich eng an der physischen Beschreibung, woraus sich eine starke Datenabhängigkeit ergibt. Komplexe, vernetzte Strukturen lassen sich nur über Redundanzen abbilden.

In *Netzwerkmodellen* werden unterschiedliche Beziehungen zwischen den Einträgen zugelassen. Das bedeutet im Unterschied zum hierarchischen Datenmodell, daß ein Eintrag sowohl mehrere Vorgänger als auch mehrere Nachfolger haben kann. Der Vorteil besteht nun darin, daß man in diese Datenbank an mehreren Punkten einsteigen kann und nicht hierarchisch von oben nach unten gehen muß. Weiterhin können auf diese Weise in der Datenbank wesentlich mehr Beziehungen dargestellt werden als im hierarchischen Datenmodell (ohne Redundanz) möglich sind.

Das *Relationenmodell* ist vereinfacht als ein System von zweidimensionalen Tabellen vorstellbar, die man als Relationen (Dateien) bezeichnet. Die Tabellen haben eine fest definierte Anzahl von Spalten und eine beliebige Anzahl von Zeilen. Die Zeilen (Sätze) dieser Relation werden als Tupel und die Spalten als Attribute bezeichnet. Jedes Tupel kann dann eindeutig durch seinen Primärschlüssel bestimmt werden, der aus dem ersten Attribut besteht oder aber auch aus mehreren Attributen bestehen kann. Aufgrund der symmetrischen Datenstruktur können neue Einträge hinzugefügt oder existierende Einträge gelöscht werden, ohne daß hiervon die übrigen Datensätze betroffen sind.

Zu den am weitesten verbreiteten relationalen DBMS gehören ORACLE, DB2, SYBASE, INFORMIX und die DBASE-Familie. Die relationale Datenbanksprache *SQL* (Structured Query Language) ist weltweit normiert (ISO, ANSI, DIN) und alle bekannten relationalen DBMS besitzen SQL als zentrale Nutzerschnittstelle oder wurden nachträglich damit ausgestattet [ELM94], [SCHW92].

Die Effizienz eines DBS hängt im wesentlichen von den *Zugriffszeiten* auf den Datenbestand ab. Es sei an dieser Stelle angemerkt, daß das Antwortzeitverhalten eines DBS neben der Dateiorganisation und den *Zugriffsmethoden* im wesentlichen auch von der physischen Speicherung der Datenbank abhängt, insbesondere von der Größe des Arbeitsspeichers und von der Allokation der Datenblöcke auf dem Plattenspeicher. Für Anwendungen, die auf besonders kurze Antwortzeiten angewiesen sind, ist es empfehlenswert, den gesamten zeitkritischen Teil der Datenbank im Arbeitsspeicher zu halten und mit entsprechenden Zugriffsmethoden zu arbeiten. Dadurch wird die Antwortzeit möglichst kurz und determiniert. Der Arbeitsspeicher ist in seinem Ausbau entsprechend der Datenbankgröße zu bemessen.

DBS werden bisher überwiegend im Bereich der kommerziellen Datenverarbeitung eingesetzt. Aber auch im Bereich der Prozeßdatenverarbeitung ist der Einsatz von Datenbanken gefragt. Es muß hierbei allerdings der Datenzugriff unter Echtzeitbedingungen gewährleistet sein. In solchen Einsatzfällen kommen *Realzeitdatenbanken* zum Einsatz. Die Anforderungen, die automatisierte technische Prozesse hinsichtlich des Echtzeitverhaltens an Datenbanken stellen, lassen sich in folgenden Punkten zusammenfassen:

- Parallel ablaufende Rechenprozesse müssen simultan auf die Datenbank zugreifen können.
- Die Zugriffe auf die Datenbank müssen prioritätsgesteuert ablaufen.
- Die Zugriffszeiten für bestimmte Datenbankoperationen müssen kurz und in ihrer Dauer exakt berechenbar sein.
- Datenbestände müssen durch File-Locking oder Record-Locking gesichert werden können.

Einige technische Prozesse erfordern von DBS einen 24-h-Betrieb. Damit sind keine zwischenzeitlichen Reorganisationen oder Wartungen des Systems möglich. Es bietet sich hier an, die aktuellen Daten auf einem zweiten Speichermedium zu sichern, um sie gegen Verluste zu schützen. Dabei werden die Daten eines Speichermediums auf ein anderes Speichermedium ohne irgendeine Veränderung übertragen, so daß dann zwei Speichermedien mit exakt den gleichen Daten vorhanden sind (*Spiegelplatten*). Für die Datenspeicherung sollten nur solche Datenträger zum Einsatz kommen, die eine sehr hohe Ausfallsicherheit bieten.

Unter *Datensicherung* werden alle Verfahren verstanden, die das Ziel verfolgen, zu jedem Zeitpunkt die Vollständigkeit und die Korrektheit der Daten zu gewährleisten. Grundsätzlich sollte man bei wichtigen Daten den kompletten Datenbestand regelmäßig auf Speichermedien wie beispielsweise Magnetbänder sichern und an einem sicheren Ort aufbewahren.

Im weiteren Sinne fällt unter Datensicherung aber auch die Sicherung der Arbeitsabläufe im DV-Bereich, die Sicherung der Daten und Programme vor Verlust, Zerstörung und Verfälschung, sowie die Sicherung der Anlagen und Nebeneinrichtungen vor Beschädigung und Zerstörung.

Der *Datenschutz* versucht die mißbräuchliche Benutzung von Daten, Programmen und Anlagen zu verhindern. Auch der Diebstahl ist in diesem Zusammenhang zu nennen.

Hinsichtlich der Risiken und Gefahren für die Datenbestände kann zwischen Katastrophen (Feuer, Explosion), technischen Störungen (Stromausfall) und menschlichen Fehlhandlungen unterschieden werden. Diese Fehlhandlungen können unbeabsichtigt und zufällig vorkommen (Fehlbedienung), aber auch beabsichtigt und vorsätzlich. Datenverluste haben erfahrungsgemäß wirtschaftliche Folgen in mehr oder weniger großem Ausmaß. Im Worst-Case-Szenario kann der vollständige Verlust unwiederbringlicher Daten bis zur Liquidation eines Unternehmens führen.

Datensicherungsmaßnahmen sollten zunächst an den baulichen und technischen Konzeptionen ansetzen. Als Beispiele sind hier Feuerschutz, Sprinkleranlagen und Zugangskontrollen zu erwähnen. Die personellen Maßnahmen umfassen die Personalauswahl und die Erstellung von Ausweisen.

Zum Abschluß soll noch eine Auswahl der vielfältigen organisatorischen Maßnahmen für die Datensicherung erwähnt werden:

- Jede Datenerfassung muß geprüft und kontrolliert werden.
- In der Magnetbandverwaltung ist das Generationenprinzip einzuhalten, das heißt, ein alter Datenbestand darf erst dann zum Löschen freigegeben werden, wenn von diesem eine aktuelle Kopie existiert.
- Datenbestände auf Speichermedien, die nur gelesen werden sollen, bekommen einen Schreibschutz.
- In der Dialogverarbeitung können durch eine Hierarchie von Zugriffskontrollen (Password) bestimmte Datenbestände oder Programmbereiche für Unbefugte unzugänglich gemacht werden.
- Unterhaltung eines Back-up-Rechenzentrums mit einem Ersatzrechner, der für einen eventuell Ausfall bereitgehalten wird.

4.4 Identifizierungssysteme

Unter *Identifizierung* versteht man allgemein das automatische Wiedererkennen von Objekten. Der Vorgang des Identifizierens beginnt mit der Aufnahme bestimmter Merkmale des Objektes über Sensoren. Die Merkmale werden aus den Sensordaten extrahiert und durch einen Vergleich mit den gespeicherten Merkmalen bekannter Objekte klassifiziert. Bei Übereinstimmung oder ausreichender Ähnlichkeit wird das betreffende Objekt wiedererkannt. Die Objektidentifizierung stellt gerade in Materialflußsystemen eine wichtige sensorische Funktion dar, durch die häufig erst eine automatische Verwaltung und Steuerung des Materialflusses möglich wird.

Man unterscheidet zwischen der *direkten* Identifizierung anhand natürlicher Merkmale und der *indirekten* Identifizierung anhand künstlicher Merkmale. Die Identifizierung anhand natürlicher Merkmale geschieht, abgesehen von dem sehr einfachen Fall, daß eine Identifizierung anhand eines Abwiegens möglich ist, meist anhand optischer Merkmale (z.B. Form, Größe, Farbe). Hierzu werden CCD-Sensoren oder Laserscanner eingesetzt, die zusammen mit der anschließenden Verarbeitung der Daten zur Extraktion der Merkmale, Klassifizierung derselben und der anschließenden Identifizierung komplexe Sensorsysteme bilden, die in Kap. 8 behandelt werden.

Hier wird im weiteren die indirekte Identifizierung anhand künstlicher Merkmale behandelt. Objekte erhalten künstliche Merkmale, indem man sie mit einem Datenträger versieht. *Identifizierungssysteme*, auch *Auto-ID-Systeme* genannt, dienen der automatischen Datenerfassung von Datenträgern.

Die mittels Identifizierungssystemen automatisch erfaßten Daten lassen sich vielseitig auswerten und nutzen. Beispiele hierfür sind Fertigungssteuerung, Materialflußverfolgung, Lagerverwaltung, Qualitätssicherung, Verfolgung von Speditionsaufträgen und Systeme zur Verkehrslenkung. Dies sind nur einige, wenige Beispiele aus einer Menge von Applikationen, die ständig wächst.

Bei Bedarf werden die in den Datenträgern codierten Informationen zerstörungsfrei mittels einer Leseeinheit ausgelesen. Dabei wird das Objekt entweder als einzelnes Objekt wiedererkannt oder als zugehörig zu einer Gruppe gleichartiger Objekte erkannt. Letzteres eignet sich z.B. für die Distribution von Konsumgütern.

Gleiche Artikel tragen dabei denselben Identifizierungscode, beispielsweise den bekannten *EAN-Barcode*.

Die Einzelteilidentifizierung wird z.B. in der Produktion verwendet, um die Zuordnung des Ergebnisses der Funktionsprüfung zu dem betreffenden Objekt im Verlauf des weiteren Materialflusses aufrecht zu erhalten, damit defekte Objekte zu einem Reparaturarbeitsplatz ausgeschleust werden können. Auch in der Automobilproduktion wird jedes in der Produktion befindliche Fahrzeug eindeutig identifiziert, weil das Fahrzeug i.allg. aus einer Vielzahl möglicher Varianten speziell nach Kundenwunsch produziert wird. Mit der Identifizierung des Fahrzeugs ist über eine Datenbank der entsprechende Kundenauftrag mit der individuellen Ausstattung gekoppelt.

Die Aufgaben und Ziele der automatischen Identifizierung lassen sich wie folgt zusammenfassen:

- Synchronisation von Material- und Informationsfluß,
- Flexibilisierung der dispositven und operativen Prozesse,
- Leistungssteigerung,
- Vermeidung fehlerträchtiger manueller Eingaben,
- Verbesserung der Qualität,
- Verbesserung der Zuverlässigkeit,
- Erhöhung der Transparenz,
- Unterstützung bei der Störungs- und Ausnahmenbehandlung,
- Ergonomieverbesserung.

4.4.1 Klassifizierungsmerkmale für Identifizierungssysteme

Die am Markt verfügbaren Identifizierungssysteme sind vielfältig und weisen teilweise sehr unterschiedliche Eigenschaften auf, die sie für bestimmte Einsatzfälle prädestinieren.

Es lassen sich Systeme unterscheiden, die in der Lage sind, *mechanische, magnetische, optische* oder *elektronische Codierungen* zu lesen, vgl. Kap. 4.2.1. Mechanische Codeträger sind beispielsweise Lochrasterplatten oder Stiftleisten, die meist elektromechanisch oder optoelektronisch abgetastet werden. Während mechanische und magnetische Codierungen in Materialflußsystemen kaum noch eingesetzt werden, gewinnen elektronische und optische Codierungen immer mehr am Bedeutung. Bei den optischen Codeträgern ist der *Barcode* oder auch *Strichcode* am weitesten verbreitet. Den Barcode-Identifizierungssystemen ist daher eigenes Kapitel gewidmet (Kap. 4.4.2).

Eine andere optische Codierung ist der *Dotcode*, eine matrixförmige, binäre Codierung über Punkte, die mit dem *Stift-* und *Lochcode* verwandt ist. Diese sind jedoch mechanisch realisiert, so daß sich eine einfache und störsichere Codierung ergibt. Die Codelöcher sind Bohrungen in einer Metallplatte. Auf der Metallplatte sind eine bestimmte Anzahl von Stellen für die Codelöcher vorgesehen. Gelesen werden können dieses Codierungen beispielsweise optisch oder mit einem Array aus induktiven Sensoren, die das Vorhandensein oder Nichtvorhandensein der Codelöcher detektieren. Die Codierung ergibt sich dann aus der Anordnung der vorhandenen Löcher. Bild 4.4-1 zeigt die Codierungsmöglichkeiten für 4 Codelochstellen.

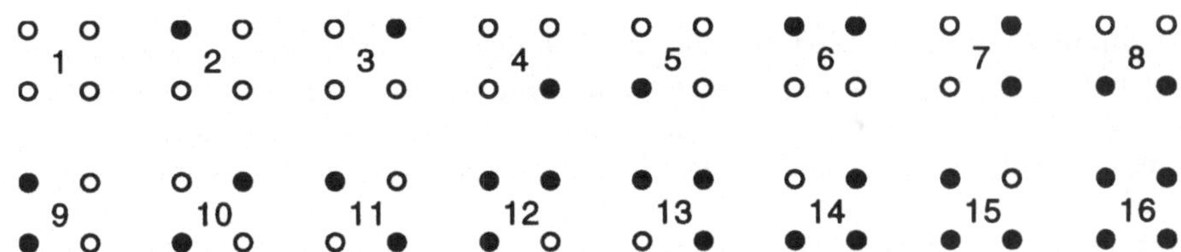

Bild 4.4-1: Vierstelliger Lochcode

Aus Gründen der Codesicherheit werden der erste Wert (0/kein Loch vorhanden) und der letzte Wert (16/alle Löcher vorhanden) nicht verwendet, so daß mit 4 Codelochstellen 14 Codierungsmöglichkeiten vorhanden sind. Anstatt der Löcher können zur Codierung auch metallische Stifte, die verschiebbar oder hinein- und herausdrückbar sind, verwendet werden. Bei einem solchen System ist die Codierung im Gegensatz zur festen Speicherung mit Codelöchern veränderbar. Das Beschreiben des Speichers kann dabei manuell oder automatisch über Pneumatikzylinder geschehen. Ausgelesen wird induktiv wie bei den Codelöchern.

Elektronische Codierungen werden auf elektronischen Datenträgern realisiert. Diese werden auch als sogenannte *Mobile Datenspeicher (MDS)* bezeichnet. Man unterscheidet nach *Fixcode-Datenträgern (FDT)* und Programmierbaren Datenträgern *(PDT)*. Diese werden mit elektromagnetischen Verfahren gelesen und beschrieben (nur PDT). Elektromagnetische Identifizierungstechniken finden beispielsweise bei der Ladungsverfolgung in Containerhäfen und in der Automobilproduktion Verwendung. Kap. 4.4.3 führt das Thema der Identifizierungssysteme mit elektronischen Datenträgern weiter aus.

Codeträger kann man des weiteren nach Codeträgern mit fester und mit veränderbarer Informationsspeicherung unterscheiden. Codeträger mit fester Informationsspeicherung sind Barcodes und FDT. Die Information kann, nachdem sie einmal aufgebracht wurde, nicht mehr verändert werden.

Beispiele für Codeträger mit veränderbarer Informationsspeicherung sind PDT oder Magnetstreifen, die z.B. an einem Werkstückträger, auf dem das Objekt liegt, angebracht sind. Hierbei können Informationen, die im Verlauf des Materialflusses auftreten, wie das Ergebnis einer Baugruppenprüfung, direkt am Objekt gespeichert werden. Dies wird als dezentrale Informationsspeicherung bezeichnet, bei der ein Teil des Datenbestandes direkt am Objekt gespeichert ist. Im Vergleich zur zentralen Informationsspeicherung, bei welcher alle Informationen über jedes Einzelobjekt zentral gespeichert sind, führt die dezentrale Informationsspeicherung zu einem geringeren Kommunikationsbedarf im Rechnernetz.

Ein weiteres Klassifizierungsmerkmal ist die Unterscheidung zwischen *aktiven* und *passiven Codeträgern*. Aktive Codeträger besitzen im Gegensatz zu passiven Codeträgern eine eigene Stromversorgung, meist eine Batterie, um Informationen per Funk oder per Infrarotlicht über mehrere Meter berührungslos zu übertragen.

Codierungen auf Magnetstreifen sind in der Regel unempfindlich gegenüber Verschmutzungen und besitzen eine hohe Lesesicherheit. Außerdem können Magnetstreifen eine große Datenmenge aufnehmen. Bei der Anwendung von Magnetstreifen im Materialfluß stellt sich jedoch das Problem der automatischen

Positionierung zum Lesen und Beschreiben des Magnetstreifens. Zum gegenwärtigen Zeitpunkt spielen Magnetstreifen im Materialfluß daher kaum eine Rolle.

Tabelle 4.4.-1 gibt eine Übersicht über verschiedene Codeträger mit einigen charakteristischen Merkmalen hinsichtlich der Identifizierungssysteme.

Tabelle 4.4–1: Codeträger zur Identifizierung

Codeträger	Speicherung	Datenübertragung	typ. Reichweiten
Barcode	fest	optoelektronisch	bis 1 m
Dotcode	fest	optoelektronisch	bis 1 m
Stiftcode	veränderbar	induktiv	bis 5 mm
Lochcode	fest	optoelektronisch	bis 50 mm
Magnetstreifen	veränderbar	Magnetkopf	berührend
PDT	veränderbar	elektrisch	berührend
FDT	fest	elektomagnetisch: induktiv (kHz)	bis 20 mm
		RF-ID (MHz)	bis 1 m
		Mikrowelle (GHz)	bis 10 m
		optisch: IR	bis 100 m

4.4.2 Barcode-Identifizierungssysteme

Die Barcode-Identifizierung ist die heute am meisten verbreitete Methode der automatischen Identifizierung. Sie ist preiswert, schnell und sicher lesbar, flexibel und einfach in der Handhabung und mit Einschränkungen auch für rauhe Umgebungsbedingungen in der Industrie geeignet. Jedes Objekt trägt seine individuelle Codenummer. Für jede Codenummer kann in einer Datenbank ein Datensatz hinterlegt werden, der alle relevanten Informationen über das jeweilige Objekt enthält.

4.4.2.1 Aufbau und Anwendung von Barcodes

Die Information wird im *Barcode* durch die Darstellung einer Sequenz von Strichen und Lücken verschlüsselt. In Bild 4.4-2 ist der strukturelle Aufbau eines Barcodes dargestellt und mit den entsprechenden Bezeichnungen nach [HAN89] versehen.

Man unterscheidet Nutzzeichen und Hilfszeichen. Die kleinste Struktur bezeichnet man als Modul, aus dem sich die einzelnen Elemente, d.h Striche und Lücken zusammensetzen. Die gesamte Struktur wird als Symbol definiert. Vor und nach einem Symbol wird eine Ruhezone vereinbart, die unbedruckt bleiben muß, um für die Lesung eine sichere Erkennung des Start- und Stopzeichens zu garantieren.

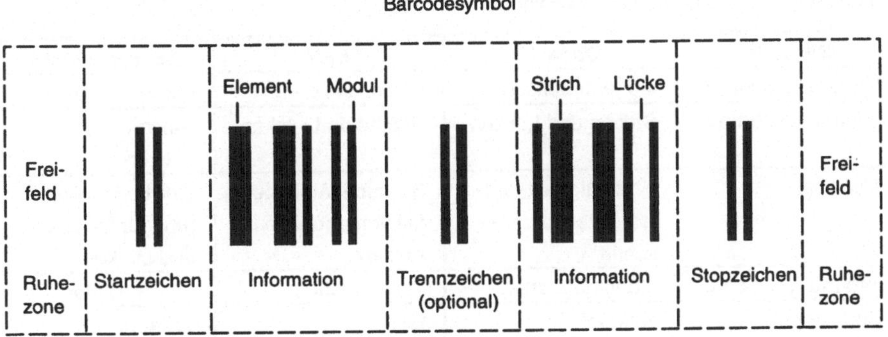

Bild 4.4-2: Grundlegender Aufbau von Barcodes

Zusätzlich kann man eine Einteilung in diskrete und kontinuierliche Barcodes vornehmen. Dabei wird in einem diskreten Code die Information ausschließlich durch Striche dargestellt, d.h. die Lücken dienen nur zur Trennung der Elemente. Im kontinuierlichen Code hingegen ist die Information in den Strichen und Lükken codiert. Identifizierungssysteme mit Barcodes weisen folgende Vorteile auf:

- Standardisierte Codierung,
- preiswerte Herstellung,
- Dateneingabe mit hoher Fehlersicherheit,
- hohe Geschwindigkeit bei der Datenerfassung,
- berührungslose Erfassung des Codes möglich,
- manueller oder automatischer Lesevorgang,
- Personalschulung nicht bzw. kaum erforderlich.

4.4.2.2 Barcodetypen

Mit der Festsetzung von Barcode-Alphabeten in nationalen und internationalen Normen sind die meisten Barcodes standardisiert und besitzen deshalb gegenüber allen anderen Identifizierungsmethoden die höchste Verbreitung.

Es gibt eine Vielzahl verschiedener Codetypen, von denen hier jedoch nur die am häufigsten eingesetzten Typen erwähnt seien:

- 2/5 Interleaved,
- Code 39,
- EAN/UPC (Europäische Artikelnumerierung / Universal Product Code).

Die Eigenschaften dieser Barcodetypen sind in Tabelle 4.4-2 dargestellt. Hervorzuheben ist der große Nutzzeichenvorrat des Code 39, der neben den üblichen Ziffern von 0 bis 9 auch noch 26 Buchstaben und 7 Sonderzeichen umfaßt.

Tabelle 4.4–2: Eigenschaften ausgewählter Barcodes

Barcode	Code 39	EAN	2/5 Interleaved
Nutzzeichenvorrat	alphanumerisch	numerisch 0 - 9	numerisch 0 - 9
Informationsträger	Striche und Lücken	Striche und Lücken	Striche und Lücken
Alphabet	eindeutig definiert, feste Decodiervorschrift	3 versch. Alphabete mit vorgegebenem Einsatz	gleiche Decodierung für Striche und Lücken
Informationsdichte	4,8 mm/Zeichen	2,31 mm/Ziffer	2,7 mm/Ziffer
Codelänge	variabel (opt. 4 - 10)	fest (8 oder 13)	variabel (opt. 8 - 20)
Nutzzeichenlänge	9 Elemente 12 Module	4 Elemente 7 Module	5 Elemente 7 Module
Strichbreiten	2	4	2
Modul-/ Strichbreiten	1:2 bis 1:3	1:2:3:4	1:2 bis 1:3
Toleranz	± 10 %	± 2,5 %	± 10 %
Vorzüge	alphanumerische Darstellung	hohe Informationsdichte, genormte Codegrößen	selbstüberprüfbar

Der EAN-Code wird im Konsumgüterbereich zur Kennzeichnung von Produkten mit einer internationalen Artikelnummer eingesetzt. Der Zeichenvorrat des EAN-Codes umfaßt die Ziffern 0 bis 9. Als besonderes Merkmal gegenüber den anderen Barcodes weist der EAN-Code vier verschiedene Elementbreiten auf. Alle Striche und Lücken tragen Information. Der EAN-Code hat eine feste Stellenzahl, entweder 8 oder 13 Stellen. Bei der am häufigsten verwendeten 13-stelligen Variante sind die ersten beiden Ziffern die Länderkennzahl. Die nachfolgenden fünf Ziffern ergeben die Herstellernummer. Dann folgt die ebenfalls fünfstellige individuelle Artikelnummer und schließlich eine Prüfziffer.

Eine Weiterentwicklung der EAN-Codes stellt der EAN 128 dar. Der EAN 128 kann mit 3 verschiedenen Zeichensätzen, die je nach Aufgabenstellung auszuwählen sind, den gesamten ASCII-Zeichensatz darstellen. Mit dem EAN 128 verbunden ist ein Konzept für einen maschinenlesbaren Frachtbrief, dessen zentrale Bestandteile die ILN (Internationale Lokationsnummer) und die NVE (Nummer der Versandeinheit) sind. Mit der ILN können Warenversender und Warenempfänger in strichcodierter Form verschlüsselt werden. Für die Vergabe der ILN zur eindeutigen, weltweit überschneidungsfreien Identifizierung von Unternehmen ist, eingebunden in das international abgestimmte Location-Number Konzept, in Deutschland die CCG (Centrale für Coorganisation) in Köln zuständig. Mit der NVE wird eine Sendung per Barcode eindeutig gekennzeichnet. Insbesondere in Verbindungen mit einer Lieferungsavisierung per EDI (Electronic Data Interchange) lassen sich die Abläufe an der Wareneingangsrampe beschleunigen. Auch können zusätzliche Informationen wie Gewichtsangaben, Mindesthaltbarkeitsdaten oder Termine mit der NVE verknüpft werden.

Der EAN-Code ist sehr kompakt, erfordert auf Grund der vier zu unterscheidenden Elementbreiten jedoch eine hohe Druckpräzision. Die genauen Spezifikationen für die EAN-Codes sind in der Norm EN 799 festgelegt. Eine wesentlich größere Drucktoleranz hat der 2/5-Code, der hauptsächlich im industriellen Bereich angewendet wird. Die hohe Fehlertoleranz erlaubt die Verwendung von einfachen Druckverfahren und kritischen Trägermaterialen, bedingt aber auch eine niedrige Informationsdichte.

Der Zeichenvorrat des 2/5-Codes umfaßt die Ziffern 0 bis 9, wobei jedes Zeichen aus zwei breiten und drei schmalen Strichen besteht. Durch die Abfolge der breiten und schmalen Striche wird die jeweilige Ziffer codiert. Im sogenannten 2/5-Interleaved-Code werden auch die Lücken als Informationsträger genutzt (als breite und schmale Lücken), wodurch der Code erheblich kompakter wird.

Zweidimensionale Barcodes wie Codablock oder PDF 417 und Matrixcodes wie der UPS-Code sind Entwicklungen, die auf die Erhöhung der Informationsdichte abzielen. Auf einem Etikett derselben Größe lassen sich im Vergleich zum normalen Barcode etwa das Fünfzehnfache an Informationen unterbringen. Die Lesung dieser Codes gestaltet sich jedoch aufwendiger als bei Standardbarcodes.

Die Auswahl der Codeart für die jeweilige Anwendung richtet sich nach den Kriterien und Anforderungen am Einsatzort. Dazu zählen zum einen herstellungsbedingte Einschränkungen wie erforderliche Druckqualität oder Kontrastvorgaben bezüglich des verwendeten Lesesystems. Zum anderen sind codierungsspezifische Vorgaben wie Codedichte und -länge, aber auch der erforderliche Nutzzeichenvorrat für die Codierung der Information oder erhöhte Ansprüche an die Lesesicherheit durch eine Selbstüberprüfung anhand einer Prüfziffer zu erfüllen. Bezüglich der Spezifikation der einzelnen Codetypen sei auf die einschlägige Literatur [HAN89], [WIE91] verwiesen.

4.4.2.3 Barcodelesetechniken

Die Aufgabe der Barcodelesegeräte besteht in einer sicheren und schnellen Umsetzung der Strich-Lücken-Struktur in die geforderte Darstellungsart, die meistens als ASCII-Zeichenfolge vereinbart ist.

Man kann die Lesegeräte nach der Dimensionalität ihres Erfassungsbereichs klassifizieren. Die einfachsten Geräte, *Lesestift* und *Schlitzleser*, sind nulldimensional und benötigen daher für ihr Funktionieren eine Relativbewegung zwischen Leseeinheit und Etikett. *Laserscanner* und *CCD-Kameras* besitzen hingegen einen ein- bzw. zweidimensionalen Erfassungbereich. Hierbei muß das Barcodeetikett zur Lesung lediglich in den Erfassungsbereich des Gerätes gebracht werden.

Lesestift

Ein Lesestift wirft durch eine LED (Light Emitting Device) erzeugtes Licht (630 nm rot und 950 nm IR) über einen geringen Abstand auf einen Barcode. Das reflektierte Licht wird durch einen lichtempfindlichen Photosensor aufgenommen. Durch das manuelle Überstreichen des Barcodes wird durch Striche und Lücken ein elektrisches Signal erzeugt, das dann einer Dekodiereinheit zwecks Auswertung zugeführt wird. Der elektronische und mechanische Aufbau ist relativ einfach.

Schlitzleser

Beim Schlitzleser wird der Barcode über einen Schlitz geführt, unter dem die Leseeinheit stationär installiert ist. Die erforderliche Relativbewegung wird hier also durch den bewegten Barcode realisiert. Die Auswertung erfolgt analog zum Lesestift.

Laserscanner

Auch ein Laserscanner wertet vom Barcode reflektiertes Licht für das Lesen des Barcodes aus. Als Lichtquelle dient hier in der Regel ein He-Ne-Laser (Helium-Neon). Ein Laserscanner kann aber im Gegensatz zum Lesestift auch mit einem bewegten Lichtstrahl arbeiten, so daß eine Relativbewegung zwischen Barcode und Laserscanner nicht erforderlich ist. Durch das nahezu parallele Licht des Lasers ist es möglich, eine hohe Tiefenschärfe des Bildes zu erreichen. Deshalb kann ein Stückcode in einem großen Abstandsbereich gelesen werden. Es werden je nach Bewegung des Laserstrahls drei Prinzipien der Abtastung eines Bildes unterschieden:

- *Fixed Beam Scanner* (punktförmige Abtastung)
- *Moving Beam Scanner* (linienförmige Abtastung)
- *Fächer-Scanner* (flächenförmige Abtastung).

Der Aufbau der Optik und die Funktionsweise eines Barcode-Laserscanners ist in Kap. 8.12 beschrieben.

CCD-Zeilenkameras

Eine CCD-Zeilenkamera besteht aus einer linienförmig angeordneten Reihe photoempfindlicher Halbleiterelemente auf einem sehr begrenzten Raum mit einer typischen Auflösung von 1024 bis zu 6000 Halbleiterelementen. Eine flächenförmige Bilderfassung ist auf Grund der linienförmigen Bildabtastung nur durch eine Relativbewegung zwischen Kamera und Barcode möglich.

CCD-Matrixkameras

Eine CCD-Matrixkamera besteht aus einer Matrix photoempfindlicher Halbleiterelemente. Typische Auflösungen liegen im Bereich knapp unter 800 x 600 Halbleiterelemente. Durch das flächenförmige Erfassen eines Bildes kann auf eine Relativbewegung zwischen Kamera und Barcode verzichtet werden.

Das in Materialflußsystemen am häufigsten eingesetzte Lesesystem ist der Laserscanner. Handelsübliche, konventionelle Laserscanner benötigen zur Detektion jedoch immer eine Linie, die den Barcode vollständig durchläuft und in der eine korrekte und komplette Codeinformation enthalten ist. Insofern besitzt diese Art Laserscanner nur einen engen Toleranzbereich für die zulässigen Schwankungen bezüglich der Codeposition und -ausrichtung. Dies sind Restriktionen, die in Materialflußsystemen teilweise nur schwer einzuhalten sind. Speziell in Materialflußsystemen kommt es häufig auch vor, daß Etiketten durch den Transport beschädigt werden. Ist durch Beschädigung oder Verschmutzung im gesamten

Barcodeetikett keine einzige durchgängige Scanlinie mit gültiger Information enthalten, ist der Code mit konventionellen Laserscannern nicht mehr zu lesen.

Es sind jedoch auch Laserscanner erhältlich, die durch aufwendige Bauform, Barcodes auch unter diesen schwierigen Randbedingungen lesen. Solche omnidirektionalen Laserscanner können Barcodes in beliebiger Orientierung lesen und sind auch in der Lage, den Code aus Teilstücken zusammenzusetzen. Der mechanische Aufwand zur Führung des Laserstrahles ist jedoch beträchtlich, was sich auch in entsprechend hohen Kosten niederschlägt.

Prinzipbedingt ist ein Bildverarbeitungssystem mit CCD-Matrixkamera für diese Anwendung gut geeignet. Auf Grund des zweidimensionalen Erfassungsbereiches steht die gesamte Codefläche zur Auswertung zur Verfügung, so daß die *omnidirektionale* Lesung grundsätzlich kein Problem darstellt. Zusätzlich können auch Codes, die über keine durchgehende, ungestörte Scanlinie verfügen, aus ungestörten Teilbereichen rekonstruiert werden.

4.4.3 Identifikationssysteme mit elektronischen Datenträgern

Bei einer elektronischen Codierung auf einem Speicherchip sind sowohl Systeme mit fester Codierung (Speichermedien: ROM, PROM oder EPROM) wie auch Schreib/Lese-Systeme (Speichermedien: RAM oder EEPROM) mit veränderbarer Codierung gebräuchlich. Bei Systemen mit fester Codierung (FDT: Fixcode-Datenträger) erhält jeder Datenträger eine einmalige und damit eindeutige Nummer. Es handelt sich um reine Identifizierungssysteme. Bei Schreib-/Lese-Systemen (PDT: Programmierbare Datenträger) können zusätzliche materialflußbegleitende Daten gespeichert werden.

4.4.4 Einsatzbereiche

Für eine dezentrale Informationsspeicherung ist ein System mit Programmierbaren Datenträgern (PDT) notwendig. Die Kosten dieser Systeme, die aus den Datenträgern sowie den Schreib-/Lesestationen, die das berührungslose Lesen und Beschreiben ermöglichen, bestehen, liegen in der Regel über den Kosten eines Systems mit nicht programmierbaren Datenträgern. Deshalb rechtfertigen nur bestimmte Bedingungen den Einsatz von PDT. Bei Materialflußsystemen mit zentraler Informationsspeicherung, oder falls die Daten sich während des gesamten Materialfluß- und Fertigungsprozesses nicht ändern, sind die i.allg. preiswerteren Systeme mit fester Codierung ausreichend.

PDT sind wiederverwendbar und werden in der Regel an den Werkstückträgern oder an den Ladehilfsmitteln und nicht an Werkstücken, Gütern oder Packstücken angebracht. Sie verlassen das Unternehmen daher nicht. Daten über die auf den Werkstückträgern oder Ladehilfsmitteln befindlichen Güter können während der Material- und Fertigungsprozesse gespeichert werden. Auf diese Weise kann die gesamte Produktentstehung protokolliert werden. Einsatzbereiche finden sich heute besonders in der Automobilindustrie.

Für die Produktion in der Automobilindustrie ist die kundenindividuelle Ausstattung der Fahrzeuge kennzeichnend. Jedes Fahrzeug wird dabei nach den vom

Kunden gewählten Ausstattungsmerkmalen konfiguriert. Dazu kann eine umfangreiche Stückliste als Datensatz für jedes Fahrzeug erzeugt werden, der dann in einem PDT abgelegt wird und zur individuellen Steuerung des Materialflusses und der Produktion jedes einzelnen Fahrzeuges verwendet werden kann. Der PDT verläßt das Unternehmen jedoch nicht und wird nach Auslieferung eines fertigen Fahrzeuges wieder für ein weiteres zu produzierendes Fahrzeug eingesetzt.

Ein weiterer Einsatzbereich für PDT ist die spanende Fertigung. Hier können die Werkzeuge einen PDT tragen und können dann von automatischen Systemen sicher erkannt werden. Häufig werden die Daten nicht nur zu Beginn der Tranportkette sondern auch beim Durchlauf durch die Transportkette eingespeichert. Im Bereich der spanenden Fertigung können beispielsweise Werkzeugzustände über den gesamten Material- und Fertigungsprozeß hinweg gesammelt werden.

Mit den in den PDT gespeicherten Daten ist neben einer Protokollfunktion auch eine Steuerungsfunktion möglich. Einzelne Arbeitsmittel, die beispielsweise bei der Montage eines Fahrzeuges eingesetzt werden, können mit Hilfe der Daten, die in einem PDT abgelegt sind gesteuert werden. Damit ist es möglich, Materialfluß- und Fertigungsprozesse direkt zu beeinflussen. Der Materialfluß orientiert sich hierbei also nicht an im hierarchisch übergeordneten Steuerungsrechner abgelegten Strategien, sondern er wird durch die Daten aller in ihm umlaufenden Ladehilfsmittel geleitet. So können in einer Karosserie-Schweißstraße eines Automobilunternehmens Rohkarosserien geeigneten Arbeitsmitteln zugeführt werden. Auch die zu einer bestimmten Rohkarosserie gehörenden Schweißprogramme der Schweißroboter können dementsprechend ausgewählt werden.

Für die möglichen Einsatzbereiche der PDT sind unter anderem der Lese- und Programmierabstand zwischen PDT und Lese- und Programmierstationen, der Speicherinhalt und die Speicherhaltezeit von Bedeutung. Weiterhin sind auch die thermische und mechanische Beständigkeit sowie die Energieversorgung der PDT von Einfluß.

Die thermische Beständigkeit ist auch für Einsätze in der Automobilindustrie von Bedeutung, da hier die PDT das Fahrzeug während des Produktionsprozesses begleiten und dabei nach der Lackierung in einen Trockenofen gelangen. Sie müssen dann über den Zeitraum des Trockenvorganges den erhöhten Temperaturen widerstehen können.

Für die Kreislaufwirtschaft kann die maschinenlesbare Produktkennzeichnung mittels FDT oder mit PDT besonders bei hochwertigen Konsumgütern vorteilhaft sein. Mit einem PDT ist die Information über das jeweilige Objekt vom Hersteller bis zum Recycling-Unternehmen, je nach Produkt und Kennzeichnungstechnik sogar mit einer History-Protokollierung, durchgängig verfügbar. Vorstellbar ist auch die Codierung einer kompletten Demontageanleitung, die in der Recyclingstation automatisch gelesen und in ein entsprechendes Demontageprogramm für den Roboter umgesetzt werden kann.

4.4.5 Schreib-/Lesetechniken

Die einfachste Möglichkeit, den Speicherchip auszulesen oder zu beschreiben, besteht in einer Datenübertragung über elektrische Kontakte. Dazu muß beispielsweise ein mit einer Chipkarte versehenes Ladehilfsmittel an eine *Lesestation* angedockt werden. Der Datenübertragungskanal wird während des Andockens über elektrische Verbindungen zwischen den Kontakten der Chipkarte und denjenigen des *Lesegerätes* hergestellt. Dieses sehr einfache System eignet sich jedoch nicht für eine Datenübertragung im laufenden Materialfluß, da sich die Chipkarte während der Datenübertragung im Stillstand befinden muß. Weitere Probleme werfen bei diesem System der Verschleiß und die Verschmutzung der Kontakte auf. Ebenso wie Magnetstreifen spielen Chipkarten mit Kontakten im automatisierten Materialfluß daher nur eine untergeordnete Rolle.

Im allgemeinen wird eine *leitungsfreie Datenübertragung* zwischen den elektronischen Datenträgern und der Lesestation eingesetzt, welche nach verschiedenen physikalischen Prinzipien erfolgen kann, s. Tabelle 4.4-1.

Mit IR-Übertragungssystemen lassen sich hohe Datenübertragungsraten erzielen. Der Aufwand für Infrarotlichtsysteme ist gering und sie bedürfen keiner Genehmigung. Ein Nachteil diese Systeme ist jedoch die Verschmutzungsempfindlichkeit von Sender und Empfänger sowie die Empfindlichkeit gegenüber Fremdlicht. Außerdem muß sichergestellt werden, daß zwischen Infrarotsender und -empfänger zu jedem Zeitpunkt, an dem ein Datenaustausch stattfinden soll, Sichtkontakt besteht.

Bei den elektromagnetischen Datenübertragungstechniken unterscheidet man nach dem Frequenzbereich. Die *induktiven ID-Systeme* arbeiten typischerweise im Frequenzbereichen bis zu wenigen hundert kHz. Die im MHz-Bereich arbeitenden Systeme werden als *RF-ID-Systeme* (Radio Frequency) bezeichnet, während die im GHz-Bereich arbeitenden Systeme als *Mikrowellen-ID-Systemen* bezeichnet werden. Mit verschiedenen Modulationsverfahren werden die zu übertragenden Daten auf die elektromagnetischen Wellen moduliert.

Die induktive Datenübertragung arbeitet nach dem transformatorischen Prinzip: Der Codeträger beinhaltet neben dem Speicherchip einen Schwingkreis, dessen Spule (mit Ferritkern) als Datensender fungiert. Die zu übertragenden Daten werden dabei als Folge von Schwingungspaketen unterschiedlicher Frequenz, i.allg. zwei verschiedene Frequenzen, übertragen. Durch die elektrischen Schwingungen im Schwingkreis des Codeträgers wird ein von der Spule ausgehendes magnetisches Wechselfeld erzeugt, welches wiederum im ebenfalls aus einer Spule mit Ferritkern bestehenden Lesekopf eine elektrische Schwingung induziert. Die Reichweite dieses Systems beträgt nur wenige Zentimeter. Codeträger mit induktiver Datenübertragung eignen sich zur Identifizierung von Ladehilfsmitteln während des Transports (z.B. auf einem Rollenförderer).

Ebenso wie die Übertragung mittels Infrarotlicht bietet die RF-Datenübertragung eine hohe Datenübertragungsrate. Der Vorteil besteht darin, daß im Gegensatz zur Infrarottechnik kein direkter Sichtkontakt bestehen muß. Nachteilig wirken sich hingegen eventuell auftretende Störeinflüsse durch weitere Funkquellen und Störungen durch Überreichweiten, sowie die in Deutschland bestehende Genehmigungspflicht aus.

Auch mit der Mikrowellen-Übertragungstechnik lassen sich hohe Datenübertragungsraten erzielen. Um Schaden von Menschen abzuwenden muß jedoch die Sendeleistung beschränkt werden, was die Reichweite auf wenige Meter einschränkt.

Zur leitungslosen Datenübertragung vom und zum Speicherchip wird zum einen eine Sende-/Empfangseinheit benötigt, welche die Modulation und Demodulation sowie das Aussenden und Empfangen der mit den Daten modulierten Trägerwellen über entsprechend geeignete Antennen übernimmt. Zum anderen ist eine Steuerlogik notwendig, welche den Datenverkehr zwischen Speicherchip und Sende-/Empfangseinheit koordiniert.

Das System Speicherchip, Steuerlogik, Sende-/Empfangseinheit mit den entsprechenden Antennen und eventuell einer Batterie zur Energieversorgung ist als in Kunstharz vergossenes oder in Gehäuseschalen eingepreßtes Bauteil in verschiedenen Ausführungsformen erhältlich. Form und Größe der Datenträger reichen von pillengroßen bis zu zigarettenschachtelgroßen Ausführungen. Die Ausführung hängt dabei vom Einsatzgebiet und den Abmessungen der benötigten Antennen ab.

4.4.5.1 Aufbau und Funktionsweise

In Bild 4.4-3 ist der prinzipielle Aufbau und die Funktionsweise für ein Identifizierungssystem mit elektronischen Datenträgern und *Schreib-Lesegerät* (SLG) dargestellt.

Das stationäre SLG sendet kontinuierlich über die Sendeantenne elektromagntische Wellen einer bestimmten Frequenz aus. Gelangt ein Datenträger in den Kommunikationsbereich, wird mittels der vom SLG empfangenen Welle der Datenträger aktiviert und bei passiven Datenträgern die Energie zugeführt. Bei aktiven Datenträgern wird die Energie von einer internen Batterie bezogen. Ein passiver Datenträger entzieht der Welle mit seiner Empfangsantenne die zum Senden benötigte Energie und speichert sie z.B. in einem Kondensator. Bei FDT-Systemen kann das Kommunikationsprotokoll zwischen SLG und Datenträger sehr einfach gehalten werden. Nach der Aktivierung sendet der FDT seinerseits eine elektromagnetische Welle, auf die seine Kennung aufmoduliert ist. Diese wird wiederum vom SLG empfangen und ausgewertet.

Bei PDT kann nach der Identifizierung der Datenspeicher neu beschrieben werden. Das Kommunikationsprotokoll ist dann komplexer, da unterschiedliche Steuersignale benötigt werden. Dem PDT muß mitgeteilt werden, ob gelesen oder geschrieben werden soll, wieviele Bytes geschrieben werden sollen und auf welche Adressen geschrieben werden soll. Ein noch aufwendigeres Kommunikationsprotokoll wird benötigt, wenn sich mehrere PDT gleichzeitig im Kommunikationsbereich befinden können (vgl. Kap. 4.4.5.2).

Als beschreibbare Speicher für PDT eignen sich grundsätzlich RAM- und EEPROM-Bausteine. EEPROM haben den Vorteil, daß sie keine Spannungsversorgung zum Datenerhalt benötigen. PDT mit EEPROM lassen sich daher im Gegensatz zu solchen mit RAM ohne Batterie realisieren. Diesem Vorteil steht jedoch der Nachteil gegenüber, daß das Beschreiben von PDT mit EEPROM mehrere Millisekunden pro Bit beansprucht, während das Beschreiben eines PDT mit RAM nur etwa 100 ns/Bit benötigt. Diese Zeit ist in etwa auch für das Auslesen sowohl von mit RAM als auch mit EEPROM realisierten PDT erforderlich. Ein weiterer Nachteil von EEPROM gegenüber RAM liegt in der begrenzten - wenn auch sehr hohen - Anzahl der Neuprogrammierungen. Bei Überschreitung der garantiert möglichen Schreibzyklen (technologieabhängig 10^4 bis 10^5) können sich bei der Speicherung Fehler ergeben. RAM-Bausteine können hingegen nahezu unbegrenzt oft neuprogrammiert werden.

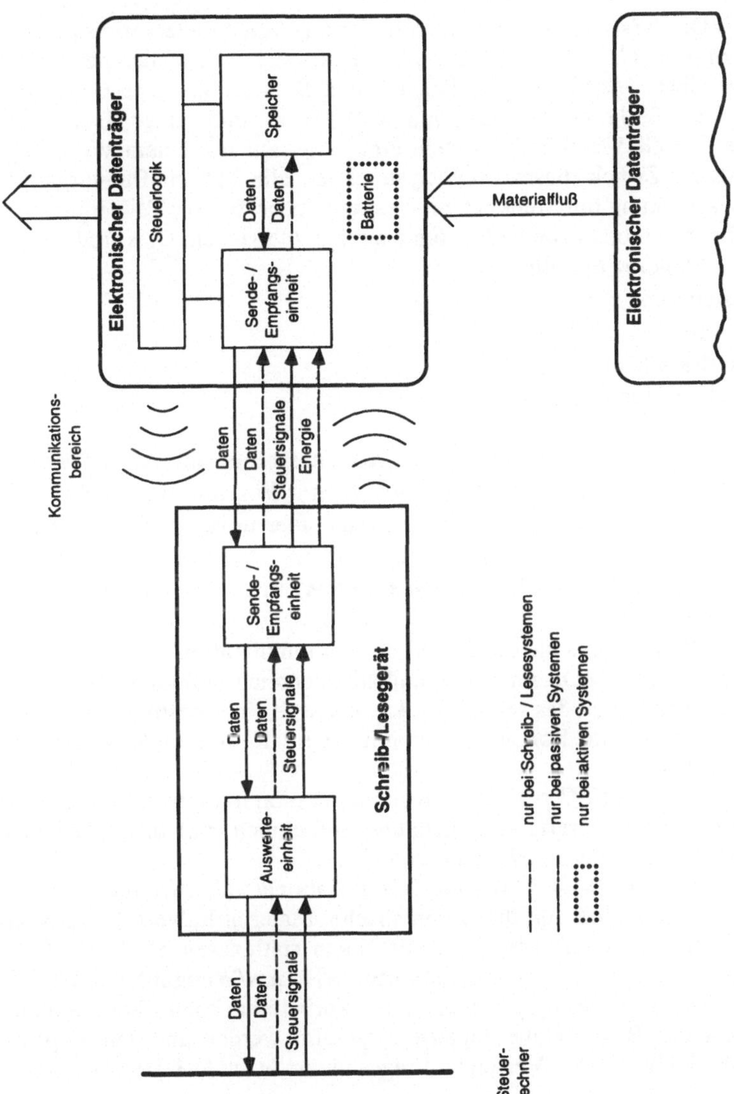

Bild 4.4-3: Aufbau eines Identifizierungssystems mit elektronischen Datenträgern

4.4.5.2 Mobile Datenspeicher

Für eine betriebsübergreifende Logistik ist nach VDI 3964 ein Standard für Mobile Datenspeicher spezifiziert mit dem Ziel, „daß alle Mitglieder der logistischen Kette innerbetrieblich wie übergreifend das gleiche System verwenden“ [VDI3964].

MDS nach VDI 3964 werden zur Identifizierung von wiederverwendbaren *Groß-Ladungsträgern (GLT)* für Stückgut eingesetzt. GLT ist ein Sammelbegriff für wiederverwendbare Verpackungen, Paletten und Behälter mit eine Grundfläche von 600 mm × 800 mm bis 1200 mm × 2400 mm und einer Höhe bis 1500 mm. Zwischen GLT und MDS besteht eine feste, nur mit einem Werkzeug lösbare Verbindung. Zweck dieses MDS-Systems ist, alle Materialflußvorgänge von der GLT-Beschickung mit Stückgut am Herstellungsort bis zur Teileentnahme am Verbrauchsort zu unterstützen und automatisierbar zu machen. Dies sind z.B.:

- Bestands- und Standortführung,
- Materialflußsteuerung,
- Kommisionierung,
- Vollständigkeitskontrolle,
- GLT-Leergutdisposition.

Das Schreiben von Daten erfolgt über Hochfrequenzsignale mit der Trägerfrequenz 433,92 MHz. Das Lesen erfolgt auf induktivem Weg mit einer Trägerfrequenz von 457 kHz. Der Datenspeicher besteht aus einer unveränderlichen Kennung, welche aus einem unveränderbaren, eindeutig vergebenen Identcode besteht, und aus einem Schreib-/Lesespeicher (RAM) mit einer Kapazität zwischen 1 kByte und 64 kByte.

Bei MDS und SLG können sich aufgrund der Kommunikationsreichweite von bis zu 5 m i.allg. mehrere MDS im Kommunikationsbereich befinden. Hierdurch ergibt sich die Notwendigkeit des selektiven Ansprechens eines bestimmten MDS. Das SLG stellt zunächst die Kennungen sämtlicher im Kommunikationsbereich befindlichen MDS fest.

Anschließend kann das SLG gezielt die Kommunikation mit einem bestimmten MDS durch Angabe der betreffenden Kennung aufnehmen, um das RAM des entsprechenden MDS auszulesen oder zu beschreiben.

Bei diesem System nach VDI 3964 sind sowohl stationäre als auch mobile SLG üblich. Stationäre SLG sind für die automatische Materialflußverfolgung und -steuerung einsetzbar. Des weiteren kann mit einem stationären SLG die Vollständigkeitskontrolle einer auf einem Tranportmittel (Lkw/Waggon) verladenen Sendung vor Verlassen des Werksgeländes in der Vorbeifahrt kontrolliert werden. Mobile SLG können z.B. auf Gabelstaplern mitgeführt werden und den Staplerfahrer bei der Abwicklung eines Versandauftrages unterstützen [VDI3964].

4.5 Betriebsdatenerfassung

Die *Betriebsdatenerfassung (BDE)* ist ein Instrument zur Erfassung und Analyse von Betriebsdaten. Betriebsdaten sind im Unternehmen anfallende oder zum Betrieb notwendige Daten, die von Unternehmen zu Unternehmen unterschiedlich sind. Das Betriebsdatenerfassungssystem ist in der Regel ein Teil eines unternehmensweiten Informationssystems und wird durch die *Maschinendatenerfassung (MDE)* und personenbezogene Datenerfassung ergänzt.

Erfaßt werden beispielsweise folgende Daten [FAN94]:

- Auftragsdaten (Stückzahlen, Fertigungszeiten),
- Betriebsmitteldaten (Rüstzeiten, Produktions- und Stillstandszeiten, Unterbrechungsgründe),
- Personaldaten (geleistete Arbeitsstunden, Fehlzeiten),
- Qualitätsdaten (Ausschußstückzahlen, Ausschußgründe, Gut-Stückzahlen),
- Prozeßdaten (technische Daten).

Bei der Beurteilung der Einsatz- und Leistungsfähigkeit von BDE-Systemen in bezug auf ein unternehmensspezifisches Lösungskonzept ist eine Klassifizierung der Systeme sinnvoll. Man kann BDE-Systeme nach folgenden Klassifizierungsmerkmalen unterscheiden:

- Datenerfassung (manuell - automatisch)
- Erfassungsgeräte (stationär - mobil)
- Datentransfer (online - offline)
- Datenverarbeitung (Echtzeitverarbeitung - Batchverarbeitung)
- Rechnerorganisation (zentral - dezentral)
- Realisierung (Selbständiges Stand-alone-System - integriertes System)

Die BDE erfolgt entweder manuell über BDE-Terminals oder über automatische Identifizierungssysteme, Zähler und Sensoren für die Prozeßdatenerfassung. Abhängig von dem Automatisierungsgrad eines datenliefernden Systems ist auch das datenerfassende System mehr oder weniger automatisierbar. Werden die Förder-, Lager-, Handhabungs- und Fertigungsprozesse manuell gesteuert, so werden in der Regel die zugehörigen Daten ebenfalls nur manuell erfaßt. Die Arbeitsmitteldaten, wie beispielsweise Stückzahlen, die auf einem Produktionsmittel gezählt werden, können eine Ausnahme darstellen. Weitere Betriebsdaten wie etwa Bearbeitungszustände und Bearbeitungszeiten können vom Arbeitspersonal an BDE-Terminals in ein Informationssystem eingegeben werden. Automatisch geführte Systeme, die als autonome Subsysteme ohnehin über einen eigenen Rechner verfügen, können notwendige Betriebsdaten aus ihnen zur Verfügung stehenden Prozeßdaten selbständig erzeugen. Manuelle Eingriffe sind hier die Ausnahme.

Die *mobile* Erfassung von Betriebsdaten ist im Gegensatz zur meist geläufigen *stationären* Erfassung dann zweckmäßig, wenn die Daten häufig an verschiedenen Orten anfallen, beispielsweise im Lagerbereich.

Nach der Art des Datentransfers vom Erfassungsort zum Verarbeitungsort unterscheidet man Online- und Offline-Systeme. Während bei *Online-BDE*-Systemen eine direkte Verbindung zwischen der Datenerfassung und -verarbeitung bespielsweise über ein Rechnernetz besteht, werden bei *Offline-BDE*-Systemen die Daten zunächst auf einem Datenträger zwischengespeichert, um sie danach an vorgesehenen Stellen ins Rechnersystem einzuspeisen.

Eng mit der Datenübertragungsart ist auch die Verarbeitung der Betriebsdaten verbunden. Werden die Daten unmittelbar nach ihrer Erfassung weiterverarbeitet, so spricht man von Echtzeit- oder Realtime-Verarbeitung. Werden die Daten hingegen zwischengespeichert und dann im Stapel verarbeitet, spricht man von einer Batch- oder Stapelverarbeitung (vgl. Kap. 4.3.3.1) Die Echtzeitverarbeitung ist ausschließlich in Verbindung mit einer Online-Verbindung möglich [FAN94].

Bei der Rechnerorganisation ist in bezug auf die Ausgestaltung der BDE-Geräte eine Tendenz zu einer Erhöhung der lokalen Verarbeitungsleistung über eigene Anwendungssoftware erkennbar [FAN94]. Hierdurch wird eine dezentrale Rechnerorganisation unterstützt, die den Zentralrechner von Aufgaben wie der Bedienerführung und Kontrolle der Eingabedaten entbindet.

Bei der Software zur Betriebsdatenerfassung kann zwischen zwei Realisierungsmöglichkeiten unterschieden werden. Sie kann zum einen so angelegt sein, daß sich sowohl hardwaretechnisch als auch softwaretechnisch ein Stand-alone-System realisieren läßt, welches die komplette Auswertung der Daten übernimmt. Sie kann aber auch als integraler Bestandteil eines übergeordneten Systems, etwa eines PPS-Systems (vgl. Kap. 3) realisiert sein. Im Gegensatz zu den eigenständigen BDE-Systemen entfällt bei den integrierten Systemen die Kopplungsproblematik.

5 Steuerungssysteme

5.1 Allgemeines

Steuerungssysteme übernehmen in Produktions- und Logistikunternehmen die Aufgaben der Steuerung und Kontrolle von einzelnen Arbeitsmitteln, Gruppen von Arbeitsmitteln oder von Materialflußsystemen, im Sinne einer Gesamtanlage mit mehreren verknüpften einzelnen Arbeitsmitteln oder Gruppen von Arbeitsmitteln. Steuerungssysteme bilden damit im wesentlichen die in Kap. 2.4.3 definierte Materialflußleitebene und Materialflußsteuerungsebene im Unternehmen ab.

Mit dem Einsatz von Steuerungssystemen sind unterschiedliche Grade bei der Automatisierung von Materialflußprozessen realisierbar. Je nach *Automatisierungsgrad* lassen sich *manuelle, mechanisierte* (d.h. teilautomatisierte) und *automatische* Systeme unterscheiden (vgl. Kap. 5.5).

Bei manuellen und mechanisierten Systemen sind immer auch Arbeitspersonen Bestandteil des Steuerungssystems. Unter mechanisierten Steuerungssystemen werden Systeme verstanden, die Teilfunktionen eines Arbeitsmittels automatisch steuern, indem sie beispielsweise den Ablauf einer Bewegungsfolge eines Arbeitsmittels auf eine Startinformation hin veranlassen und steuern. Hierdurch wird der Bedienungsaufwand durch die Arbeitspersonen reduziert, wenngleich die Gesamtfunktion des Arbeitsmittels noch von Arbeitspersonen bedient wird.

Wenn die Steuerung von Arbeitsmitteln oder auch von mehreren verknüpften Arbeitsmitteln nicht der Bedienung durch Arbeitspersonen bedarf, liegt ein automatisches Steuerungssystem vor. Ein automatisches Steuerungssystem wird beispielsweise in einem automatischen Hochregallagersystem eingesetzt. Der Eingriff von Arbeitspersonen in die operative Steuerung des Hochregallagersystems ist nicht erforderlich.

Der Automatisierungsgrad innerhalb eines Materialflußsystems muß nicht durchgängig auf gleichem Niveau sein, sondern kann zwischen den Extrema manuell und vollautomatisiert, d.h. vollständig rechnergesteuert ohne menschliches Einwirken, variieren. Die Frage, welcher Technikeinsatz und welcher Automatisierungsgrad für die jeweilige operative Einheit der richtige ist, läßt sich nur individuell beantworten.

Bei der Festlegung des jeweiligen Automatisierungsgrades nach wirtschaftlichen Gesichtpunkten ist zu berücksichtigen, daß sich die Wirtschaftlichkeit einer Automatisierungsstufe mit der Zeit abhängig vom technischen Fortschritt und Umgestaltungen beim Anwender verändert. Auch muß die Verträglichkeit der unterschiedlichen Automatisierungsgrade der einzelnen Einheiten geachtet werden, damit der gesamte Prozeß hinsichtlich Materialfluß und Informationsfluß durchgängig ist.

Zur Sicherung der Investitionen ist bei Entscheidungen für ein bestimmtes Automatisierungskonzept zu beachten, daß es eine stufenweise realisierbare Anpassung des Automatisierungsgrades und des Technikeinsatzes bei nach wirtschaftlichen Gesichtspunkten geänderten Situationen erlaubt. Die Grundvoraussetzungen für ein solches offenes System sind international genormte Schnittstellen und eine ebenfalls normgerechte, von der Hardwareplattform unabhängige Programmierung, z.B. nach IEC 1131-3 (vgl. Kap. 6).

Steuerungssysteme sind in der Regel hierarchisch über mehrere Rechnerebenen strukturiert. Auf der untersten Ebene, auch operative oder Prozeßebene genannt, erfolgt die Steuerung einzelner operativer Einheiten: z.B. eines Roboterarmes. Auf der obersten Ebene, der Leitebene, erfolgt die Steuerung einer Gruppe von operativen Einheiten, z.B. eines kompletten automatisierten Materialflußsystems. Dazwischen können noch verschiedene andere Ebenen liegen, deren Anzahl von der Komplexität der zu steuernden Anlage abhängt.

Auf allen Ebenen müssen die zur Steuerung und Kontrolle notwendigen Daten erfaßt werden (z.B. Positionsmelder auf der Prozeßebene). Dabei spielt die Erkennung und Behandlung von Fehlern und unvorhergesehenen Zwischenfällen eine wichtige Rolle. Verliert etwa ein Roboter ein fixiertes Teil, so muß dies erkannt und behandelt werden und darf nicht dazu führen, daß an dem nicht mehr vorhandenen Teil versucht wird, beispielsweise Verpackungsarbeiten auszuführen.

5.2 Aufgabe von Steuerungssystemen

Im Gegensatz zu Informationssystemen (vgl. Kap. 3), die vorrangig strategische, adminstrative und dispositive Aufgaben unterstützen, werden Steuerungssysteme zur operativen Steuerung von Abläufen eingesetzt.

Die Steuerung eines Materialflußsystems bedarf zunächst einer *Modellierung*, die die steuerungsrelevanten Eigenschaften bestimmt und untereinander in Zusammenhang setzt. Eine konsequente Modellierung beschränkt sich auf diejenigen Ausschnitte der Realität, die für die zielgerichtete Beeinflussung des Materialflußprozesses in Abhängigkeit von Ereignissen oder Zuständen relevant sind. Ein detaillierteres Abbild oder höhere Genauigkeiten machen das Modell komplexer und die Steuerungstechnik aufwendiger, ohne jedoch Vorteile bei der Prozeßsteuerung zu erreichen. Die Definition der Anforderungen an die Steuerung des Materialflußprozesses ist daher von höchster Bedeutung.

Alle relevanten Ereignisse und Zustände sind über Sensoren mit der geforderten Genauigkeit zu erfassen und als Eingangsgrößen an das Steuerungssystem zu übermitteln. Das Steuerungssystem interpretiert die Eingangsgrößen und bildet hieraus das aktuelle, modellhafte Abbild des Materialflußprozesses. Aus dem Abbild werden nach den vorgegebenen Regeln des Modelles die Ausgangsgrößen bestimmt, die über die Aktoren auf den Materialflußprozeß wirken.

Eine solche Steuerung läßt sich sowohl in Subsystemen von Arbeitsmitteln, wie einzelnen Antrieben, als auch in komplexen Anlagen einsetzen, die aus einer Anzahl von Arbeitsmitteln bestehen. Insbesondere bei der Steuerung komplexer Fertigungs- und Materialflußsysteme ist ebenfalls ein dispositiver Steuerungsanteil erforderlich. Dieser Teil der Steuerung wird auf der Logistikebene im Rahmen der rechnergestützten Logistik CAL realisiert. Hier zeigt sich der fließende Übergang von einem Informations- zu einem Steuerungssystem (hybrider Charakter).

Typische Steuerungsaufgaben in Materialflußsystemen sind die *Zielsteuerung* und *Positioniersteuerung* von Fördermitteln wie Regelbediengeräten, Elektro-Hängebahnfahrwerken, Automatischen Flurförderzeugen, Automatischen Verteilfahrzeugen oder Automatikkranen. Eine weitere Steuerungsaufgabe ist die *Bahnsteuerung* oder die *Punkt-zu-Punkt-Steuerung (PTP)* des Greifers eines Handhabungsmittels.

Weiterhin werden Steuerungssysteme in dynamischen Lagermitteln zur Steuerung einzelner Regalantriebe oder zur Steuerung des Behälterdurchlaufs in einer komplexen Behälterförderanlage in einem Warenverteilzentrum eingesetzt. Die Optimierung der Auftragsfolge sowie die Koordination mehrerer Fördermittel zur Vermeidung von gegenseitigen Behinderungen oder auch Kollisionen sind übergeordnete Steuerungsaufgaben.

Am Beispiel der in einem Fahrerlosen Transportsystem *(FTS)* fahrenden Automatischen Flurförderzeuge werden im folgenden die operativen, dispositiven und administrativen Teile eines Steuerungssystems herausgestellt und die fließenden Übergänge zwischen Steuerungs- und Informationssystemen verdeutlicht.

Das Steuerungssystem eines Automatischen Flurförderzeuges besteht im wesentlichen aus Antriebssteuerung, Lenksteuerung, Positioniersteuerung und Steuerung des Lastaufnahmemittels. Es bedient die operativen Funktionen eines Automatischen Flurförderzeuges.

Die *Antriebssteuerung* hat die Aufgabe, die Fahrmotoren und die Bremsen anzusteuern. Sie steuert das Beschleunigen und das Bremsen und ermöglicht das Fahren unterschiedlicher Geschwindigkeiten wie etwa Schleichfahrt oder schnelle Fahrt. Durch den Einsatz drehzahlgeregelter Motoren als Antrieb ist ein "weiches" Fahrverhalten erreichbar.

Die *Lenksteuerung* führt das Automatische Flurförderzeug durch Ansteuern der Lenkantriebe auf einem vorgegebenen Kurs. Der Kurs kann durch eine sensorisch zu erfassenden Leitlinie vorgegeben sein oder bei frei navigierenden Fahrzeugen in Form einer Bahnkurve.

Die *Positioniersteuerung* ermöglicht an Haltepunkten der Automatischen Flurförderzeuge eine exakte Positionierung. Dort können Ladeeinheiten aufgenommen beziehungsweise abgegeben werden. Die Erfassung der Fahrzeugposition kann entweder digital-absolut, inkremental oder inkremental mit überlagerter digital-absoluter Erfassung durch geeignete Sensoren erfolgen (vgl. Kap. 8).

Die *Steuerung der Lastaufnahmemittel* steuert bei einer aktiven Abgabe oder Aufnahme einer Ladeeinheit die Lastaufnahmemittel (z.B. Rollenbahn oder Hubtisch) auf dem Automatischen Flurförderzeug. Ist beim Umschlag ein weiteres stationäres, aktives Arbeitsmittel beteiligt, so ist eine geeignete Synchronisation beider Arbeitsmittel zu gewährleisten. Dies kann durch eine Kommunikation der Steuerungssysteme der beteiligten Arbeitsmittel erreicht werden. Die dargestellten Steuerungskomponenten werden direkt für die operative Steuerung einzelner Subsysteme (Antriebe, Lenkung, Lastaufnahmemittel) in einem Automatischen Flurförderzeug eingesetzt und sind somit mobil.

Weitere Steuerungskomponenten, die einen Betrieb des Automatischen Flurförderzeuges zwischen Quellen und Senken ermöglichen, sind die *Zielsteuerung* und die *Fahrkurssteuerung*. Auch sie übernehmen operative Steuerungsfunktionen. Sie sind stationär angeordnet und ermöglichen im Falle einer induktiven

Führung des Automatischen Flurförderzeuges die Ansteuerung der im Boden verlegten induktiven Leitdrähte.

Die *Zielsteuerung* erlaubt die Auswahl eines geeigneten Weges von einer Quelle zu einer Senke, beispielsweise vom Wareneingang in ein Wareneingangslager. In komplexen Fahrerlosen Transportsystemen sind oft örtlich verschiedene Quellen und Senken vorhanden, so daß mehrere Wege möglich sind.

Die *Fahrkurssteuerung* kontrolliert den Verkehr an Kreuzungen und Zusammenführungen. Grundlage dieser Steuerung sind oft Blockstrecken, die entsprechend den vorgegebenen Strategien gesperrt oder freigegeben werden.

Ein Fahrerloses Transportsystem mit mehreren Automatischen Flurförderzeugen bedarf noch eines weiteren Steuerungssystems, das beispielsweise die *Transportbedarfsverwaltung*, die *Disposition* der Automatischen Flurförderzeuge und die *Auftragsverwaltung* übernimmt.

Die *Transportbedarfsverwaltung* ermittelt die benötigten Transporte auf Grund von Bedarfsmeldungen. Mit Hilfe der Bedarfsmeldungen erfolgt eine *Disposition* aller Automatischen Flurförderzeuge des Gesamtsystems. Es wird ein Transportauftrag erstellt, der während der Bearbeitung von der *Auftragsverwaltung* kontrolliert wird.

Das Steuerungssystem eines Fahrerlosen Transportsystems läßt sich in drei Ebenen hierarchisch untergliedern. Die erste Ebene umfaßt die operative Steuerung einzelner Komponenten der Automatischen Flurförderzeuge. Die zweite Ebene beinhaltet die Steuerung der Fahrkurse, auf denen die Automatischen Flurförderzeuge fahren, und auf der dritten Ebene erfolgt die Einsatzplanung einzelner Automatischer Flurförderzeuge im Rahmen eines Fahrerlosen Transportsystems.

Dabei wird deutlich, daß sich die operativen Steuerungsfunktionen und damit die Steuerungskomponenten von Ebene zu Ebene entsprechend der zu steuernden Subsysteme verändern. Befinden sich auf der ersten Ebene Komponenten für die Steuerung einzelner *Subsysteme* eines Automatischen Flurförderzeuges, so werden auf der zweiten Ebene Komponenten zur Steuerung der zur Führung notwendigen Systeme (Leitdraht) von Automatischen Flurförderzeugen eingesetzt. Bei der Gesamtbetrachtung eines Fahrerlosen Transportsystems ist zu erkennen, daß auf der dritten Ebene verstärkt verwaltungsorientierte Steuerungsfunktionen, wie in diesem Fall die Disposition zum Betrieb des gesamten Systems, notwendig sind. Der Übergang zu einem Informationssystem im Rahmen von CAL ist damit im vorliegenden Fall aus der beschriebenen dritten Ebene fließend.

Wie bereits aus den obigen beispielhaften Darstellungen ersichtlich ist, stellt die Konzeption und der Aufbau von Steuerungssystemen eine vielschichtige Aufgabenstellung dar. Zur Lösung derartiger Aufgaben in der Praxis sind insbesondere auf der prozeßnahen Steuerungsebene Grundlagenkenntnisse der Automatisierungstechnik erforderlich, die im folgenden Kapitel behandelt werden.

5.3 Grundlagen der Automatisierungstechnik

In der *Automatisierungtechnik* existieren zwei unterschiedliche, historisch bedingte Sichtweisen. Die erste ergab sich aus den frühen Ansätzen zur Automatisierung kontinuierlicher Prozesse, wie sie beispielsweise in der Verfahrenstechnik zu finden sind, und führte zur klassischen, analogen *MSR-Technik* (Messen, Steuern, Regeln). Die zweite entstammt den Ansätzen zur Automatisierung von diskreten Stückprozessen, wie z.B in der Fertigungs- und Materialflußtechnik und führte zur sogenannten industriellen Steuerungstechnik, mit dem Schwergewicht auf der Verarbeitung binärer Signale.

In der heutigen industriellen Praxis nähern sich beide Sichtweisen einander an, sowohl bezüglich der hierarchischen strukturierten Ebenenmodelle als auch in bezug auf die einzelnen Automatisierungseinrichtungen. Die Ausnahme bildet die unterschiedliche mathematische Behandlung kontinuierlicher und diskreter Prozesse [POL94].

Da die MSR-Technik und industrielle Steuerungstechnik zunehmend in werks- oder sogar unternehmensübergreifende Strukturen der elektronischen Datenverarbeitung nach dem CIM-Konzept eingebunden wird, trifft der Begriff *Automatisierungstechnik* die Vielfalt der im Materialfluß zu lösenden Aufgaben besser.

5.3.1 Meßtechnik

5.3.1.1 Aufgabe einer Meßeinrichtung

Meßeinrichtungen in einem Automatisierungssystem stellen Informationen über den Zustand des Systems selbst (*interne* Meßeinrichtungen) oder dessen Umgebung (*externe* Meßeinrichtungen) in einer zur Weiterverarbeitung geeigneten Form zur Verfügung.

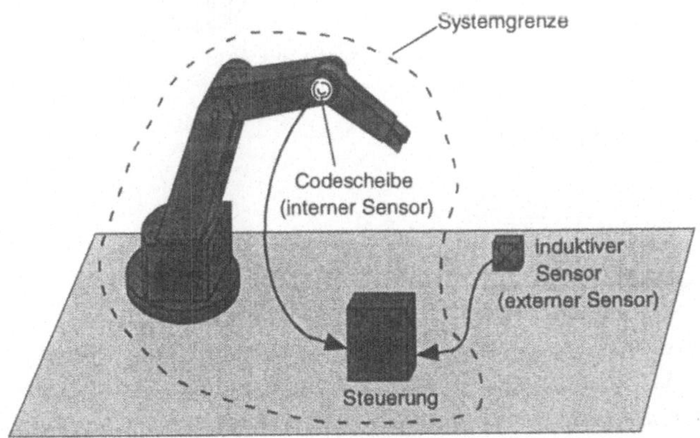

Bild 5.3-1: Beispiel für interne und externe Meßeinrichtungen bei einem Industrieroboter

Der Zustand des Systems oder dessen Umgebung ergibt sich aus den Werten der für das System relevanten Größen, s. Bild 5.3-1. Man unterscheidet hier zwischen Größen, deren Werte sich kontinuierlich verändern können und solchen, die nur zwei verschiedene Werte annehmen können. Zu der ersten Gruppe zählen die physikalischen Größen, wie z.B. Masse, Kraft oder Winkel. Zur zweiten Gruppe zählen Zustandsgrößen, wie Anwesenheit oder Schalterstellungen.

Die Meßwertaufnahme wandelt die erfaßte Größe in ein elektrisches Signal um, das dann elektronisch weiterverarbeitet werden kann. Man unterscheidet zwischen *kontinuierlichen* und *diskreten Signalen*. Das bezieht sich sowohl auf den zeitlichen Verlauf als auch auf die möglichen Werte des Signals $s(t)$, s. Bild 5.3-2. Von praktischer Bedeutung für die Steuerungs- und Regelungstechnik sind in erster Linie die Signalform a), die als *Analogsignal* bezeichnet wird, und die Signalformen c) und d) (z.B. für Abtastregler), die im allgemeinen als *Digitalsignal* bezeichnet werden.

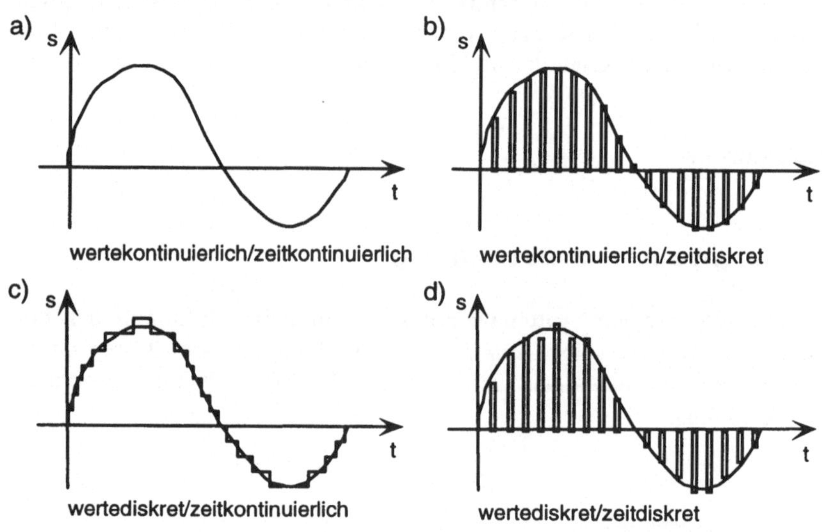

Bild 5.3-2: Kontinuierliche und diskrete Signale

5.3.1.2 Analoge Signale

Analoge Signale bilden die Werte einer stetig veränderlichen Größe stetig ab. Meist ist die Amplitude das Maß für den Wert der Größe, und der zeitliche Verlauf vermittelt ein anschauliches Bild kontinuierlich ablaufender Vorgänge. Analoge Werte lassen sich praktisch nur graphisch speichern, z.B. als Schreibspur auf einem Linienschreiber oder Drucker. Die Übertragung und Verarbeitung analoger Werte kann mit Informationsverlust verbunden sein. In einer analogen Signalverarbeitung werden Ströme, Spannungen, pneumatische Drücke oder mechanische Kräfte addiert, subtrahiert, verstärkt, multipliziert oder mit anderen Größen verglichen [STR90].

Der Aufwand zur Realisierung komplexerer Aufgaben der Signalverarbeitung in Analogtechnik wird sehr groß. Eine direkte Weiterverarbeitung analoger

Signale in analoger Technik erfolgt daher meist nur bei sehr einfachen Aufgaben, z.B. zur Realisierung eines PID-Reglers (vgl. Kap 5.3.3).

5.3.1.3 Digitale Signale

Digitale Signale bilden die Werte einer stetig oder unstetig veränderlichen Größe diskretisiert als ganze Zahl ab. Im einfachsten Fall handelt es sich hierbei um ein Binärsignal, das nur die Werte Null und Eins annehmen kann. Digitale Werte sind einfach zu speichern und zu verarbeiten. Ein digitaler Wert liegt binär verschlüsselt, also als Kombination der Zahlen Null und Eins dargestellt, vor. Eine einzelne Ziffer eines digitalen Wertes ist eine binäre - zweiwertige - Größe, sie wird auch Bit (binary digit - Binärziffer) genannt. Bits können z.B. als Ladung in einem Halbleiterspeicher, als Magnetisierungszustand eines Magnetspeichers oder als optische Information auf CD-ROM gespeichert werden.

In der Automatisierungstechnik spielt die Verarbeitung digitaler Signale in Steuerungen eine große Rolle. Digitale Werte können hier über digitale Eingabeschnittstellen eingelesen werden. Wegen der oft starken elektromagnetischen Störeinflüsse in Fabrikhallen werden zum Einlesen digitaler Werte große Bereiche für die Spannungspegel, die als Eins und die als Null zu werten sind, zugelassen. Typische Spannungspegel für eine SPS sind:

0 = –33 V ... +5 V,
1 = +13 V ... +33 V.

Digitale Werte können in Form von 1-Bit-Werten oder Mehr-Bit-Werten vorliegen. 1-Bit-Werte werden durch Schalter im weitesten Sinne festgestellt. Mechanische Schalter werden z.B. für die Erkennung der Endposition einer Achse eingesetzt. Induktive Sensoren eignen sich für die Feststellung der Anwesenheit eines metallischen Werkstücks, Reed-Kontakte für eine magnetisch markierte Palette. Die Aufnahme von Mehr-Bit-Werten kann dem Feststellen einer Menge dienen, was durch die Summation von 1-Bit-Impulsen erfolgen kann, s. Bild 5.3-3.

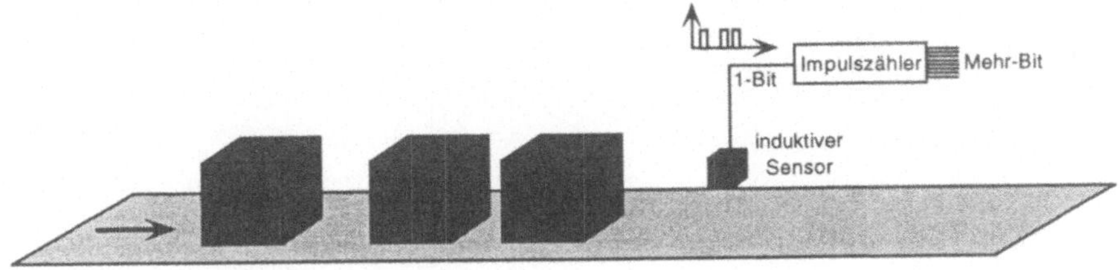

Bild 5.3-3: Feststellen einer Menge

Auch das Lesen von Codierungen ist eine Aufnahme von Mehr-Bit-Werten. Beispiele sind das Lesen von Barcodes und das Lesen von mechanischen Codierungen an Werkstückträgern.

Um die Werte kontinuierlicher physikalischer Größen digital speichern und verarbeiten zu können, müssen sie in ein definiertes digitales Signal überführt werden. Die Prinzipien der Meßwertaufnahme sind vielfältig, s. Kap. 8.

Die Information über den Wert der physikalischen Größe steckt daher in unterschiedlicher Weise in dem vom Meßwertaufnehmer gelieferten Signal und erfordert dementsprechend eine jeweils verschiedene Weiterverarbeitung, d.h. Überführung der Informationsdarstellung in die Form eines definierten digitalen elektrischen Signals.

Dabei kann der Meßaufnehmer zunächst einen analogen Wert der Größe in Form eines Spannungswertes liefern, der dann mit einem A/D-Wandler in ein digitales Signal überführt wird.

Andere Meßaufnehmer, wie z.B. der Winkelcodierer, liefern die Information über den Wert der zu messenden physikalischen Größe als binären Code, i.allg. als Gray-Code. Hier muß eine Codeumsetzung zur Dualzahl erfolgen, s. Bild 5.3-4.

5.3.1.4 Bedienerdaten

Bedienerdaten sind Daten, die der Bediener der Anlagensteuerung eingibt, um die Anlage zu beeinflussen. Die Beeinflussung der Anlage kann z.B. das Stillsetzen der Anlage zwecks Wartung oder Reparatur, oder eine Änderung des Prozeßablaufs bewirken.

Die Eingabe von Bedienerdaten kann über speziell für das System ausgelegte Tastenfelder, wie z.B. ein Bedienfeld an der Steuerung oder ein Handbediengerät für ein Robotersystem erfolgen.

Eine weitere Möglichkeit ist die Benutzung von alphanumerischen Standardtastaturen. Dies bietet sich an, wenn die Steuerung durch einen PC realisiert wird. Der Bediener kann hier seine Daten über eine komfortable Bedienoberfläche eingeben.

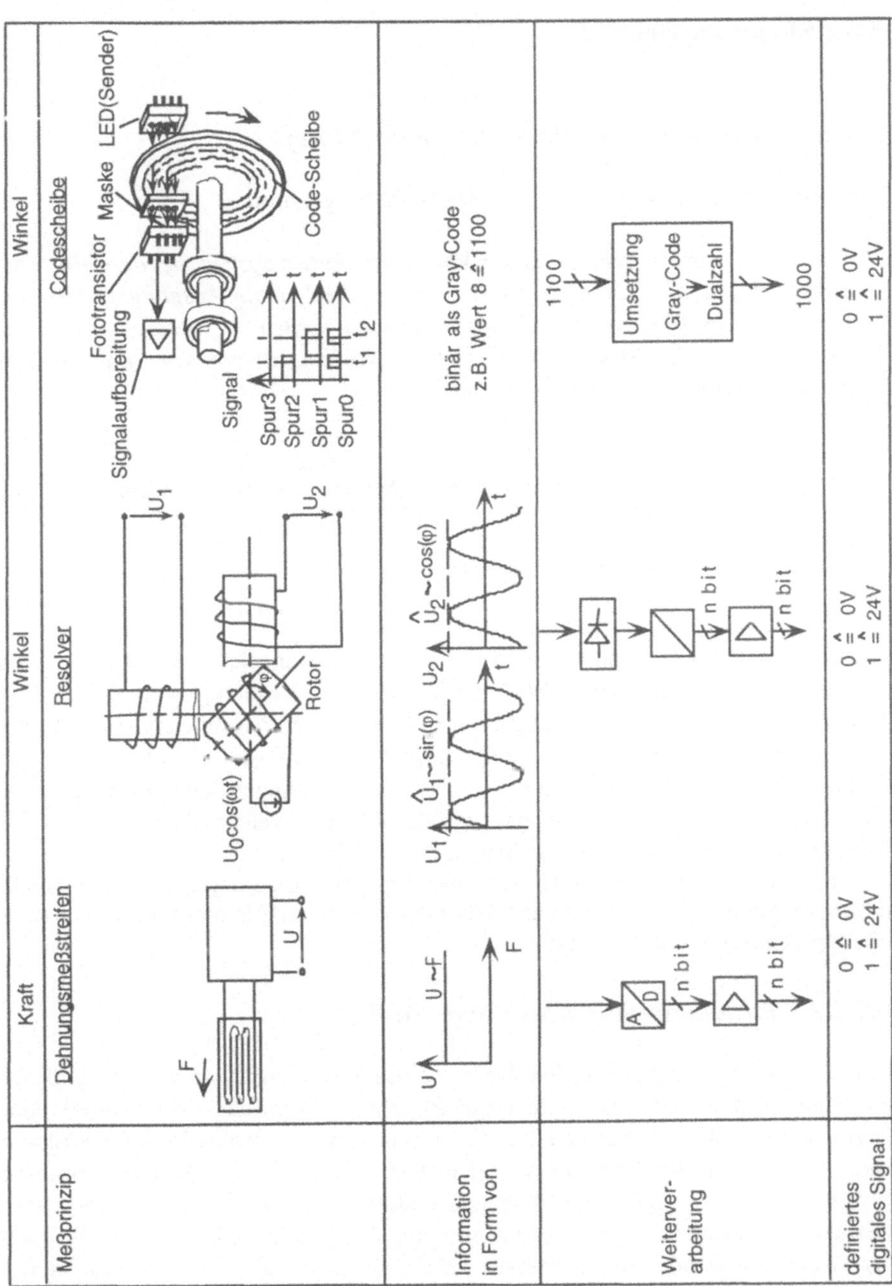

Bild 5.3-4: Umwandlung von analogen physikalischen Größen in digitale Signale

5.3.2 Steuerungstechnik

5.3.2.1 Aufgabe einer Steuerungseinrichtung

Der Begriff Steuern ist in DIN 19226 [DIN19226] genormt:

"Das Steuern - die Steuerung - ist der Vorgang in einem System, bei dem eine oder mehrere Größen als Eingangsgrößen andere Größen als Ausgangsgrößen auf Grund der dem System eigentümlichen Gesetzmäßigkeiten beeinflussen. Kennzeichen für das Steuern ist der offene Wirkungsablauf über das einzelne Übertragungsglied oder die Steuerkette."

Bild 5.3-5: Offene Wirkungskette bei der Steuerung

Bei einer Steuerung ergibt sich also eine offene Wirkungskette, s. Bild 5.3-5, im Gegensatz zum geschlossenen Wirkungskreis bei der Regelung (vgl. Kap. 5.3.3). Voraussetzung für die Anwendung einer offenen Steuerungskette ist, daß man ein mathematisches Modell des Systems besitzt und daß der Einfluß von Störgrößen gering ist; denn nur unter diesen Voraussetzungen kann man aus dem gewünschten Verhalten der Ausgangsgröße ableiten, welche Beeinflussung des Systems durch die Eingangsgröße hierfür erforderlich ist.

Eine saubere Trennung zwischen Steuerungs- und Regelungssystemen ist nicht immer möglich. Im folgenden wird daher der Oberbegriff Steuerungssystem auch für Regelungssysteme verwandt.

5.3.2.2 Einteilung und prinzipieller Aufbau

Bild 5.3-6 zeigt schematisch den Aufbau eines Steuerungssystems ohne und mit Regelung. Ein Steuerungssystem ohne Regelung beeinflußt Arbeitsmittel oder Prozesse mit Hilfe von Aktoren. Die Steuerung von Arbeitsmitteln und Prozessen kann durch Kontrollgrößen, die von den Arbeitsmitteln oder von den Prozessen gewonnen werden, von Arbeitspersonen überwacht werden. Im Gegensatz dazu werden von einem Steuerungssystem mit Regelung durch Sensoren Regelgrößen der Arbeitsmittel oder des Prozesses erfaßt, die dann der Steuerung zugeleitet werden. Es ergibt sich ein geschlossener Kreis (Regelkreis).

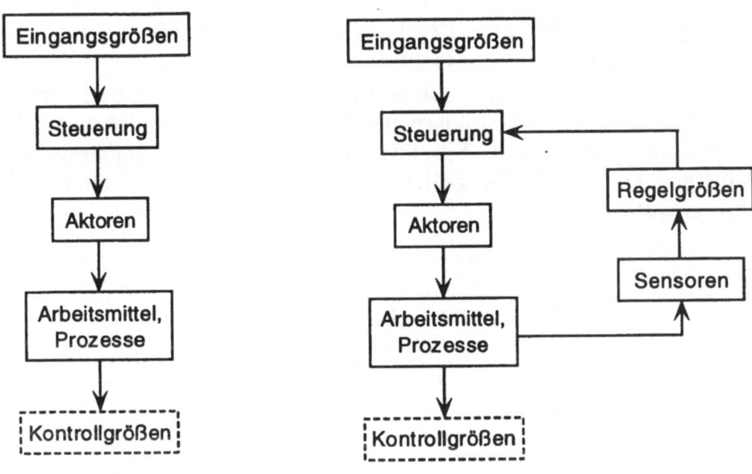

Steuerungssysteme ohne Regelung (Steuerkette) Steuerungssysteme mit Regelung (Regelkreis)

Bild 5.3-6: Aufbau von Steuerungssystemen ohne und mit Regelung

Ein Beispiel für den Einsatz einer Steuerung im Materialfluß ist die Antriebssteuerung eines Automatischen Flurförderzeuges. Sie steuert das Beschleunigen und das Bremsen durch Ansteuerung der Fahrmotoren und der Bremsen und sorgt somit dafür, daß die Geschwindigkeit des Flurförderzeuges als Ausgangsgröße der vorgegebenen Geschwindigkeit als Eingangsgröße möglichst genau folgt. Eine solche Steuerung wird daher auch *Folgesteuerung* genannt. Die Eingangsgrößen bei Folgesteuerungen sind Führungsgrößen (vgl. Kap. 5.3.3).

Eine andere Art der Steuerung ist die *Ablaufsteuerung*. Sie arbeitet einen Ablaufplan, der auch Verzweigungen aufweisen kann, schrittweise ab. Der Ablaufplan ist die Eingangsgröße der Ablaufsteuerung.

Ein Beispiel für eine Ablaufsteuerung ist eine Zellensteuerung, die das Zusammenwirken mehrerer Automatisierungsgeräte wie z.B. Roboter und Transportsystem koordiniert.

Tabelle 5.3-1: Beispiel für einen Ablaufplan

Zellennummer	Bedingung	Gerät	Anweisung	Nachfolgezeile
30	0	Transport	Roboter 2	40
40	0	Roboter 2	Test	50
50	Test OK	Transport	Roboter 3	90
50	Test nicht OK	Transport	Handarbeitsplatz	60

In Tabelle 5.3-1 ist ein Beispiel für einen Ablaufplan für eine Zellensteuerung gegeben. Das Transportsystem wird hier angewiesen, ein Werkstück oder eine Palette zunächst zum Roboter 2 zu transportieren. Der Roboter 2 soll einen Test durchführen, z.B. an einer auf dem Werkstückträger liegenden Baugruppe. Dann soll der Werkstückträger weitertransportiert werden und zwar zum Roboter 3, falls ein vorangegangener Test das Ergebnis „OK“ geliefert hat und zum Handarbeitsplatz, falls das Ergebnis „nicht OK“ war.

Die Zellensteuerung steuert die Aktoren (Antriebe der Roboter und des Transportsystems) nicht direkt, sondern wiederum über die Steuerungen der Roboter und des Transportsystems. Sie beauftragt die ihr unterlagerten Steuerungen. Andererseits kann auch die Zellensteuerung wiederum von einem PPS-System beauftragt werden.

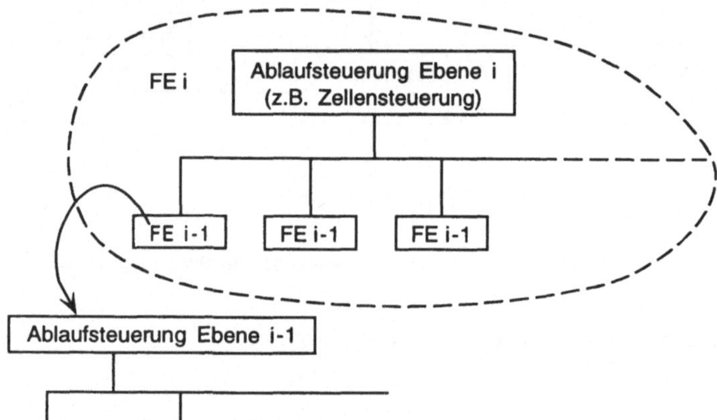

Bild 5.3-7: Prinzip der beauftragbaren Funktionseinheiten

Es ergibt sich dann eine *Hierarchie* von Steuerungen, die nach dem Prinzip der beauftragbaren Funktionseinheiten (FE) arbeitet, s. Bild 5.3-7. Eine Funktionseinheit auf der Ebene i der Hierarchie besteht aus einer Ablaufsteuerung und i.allg. mehreren Funktionseiheiten der Ebene i-1, die von der Ablaufsteuerung beauftragt werden. Die Funktionseinheiten der Ebene i-1 sind wiederum genauso aufgebaut.

5.3.2.3 Schaltalgebra

Die *Schaltalgebra* befaßt sich mit den Regeln der Verknüpfung binärer Größen für technische Anwendungen nach den Gesetzmäßigkeiten der *Booleschen Algebra*. Binäre Größen können genau zwei Werte annehmen. Tabelle 5.3-2 zeigt einige Beispiele binärer Größen auf technischem Gebiet.

Tabelle 5.3-2: Beispiele binärer Größen

binäre Größe	Wertebereich	
Anlagenstatus:	außer Betrieb	in Betrieb
Spannung:	nicht vorhanden	vorhanden
Störung:	nein	ja
Schalter:	ausgeschaltet	eingeschaltet

Zur Darstellung der Beziehungen der binären Größen untereinander wird von den tatsächlichen technischen Bedeutungen der Größen abstrahiert. Ihr konkreter Wertebereich z.B. [außer Betrieb, in Betrieb] wird auf den abstrakten Wertebereich [0,1] abgebildet, so daß man zu einer einheitlichen Darstellung verschiedener technischer Größen kommt. Häufig wird für den Wertebereich auch die Begrifflichkeit [falsch,wahr] gewählt.

Die Identität ist die einfachste Beziehung der Schaltalgebra. Bei der Identität wird einer Ausgangsgröße derselbe abstrakte Wert wie der einer Eingangsgröße zugeordnet. Ein Beispiel ist ein Schalter, der eine Anlage über ein Relais ein- und ausschalten soll, s. Bild 5.3-8.

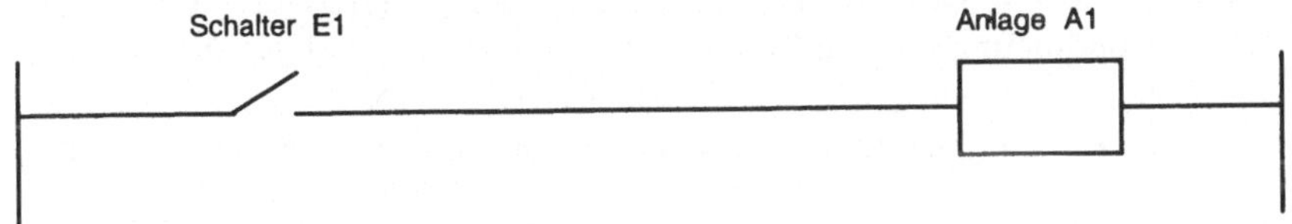

Bild 5.3-8: Stromlaufplan für die Identität

Per Konvention ist die linke Seite immer die spannungsführende Schiene, die rechte Seite die Erde. Der Strom fließt von links nach rechts. Üblich ist auch die Darstellungsform von oben nach unten.

Ist der Schalter *E1* als Eingangsgröße ausgeschaltet, d.h. *E1*=0, dann ist die Spule des Relais stromlos, die Ausgangsgröße *A1* hat ebenfalls den Wert 0 und die Anlage ist außer Betrieb.

Ist der Schalter eingeschaltet, d.h. *E1*=1, dann bekommt die Spule Strom und das Relais zieht an. Der Relaiskontakt ist nun geschlossen und die Anlage ist in Betrieb.

Die Beziehungen zwischen Eingangs- und Ausgangswerten können in Schaltbelegungstabellen übersichtlich dargestellt werden. Zur Symbolisierung einer logischen Verknüpfung werden Schaltgleichungen (mathematischer Bezug) oder Funktionsblöcke (technischer Bezug) verwandt, s. Bild 5.3-9.

E1	A1
0	0
1	1

Schaltbelegungstabelle

A1=E1

Schaltgleichung

E1—[1]—A1

Funktionsblock

Bild 5.3-9: Darstellungsformen für die Identität

Die zweite mögliche logische Verknüpfung mit nur einer Eingangsgröße ist die Negation, bei der dem Ausgang der inverse Wert des Eingangs zugeordnet wird. Ein negierter Wert in der Schaltgleichung wird durch Überstreichen symbolisiert. Ein negierter Ein- oder Ausgang eines Funktionsblocks wird durch einen kleinen Kreis symbolisiert. Man erhält zwei äquivalente Darstellungsformen, s. Bild 5.3-10.

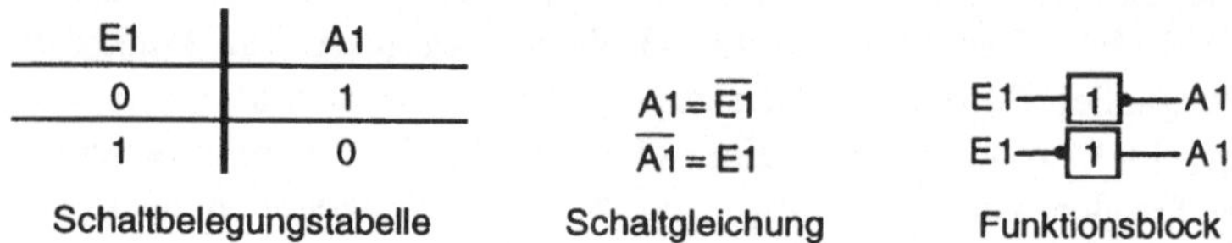

Bild 5.3-10: Darstellungsformen für die Negation

Ein Beispiel für die Anwendung einer Negation ist ein Antrieb, der über einen thermischen Sensor bei Überhitzung abgeschaltet wird. Liefert der Sensor den Wert 0 (keine Überhitzung) an den Eingang *E1*, dann soll die Anlage, die über den Ausgang *A1* geschaltet wird, in Betrieb sein (*A1*=1). Wird der Wert 1 (Überhitzung) an den Eingang *E1* geliefert, dann soll die Anlage außer Betrieb sein (*A1*=0).

Durch das Abschalten kühlt der Antrieb ab und der Sensor liefert nach Unterschreitung einer Schwellentemperatur wieder den Wert 0. Die Anlage schaltet dann wieder ein.

Zur Realisierung wird für den Eingang *E1* ein Öffner-Kontakt benutzt, der im Gegensatz zum Schließer-Kontakt, s. Bild 5.3-8, für E1=0 geschlossen und für *E1*=1 geöffnet ist, s. Bild 5.3-11.

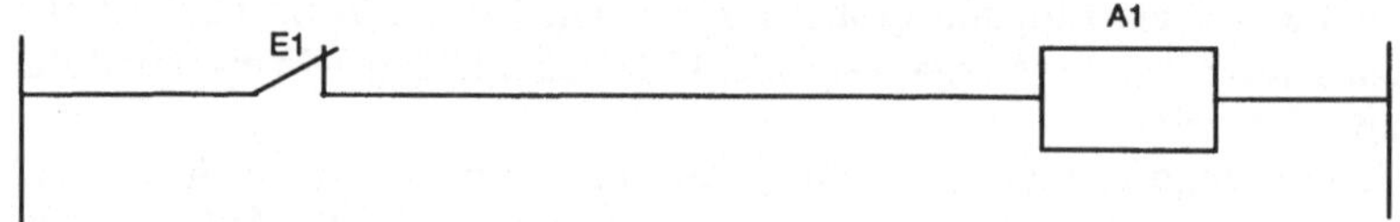

Bild 5.3-11: Stromlaufplan für die Negation

Kombiniert man Ein/Aus-Schalter aus Bild 5.3-8 mit dem Überhitzungsauslöser aus Bild 5.3-11, so kommt man zu einer logischen Verknüpfung mit zwei Eingangsgrößen. Die Anlage soll genau dann in Betrieb sein, wenn der Ein/Aus-Schalter *E1* eingeschaltet ist (*E1*=1) und der Sensor keine Überhitzung meldet, d.h. den Wert 0 an den Eingang *E2* liefert. Man erhält eine UND-Verknüpfung mit einem negierten Eingang, s. Bild 5.3-12.

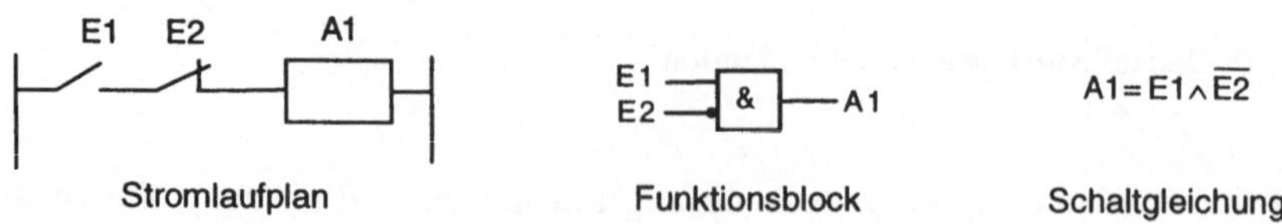

Bild 5.3-12: UND-Verknüpfung mit einem negierten Eingang

Die grundlegenden logischen Verknüpfungen zwischen zwei Eingangsgrößen sind die UND-, die ODER- und die EXCLUSIV-ODER-Verknüpfung, s. Bild 5.3-13.

	UND	ODER	EXKLUSIV-ODER
Beschreibung	wahr, wenn beide Eingänge wahr	wahr, wenn mindest. ein Eingang wahr	wahr, wenn genau ein Eingang wahr

Schaltbelegungstabelle

UND:

E2	E1	A1
0	0	0
0	1	0
1	0	0
1	1	1

ODER:

E2	E1	A1
0	0	0
0	1	1
1	0	1
1	1	1

EXKLUSIV-ODER:

E2	E1	A1
0	0	0
0	1	1
1	0	1
1	1	0

Funktionsblock

Stomlaufplan

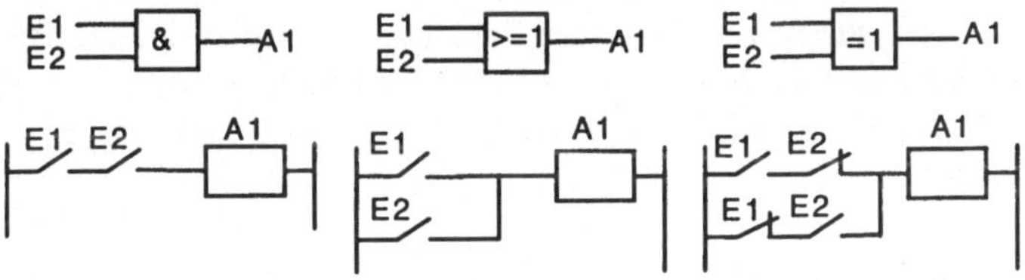

Bild 5.3-13: Grundlegende logische Verknüpfungen

Durch Negation der Eingänge und/oder Ausgänge dieser Verknüpfungen erhält man weitere Verknüpfungen, von denen jedoch einige zueinander äquivalent sind, was anhand der Schaltbelegungstabelle in Bild 5.3-14 dargestellt ist.

$$A1 = \overline{E1 \wedge E2} \quad \Leftrightarrow \quad A1 = \overline{E1} \vee \overline{E2}$$

Bild 5.3-14: Äquivalenz von logischen Verknüpfungen

Die EXCLUSIV-ODER-Verknüpfung mit ihren nach Stromlaufplan vier Kontakten wird entweder durch eine gemeinsame Relaisspule für die Betätigung von jeweils zwei Kontakten oder durch eine mechanische Kopplung realisiert, s. Bild 5.3-15.

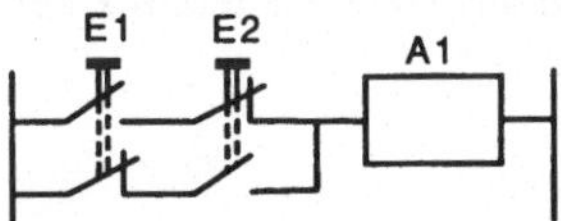

Bild 5.3-15: Mechanische Kopplung von Kontakten

Das EXCLUSIV-ODER ist aus zwei UND- und einer ODER-Schaltung aufgebaut und ist deshalb keine elementare Verknüpfung, s. Bild 5.3-16.

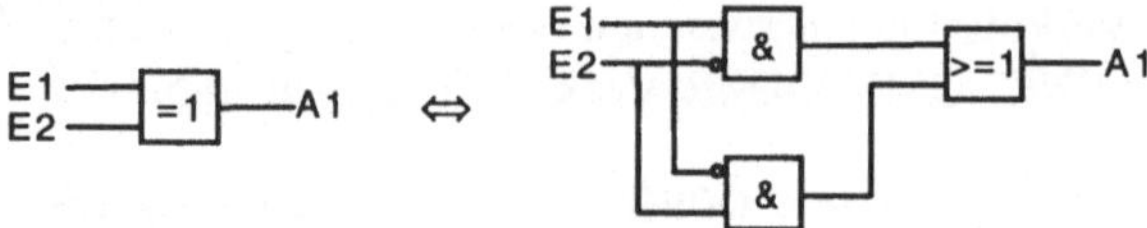

Bild 5.3-16: Aufbau des EXCLUSIV-ODER aus elementaren Verküpfungen

Die Boolesche Algebra stellt Rechenregeln zur Verfügung, mit denen komplexere logische Verknüpfungen im Sinne einer Vereinfachung äquivalent umgeformt werden können. Bei einer Realisierung der logischen Verknüpfungen mit Relais ist eine möglichst geringe Zahl an elementaren Verknüpfungen wichtig, um den Aufwand zur Realisierung der Schaltung gering zu halten. Bei einer Realisierung mit einer SPS ist hingegen die Übersichtlichkeit wichtiger als eine geringe Zahl an Verknüpfungen. Für die Boolesche Algebra sind folgende vier Rechengesetze gültig:

Kommutativgesetz: $X \wedge Y = Y \wedge X \qquad X \vee Y = Y \vee X$

Assoziativgesetz: $X \wedge Y \wedge Z = X \wedge (Y \wedge Z) = (X \wedge Y) \wedge Z$
$X \vee Y \vee Z = X \vee (Y \vee Z) = (X \vee Y) \vee Z$

Distributivgesetz: $(X \wedge Y) \vee (X \wedge Z) = X \wedge (Y \vee Z)$
$(X \vee Y) \wedge (X \vee Z) = X \vee (Y \wedge Z)$

Inversionsgesetz: $\overline{Z} = X \wedge Y \Leftrightarrow Z = \overline{X \wedge Y} = \overline{X} \vee \overline{Y}$
$\overline{Z} = X \vee Y \Leftrightarrow Z = \overline{X \vee Y} = \overline{X} \wedge \overline{Y}$

Weitere vereinfachende Rechenregeln sind:

$X \wedge X = X$	$1 \vee X = 1$	$(X \wedge Y) \vee X = X$
$X \vee X = X$	$X \vee \overline{X} = 1$	$(X \vee Y) \wedge X = X$
$1 \wedge X = X$	$0 \wedge X = 0$	$(\overline{X} \wedge Y) \vee X = X \vee Y$
$0 \vee X = X$	$X \wedge X = 0$	$(\overline{X} \vee Y) \wedge X = X \wedge Y$

Für weitergehende Ausführungen und Beispiele zum Thema Steuerungstechnik sei beispielsweise auf [JAK96] oder [REI96] verwiesen.

5.3.3 Regelungstechnik

5.3.3.1 Aufgabe einer Regeleinrichtung

Analog zum Begriff Steuern (Kap. 5.3.2) ist auch der Begriff Regeln nach DIN 19226 genormt:

"Das Regeln - die Regelung - ist ein Vorgang, bei dem eine Größe, die zu regelnde Größe (Regelgröße), fortlaufend erfaßt, mit einer anderen Größe, der Führungsgröße, verglichen und abhängig vom Ergebnis dieses Vergleichs im Sinne einer Angleichung an die Führungsgröße beeinflußt wird. Der sich dabei ergebende Wirkungsablauf findet in einem geschlossenen Kreis, dem Regelkreis, statt."

Der *Regler* bestimmt dabei mit einem *Regelalgorithmus* aus *Führungs-*, *Regel-* und eventuell *Zustandsgrößen* eine Einstellung des Stellgliedes, die das zu regelnde System (die Regelstrecke) im Sinne einer Angleichung der Regelgröße an die Führungsgröße beeinflußt, s. Bild 5.3-17.

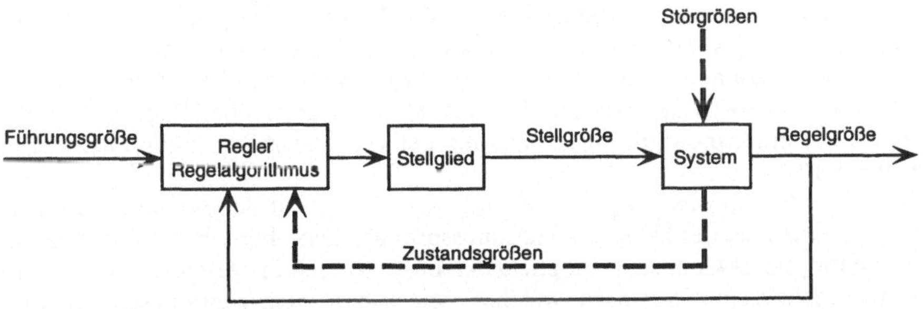

Bild 5.3-17: Geschlossener Regelkreis

Das Stellglied ist ein Aktor, der die Ausgangsgröße des Reglers in eine i.allg. proportionale Stellgröße umwandelt. Häufig wird dabei die Ausgangsgröße des Reglers (z.B. elektrische Spannung) in eine andere physikalische Größe als Stellgröße umgewandelt (z.B. Drehzahl eines Elektromotors).

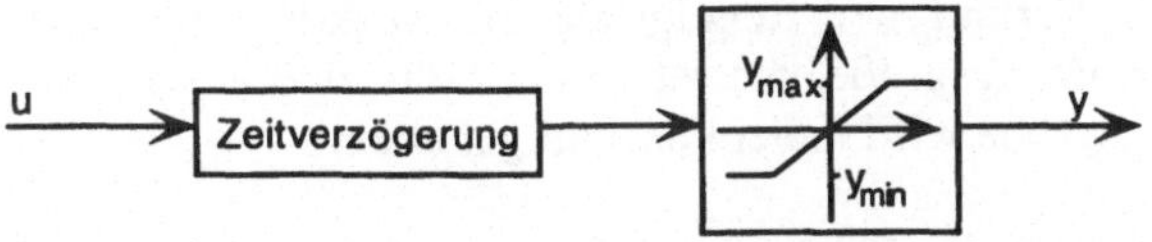

Bild 5.3-18: Typische Übertragungsweise eines Stellgliedes

Beim Entwurf eines Reglers ist außer dem Proportionalitätsfaktor des Stellgliedes die Stellgrößenbeschränkung und eventuell eine Zeitverzögerung zu beachten, s. Bild 5.3-18.

Die Regelgröße bzw. die Zustandsgrößen müssen gemessen werden, um deren Werte dem Regler zur Verfügung zu stellen. Meist sind die Zeitkonstanten der Meßeinrichtungen vernachlässigbar klein gegenüber denen der Regelstrecke. Ist dies jedoch nicht der Fall, müssen die Übertragungsfunktionen der Meßeinrichtungen der Regelstrecke zugeschlagen werden. In der Darstellung von Regelkreisen wird auch die Übertragungsfunktion des Stellgliedes oft der Regelstrecke zugeschlagen und die Ausgangsgröße des Reglers als Stellgröße y betrachtet.

Abweichungen der Regelgröße x von der Führungsgröße w, die durch den Regler ausgeregelt werden, treten auf, wenn sich entweder der Wert der Führungsgröße ändert, oder wenn sich durch das Einwirken von äußeren Störungen (Störgrößen) der Wert der Regelgröße ändert. Bei einem drehzahlgeregelten Elektromotor entspräche die Soll-Drehzahl der Führungsgröße. Wird sie verändert, soll sich die tatsächliche Drehzahl des Motors (Ist-Drehzahl) der Soll-Drehzahl möglichst schnell wieder angleichen. Eine Änderung des Lastmoments entspräche dem Einwirken einer Störgröße. Die dadurch bedingte Änderung der Ist-Drehzahl soll durch die Regelung möglichst gering gehalten und die Ist-Drehzahl möglichst schnell wieder an die Soll-Drehzahl angeglichen werden.

Der Idealfall einer 1:1-Abbildung zwischen Führungs- und Regelgröße ist bei realen Systemen nicht zu erreichen, weil reale Systeme immer ein Übertragungsverhalten mit Zeitverzögerungen aufweisen. Das Ziel einer Regelung ist, sich dem Idealfall einer 1:1-Abbildung möglichst weit anzunähern. Rückschlüsse über die Qualität der Regelung lassen sich aus der Sprungantwort des Regelkreises ziehen. Die *Sprungantwort* ist der zeitliche Verlauf der Ausgangsgröße (Regelgröße) als Reaktion auf eine sprungförmige Änderung der Eingangsgröße (Führungsgröße), s. Bild 5.3-19.

Die *Überschwingweite* M_p gibt an, um wieviel Prozent der Maximalwert der Sprungantwort über der Höhe des Führungssprunges liegt. Für eine gute Regelung sollte sie möglichst klein sein. Möglichst klein sollte auch die *Ausregelzeit* T_a sein. Die Ausregelzeit gibt an, nach welcher Zeit nach einem Führungssprung der Regelkreis wieder ausgeregelt ist. Der Regelkreis wird als ausgeregelt betrachtet, wenn die Regelgröße nach einem Führungssprung in einen vorgegebenen Toleranzbereich (häufig ± 5% der Führungsgröße) zum dauernden Verbleib eintritt, sofern keine weiteren Änderungen der Führungsgröße, oder Beeinflussung der Regelgröße durch Störungen mehr auftreten, s. Bild 5.3-19. Dagegen gibt die *Anregelzeit* t_a an, nach welcher Zeit nach einem Führungssprung die Regelgröße erstmalig in den Toleranzbereich eintritt.

Ebenso wie das Führungsverhalten anhand der Antwort der Regelgröße auf einen Führungssprung untersucht werden kann, kann das Störverhalten anhand der Antwort der Regelgröße auf einen Störsprung untersucht werden. Die Sprungantwort ist dann der zeitliche Verlauf der Regelgröße als Reaktion auf eine sprungförmige Änderung der Eingangsgröße, die jetzt eine Störgröße anstatt der Führungsgröße ist. Die Führungsgröße wird dabei konstant gehalten.

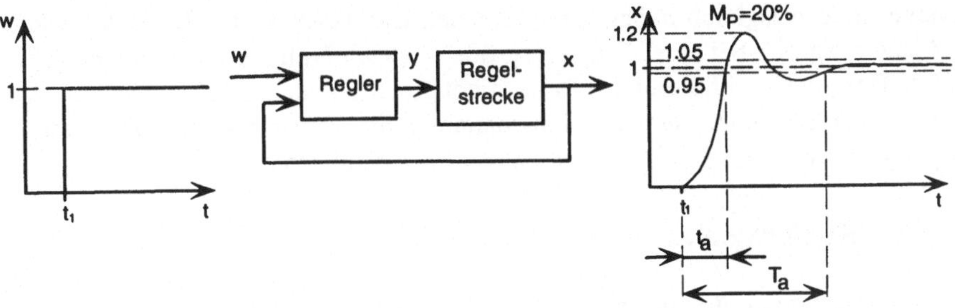

Bild 5.3-19: Sprungantwort eines Regelkreises

Ein gutes Führungsverhalten, d.h. die Regelgröße folgt der Führungsgröße gut nach, bedingt nicht zwangsläufig ein gutes Störverhalten und umgekehrt. Ein gutes Stöverhalten bedeutet, daß die Änderung der Regelgröße durch den Einfluß von Störgrößen gering gehalten und schnell ausgeregelt wird. Je nach Anwendung kann der Regler auf gutes Führungs- oder gutes Störverhalten ausgelegt werden.

Man unterscheidet zwischen Systemen mit Ausgleich und Systemen ohne Ausgleich, s. Bild 5.3-20. Bei Systemen mit Ausgleich nähert sich das System bei Aufschaltung einer konstanten Führungsgröße auch ohne Regelung einem Endzustand, der ab einer bestimmten Zeit als konstant angenommen werden kann. Eine Regelung hat dann die Aufgabe, das Führungsverhalten zu verbessern und den Einfluß von Störungen zu vermindern.

Ein Beispiel ist das System Elektromotor mit der Spannung als Eingangs- und der Drehzahl als Ausgangsgröße. Bei einer Änderung des Lastmoments, was als Einwirken einer Störgröße betrachtet werden kann, erreicht der Motor wieder eine konstante, aber entsprechend des Lastmoments geänderte Drehzahl. Das geregelte System kehrt zu der durch die Führungsgröße vorgegebenen Drehzahl zurück.

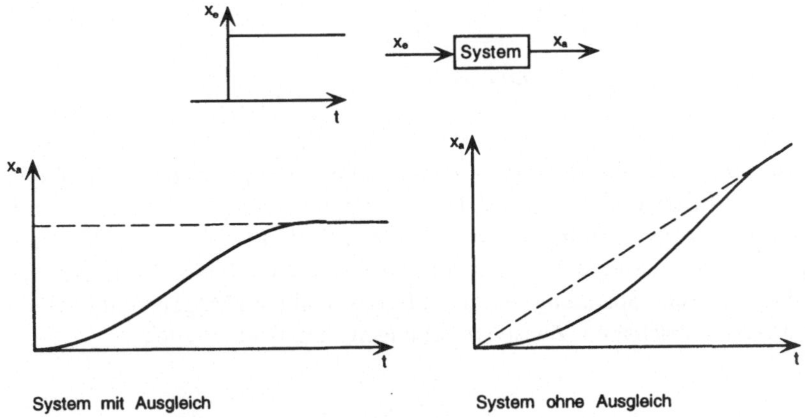

Bild 5.3-20: Systeme mit und ohne Ausgleich

Systeme ohne Ausgleich haben integrierenden Charakter. Ohne Regelung wächst die Ausgangsgröße bei einer Eingangsgröße ungleich Null ins Unendliche, s. Bild 5.3-20. Das ungeregelte System wäre nicht funktionstüchtig. Das System einer linearen Verfahreinheit mit Antriebsspannung als Eingangs- und Position als Ausgangsgröße ist ein Beispiel für System ohne Ausgleich.

5.3.3.2 Reglertypen

Regler können sowohl nach ihrer technischen Realisierung als auch nach der Art des Regelalgorithmus in Typen eingeteilt werden.

Der erste bedeutende Regler war der Fliehkraftregler, der von James Watt 1788 für die Drehzahlregelung einer Dampfmaschine eingesetzt wurde, s. Bild 5.3-21. Die Energie, die zum Verstellen des Stellgliedes (hier: Dampfdrosselklappe) benötigt wird, bezieht der Fliehkraftregler über eine mechanische Kopplung aus der Energie des zu regelnden Systems (Rotationsenergie der Dampfmaschine). Der Fliehkraftregler ist ein System ohne Hilfsenergie.

Den Regelalgorithmus betreffend ist der Fliehkraftregler ein P-Regler. Die Stellgröße y (Stellung der Dampfdrosselklappe) verhält sich proportional der Regeldifferenz x_d. Die Regeldifferenz ist die Differenz aus der Führungsgröße (Solldrehzahl) und der Regelgröße (Ist-Drehzahl):

$$y = k_1 \cdot (w - x) = k \cdot x_d \tag{5.1}$$

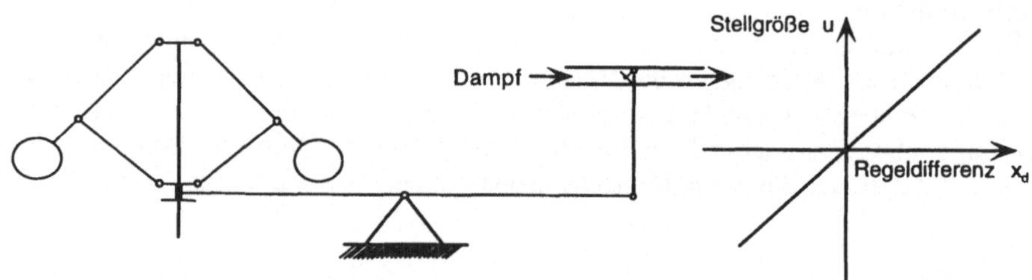

Bild 5.3-21: Der Fliehkraftregler als P-Regler

Im Gegensatz zum Fliehkraftregler ist ein Bimetall-Temperaturregler ein Regler mit elektrischer Energie als Hilfsenergie. Der Bimetall-Temperaturregler, s. Bild 5.3-22, ist im Gegensatz zum kontinuierlichen Fliehkraftregler ein schaltender Regler, genauer: ein Zweipunktregler mit Hysterese. Der Regler kann die Ausgangsgröße elektrische Spannung, mit der z.B. das Stellglied Magnetventil betätigt wird, nur an- oder abschalten. Zwischenstellungen sind nicht möglich.

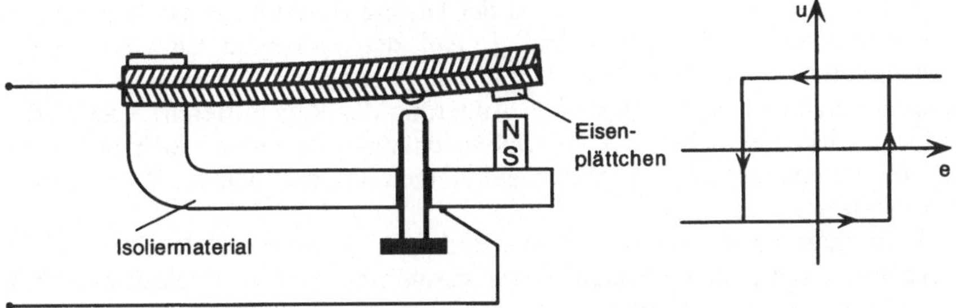

Bild 5.3-22: Der Bimetall-Temperaturregler als schaltender Regler

Der schon angesprochene *P-Regler* ist der einfachste lineare Regler. Lineare Regler lassen sich durch lineare Differentialgleichungen beschreiben. Ein weit verbreiteter linearer Regler ist der PID-Regler, bei dem folgender Zusammenhang zwischen Regeldifferenz x_d und Stellgröße y besteht:

$$y = k_1 \cdot x_d + k_2 \cdot \int x_d dt + k_3 \cdot \dot{x}_d \quad \Leftrightarrow \quad \dot{y} = k_1 \cdot \dot{x}_d + k_2 \cdot x_d + k_3 \cdot \ddot{x}_d \tag{5.2}$$

oder mit der für PID-Regler üblichen Benennung der Parameter:

$$y = K_P \cdot \left(x_d + \frac{1}{T_n} \cdot \int x_d dt + T_v \cdot \dot{x}_d \right) \tag{5.3}$$

mit K_P: *Proportionalbeiwert*
T_n: *Nachstellzeit*
T_v: *Vorhaltezeit*

In der Regelungstechnik wird das Übertragungsverhalten meistens mittels der *Laplace-Transformation* im Frequenzbereich dargestellt. Die *Übertragungsfunktion* im Frequenzbereich für den *PID-Regler* lautet:

$$H_{PID}(s) = \frac{X_d(s)}{Y(s)} = K_P \cdot \left(1 + \frac{1}{T_n \cdot s} + T_v \cdot s \right) \tag{5.4}$$

Der erste Term in Gleichung (5.2) entspricht dem P-Regler. Ein P-Regler kann jedoch bei andauernder Einwirkung einer Störgröße die Regelabweichung nicht vollständig beseitigen. Die Regelabweichung ist die Differenz zwischen Regelgröße und Führungsgröße, also die negative Regeldifferenz. Es tritt eine bleibende Regelabweichung auf. Eine Vergrößerung des *Verstärkungsfaktors* k_l verkleinert zwar die bleibende Regelabweichung, mit zunehmenden Verstärkungsfaktor k_l neigt der geschlossene Regelkreis jedoch verstärkt zum Schwingen oder wird sogar instabil. Daher kann k_l nicht beliebig vergrößert werden.

Der zweite Term in Gleichung (5.2) ist der Integrierterm. Er sorgt dafür, daß die Stellgröße y auch bei geringen Regelabweichungen mit zunehmender Zeitdauer der Regelabweichung immer größer wird, so daß Regelabweichungen vollständig ausgeregelt werden können.

Der dritte Term in Gleichung (5.2) ist der Differenzierterm. Er reagiert auf die Änderungstendenz der Regelabweichung. Auf das plötzliche Einwirken einer Störgröße reagiert das System nach einer den Zeitkonstanten des Systems entsprechenden Verzögerung mit einer starken Änderung der Regeldifferenz. Der Differenzierterm wirkt also frühzeitig Regelabweichungen entgegen, noch bevor die Regeldifferenz einen so großen Wert angenommen hat, daß sich der P-Term stark auswirken würde.

Die Reglerparameter (k beim P-Regler und k_1, k_2, k_3 beim PID-Regler) müssen im Sinne eines optimalen Verhaltens des geschlossenen Regelkreises bestimmt werden. Für das optimale Verhalten läßt sich kein universelles Kriterium angeben. Für die eine Anwendung muß ein Überschwingen der Regelgröße als Reaktion auf einen Führungssprung vermieden werden, für eine andere Anwendung wird Überschwingen in einem bestimmten Maß toleriert, wenn die Strecke schneller ausgeregelt werden kann. Es kann größerer Wert auf ein gutes Führungsverhalten oder auf ein gutes Störverhalten gelegt werden.

Ein einfaches Verfahren zur Bestimmung der Parameter für PID-Regler ist das *Faustformelverfahren* [CHI52]. Die Reglerparameter werden dabei aus Kenngrößen, welche die Sprungantwort des zu regelnden Systems charakterisieren, mit drei Formeln - jeweils eine für K_p, T_n und T_v - berechnet, s. Bild 5.3-23.
Es existieren vier verschiedene Formelsätze. Der entsprechende Formelsatz wird in Abhängigkeit von individuell gewichteten Eigenschaften des geschlossenen Regelkreises wie folgt ausgewählt:

- Gutes Führungsverhalten ist wichtiger als gutes Störverhalten oder
- gutes Störverhalten ist wichtiger als gutes Führungsverhalten.
- Es ist am wichtigsten, daß die Sprungantwort kein (oder möglichst wenig) Überschwingen aufweist oder ein
- mäßiges Überschwingen wird in Kauf genommen, wenn der Regelkreis dafür schneller ausgeregelt wird.

Für den Reglerentwurf nach dem Faustformelverfahren braucht man kein mathematisches Modell der Regelstrecke. Die Handhabung ist sehr einfach. Nachteilig ist jedoch, daß man selten eine optimale Reglereinstellung erreicht.

Für lineare Regler existieren weitere Entwurfsverfahren, wie z.B. das Verfahren von Ziegler-Nichols [ZIE42] für den Entwurf von PID-Reglern und das Frequenzkennlinienverfahren.

Bei dem Verfahren nach Ziegler-Nichols wird der Parameter K_P des PID-Reglers so lange erhöht bis der Regelkreis bei einem Wert von $K_P=K_{Pkrit}$ eine ungedämpfte Schwingung mit der Periodendauer T_{krit} ausführt. Die Parameter werden dann entsprechend auf

$K_P=0{,}6 \cdot K_{Pkrit}$, $T_n=0{,}5 \cdot T_{krit}$ und $T_v=0{,}125 \cdot T_{krit}$

eingestellt. Auch dieses Verfahren ist sehr einfach. Es ist jedoch nicht anwendbar, wenn es nicht möglich oder zu gefährlich ist, den Regelkreis zu einer ungedämpften Schwingung anzuregen.

Benötigte Kenngrößen der Sprungantwort:

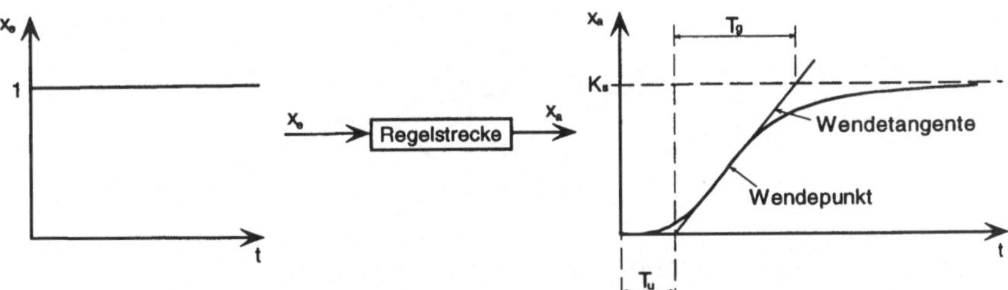

Faustformeln für PID-Regler:

ohne Überschwingen		20% zulässiges Überschwingen	
gutes Führungsverhalten	Gutes Störungsverhalten	gutes Führungsverhalten	gutes Störungsverhalten
$K_P = \frac{0,6 \cdot T_g}{K_s \cdot T_u}$	$K_P = \frac{0,95 \cdot T_g}{K_s \cdot T_u}$	$K_P = \frac{0,95 \cdot T_g}{K_s \cdot T_u}$	$K_P = \frac{1,2 \cdot T_g}{K_s \cdot T_u}$
$T_n = T_g$	$T_n = 2,4 \cdot T_u$	$T_n = 1,35 \cdot T_g$	$T_n = 2 \cdot T_u$
$T_v = 0,5 \cdot T_u$	$T_v = 0,42 \cdot T_u$	$T_v = 0,47 \cdot T_u$	$T_v = 0,42 \cdot T_u$

Bild 5.3-23: Parameterbestimmung mit dem Faustformelverfahren

Beim Frequenzkennlinienverfahren wird der Frequenzgang nach Betrag und Phase im Bode-Diagramm aufgetragen und durch Zufügen linearer Korrekturglieder (P-, I-, Lead- und Lag-Glied) ein gewünschter Verlauf der Kennlinien eingestellt. Aus dem Verlauf der Frequenzkennlinien des offenen Regelkreises (Reihenschaltung von Strecke und Regler) können Rückschlüsse auf das Regelverhalten des geschlossenen Regelkreises gezogen werden. Die Gesamtheit der Korrekturglieder bildet dann den Regler. Die Schwierigkeit dieses Verfahrens liegt darin, daß es u.U. aufwendig ist, die Frequenzkennlinien der Regelstrecke zu ermitteln.

Naheliegend ist, daß sich durch Einführung höherer Ableitungen in das Reglerfunktional eine weitere Verbesserung der Regelgüte erzielen läßt:

$$\begin{aligned} & y^{(n)} + a_{n-1} \cdot y^{(n-1)} + \ldots + a_1 \cdot \dot{y} + a_0 \cdot y \\ & = b_m \cdot x_d^{(m)} + b_{m-1} \cdot x_d^{(m-1)} + \ldots + b_1 \cdot \dot{x}_d + b_n \cdot x_d \end{aligned} \tag{5.5}$$

Die Bestimmung günstiger Parameterwerte ist bei zunehmender Parameteranzahl jedoch schwieriger. Man benötigt im allgemeinen ein mathematisches Modell der Regelstrecke.

Lineare Regler, vor allem PID-Regler, werden häufig elektronisch mit Operationsverstärkern realisiert. Die Übertragungsfunktion der in Bild 5.3-24 dargestellten Realisierung lautet:

$$H(s) = R_n / R_1 + C_1 / C_n + 1/(R_1 \cdot C_n \cdot s) + R_n \cdot C_1 \cdot s \tag{5.6}$$

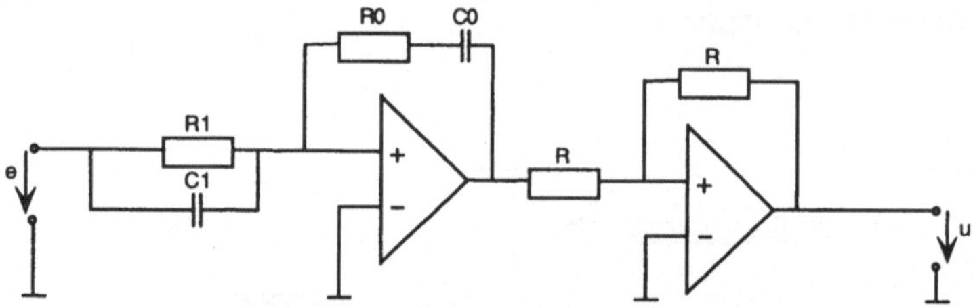

Bild 5.3-24: Realisierung eines PID-Reglers als elektronische Schaltung

Bei einem Einsatz als Druckregler ist auch eine pneumatische Realisierung des PID-Reglers möglich. Dabei werden - wie beim Fliehkraftregler auch - die physikalischen Gesetzmäßigkeiten, denen die Regelgröße (hier der Druck) unterliegt, durch gerätetechnische Maßnahmen zur Realisierung des Reglerfunktionals ausgenutzt.

Als dritte Möglichkeit, neben der Realisierung eines Reglers als elektronische Schaltung oder durch gerätetechnische Maßnahmen, kann der Regler auch auf dem Digitalrechner realisiert werden. Die Realisierung komplizierter Reglerfunktionale ist auf dem Digitalrechner kein prinzipielles Problem mehr, wie bei der Realisierung als elektronische Schaltung oder durch Gerätetechnik, wo bei komplizierteren Reglerfunktionalen der Aufwand stark steigt oder deren Realisierung gänzlich unmöglich ist.

Im Gegensatz zu den anderen Realisationsformen von Reglern müssen einem auf dem Rechner realisierten Regler die Regelgrößen, die i.allg. analoge Größen sind, sowohl zeit- als auch wertediskret zugeführt werden. Man bezeichnet einen solchen Regler daher auch als digitalen *Abtastregler*, s. Bild 5.3-25.

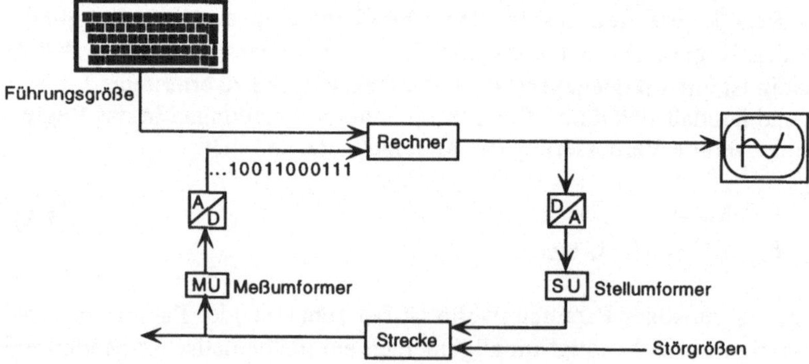

Bild 5.3-25: Realisierung eines digitalen Abtastreglers [KAS94]

Die Regelgröße wird in Intervallen abgetastet. Die Zeitdauer zwischen zwei Abtastungen nennt man Abtastzeit. Man erhält eine zeitdiskrete Folge analoger Werte. Diese analogen Werte werden nun mit einem A/D-Wandler in digitale

Werte umgewandelt und liegen dann in einer für den Rechner geeigneten Form vor.

Es muß sichergestellt werden, daß innerhalb der Abtastzeit der jeweils neue Wert der Regelgröße eingelesen, der neue Wert der Stellgröße berechnet und dieser immer genau im gleichen Takt über den D/A-Wandler an den Stellumformer ausgegeben wird.

Das Betriebssystem des Rechners muß daher echtzeitfähig sein, d.h. es muß eine definierte Reaktionszeit auf ein von außen auftretendes Ereignis haben. Es hängt von den Zeitkonstanten des zu regelnden Systems ab, eine wie große Abtastzeit zugelassen wird und wie groß die definierte Reaktionszeit somit sein darf. Die Abtastzeit muß gegenüber den Zeitkonstanten des zu regelnden Systems so klein sein, daß der Fehler durch die zeitliche Diskretisierung vernachlässigbar wird. So kann für einen Prozeß mit großen Zeitkonstanten eine Abtastzeit von mehreren Sekunden zugelassen werden, für die Drehzahlregelung eines Elektromotors muß sie dagegen im Millisekundenbereich liegen. Die Stellgröße muß jeweils innerhalb der Abtastzeit mit der zur Verfügung stehenden Rechenleistung berechnet werden können. Hierin liegt auch die einzige Beschränkung für die Komplexität des Regelalgorithmus.

Ein Beispiel für Regler, die mit einem komplizierten Reglerfunktional arbeiten, und so nur auf dem Digitalrechner realisiert werden können, sind adaptive Regler. Adaptive Regler stellen anhand einer Beurteilung der Regelabweichung die Reglerparameter selbsttätig ein bzw. nach, s. Bild 5.3-26.

Auch das Verfahren der nichtlinearen Regelung und Entkopplung zur Regelung von Roboterachsen (vgl. Kap. 5.3.3.4) ist so komplex, daß es nur auf dem Digitalrechner realisiert werden kann.

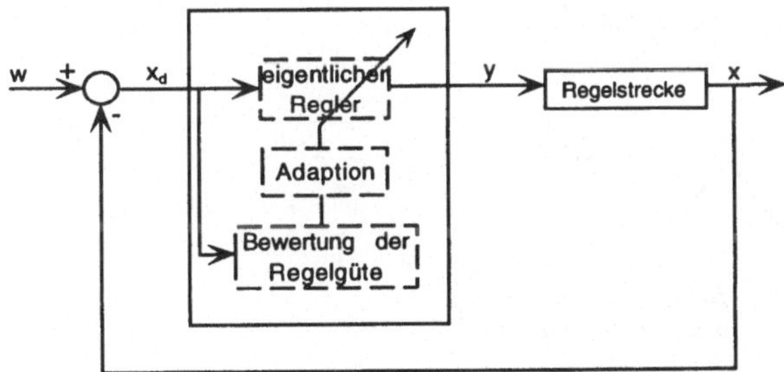

Bild 5.3-26: Aufbau eines adaptiven Reglers

5.3.3.3 *Fuzzy-Regelung*

Für den Entwurf eines Reglers muß Wissen über das zu regelnde System vorhanden sein. Dieses Wissen kann in Form einer Übertragungsfunktion, einer Sprungantwort oder als Frequenzgang des Systems vorliegen. Die Beschaffung dieses „harten“ Wissens ist jedoch bei komplexen Mehrgrößensystemen häufig schwierig; vor allem, wenn mehrere Größen untereinander verkoppelt, und die Verkopplungen weitgehend unbekannt sind.

Wissen über ein solches System ist dann nur in „weicher" Form, als intuitives Wissen eines Experten, welches aus seiner Erfahrung mit der Anlagenbedienung herrührt, vorhanden.

Die Fuzzy-Set-Theorie nach Zadeh, vgl. [ZAH65], [ZIM91], liefert einen Ansatz zur Modellierung menschlichen Denkens und Handelns mittels unscharfer Mengen. Über linguistische Variablen und Operatoren werden, im Unterschied zu konventionellen Methoden scharfer Mengen, auch ungenaue oder unscharfe Informationen mathematisch handhabbar gemacht. Die Vielzahl der Veröffentlichungen zur *Fuzzy-Set-Theorie* und ihrer Anwendung belegen die Bedeutung, die dieser Methode der Datenverarbeitung zugemessen wird. Vorteilhaft ist die Anwendung der Fuzzy Logik für Problemstellungen ohne mathematisches Modell, um hier durch die formale Darstellung von *Experten-* bzw. *Erfahrungswissen* eine Lösung zu erhalten.

Die Theorie der unscharfen Mengen ordnet den verwendeten linguistischen Variablen über *Mitgliedschaftsfunktionen* unterschiedliche *Zugehörigkeitsgrade* μ zu. In Bild 5.3-27 ist hierzu ein Beispiel anhand der Zugehörigkeit bestimmter Temperaturen dargestellt, d.h ein bestimmter Temperaturwert ist zu unterschiedlichen Graden den jeweiligen unscharfen Mengen „niedrig", „mittel", „hoch" und „sehr_hoch" zugehörig.

Der Temperaturwert von 890° C wird in diesem Beispiel mit einem Zugehörigkeitsgrad von 0,4 als „hoch" und mit einem Zugehörigkeitsgrad von 0,6 als „sehr_hoch" eingeordnet. Entsprechend kann jeder exakte Wert auf die Zugehörigkeitsgrade zu den verschiedenen linguistischen Termen abgebildet werden. Diesen Vorgang bezeichnet man als *Fuzzyfikation*. Für das Aufstellen der Mitgliedschaftsfunktionen besteht ein Ermessensspielraum. Sie können auch anders aussehen, z.B. mit mehr als zwei überlappenden Bereichen oder mit einem weichen Verlauf im Maximum und an den Rändern.

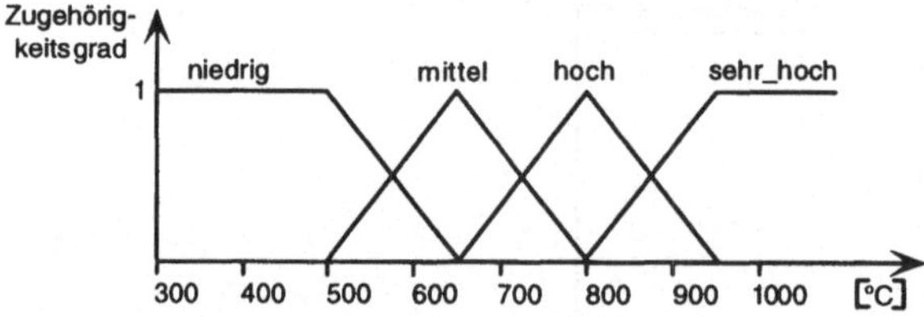

Bild 5.3-27: Beispiel für Mitgliedschaftsfunktionen in der Fuzzy Logik

Zur Formulierung der Regeln, die i.allg. mehrere Aussagen verknüpfen, wurden die Booleschen Verknüpfungen UND, ODER und NICHT der Fuzzy Logik angepaßt, s. Tabelle 5.3-3.

In der *Fuzzy Logik* geht man davon aus, daß die Schlußfolgerung einer Regel immer zum gleichen Grad erfüllt ist wie die Vorbedingung. Die aus den Schlußfolgerungen abgeleiteten Ausgangsmengen, für die wiederum Mitgliedschaftsfunktionen existieren, müssen unter Berücksichtigung ihrer Zugehörigkeitsgrade zu einer Gesamtmenge zusammengefaßt werden. Dies wird mit *Inferenz* bezeichnet.

Tabelle 5.3–3: Logische Verknüpfungen zweier Aussagen A und B in der Fuzzy-Logik

NICHT	UND	ODER
$\mu(\bar{A}) = 1 - \mu(A)$	$\mu(A \wedge B) = \mathrm{Min}(\mu(A), \mu(B))$	$\mu(A \vee B) = \mathrm{Max}(\mu(A), \mu(B))$
	$\mu(A \wedge B) = \mu(A) \cdot \mu(B)$	$\mu(A \vee B) = \mathrm{Min}(1, \mu(A) + \mu(B))$

Gängige Inferenzmethoden sind die MAX-MIN- und die MAX-PROD-Inferenz. Bei der MAX-MIN-Inferenz werden die Zugehörigkeitsgrade der Ausgangsmengen durch die Erfülltheitsgrade der zugehörigen Regel-Vorbedingungen nach oben beschränkt (Minimum). Die so erhaltenen Mengen werden zu einer einzigen zusammengefaßt (Maximum). Im Unterschied hierzu begrenzt die MAX-PROD-Inferenz die Ausgangsmengen nicht, sondern bildet das Produkt aus unscharfer Ausgangsmenge und Erfülltheitsgrad der zugehörigen Regel-Vorbedingung.

Die sich aus der Inferenz ergebende unscharfe Gesamtausgangsmenge muß nun wieder in einen scharfen Wert überführt werden *(Defuzzyfikation)* werden, um die Ausgangsgröße zu bilden. Meistens wird hierfür die Flächenschwerpunktmethode angewandt: Dazu wird der Flächenschwerpunkt der Mitgliedschaftsfunktion für die Gesamtausgangsmenge gebildet. Die Ausgangswertkoordinate des Flächenschwerpunktes gibt dann den scharfen (defuzzyfizierten) Ausgangswert an. Die Ausgangsmengen können auch durch diskrete Werte, sog. Singletons repräsentiert werden. Inferenz und Defuzzifikation sind dann besonders einfach. Sie beschränken sich auf eine mit den Erfülltheitsgraden gewichtete Mittelwertbildung.

Auch in Fällen, in denen aufgrund eines mathematischen Modells ein konventioneller Regler entworfen werden kann, ist manchmal ein *Fuzzy-Regler* überlegen. Vor allem, wenn verschiedene Ziele der Regelung gegeneinander abgewogen werden müssen, bietet sich eine Fuzzy-Regelung an. Mit einem Antrieb soll z.B. einerseits eine vorgegebene Position möglichst schnell angefahren werden, andererseits soll aber auch möglichst sanft beschleunigt und gebremst werden. Ziel der Regelung: „schnelles Verfahren“ UND „sanftes Verfahren“.

Der Nachteil einer geringfügig höheren Verfahrzeit wird durch den Vorteil eines viel sanfteren Verfahrens mehr als kompensiert. Die Kompensation der Werte für die Zielgrößen „schnelles Verfahren“ und „sanftes Verfahren“ (ein besserer Wert für die eine Größe kann einen schlechteren Wert für eine andere Größe bis zu einem gewissen Grad aufwiegen) entspricht der Funktionsweise des Produktoperators der Fuzzy-Logik für die UND-Verknüpfung. Auch eine Priorisierung eines Ziels der Regelung ist mit der Fuzzy Logik leicht zu realisieren. Die Regelung kann dann an den jeweiligen Betriebszustand angepaßt werden: z.B. Priorität „sanftes Verfahren“, um die Antriebe im Normalbetrieb zu schonen, oder Priorität „schnelles Verfahren“ im Expressbetrieb.

Ein Beispiel zur Anwendung von Fuzzy-Reglern in der Fördertechnik ist die *Lastpendeldämpfung* bei Kranen. Das Lastpendeln ist in Bild 5.3-28 schematisch dargestellt.

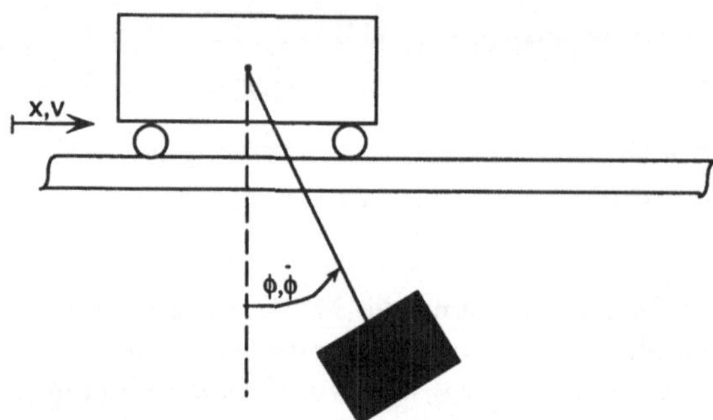

Bild 5.3-28: Lastpendeln beim Kran

Die beim Anfahren und Abbremsen der Laufkatze auftretenden unerwünschten Pendelungen erzwingen beim Absetzen der Last eine Wartezeit. Die Dauer dieser Wartezeit ist von der Geschicklichkeit des Kranfahrers abhängig. Ziel einer Regelung ist es nun, den Fahrer von der Aufgabe, die Pendelungen vor dem Absetzen zu unterdrücken, zu entlasten. Dabei sind die folgenden Anforderungen zu erfüllen [FRE94]:

1. Ist eine hohe Verfahrgeschwindigkeit vorgegeben, so ist diese ohne Rücksicht auf die Pendelungen der Last einzustellen.
2. Bei geringen Verfahrgeschwindigkeiten soll die Pendeldämpfung aktiv werden. Bei den dazu erforderlichen Regeleingriffen ist die vom Bediener gewünschte Verfahrrichtung für die Laufkatze stets beizubehalten.
3. Ist die gewünschte Verfahrgeschwindigkeit gleich Null, so soll die Lastpendelung durch geeignete Verfahrbewegungen unterdrückt werden.

Zur Lösung der oben beschriebenen Regelungsaufgabe kann ein Fuzzy-Regler eingesetzt werden, der auf dem Expertenwissen erfahrener Prozeßbediener basiert. Als Eingangsgrößen des Fuzzy-Reglers, s. Bild 5.3-29, werden die gewünschte Verfahrgeschwindigkeit v_g sowie Auslenkwinkel und Winkelgeschwindigkeit der Last gewählt. Ausgangsgröße des Fuzzy-Reglers ist ein Sollwert v_s für die Verfahrgeschwindigkeit. Der Kranantrieb besitzt eine unterlagerte Motorregelung, die die Fahrgeschwindigkeit v_s der Laufkatze einstellt.

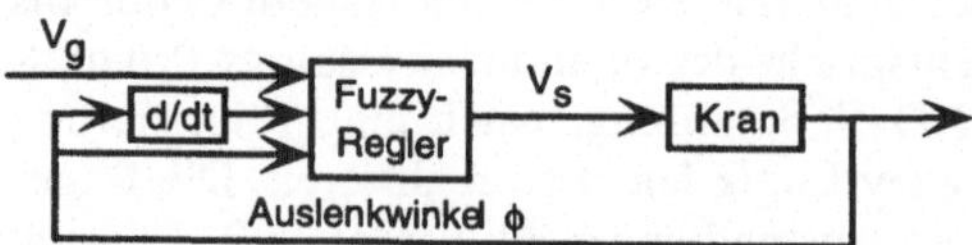

Bild 5.3-29: Fuzzy-Regler zur Pendeldämpfung

Durch den Fuzzy-Regler ist die gewünschte Verfahrgeschwindigkeit, die vom Kranfahrer vorgegeben wird, so in eine Sollwertvorgabe v_s umzusetzen, daß die oben genannten Anforderungen erfüllt sind. Die Regelbasis zur Pendeldämpfung ergibt sich durch die Befragung von erfahrenen Prozeßbedienern. Sie kann übersichtlich als Tabelle dargestellt werden, s. Tabelle 5.3-4.

Tabelle 5.3–4: Regelbasis zur Pendeldämpfung

	f	df/dt	V_g	V_s
1.			PB	PB
2.			PS	PS
3.			NS	NS
4.			NB	NB
5.	NB		NZ	NS
6.	NS	N	NZ	Z
7.	NS	Z	NZ	NS
8.	NS	P	NZ	NS
9.	Z	N	NZ	Z
10.	Z	Z	NZ	Z
11.	Z	P	NZ	Z
12.	PS	N	NZ	Z
13.	PS	Z	NZ	Z
14.	PS	P	NZ	Z
15.	PB		NZ	Z
16.	NB		PZ	Z
17.	NS	N	PZ	Z
18.	NS	Z	PZ	Z
19.	NS	P	PZ	Z
20.	Z	N	PZ	Z
21.	Z	Z	PZ	Z
22.	Z	P	PZ	Z
23.	PS	N	PZ	PS
24.	PS	Z	PZ	PS
25.	PS	P	PZ	Z
26.			PZ	PS

In jeweils einer Zeile stellt die linke Tabellenseite mit den Spalten für ϕ, $d\phi/dt$ und v_g jeweils die Regelvorbedingung dar. Sind in mehr als einer Spalte Einträge vorhanden, so bedeutet dies eine UND-Verknüpfung der Aussagen über die Werte, für die Eintragungen vorhanden sind. Die rechte Spalte stellt die Schlußfolgerung der Regel für v_s dar.
Für Regel 5 läßt sich z.B. aus der Tabelle ablesen:

WENN ϕ=NB UND v_g=NZ, DANN v_s=NS

Die entsprechenden Zugehörigkeitsfunktionen sind in Bild 5.3-30 dargestellt.

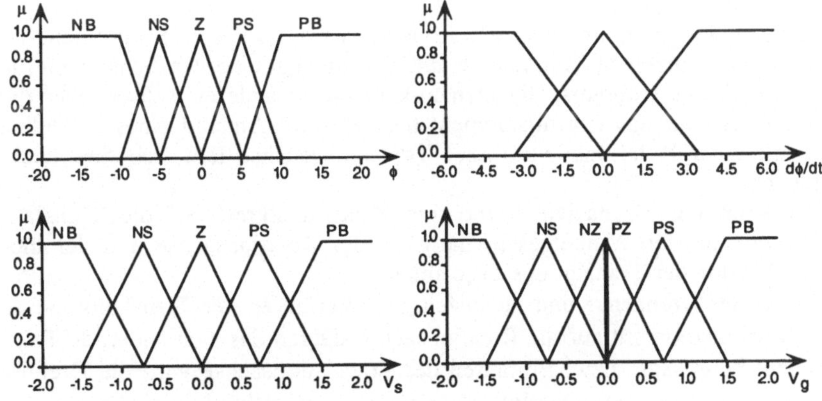

NB: negative big (negativer Wert, betragsmäßig groß)
NS: negative small (negativer Wert, betragsmäßig klein)
NZ: negative zero (negativer Wert, ungefähr Null)
PB: positive big (positiver Wert, betragsmäßig groß)
PS: positive small (positiver Wert, betragsmäßig klein)
PZ: positive zero (positiver Wert, ungefähr Null)
Z: zero (ungefähr Null)

Bild 5.3-30: Linguistische Werte und Zugehörigkeitsfunktionen

Die Fuzzy Logik kann in der Regelungstechnik auch zur Adaption für konventionelle Regler benutzt werden. Anstatt einer Adaptionsstrategie, die von einer aufwendigen mathematischen Identifizierung der Regelstrecke ausgeht, verwendet man eine Regelbasis zur Adaption. Aus dem Verlauf verschiedener Größen des Regelkreises (Eingangsgrößen, Ausgangangsgrößen, Zustandsgrößen) werden Kenngrößen (z.B. Überschwingen, Schwingungsperiode usw.) gewonnen. Auf diese wird die Regelbasis dann unter Verwendung der Fuzzy Logik angewandt und der Regler entsprechend der aus Inferenz und Defuzzyfikation der Schlußfolgerungen der Regeln errechneten Werte verstellt.

5.3.3.4 Achsregelung

Eine zentrale Aufgabe in der Automatisierungstechnik ist die *Lageregelung* einer motorgetriebenen Achse, z.B. eines Regalförderzeugs oder eines Roboters. Eine vorgegebene Lage, als Winkel bei Rotationsachsen oder als Strecke bei Translationsachsen, soll angefahren werden. Außer der Regelgröße Winkel φ sind bei dieser Regelstrecke auch die Werte Drehzahl ω und Ankerstrom des Motors i_A einer Messung zugänglich, so daß diese im Sinne einer Verbesserung des Regelverhaltens in die Regelung miteinbezogen werden können. Der Lageregelung wird eine Drehzahlregelung, dieser wiederum eine Ankerstromregelung unterlagert. Bild 5.3-31 zeigt eine solche kaskadierte Regelung.

Ein geändertes Lastmoment wirkt sich zunächst auf die Motordrehzahl aus. Der Drehzahlregler kann darauf direkt reagieren, noch bevor die Information über eine geänderte Drehzahl sich im Verlauf der Regelgröße φ bemerkbar gemacht hat. Eine geänderte Drehzahl wirkt sich durch die Rückkopplung über die induzierte Spannung zeitverzögert auch auf den Ankerstrom aus. Hier kann der Stromregler bereits frühzeitig reagieren.

Die Achsregelung von mehrachsigen Robotern wirft das besondere Problem der Verkopplung der einzelnen Teilsysteme auf. Die Bewegung einer Achse kann, je nach Kinematik des Roboters, die Dynamik mehrerer anderer Achsen über die Zentrifugalkraft oder das Coriolismoment beeinflussen. Anhand eines einfachen Modells mit einer Rotations- und einer Translationsachse läßt sich dies leicht verdeutlichen.

Bei Rotation der Drehachse wirkt eine Zentrifugalkraft auf die Translationsachse, die von der Winkelgeschwindigkeit der Rotationsachse und der momentanen Position der Translationsachse abhängt.
Bei Rotation der Drehachse und gleichzeitigem Verfahren der Translationsachse wirkt ein Coriolismoment auf die Rotationsachse. Durch das sich ändernde Trägheitsmoment beim Aus- bzw. Einfahren der Translationsachse wird die Drehbewegung gebremst bzw. beschleunigt.

Bei Robotern mit hochuntersetzen Getrieben sind die Verkopplungen nur schwach. Die Trägheit der Motoren, die in die Koppelterme nicht mit eingehen, gehen mit dem Quadrat der Getriebeuntersetzungen in die Gesamtträgheit ein. Daher überwiegen die Motorträgheiten gegenüber den Trägheiten der Achskörper, die die Verkopplungen verursachen, sehr stark. Dann kann jede Achse als isoliertes Teilsystem betrachtet und geregelt werden. Die durch die Bewegung einer anderen Achse einwirkenden Trägheitskräfte werden dann als Störungen aufgefaßt, die ausgeregelt werden.

Bei Robotern mit Direct-Drive-Antrieben, die ohne Getriebe arbeiten, sind die Verkopplungen jedoch stark und müssen berücksichtigt werden. Man hat dann ein geoppeltes, nichtlineares Mehrgrößensystem zu regeln.

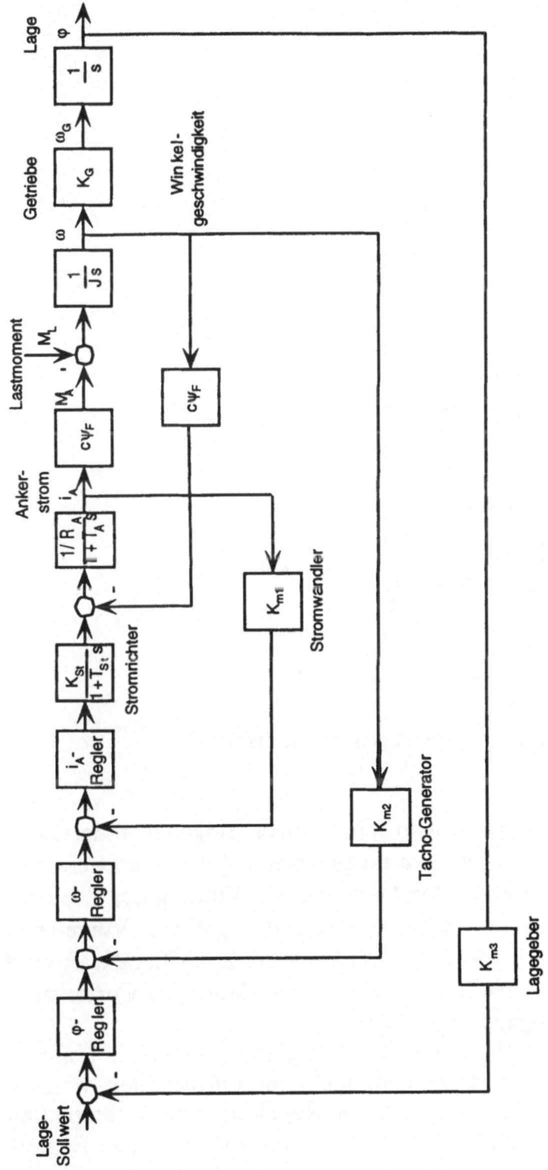

Bild 5.3-31: Kaskadenreglerstruktur für die Achsregelung

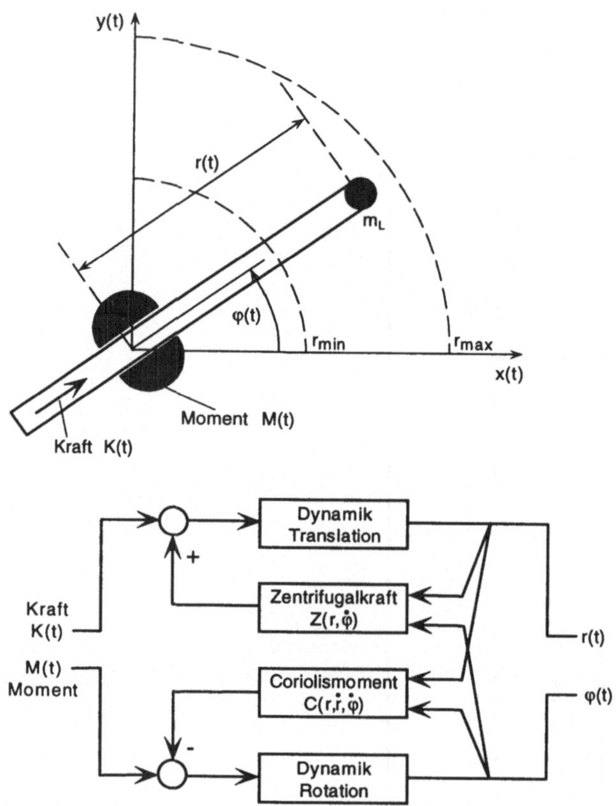

Bild 5.3-32: Verkopplung der Dynamik von Roboterachsen nach [FRE87]

Das Ziel ist, das System zu entkoppeln, also mit je einer Eingangsgröße genau eine Ausgangsgröße zu beeinflussen. Bei dem im Beispiel angeführten zweiachsigen Modell ist die Lösung naheliegend: Man berechne die Wirkung der Zentrifugalkraft auf die Translationsachse, und schalte diese mit negativem Vorzeichen über den Motor der Translationsachse auf. Die Wirkung der Zentrifugalkraft wird dann genau kompensiert. Entsprechend kann auch die Wirkung des Coriolismoments auf die Rotationsachse kompensiert werden.

Für gängige 6-achsige Industrieroboter sind die Kopplungen erheblich komplexer. Die Entkopplungsterme können dann nicht mehr intuitiv ermittelt werden. Hier kann dann das Verfahren der nichtlinearen Regelung und Entkopplung angewandt werden. Dieses liefert eine klare Vorschrift zum Entwurf eines Reglers aus dem mathematischen Modell der Roboterdynamik. Der so entworfene Regler entkoppelt die Wechselwirkungen zwischen den einzelnen Achsen und enthält noch frei einstellbare Parameter, mit denen die Dynamik für jede einzelne Achse eingestellt werden kann. Die Parameter werden dann so eingestellt, daß die

Sprungantwort jeder einzelnen Achse ein aperiodisches Einlaufen in den Endpunkt zeigt.

Es hängt von der Leistungsfähigkeit der Antriebe ab, ein wie schnelles Einlaufen in den Endpunkt durch die Wahl der Parameter gefordert werden darf. Wird ein zu schnelles Einlaufen in die Endlage gefordert, können die Antriebe die von der Regelung geforderten Momente nicht liefern. Die Regelung gerät in die Stellgrößenbeschränkung. Es besteht dann die Gefahr, daß durch diese ungewollte Nichtlinearität Schwingungen angeregt werden.

5.4 Klassifizierung von Steuerungssystemen

5.4.1 Informationsdarstellung

Die interne *Informationsdarstellung* ist ein wesentliches Merkmal zur Klassifizierung von Steuerungen. Nach DIN 19237 werden anhand der vorwiegenden Informationsdarstellung innerhalb der Signalverarbeitung folgende Steuerungen unterschieden, s. Bild 5.4-1:

- *analoge* Steuerung,
- *digitale* Steuerung,
- *binäre* Steuerung.

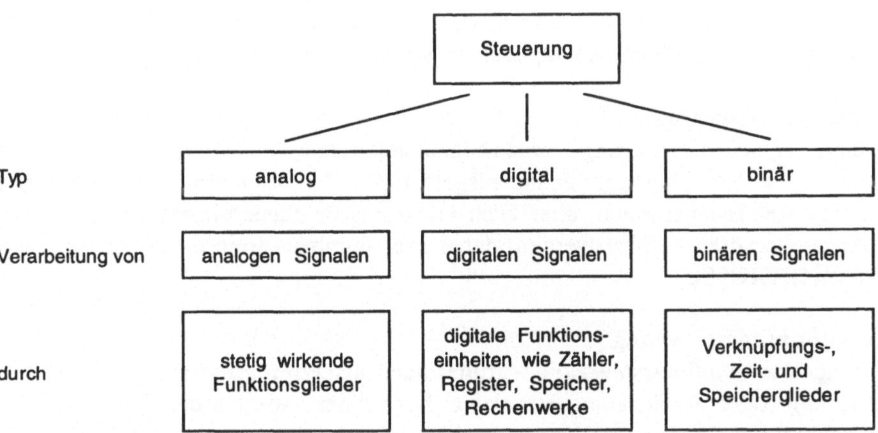

Bild 5.4-1: Informationsdarstellung als Unterscheidungsmerkmal für Steuerungen, in Anlehnung an DIN 19237

Die analoge Steuerung arbeitet innerhalb der Signalverarbeitung vorwiegend mit analogen Signalen. Dabei erfolgt die Signalverarbeitung mit stetig wirkenden Funktionsgliedern. Die digitale Steuerung dagegen verarbeitet digitale Signale, die vorwiegend binärcodierte zahlenmäßige Informationen darstellen. Werden rein binäre Signale verarbeitet, d.h. Binärsignale, die nicht Bestandteile zahlenmäßiger Informationen sind, spricht man von einer Binärsteuerung.

Die Leistungsfähigkeit der Digitaltechnik hat dazu geführt, daß der Einsatz von analogen Verarbeitungseinheiten im Bereich der Steuerungstechnik stark abgenommen hat. Moderne Steuerungssysteme stellen sich als Kombination digitaler und binärer Steuerungseinheiten dar. Die analoge Signalverarbeitung wird daher nicht weiter behandelt.

5.4.2 Signalverarbeitung

Die Arbeitsweise einer Steuerung ist durch die Art der *Signalverarbeitung* charakterisiert, die sich wiederum in erster Linie aus der Aufgabenstellung heraus ergibt. Im folgenden wird die Klassifizierung nach DIN 19237 vorgestellt.

Synchronsteuerung

In einer *Synchronsteuerung* erfolgt die Signalverarbeitung zeitgleich zu einem Taktsignal. Charakteristische Beispiele für Synchronsteuerungen sind von Mikroprozessoren geführte Steuerungen. Das Programm wird hierbei im Takt, z.B. 500 Millisekunden gestartet, fragt die Eingangsgrößen ab, verarbeitet diese gemäß den programmierten Regeln und erzeugt die entsprechenden Ausgangssignale. Die Zeit vom Start eines Programmdurchlaufs bis zum Start des folgenden Durchlaufs wird auch als *Zykluszeit* bezeichnet. Die beschriebene Arbeitsweise ist auf Grund der Struktur der Rechner und der Software günstig [STRO90]. Zu beachten ist hierbei, daß die Zykluszeit klein genug ist, um den Verlauf der einzelnen Signale erkennen zu können. Dies ist erfüllt, wenn die Frequenz des Taktsignales mindestens zweimal so groß ist wie die höchste Signalfrequenz des Prozesses.

Asynchronsteuerung

In einer *Asynchronsteuerung* werden Signaländerungen ohne Taktsignal nur durch Änderungen der Eingangssignale ausgelöst. Zu den asynchronen Steuerungen gehören Relaissteuerungen, aber auch elektronische Steuerungen, die nicht von Mikroprozeesoren geführt werden, dabei aber durchaus freiprogrammierbar sein können [STRO90].

Verknüpfungssteuerung

In einer *Verknüpfungssteuerung* - früher auch als *Parallelsteuerung*, *Führungssteuerung* oder *Verriegelungssteuerung* bezeichnet - werden den Zuständen der Eingangssignale bestimmte Zustände der Ausgangssignale im Sinne Boolescher Verknüpfungen eindeutig zugeordnet. Eindeutig heißt, daß die Ausgangssignale bestimmte Werte nur bei der bedingungsmäßigen Kombination der Eingangssignale annehmen. Reine Verknüpfungssteuerungen sind in der Praxis jedoch selten, da selbst einfache Steuerungsaufgaben meist nicht ohne Speicher- und Zeitglieder auskommen. Beispielsweise macht schon die Erkennung, wann ein Objekt auf einem Förderer eine Lichtschranke passiert hat, ein Speicherglied notwendig. Verknüpfungssteuerungen sind meist nur Teile einer anderen Steuerung, etwa Verriegelungen zur Gewährleistung der geforderten Sicherheit in den einzelnen Schritten einer Ablaufsteuerung. Als Praxisbeispiel sei hier die Profilkontrolle eines Regalbediengerätes genannt, die zur Vermeidung von Beschädigungen an der Anlage oder am Transportgut jegliche Horizontal- und Vertikalfahrt verriegelt, falls die Palette an einer Seite übersteht.

Ablaufsteuerung
Eine *Ablaufsteuerung* - früher auch als *Programm-* oder *Taktsteuerung* bezeichnet - ist eine Steuerung mit zwangsweise schrittweisem Ablauf, bei der das Weiterschalten von einem Schritt auf den programmgemäß folgenden abhängig von Weiterschaltbedingungen erfolgt. Aus diesem Grund wird diese Art der Steuerung auch als Schrittkettensteuerung bezeichnet. Für das Weiterschalten auf den programmgemäß nächsten Schritt ist erforderlich, daß der vorherige Schritt beendet wurde und die Weiterschaltbedingungen erfüllt sind. Es werden zeitgeführte und prozeßgeführte Ablaufsteuerungen unterschieden.

In prozeßgeführten Materialflußsteuerungen entsprechen die Schritte meist den fördertechnisch bedingten Schritten des Materialflußprozesses. Je nachdem auf welcher Ebene die Steuerung angesiedelt ist, sind unterschiedliche Detaillierungsgrade der Schrittkette erforderlich. Während auf der Materialflußleitebene die Auslagerung einer Palette aus dem HRL als ein Schritt abgebildet wird, wird dieser Schritt auf der Steuerungsebene in weiteren Schritten verfeinert: Anfahren des Lagerfaches, Ausfahren der Gabel, Anheben der Gabel, Einfahren der Gabel, Anfahren der Übergabestation, Ausfahren der Gabel, Absenken der Gabel, Einfahren der Gabel. Vor jedem Schritt sind Start- und Verriegelungsbedingungen zu prüfen, so z.B. Überprüfung der ordnungsgemäßen Lastaufnahme bevor die Fahrt zur Übergabestation gestartet wird.

Weiterschaltbedingungen, die von der Zeit abhängig sind, werden in Materialflußsteuerungen ebenfalls verwendet. Beim Regalbediengerät, dessen Mast über 30 Meter hoch sein kann, ist z.B. vor dem Ausfahren der Gabel eine Beruhigungszeit für das Abklingen der während der Fahrt aufgebauten Schwingungen vorzusehen. Solche Schritte kommen in einer Ablaufsteuerung häufig vor und diese Programmschritte können mit Sprüngen, Schleifen und Verzweigungen mehrfach genutzt in das Ablaufprogramm integriert werden.

Bei den hier aufgeführten Unterscheidungsmerkmalen, verhält es sich also in der Praxis nicht so, daß eine Steuerung nur durch ein einziges dieser Merkmale charakterisiert wird. So kann eine bestimmte Betrachtungseinheit eine synchrone Verknüpfungssteuerung als Teil einer materialflußprozeßabhängigen Ablaufsteuerung in der Materialflußleitebene sein. Auch das erwähnte Beispiel der Steuerung eines Regalbediengerätes zeigt eine Kombination von zeitgeführter und prozeßgeführter Ablaufsteuerung.

5.4.3 Hierarchischer Aufbau

Ein weiteres Ordnungsmerkmal für Steuerungen ist nach DIN 19237 der hierarchische Aufbau. Mit Hierarchie werden pyramidenförmige Rangordnungen, Rangfolgen sowie die Über- und Unterordnungsverhältnisse im Zusammenwirken mehrerer Steuereinheiten in einem Steuerungssystem bezeichnet. Dabei bilden die

Ausgangssignale einer übergeordneten Steuereinheit die Eingangssignale für eine oder mehrere untergeordnete Steuereinheiten, s. Bild 5.4-2.

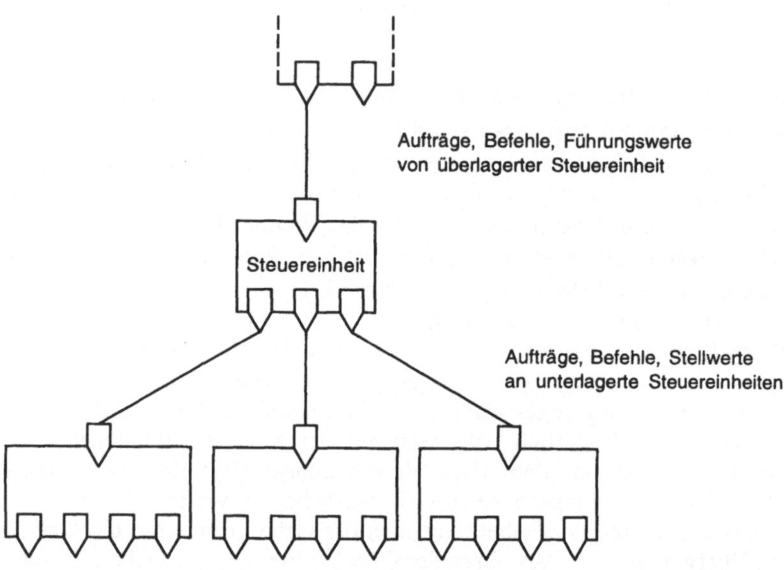

Bild 5.4-2: Hierarchisches Modell für Steuerungen

Bild 5.4-3 zeigt beispielhaft, wie der hierarchische Aufbau eines allgemeinen, hier nicht näher spezifizierten Steuerungssystems strukturiert sein kann. In der untersten Ebene stellen die Ausgangssignale der *Einzelsteuerungen* direkt die Befehle für die Stellgeräte bzw. Antriebe dar. In diese Ebene fallen Aufgaben wie Hand-Automatik-Umschaltung, Verriegelung, Überwachung, Meldung und die Umsetzung der Ausgangsinformationen in die entsprechenden Ausgangspegel, z.B. 0 V/24 V-DC als binäres Ausgangssignal oder 0...10 V als analoges Ausgangssignal.

Die nächsthöhere Ebene ist die *Gruppensteuerungsebene*, die alle Funktionseinheiten zum Steuern eines zusammenhängenden Teilprozesses enthält. Aufgaben des lokalen Bedienen und Beobachtens fallen ebenfalls in diese Ebene. Als Beispiel sei hier die Gruppensteuerung für ein Hochregallager genannt, die die Einzelsteuerungen der RBG und der vorgelagerten Fördertechnik, wie Verteilwagen, steuert. Über die Gruppensteuerung ist ein automatischer Betrieb des HRL prinzipiell auch ohne die *Hauptsteuerung* möglich. Praktisch ist dies jedoch nicht zu empfehlen, da in diesem Fall die Lagerverwaltung nicht angeschlossen ist. Für die Inbetriebnahmephase und für Wartungsarbeiten ist diese Betriebsart jedoch sehr praktisch, da nicht das gesamte Steuerungssystem in umständlichen, unübersichtlichen und oft ungesicherten Einzelschritten betrieben werden muß. Je nach Komplexität der Anlage kann die Gruppensteuerungsebene noch weiter hierarchisch unterteilt werden kann, sie kann aber auch ganz oder teilweise entfallen.

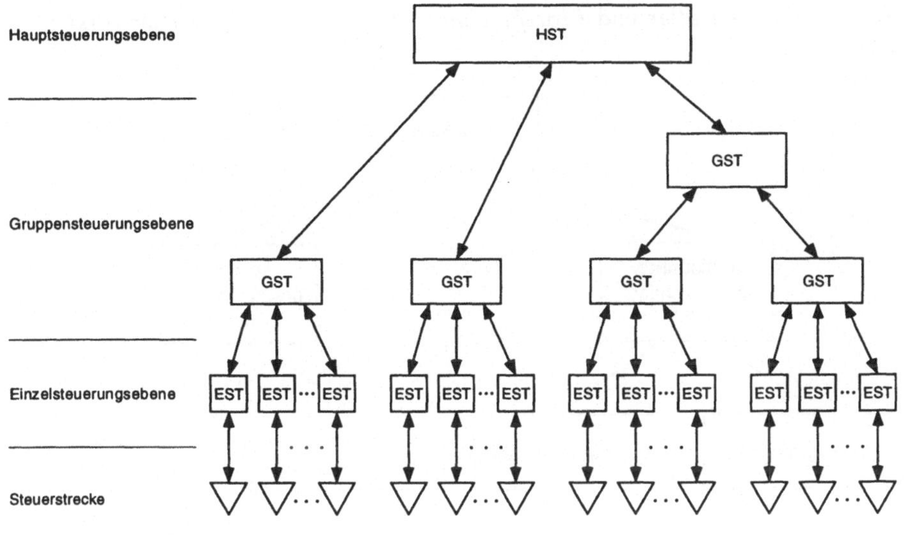

Bild 5.4-3: Beispiel für den hierarchischen Aufbau einer Steuerung nach [VDI/VDE 3683]

Die oberste Ebene ist die Leit- oder Hauptsteuerungsebene. Die Hauptsteuerung stellt die Funktionseinheit zum Steuern des gesamten Materialflußsystems dar. Hier werden die Gruppensteuerungen in erster Linie koordinierend beauftragt. Als Beispiel hierfür sei das Materialflußleitsystem genannt.
Diese hierarchische Gliederung resultiert aus rein funktionalen Gesichtpunkten. Die gerätetechnische Realisierung kann durchaus zu einem anderen Aufbau führen. Insbesondere durch die wachsende Leistungsfähigkeit der Steuerungshardware und komfortablere Entwicklungssysteme für die Steuerungssoftware auf den unteren Ebenen geht der Trend dahin, zunehmend "Intelligenz" nach unten zu verlagern. Hieraus resultieren flache Hierarchien in der hardwaretechnischen Realisierung mit weniger Schnittstellen. Da die Gesamtverfügbarkeit bei einer Reihenschaltung das Produkt der Einzelverfügbarkeiten ist, kann durch Reduzierung der Hierarchieebenen zudem eine höhere Verfügbarkeit erreicht werden.

5.4.4 Programmrealisierung

Das letzte Unterscheidungsmerkmal für Steuerungen ist die Art der *Programmrealisierung*. Nach DIN 19237 wird grundsätzlich zwischen *verbindungsprogrammierten Steuerungen (VPS)* und *speicherprogrammierbaren Steuerungen (SPS)* unterschieden, s. Bild 5.4-4. VPS können pneumatisch, elektrisch, elektronisch oder hydraulisch realisiert sein. Zu den SPS zählen alle mit Software-Programmen arbeitenden Steuerungen, d.h. im weitesten Sinn auch *Industrie PC*

(IPC), Mikrocontroller und *Prozeßrechner,* die als Steuerung arbeiten (vgl. Kap 6.3).

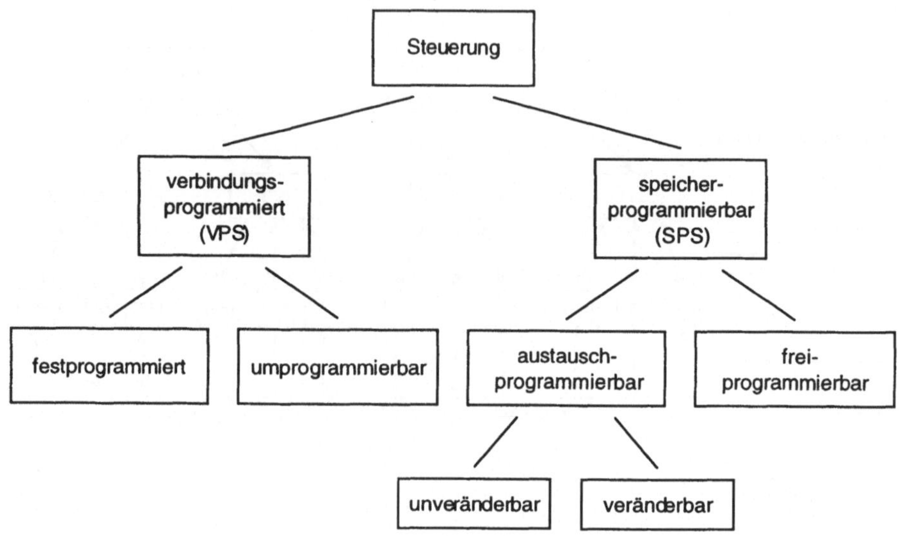

Bild 5.4-4: Einteilung von Steuerungen hinsichtlich Programmrealisierung, nach DIN 19237

Unter dem Programm einer Steuerung versteht man die Gesamtheit aller Anweisungen und Vereinbarungen für die Signalverarbeitung, durch die eine zu steuernde Anlage (ein Prozeß) aufgabengemäß beeinflußt wird [DIN 19237]. Diese Definition bezieht sich nicht allein auf Software-Programme sondern schließt auch die Hardware-Programme der VPS ein. Weitergehende Ausführungen bezüglich des Aufbaus und der Programmierung von SPS finden sich in Kap. 6.

Die Auswahlkriterien für VPS und SPS sind auf Grund ihrer spezifischen Vor- und Nachteile eng mit der Steuerungsaufgabe verknüpft.

VPS haben erfahrungsgemäß eine hohe Zuverlässigkeit, sind sehr robust und lassen sich bauteilfehlersicher auslegen [STRO90]. Nachteilig sind die geringe Flexibilität, der geringe Funktionsumfang und, daß eine Verarbeitung von analogen und digitalen Daten praktisch nicht möglich ist. VPS werden in Steuerungen von Materialflußsystemen vorwiegend zur Erfüllung von Schutzaufgaben realisiert, z.B. Auslösen eines "Not-Halt" für ein RBG, wenn der Endschalter überfahren wird.

SPS bieten eine hohe Flexibilität und einen hohen Funktionsumfang mit der Möglichkeit, auch analoge und digitale Daten und Signale zu verarbeiten. Eine große Bandbreite in Preis und Leistungsfähigkeit haben der SPS ein sehr weites Einsatzgebiet in der Materialflußtechnik beschert. Dies reicht von der Klein-SPS, die auch für sehr einfache Steuerungsaufgaben wirtschaftlich einzusetzen ist und dadurch zunehmend VPS verdrängt, bis zur Groß-SPS, die bis hinauf in die Gruppensteuerungsebene eingesetzt wird.

Zusammenfassend ist festzustellen, daß die unterschiedlichen Arten der Steuerung nicht nur durch die Aufgabenstellung, sondern auch durch die eingesetzte Technologie der Steuerungseinrichtung bedingt sein können und, daß es hundertprozentige Vertreter einer Art kaum gibt. Die Bedeutung der obigen Gliederung liegt jedoch darin, daß sie eine Systematik in das sehr unübersichtliche und vielschichtige Gebiet der Steuerungen bringt.

5.5 Konzeptionelle Aspekte von Steuerungssystemen

5.5.1 Automatisierungskonzepte

Mit dem Einsatz von Steuerungssystemen sind unterschiedliche Grade bei der Automatisierung von Materialflußprozessen realisierbar. Je nach *Automatisierungsgrad* lassen sich *manuelle*, *mechanisierte* (d.h. teilautomatisierte) und *automatische* Systeme unterscheiden.

Ein Stapler, dessen Funktionen, wie Heben und Senken der Gabel, Positionieren und Lastaufnahme, durch eine Arbeitsperson gesteuert werden, besitzt ein manuelles Steuerungssystem.

Unter mechanisierten Steuerungssystemen werden Systeme verstanden, die Teilfunktionen eines Arbeitsmittels automatisch steuern, die Gesamtfunktion des Arbeitsmittels aber von Arbeitspersonen bedient werden muß. In der Praxis wird diese Art der Steuerung eines Arbeitsmittels auch Steuerung mit *Meisterschalter* genannt.

Mit einem automatischen Steuerungssystem wird ein selbständiger rechnergesteuerter Ablauf von Materialflußprozessen realisiert. Die Steuerung von Arbeitsmitteln oder auch von mehreren verknüpften Arbeitsmitteln bedarf in diesem Fall nicht der Bedienung oder Überwachung durch Arbeitspersonen. Ein automatisches Steuerungssystem wird beispielsweise in einem SPS-gesteuerten Hochregallagersystem eingesetzt. Der Eingriff von Arbeitspersonen in die operative Steuerung des Hochregallagers ist nicht erforderlich. Lediglich zur Behebung von Störungen sind Unterbrechnungen des Automatikbetriebes durch manuelle Eingriffe vorzusehen. Dabei wird dann meistens der gestörte Auftrag mittels Handsteuerung zu Ende gefahren und manuell an einer entsprechenden Bedienstation quittiert.

Werden bei einem automatisch gesteuerten Fertigungs- oder Materialflußmittel Arbeitspersonen eingesetzt, so müssen diese nicht notwendigerweise eine *Bedienungsfunktion* des Arbeitsmittels ausführen. Als Beispiel hierfür sei ein Kommissionierer (als Arbeitsperson) genannt, der in einer Kabine auf einem Regalbediengerät mitfährt. Dieser Kommissionierer entnimmt Packstücke aus den Regalfächern und palettiert diese auf einer mitgeführten Palette. Die Bewegungen des Regalbediengerätes erfolgen jedoch automatisch durch das Steuerungssystem. Der Kommissionierer muß lediglich den ausgeführten Auftrag quittieren.

In mechanisierten und automatischen Steuerungssystemen kommen SPS, Mikrocontroller und Prozeßrechnersteuerungen zum Einsatz. *Relais-* und *Schützsteuerungen* werden nur noch selten, und wenn, dann für sehr einfache Steuerungsaufgaben, eingesetzt. Je nach Komplexität der Steuerungsfunktionen werden Steuerungen unterschiedlicher Leistungsfähigkeit eingesetzt (vgl. Kap. 6).

5.5.2 Struktur von Steuerungssystemen

Neben dem Automatisierungsgrad ist, wie auch bei Informationssystemen, die *Struktur* eines Steuerungssystems von Interesse. Man unterscheidet hier zwischen *zentralen* und *dezentralen* Steuerungssystemen, s. Bild 5.5-1.

In einem zentralen Steuerungssystem sind alle Steuerungsfunktionen in einem zentralen Steuerungsrechner konzentriert, der dementsprechend leistungsfähig auszulegen ist. Alle Arbeitsmittel werden direkt durch den Zentralrechner gesteuert. Die steuerungstechnische Verknüpfung der einzelen Arbeitsmittel erfolgt dabei innerhalb der Software und kann daher sehr einfach, beispielsweise bei Veränderungen des Materialflusses, abgeändert werden. Ein Ausfall des Zentralrechners hat jedoch zur Folge, daß das gesamte System nicht mehr arbeitet. Daher sind solche zentralen Steuerungssysteme aus Gründen der Verfügbarkeit redundant auszuführen, was jedoch zu erhöhten Kosten führt.

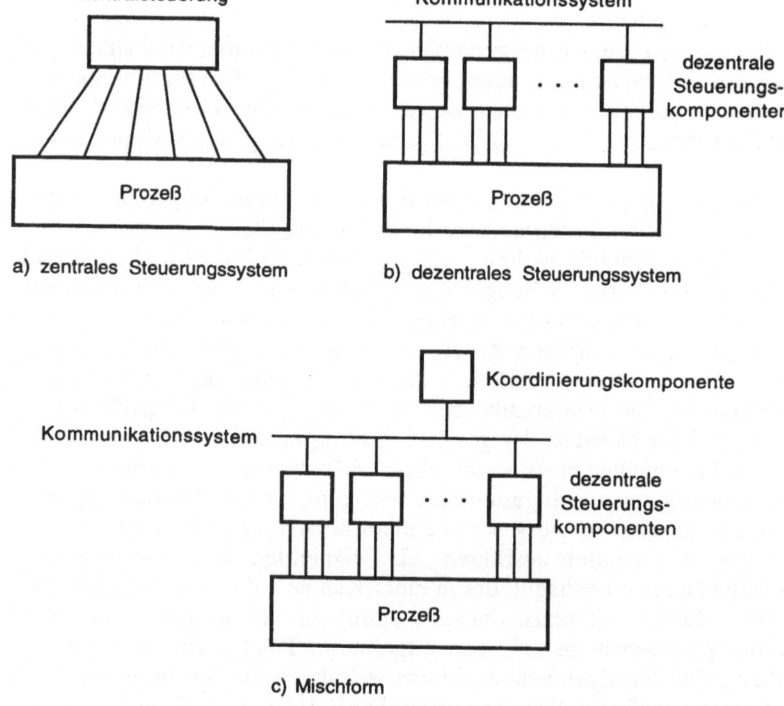

Bild 5.5-1: Strukturen von Steuerungssystemen

Dezentrale Steuerungssysteme entstehen durch Aufteilung der Steuerungsfunktionen innerhalb eines Gesamtsystems auf mehrere einzelne Steuerungskomponenten. Die Aufteilung der Steuerungsfunktionen hat dabei nach dem Kriterium der Schaffung sinnvoller Schnittstellen zu erfolgen, so daß jede dieser Komponenten im Sinne eines Teilsystems einen abgegrenzten Teil der Steuerungsfunktionen realisiert. Die Steuerungskomponenten sind untereinander durch ein Kommunikationssystem verbunden.

In der Praxis werden die Steuerungskomponenten von einer übergeordneten Steuerung koordiniert, so daß eine zentrale Komponente im Steuerungssystem verbleibt. In der Regel hat man es daher mit Mischformen zwischen zentral und dezental strukturierten Steuerungssystemen zu tun. Man spricht dabei auch von *verteilten Steuerungssystemen.*

Moderne Steuerungssysteme sind fast ausnahmslos als verteilte Steuerungssysteme strukturiert, unterscheiden sich jedoch im Grad der Dezentralisierung. Je höher der Grad der Dezentralisierung wird, desto geringer wird der Leistungsumfang und damit die Anforderung an die Rechnerleistung der Komponenten. Mit der Dezentralisierung wächst jedoch der Aufwand für die Kommunikation.

In der Summe ihrer Eigenschaften, insbesondere durch integrierte Diagnosefunktionen, kann mit einer verteilten Steuerungsstruktur eine höhere Verfügbarkeit gegenüber einer zentralen Struktur erreicht werden. Vorteile hinsichtlich der Flexibilität bringen verteilte Steuerungssysteme für den Anwender inbesondere dann, wenn man sich für eine offene, herstellerunabhängige Lösung entscheidet. Unterstützt wurden die Bestrebungen zur Dezentralisierung einerseits durch die preisliche Entwicklung bei den Mikroprozessoren, die die wirtschaftliche Bereitstellung von lokaler Rechnerleistung ermöglicht, und andererseits durch die Entwicklung der industriellen Kommunikationssysteme, die eine wirtschaftliche Vernetzung einer hohen Anzahl von Komponenten bis hinunter zur Sensor-Aktor-Ebene ermöglichen (vgl. Kap. 7).

5.6 Ebenenmodell für die Materialflußsteuerung

Der technische Aufbau von Materialflußsystemen setzt sich aus einer Vielzahl von *Komponenten* zusammen, die hier wie folgt klassifiziert werden:

- Maschinenbauliche Komponenten der Förder- und Lagertechnik (z.B. Rollenförderer, Bandförderer, Regalbediengerät, Kran),
- Sensorische Komponenten (z.B. mechanischer Taster, Lichtschranke, Wegmeßsystem, Bildsensor),
- Aktorische Komponenten (z.B. elektrische, pneumatische, hydraulische Antriebe),
- Steuerungstechnische Komponenten (z.B. Rechnerhardware, A/D- bzw. D/A-Umsetzer, Steuerungsprogramm),
- Komponenten der informationstechnischen Kopplung (z.B. Netzwerk, Feldbus, Protokoll),
- Komponenten zum Bedienen und Beobachten (z.B. Bedienoberfläche, Aufträge, Meldungen).

Für die Beherrschung von Materialflußsystemen ist eine geeignete Strukturierung eine wichtige Voraussetzung. Insbesondere im Hinblick darauf, daß Komponenten unterschiedlichster Hersteller zu einen Gesamtsystem verknüpft werden müssen.

Der Arbeitskreis "Datenschnittstellen" der Fachgemeinschaft Fördertechnik im VDMA hat im Einheitsblatt 15276 [VDMA15276] ein Ebenenmodell für Materialflußsteuerungen- aufgestellt, das zur Planung und Ausführung von Materialflußsystemen angewendet werden soll. Es legt die Funktionalitäten der einzelnen Ebenen und die Semantik der Schnittstellen fest, um die Koordination einzelner Hersteller in einem Gesamtgewerk zu vereinfachen.

Das Ebenenmodell ist mit den Ebenenbezeichnungen und verschiedenen denkbaren Hardwarekonfiguration zur Realisierung des Funktionsumfanges der einzelnen Ebenen in Bild 5.6-1 dargestellt. Gegenüber [VDI/VDE 3683], s. Bild 5.4-3, wird bei diesem Modell ein größere Anzahl von Ebenen unterschieden und auch mit entsprechend anderen Bezeichnungen versehen. Die vorgeschlagene Aufteilung der verschiedenen Funktionen auf die Ebenen ist jedoch nicht als eine Festlegung einer Hardwarestruktur anzusehen. Das Ebenenmodell ist so aufgebaut, daß jede Ebene durch ihre Funktionen und den Datenaustausch mit der jeweils unterlagerten Ebene beschrieben wird. Die Abbildung der Ebenenfunktionen auf die Hardware und Software sowie die Definition eines geigneten Kommunikationsprotokolls für die Dateninhalte sind Gegenstand der Projektierung und Ausführung der spezifischen Anlage. Je nach Komplexität des Steuerungssystems können Ebenen zusammengefaßt werden und auf einer entsprechenden Rechnerplattform realisiert werden, so daß sich hardwaretechnisch weniger Ebenen ergeben.

Das Ebenenmodell nach VDMA 15276 kann als wiederum feinere Untergliederung der in Kap. 2.4.3 definierten Logistikebene im Unternehmen mit ihrer hierarchischen Untergliederung nach Logistikleitebene, Materialflußleitebene und Materialflußsteuerungsebene angesehen werden. Die Logistikleitebene bilden die Ebenen 7 und 8. Die Materialflußleitebene wird durch die Ebenen 4 bis 6 realisiert, während die Ebene der operativen Materialflußsteuerung die unteren 3 Ebenen umfaßt.

Die Logistikleitebene, d.h. die Ebenen 7 und 8, hat einen eher dispositiven Charakter. In bezug auf die Aufgaben und den Funktionsumfang der Produktionsplanung und -steuerung sowie der Lagerverwaltung sei daher auf das Kap. 3 verwiesen, wo diese im Rahmen von Informationssystemen behandelt sind.

Ebene 6: Darstellung und Kommunikation

Die Ebene 6 ist die höchste Ebene der Materialflußsteuerung und wird in der Regel mit einem *Materialflußleitsystem* ausgestattet. Dies wird als einzelner *Materialflußrechner (MFR)* oder häufiger durch einen Verbund mehrerer Rechner in Client-Server-Architektur realisiert. Das Materialflußleitsystem wandelt die logistischen Transportaufträge der übergeordneten Logistikleitebene in Transportaufträge mit Systemkoordinaten für die Systemsteuerung um. Die Rückmeldungen des Materialflußleitsystems an die Lagerverwaltung sind Vollzugsmeldungen für die Transportaufträge und gegebenenfalls Störmeldungen. Die übrigen Funktionen für Bedienung, Visualisierung, Protokollierung und die Systemprogrammierung entkoppeln das Materialflußsystem von der überlagerten Ebene, so daß ein teilautomatischer Betrieb möglich ist.

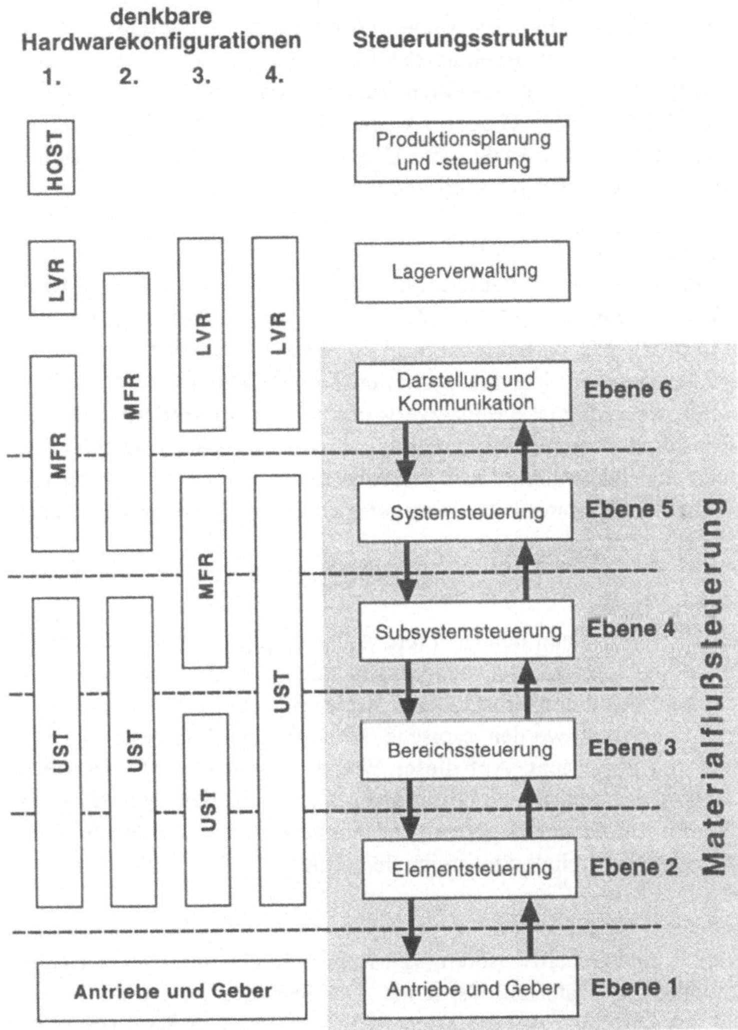

Bild 5.6-1: Ebenenmodell für Materialflußsteuerungen und denkbare Hardwarekonfiguration nach VDMA 15276

Ebene 5: Systemsteuerung

Die Ebene 5 steuert sämtliche Transportoperationen des Materialflußsystems. Sie ist i.allg. auch auf dem Materialflußleitsystem realisiert und enthält ein vollständiges Modell des Systems mit Topologie, Zustandsdaten und Transportauftragsbeständen. Die in der *Systemsteuerung* realisierte Transportstrategie soll den optimalen Weg für den Transport je nach Anlagenzustand vorgeben. Als

Zentralsteuerung des Materialflußsystems führt sie mehrere unterlagerte Subsystemsteuerungen.

Ebene 4: Subsystemsteuerung
Die *Subsystemsteuerungen* der Ebene 4 steuern dezentral sämtliche Operationen von jeweils abgeschlossenen Teilsystemen der Gesamtanlage. Realisiert werden die dem Materialflußleitsystem unterlagerten Steuerungen (UST) über SPS der oberen Leistungsklasse, Industrie-PC oder VMEbus-Systeme. Durch Bedienungs- und Visualisierungsfunktionen besteht die Möglichkeit, einzelne Teilsysteme teilautomatisch zu betreiben, z.B bei der Inbetriebnahme.

Ebene 3: Bereichssteuerung
Die *Bereichssteuerung* steuert ein Fördermittel als Teil einer Anlage. Die hardwaretechnische Realisierung erfolgt entweder als SPS der mittleren Leistungsklasse oder als Industrie-PC, vgl. hierzu Kap. 6. Das Fördermittel hat i.allg. mehrere Förderplätze, die von den transportierten Ladeeinheiten belegt werden. Aufgabe der Bereichssteuerung ist die Platzverwaltung auf dem Fördermittel. Der Materialfluß wird durch verschiedene ereignis-, positions- oder zeitabhängige Verfahren gesteuert und überwacht. Die Bedienoberfläche der Bereichssteuerung ist ausschließlich für den Wartungsbetrieb ausgelegt. Die Bereichssteuerung führt wiederum mehrere Elementsteuerungen.

Ebene 2: Elementsteuerung
Die *Elementsteuerung* führt einen oder mehrere Antriebe i.allg. für einen Fördermittelplatz. Realisiert werden Elementsteuerungen entweder als Bestandteil der Bereichssteuerung oder mit einer selbständigen Klein-SPS oder einem Mikrocontroller. Je nach Fördermittel werden typische Abläufe und Sollwerte für die Antriebe generiert und überwacht. Auf dieser Ebene werden die erforderlichen Sicherheitsverriegelungen und Synchronisationen auch mit den benachbarten Elementen durchgeführt. Die unterlagerten Antriebssteuerungen werden je nach Antrieb durch analoge oder digitale Steuersignale geführt.

Ebene 1: Antriebe und Geber
Antriebe (vgl. Kap. 9) und Geber/Sensoren (vgl. Kap. 8) bilden die unterste Ebene des Steuerungsmodells für Materialflußsysteme. Die Sensoren liefern Meßwerte über den Zustand des Systems bzw. des Materialflußprozesses an die überlagerte Ebene. Die Antriebe liefern die mechanische Energie für die Tranportbewegung.

Für weitergehende Ausführungen zur praktischen Anwendung des Ebenenmodells für Materialflußsteuerungen sei auf VDM 15276 verwiesen, wo sich auch eine Checkliste für die Schnittstellen zwischen den Ebenen findet.

In Bild 5.6-2 ist eine beispielhafte Konfiguration einer Materialflußsteuerung dargestellt. Das Materialflußsystem besteht in diesem Fall aus einem Hochregallager, das über vollautomatische RBG bedient wird, der Fördertechnik für die Lagervorzone, dem Wareneingangsbereich mit entsprechenden Pufferbahnen, dem

Versandbereich - ebenfalls mit Pufferbahnen - und einem FTS, das mit mehreren *Fahrerlosen Transportfahrzeugen (FTF)* den Materialfluß in der Fertigung übernimmt.

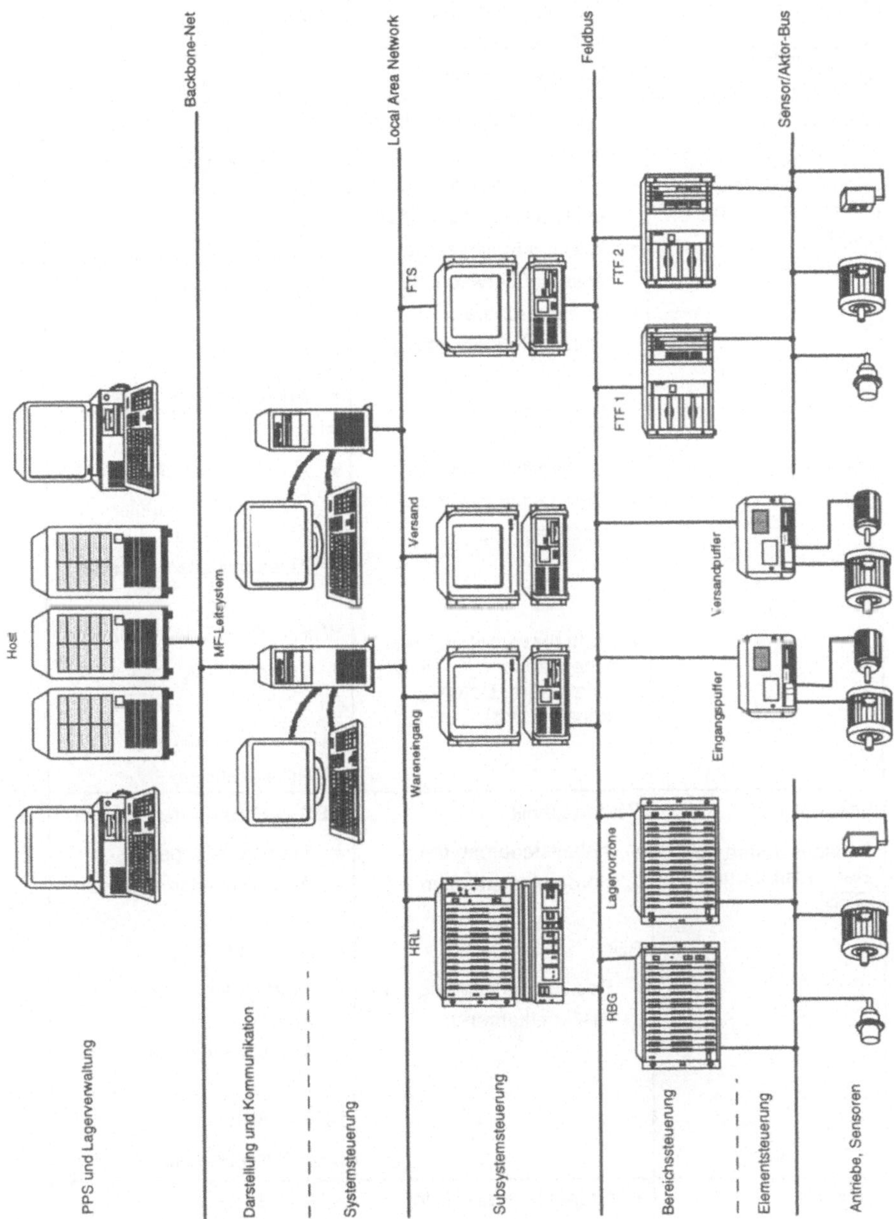

Bild 5.6-2: Beispiel für die Konfiguration einer Materialflußsteuerung

Tabelle 5.6-1: Informationsaustausch zwischen den Funktionsebenen einer automatischen Materialflußsteuerung

Funktionsebene	Aufgaben	Informationsaustausch
Ebenen 7 + 8: Logistikleitebene (LLE)	• Auftragserfassung • Auftragsdisposition • Bestandsverwaltung	LLE -> SSE: • Auslagerungsaufträge • Stammdaten
Ebenen 5 + 6: Darstellung und Kommunikation, Systemsteuerung, (SYS)	• Bestandsführung (platzbezogen) • Einlagerungsabwicklung • Auslagerungsdisposition • Transportoptimierung • Anlagenüberwachung • Übergeordnete Materialflußverwaltung	SYS -> LLE: • Einlagerungsmeldungen • Quittungen für Auslagerungen • Gesamtbestand je Artikel • Statistikdaten SYS -> SUB: • Ausführungsaufträge
Ebene 4: Subsystemsteuerung (SUB)	Fördertechnik: • Materialflußsteuerung • Materialflußverfolgung • Überwachung RBG: • Auftragsverwaltung und Überwachung für RBG (stationärer Datenkonzentrator)	SUB -> SYS: • Ausführungsquittungen für Transportaufträge • Anlagenstatus • Anwesenheitsmeldungen SUB -> BES (Fördertechnik) • Transportfreigaben SUB -> BES (RBG) • RBG- Aufträge
Ebene 3 + 2: Bereichssteuerung, Elementsteuerung (BES)	Fördertechnik: • Ablaufsteuerung der Fördereinrichtungen RBG: • Positioniersteuerung für RBG (mitfahrend)	BES -> SUB (Fördertechnik) • Statusmeldungen • Anwesenheitsmeldungen BES -> SUB (RBG) • Quittungen für RBG-Aufträge • Statusmeldungen BES -> ASE: Start-/Stop-Befehle
Ebene 1: Antriebs- und Sensorebene (ASE)	• Grundverriegelungen • Wartungsbetrieb	ASE -> BES: • Endschaltersignale

Das gesamte Materialflußsystem wird von einem Hostrechnersystem, auf dem die Produktionsplanung und -steuerung sowie die Lagerverwaltung ablaufen, beauftragt.

Das Materialflußleitsystem ist über das Backbone-Net (vgl. Kap. 7) des Unternehmens an den Hostrechner angekoppelt. Es ist als dezentrales Leitsystem mit verteilten, über ein LAN - typischerweise Ethernet - vernetzten PC aufgebaut und bildet die Ebenen 5 und 6 ab.

Über ein Local Area Network, z.B. Industrial Ethernet (vgl. Kap. 7), ist das Materialflußleitsystem mit den Steuerungen der Ebene 4 verbunden. Hier werden die Operationen der einzelnen Subsysteme gesteuert. Die Steuerung des Hochregallagers ist hier in Form einer SPS der oberen Leistungsklasse realisiert, z.B SIMATIC S5 155-U. Wareneingang, Warenausgang und FTS werden jeweils von einem leistungsfähigen Industrie-PC koordiniert.

Die Subsystemsteuerungen sind mit den Bereichssteuerungen bzw. Elementsteuerungen über ein Feldbussystem, z.B. Profibus FMS (vgl. Kap. 7) verbunden. Jedes RBG wird von einer eigenen SPSn der mittleren Leistungsklasse (SIMATIC S5 115 U oder SIMATIC S7-400) gesteuert. Für die Vorzone wird i.allg. der gleiche Steuerungstyp verwendet. Die Eingangspuffer- und Versandpufferbahnen werden in diesem Beispiel von Elementsteuerungen gesteuert, die als Kleinsteuerungen mit integriertem Frequenzumrichter realisiert sind und ihre Aufträge direkt von der Subsystemsteuerung erhalten. Die Fahrerlosen Transportfahrzeuge werden jeweils von einem VMEbus-Rechner gesteuert, da dieser sich besonders für die Ankopplung komplexer Sensorik und für die komplexe Bahnführung eignet.

Auf der untersten Ebene sind exemplarisch einige Sensoren und Antriebe dargestellt, die über ein Sensor/Aktorbus-System (vgl. Kap. 7) an die überlagerte Steuerungsebene angeschlossen sind.

Für die oben beschriebene Konfiguration einer Materialflußsteuerung sind in Tabelle 5.6-1 die Aufgaben der einzelnen Funktionsebenen und der zur Erfüllung dieser Aufgaben erforderliche Informationsaustausch zwischen den Funktionsebenen dargestellt. Aus Gründen der Übersichtlichkeit wurde die Darstellung des Informationsaustausches auf das Hochregallager und die Vorzonenfördertechnik beschränkt.

6 Steuerungsmittel

6.1 Allgemeines

Unter dem Begriff *Steuerungsmittel* werden hier alle Komponenten zusammengefaßt, sowohl Hardware (Leitrechner, Automatisierungsgeräte, Stellgeräte, etc.) als auch immatrielle Komponenten (Software), die zum Aufbau eines nach Kap. 5 definierten Steuerungssystems erforderlich sind. Es erfolgt dazu eine Beschreibung der Gerätetechnik und -struktur mit den entsprechenden Softwareaspekten sowie eine vergleichende Bewertung verschiedener Konzepte.

6.2 Materialflußleitsysteme

Materialflußleitsysteme werden auf der Materialflußleitebene eingesetzt. Diese Ebene liegt nach der Definition aus Kap. 2.4.3 zwischen der Logistikleitebene und der Materialflußsteuerungsebene. Materialflußleitsysteme haben die Aufgabe, die Betriebsleitung bei der Führung des Materialflußsystems und bei der Steuerung und Überwachung des Materialflußprozesses zu unterstützen. Für derartige Leitsysteme ist auch der Begriff SCADA-Systeme (Supervisory Control and Data Acquisition) gebräuchlich.

Aufbau

Moderne Materialflußleitsysteme sind als verteilte Rechnersysteme aufgebaut, deren Verarbeitungskomponenten in Client-Server-Architektur über ein LAN, typischerweise Ethernet, untereinander gekoppelt sind.

Ein Teil der Rechnerarbeitsplätze wird meist zusammen mit Protokolldruckern in einem Leitstand untergebracht, weitere Rechner des Leitsystems sind an bedeutenden Kontroll- und Überwachungspositionen, meist in Sichtweite zu den Fördermitteln installiert (z.B. Wareneingang, Warenausgang, HRL), um Bedienungs- und Visualisierungsfunktionen vor Ort bereitzustellen. Außerhalb des geschützten Leitstandes ist auf Grund der rauheren Umgebungsbedingungen die Verwendung industrietauglicher Rechner mit entsprechenden Tastaturen und Monitoren dringend zu empfehlen.

Die örtliche Verteilung der Rechner und deren Anzahl, hängt sehr stark von der Anlagenkomplexität ab, ebenso ist die Funktionszuordnung zu dem einzelnen Rechner anlagenspezifisch festzulegen.

Als Rechnertypen kommen Workstations und Personal Computer zur Anwendung, die den früher üblichen Prozeßrechner fast vollständig verdrängt haben. Ursachen für diese Entwicklung sind die gesteigerte Leistungsfähigkeit, der günstige Preis und das weit verbreitete Know-how, insbesondere bei der PC-Bedienung. Als Betriebssysteme sind beispielsweise UNIX, Windows 95/98, Windows NT oder OS/2 geeignet.

Neben der Kopplung zur übergeordneten Logistikleitebene und den unterlagerten Steuerungen werden teilweise auch Identifizierungssysteme (vgl. Kap. 4) zur Datenerfassung direkt an das Materialflußleitsystem angeschlossen. Überdies werden in Materialflußleitsystemen zunehmend CCD-Kameras (vgl. Kap. 8) für Kontrollzwecke und die Anlagenüberwachung eingesetzt.

Funktionsweise

Materialflußleitsysteme umfassen komplexe Softwaresysteme mit einer Vielzahl von Aufgaben. Die Funktionen lassen sich untergliedern in Materialflußsteuerung, Datenverwaltung sowie Bedienung und Visualisierung.

Das Materialflußleitsystem wandelt die logistischen Transportaufträge der übergeordneten Logistikleitebene in Transportaufträge mit Systemkoordinaten für die Systemsteuerung um. Die Rückmeldungen des Materialflußleitsystems an die Lagerverwaltung sind Vollzugsmeldungen für die Transportaufträge und gegebenenfalls Störmeldungen.

Zur Materialflußsteuerung gehören primär die Datenerfassung an der Schnittstelle zu den unterlagerten Steuerungen und mittels Identifizierungssystemen, die Verarbeitung der erfaßten Daten und die Führung der Fördermittel, d.h. die Steuerung sämtlicher Transportoperationen des Materialflußsystems. Das Materialflußleitsystem enthält dazu ein vollständiges Modell des Systems mit Topologie, Zustandsdaten und Transportauftragsbeständen. Die in der Systemsteuerung realisierte Transportstrategie soll den optimalen Weg für den Transport je nach Anlagenzustand vorgeben.

Die Datenverwaltung umfaßt das Modell des gesamten Materialflußsystems mit der Verwaltung der Zustandsdaten und Transportaufträge und die Archivierung von Ereignis- und Störmeldungen. Statistische Auswertungen von Prozeßdaten werden ebenfalls von der Verwaltung unterstützt. Realisiert werden die Verwaltungsaufgaben bei modernen Materialflußleitsystemen durch eine Schnittstelle zu einem Datenbanksystem (vgl. Kap. 4). Dadurch stehen diese Informationen auch anderen Anwendungen zur Verfügung und können so unternehmensweit genutzt werden.

Die übrigen Funktionen für Bedienung und Visualisierung werden an einem sogenannten Mensch-Maschine-Interface in Window-Technik realisiert. In einer aufgabenorientierten Gliederung erlauben verschiedene Visualisierungsebenen eine Darstellung des Anlagenstatus mit unterschiedlichem Detaillierungsgrad und Umfang. Ferner werden Status-, Ereignis- und Störmeldungen angezeigt.

Eine Bewegtbildanimation des Materialflußprozesses mit Hilfe der realen Prozeßdaten erfordert eine fortlaufende Aktualisierung des gesamten Prozeßzustandes, was wiederum mit einem sehr hohen Kommunikationsaufwand verbunden ist. Die Datenübertragung zu Visualisierungszwecken darf jedoch die Netzlast nicht so stark erhöhen, daß andere Funktionen verzögert werden, was wiederum zu Leistungseinbußen im Materialflußsystem führen kann. Man beschränkt sich daher z.Z. mit Aktualisierungsraten im Sekundenbereich, was zu ruckartigen

Bewegungen der visualisierten Objekte auf dem Monitor führt. Mit einer weiteren Steigerung der Leistungsfähigkeit in der Mikroprozessortechnik und der Verwendung schnellerer Kommunikationstechnik (z.B. Fast-Ethernet mit 100 Mbit/s gegenüber Ethernet mit 10 Mbit/s Übertragungsrate (vgl. Kap. 7), wird die Visualisierung von Bewegtbildern flüssiger und dürfte in absehbarer Zeit zum Standard gehören. Auch fotorealistische Darstellungen von Fördermitteln oder die Einblendung von Bildern, die von in der Anlage installierten Videokameras geliefert werden, sind heute möglich.

Projektierung

Zur Entwicklung eines Leitsystems ist eine beträchtliche Auswahl an Entwicklungswerkzeugen am Markt verfügbar. Als Beispiele sind zu nennen Factory Link (USDATA), WinCC (Siemens) oder InTouch (Wonderware).

Diese Softwaretools sind darauf ausgelegt, den Aufwand zur Entwicklung eines Leitsystems durch umfangreiche Bibliotheken mit vorgefertigten Anzeige- und Bedienelementen (z.B. Taster, Leuchten, Schieberegler, Statusmelder) und Modulen zur Meldungsverarbeitung zu minimieren.

Heute haben diese objektorientierten Tools einen Standard erreicht, bei dem die Mensch-Maschine-Schnittstelle schwerpunktmäßig durch grafisches Editieren und Parametrieren der Bedienoberfläche erstellt wird. Die sonst sehr arbeitsintensive konventionelle Programmierung ist hierbei nur noch in geringem Umfang erforderlich. Zur Visualisierung der einzelnen Fördermittel, die i.allg. nicht Bestandteil einer Bibliothek sind, können CAD-Daten eingelesen werden. Weiterhin konventionell zu programmieren sind jedoch die anlagenspezifischen Steuerungsstrategien und die Datenverwaltung.

Bei der Entwicklung eines Materialflußleitsystems sollten folgende Anforderungen berücksichtigt werden:

- Bedienoberfläche selbsterklärend, intuitiv bedienbar,
- Orientierung an den Fähigkeiten und Bedürfnissen des Bedieners,
- Ein- und Ausgaben in der Landessprache des Bedieners,
- Fehlerrobustheit durch Plausibilitätsprüfung der Eingabe,
- klare Gliederung und eindeutige Informationsdarstellung,
- kurze Reaktionszeiten des Systems an der Bedienerschnittstelle,
- kurze Aktualisierungszeiten,
- qualitativ hochwertige Bildfunktionen,
- Unterstützung einer schnellen Fehlererkennung und -behandlung,
- Störungs- und Ereignisprotokolle,
- statistische Auswertungen und deren Darstellung,
- Wartungsprotokolle,
- Datenbankschnittstelle,
- Kommunikationsstandards,
- Schutzart,
- hohe Zuverlässigkeit.

Die derzeit in der Entstehung befindliche Richtlinie VDI/VDE 3850 soll einen Leitfaden zur benutzergerechten Gestaltung von Bedienoberflächen geben. Dabei sollen Hinweise zu grundlegenden Gestaltungsprinzipien, Dialoggestaltung, Bildschirmstrukturierung, Informationsklassen, Bildzeichen und Abkürzungen, die teilweise bereits Bestandteil verschiedener anderer Normen sind, zusammengeführt werden.

6.3 Automatisierungsgeräte

Unter die Kategorie *Automatisierungsgeräte* sollen hier alle Arten von mikroprozessorbasierten Rechnersystemen zusammengefaßt werden, die für Steuerungsaufgaben unterhalb der Materialflußleitebene, d.h auf der Materialflußsteuerungsebene, eingesetzt werden. Die Materialflußsteuerungsebene, die nach Kap. 5.6 weitere Subebenen umfaßt, ist i.allg. mit unterschiedlich konzipierten Automatisierungsgeräten realisiert, um die jeweils gestellten Anforderungen optimal zu erfüllen. Automatisierungsgeräte müssen dabei im Vergleich zu universell in der DV eingesetzten Rechnern höheren Anforderungen genügen, die folgende Kriterien betreffen:

- Echtzeitbedingungen,
- Prozeßschnittstellen,
- Datenschnittstellen,
- Bedienung,
- mechanischer und elektrischer Aufbau,
- Schutzart,
- Ausfallsicherheit,
- Notstrategien.

Automatisierungsgeräte lassen sich in vier Hauptkategorien gliedern, die in Tabelle 6.3-1 zusammengestellt sind.

Tabelle 6.3–1: Gliederung rechnergestützter Automatisierungsgeräte

Automatisierungsgeräte			
Speicher-programmierbare Steuerungen SPS	Industrie Personal Computer IPC	Modulare Systeme	Mikrocontroller-Systeme

Unter die Kategorie der *Modularen Systeme* fallen beispielsweise:

- SMP-Bus-System,
- MULTIBUS I - System,
- MULTIBUS II- System und,
- VMEBus-System.

Die Anforderungen innerhalb der Einzelkriterien hängen von der Aufgabenstellung und der Zuordnung des Automatisierungsgerätes zu einer bestimmten Steuerungsebene ab.

Als Faustformal gilt: Je näher die Steuerungsebene dem Prozeß ist, desto größer muß die Flexibilität und Auswahlvielfalt im Aufbau der Automatisierungsgeräte für diese Ebene sein. Auf der untersten Steuerungsebene von Materialflußsystemen sind Automatisierungsgeräte gefordert, die sich flexibel mit entsprechenden Prozeßschnittstellen für die jeweilige Aufgabenstellung konfigurieren lassen und mit geeigneten Datenschnittstellen ausgerüstet werden können, um in einen Verbund mit anderen Automatisierungsgeräten und übergeordneten Steuerungen treten zu können.

Die Konfiguration eines Automatisierungsgerätes auf Basis von SPS, IPC oder Modularer Systeme wie VMEbus erfolgt derart, daß in einem *Aufbausystem* mit *Rückwandbus* und Stromversorgung eine Zentraleinheit (bei Multiprozessorsystemen auch mehrere) mit verschiedenen *Einschubkarten* entsprechend der benötigten Anzahl und Art der Ein- und Ausgänge kombiniert wird. Als reine Eingabe- und Ausgabebaugruppen werden z.B. angeboten:

- *Digitaleingabe* (z.B. 8/16/32 Eingänge, 24 V DC oder 230 V AC),
- *Digitalausgabe* (z.B. 8/16/32 Ausgänge, 24 V DC oder 230 V AC),
- *Analogeingabe* (z.B. 8 Analogeingänge, 0...10 V, 12 bit A/D-Wandlung),
- *Analogausgabe* (z.B. 4 Analogausgänge, -10 V...+10 V, 12 bit D/A-Wandlung).

Potentialgetrennte Ein- und Ausgänge sollten bevorzugt verwendet werden. Weiterhin sind aus Gründen der Handhabbarkeit Einschubkarten in *Frontanschlußtechnik* anderen Anschlußtechniken vorzuziehen.

Es werden zudem Einschubkarten angeboten, die neben der Bereitstellung der Prozeßschnittstelle bereits eine Signalvorverarbeitung durchführen und dadurch die CPU entlasten. Hierzu zählen Baugruppen zur:

- *Zählung*,
- *Wegerfassung*,
- *Positionierung* oder
- *Ventilansteuerung*.

Datenschnittstellen werden teilweise in Form von *Kommunikationsprozessoren* angeboten, die als Einschubbaugruppe selbständig die Kommunikation übernehmen und so die CPU für die eigentliche Steuerungsaufgabe entlasten. Benutzerschnittstellen werden ebenfalls über derartige Baugruppen realisiert, die den Transfer von Benutzereingaben zur CPU und die Darstellung von Prozeßdaten übernehmen.

Moderne Anlagen werden immer häufiger mit dezentralen Prozeßanschlüssen ausgerüstet. Dazu wird eine Anschlußbaugruppe für ein Feldbussystem oder Sensor/Aktor-Bussystem dem Steuerungsrechner hinzugefügt. Der Anschluß der Sensoren, Aktoren erfolgt direkt an dezentrale Baugruppen, die die Signale über den Bus an das Automatisierungsgerät leiten, so daß die vielen parallelen Signalleitungen eingespart werden.

Sogenannte *Kompaktsteuerungen* bieten im Vergleich hierzu nur eingeschränkte Konfigurationsmöglichkeiten, da diese Geräte in erster Linie als preiswerte Alternative zu Schützsteuerungen konzipiert sind und die wirtschaftliche Lösung einfacher Steuerungsaufgaben ermöglichen. Als Kompaktgerät verfügen diese *Low-cost-Steuerungen* in einem Gehäuse über eine Stromversorgung, eine

CPU mit Datenschnittstelle sowie eine feste Anzahl von Ein- und Ausgängen, z.B. acht digitale Eingänge, vier digitale Ausgänge, zwei analoge Eingänge, zwei analoge Ausgänge und ein Zählereingang. Sind zusätzliche Prozeßschnittstellen erforderlich, so bieten einige dieser Kompaktsteuerungen die Möglichkeit der Erweiterung mit speziellen Erweiterungsmodulen (z.B. PEP Smart-IO, SIMATIC S5-90U, -95U, -100U). Kompaktsteuerungen sind Klein-SPS, Mikrocontroller oder auch andere herstellerspezifische Lösungen.

Steuerungshersteller und -anwender benötigen ein offenes, standardisiertes Architekturkonzept, um die Integration der Steuerungskomponenten zu verbessern, die Kosten zu senken und die Leistung des Gesamtsystems zu steigern. Offene Systeme geben den Anwendern auch Gelegenheit, Komponenten von verschiedenen Herstellern einzusetzen. Ein solches Architekturkonzept umfaßt die Kommunikation über einen genormten, internen Bus, das Betriebssystem und das Netzwerkmanagement für die Kommunikation mit anderen Steuerungen.

6.4 Speicherprogrammierbare Steuerung

Auf der Einzelsteuerungsebene wird heute vorwiegend die *Speicherprogrammierbare Steuerung (SPS)* eingesetzt, die in ihrem Hardwareaufbau von vornherein industrietauglich konstruiert wurde. Dadurch werden die besonderen Anforderungen des industriellen Umfeldes erfüllt hinsichtlich Zuverlässigkeit, mechanischem Aufbau, Anschlußtechnik, galvanisch getrennter Signale, einfacher Erweiterbarkeit und Vielfalt direkt anschließbarer Sensorik.

Die große Verbreitung hat ihren Ursprung aber auch in der Herkunft der SPS, die als Ersatz für Schütz- und Relaissteuerungen entwickelt wurde. Das in seiner Denkweise durch unterschiedliche Ausbildungen geprägte Bedienpersonal konnte, unterstützt durch variable Programmdarstellungen der Entwicklungsoberfläche in KOP, FUP und AWL (vgl. Kap. 5.3.2), zügig in der neuen Technik ausgebildet werden. Insbesondere durch die *SIMATIC S5*, die zunächst in Deutschland und dann auch weltweit den SPS-Markt schnell beherrschte, besteht heute ein weit verbreitetes Wissen im Bereich der SPS-Programmierung vom Facharbeiter bis zum Ingenieur.

Aufbau

Bild 6.4-1 zeigt die prinzipielle Aufbaustruktur einer SPS, um deren grundsätzliche Arbeitsweise zu erläutern. Die wichtigsten Funktionselemente einer SPS sind die Zentraleinheit mit einem Mikroprozessor und dem Speicher, der in mehrere Bereiche aufgeteilt ist. Im Anwenderspeicher werden der Programmcode und die Datenbausteine des Anwenderprogrammes abgelegt.

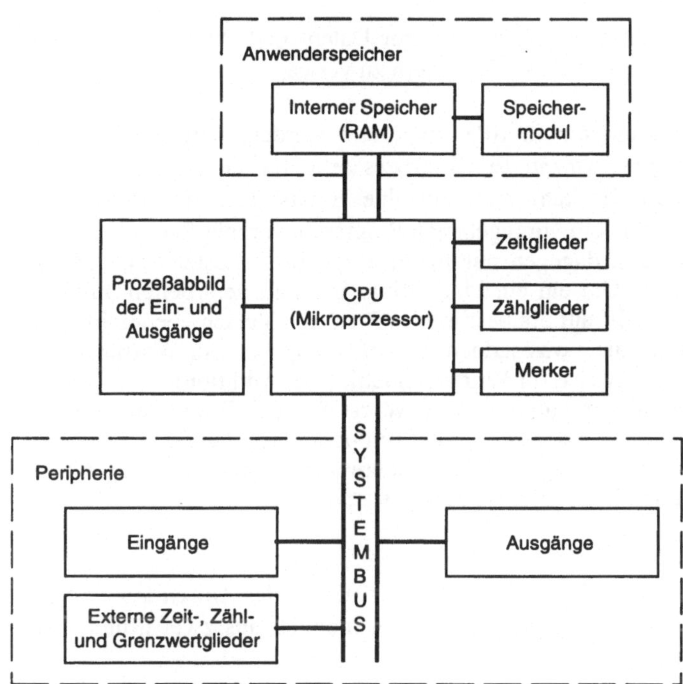

Bild 6.4-1: Grundbausteine einer SPS

Das *Prozeßabbild* ist ein Speicherbereich, in dem die aktuellen Werte der Ein- und Ausgänge für die Programmbearbeitung gespeichert werden. Die Speicher für Prozeßabbild und *Merker* sowie die *Zeitzellen* und *Zählerzellen* sind Speicherbereiche, auf die das Anwenderprogramm besonders schnell zugreifen kann.

Der Merkerbereich ist bit-, byte- oder wortweise adressierbar und sollte bevorzugt für häufig benötigte Arbeitsdaten verwendet werden. CPU, Speicher sowie die Prozeßschnittstellen kommunizieren über einen SPS-internen Bus. Für SPS werden als Speicher fast ausschließlich folgende programmierbare Speicher verwendet [STR90]:

- *RAM* (Schreib-Lese-Speicher) bieten höchste Flexibilität, erfordern als flüchtige Speicher jedoch Pufferbatterien zur Sicherung der gespeicherten Daten gegen Ausfall der Spannungsversorgung.
- *EPROM* (lösch- und programmierbare Nur-Lese-Speicher) sind zur Änderung des Speicherinhaltes aus dem Gerät genommen, um mit UV-Licht gelöscht zu werden. Sie können inhaltlich nur komplett gelöscht werden, um anschließend völlig neu beschrieben zu werden. EPROM-Speicher verlieren als nichtflüchtige Speicher zwar ihre Information bei Spannungsausfall nicht, sind aber wegen der umständlichen Neuprogrammierung (Zeitdauer für das Löschen ca. 20 Minuten) wenig flexibel.
- *EEPROM* (elektrisch lösch- und programmierbare Nur-Lese-Speicher) sind zwar wie RAM-Speicher zellenweise zu beschreiben, jedoch wegen der be-

grenzten Zahl von Schreibvorgängen nur zur Daten- und Programmsicherung als Hintergrundspeicher von RAM-Speichern zu verwenden.

Bei den Mikroprozessoren, die in SPS eingesetzt werden, unterscheidet man zwischen *Wort-* und *Bitprozessoren.* Ein Bitprozessor ist für die Verarbeitung von Binärsignalen konzipiert. Er kann z.B. einzelne Binärsignale der Reihe nach abfragen und entsprechend dem vorgegebenen Programm verknüpfen.

Ein Wortprozessor kann dagegen nur mehrstellige Binärmuster (z.B. 16 Bit) abfragen und verarbeiten. Um ein einzelnes Binärsignal zu verarbeiten, muß bei diesem Prozessor der Zugriff auf ein bestimmtes Bit durch Verschiebebefehle oder Maskierung realisiert werden, was jedoch zeitaufwendig ist. Ein Wortprozessor eignet sich deshalb vorzugsweise für Wortarithmetik (z.B. Addition).

Da bei vielen Steuerungsaufgaben sowohl Wort- als auch Bitoperationen auszuführen sind und Wortprozessoren für die Bitoperationen häufig zu langsam waren, wurden einige Steuerungen, insbesondere der oberen Leistungsklasse, sowohl mit Wort- als auch Bitprozessoren ausgestattet.

Arbeitsweise

Das in der CPU vorhandene Programm unterteilt sich in das *Anwender-* und das *Systemprogramm.* Das Anwenderprogramm wird modular aus zwei grundlegenden Bausteintypen erstellt:

- *Codebausteine (Programmbausteine, Funktionsbausteine, Schrittbausteine)* sind Bausteine, die Befehle enthalten,
- *Datenbausteine* sind Bausteine mit Konstanten und Variablen für das Anwenderprogramm.

Das Systemprogramm unterstützt die für eine SPS spezifischen Funktionen. Hierzu gehören:

- Aktualisierung der Prozessabbilder,
- Programmaufruf,
- Speicherverwaltung,
- Verwaltung der Anlaufarten,
- Programmüberwachung und Reaktion auf Fehler.

Das Systemprogramm ist fester Bestandteil des Automatisierungsgerätes und kann vom Anwender nicht verändert werden.

Die Arbeitsweise einer SPS ist in Form der wesentlichen Ablaufschritte in Bild 6.4-2 dargestellt. Das Anwenderprogramm wird zyklisch, Anweisung für Anweisung bearbeitet. Dazu werden mittels des Systemprogrammes vom Steuerwerk folgende Funktionen ausgeführt:

1. Um einen definierten Ausgangszustand herzustellen, werden bei einem Neustart der Steuerung zunächst das Prozeßabbild der Ausgänge *(PAA)* gelöscht, d.h. alle Ausgänge werden auf logisch Null gesetzt.
2. Das Prozeßabbild der Eingänge *(PAE)* wird aktualisiert, d.h. alle Signalzustände der Eingänge werden abgefragt und in das PAE geschrieben.
3. Das Anwenderprogramm wird Anweisung für Anweisung bearbeitet. Zur Abfrage des Signalzustandes eines Einganges wird auf das PAE zugegriffen

und nicht auf den Eingang selbst. Beim Setzen und Rücksetzen der Ausgänge durch das Anwenderprogramm wird zunächst nur das PAA überschrieben.

4. Nach Bearbeitung der letzten Anweisung wird das PAA auf die Ausgänge übertragen.
5. Die Punkte 2, 3 und 4 werden *zyklisch* durchlaufen.

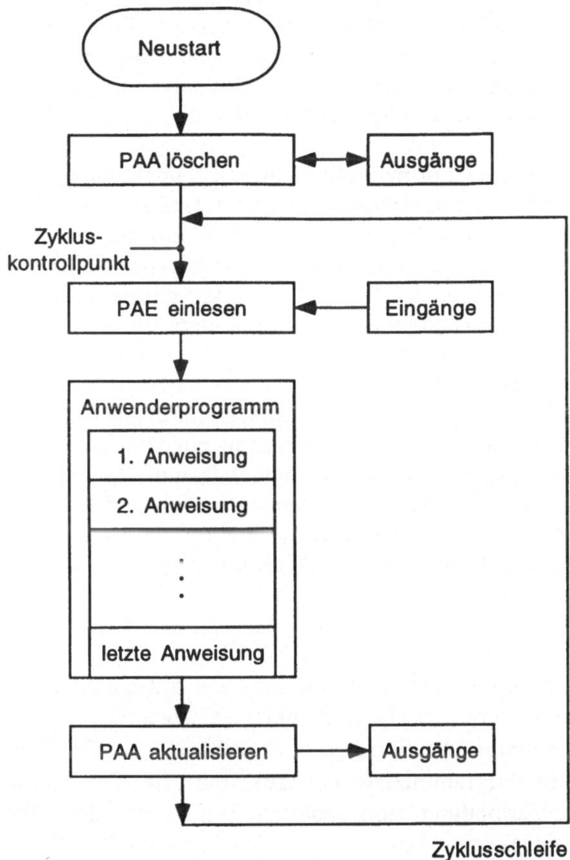

PAA: Prozeßabbild-Ausgänge
PAE: Prozeßabbild-Eingänge

Bild 6.4-2: Prinzipielle Arbeitsweise einer SPS

Die *Zykluszeit* wird vom Systemprogramm überwacht. Wird infolge von Programmfehlern bzw. Störungen ein vom Anwender programmierter Grenzwert überschritten, unterbricht das Systemprogramm die Bearbeitung des Anwenderprogrammes, bringt die Steuerung in den Stopzustand und schaltet alle Ausgänge auf logisch Null, um die Antriebe stillzusetzen. Zur Analyse der Unterbrechungsursache steht in der Regel ein Stackspeicher zur Verfügung, in dem angezeigt wird, welcher Art der aufgetretene Fehler ist und an welcher Stelle im Programm der Fehler aufgetreten ist.

Im Rahmen der zyklischen Programmsteuerung kann zusätzlich eine Synchronsteuerung (vgl. Kap. 5.4.2) realisiert werden. Dabei wird nach Ablauf eines definierten Zeitabschnittes das zyklische Programm zur Bearbeitung des zeitgesteuerten Programmes unterbrochen. Muß auf ein Ereignis besonders schnell reagiert werden, so kann dies im Sinn einer Asynchronsteuerung (vgl. Kap. 5.4.2) durch ein interruptgesteuertes Programm erfolgen. Ist durch ein Ereignis ein *Interrupt* erzeugt worden, unterbricht die CPU das zyklische Programm zur Bearbeitung des interruptgesteuerten Programmes. Die Zykluszeit erhöht sich jeweils um die Bearbeitungszeit für das zeitgesteuerte und interruptgesteuerte Programm.

Die oben beschriebene Arbeitweise ist prinzipiell für alle SPS unabhängig vom Hersteller gültig. Zur Lösung komplexerer Automatisierungsaufgaben lassen sich besonders leistungsfähige, große SPS durch den gleichzeitigen Einsatz mehrerer Prozessoren zu einem Mehrprozessorsystem ausbauen. Der Mehrprozessorbetrieb ermöglicht die parallele Nutzung spezieller Eigenschaften verschiedener CPU, beispielsweise eine CPU für Steuerungsaufgaben und eine andere für Visualisierungsaufgaben. Eine andere Möglichkeit ist die Aufteilung der Steuerungsaufgabe auf mehrere CPU, falls die Prozessorleistung einer einzelnen CPU nicht ausreichend ist. Vorraussetzung hierfür ist jedoch, daß sich die Steuerungsaufgabe in mehrere, weitgehend voneinander unabhängige Teilaufgaben gliedern läßt. Über den gemeinsamen Rückwandbus greifen die CPU nacheinander auf die Peripheriebaugruppen zu und bearbeiten unabhängig voneinander ihr individuelles Anwenderprogramm. Der Datenaustausch und die Koordination der CPU untereinander gestaltet die Projektierung eines solchen Mehrprozessorsystems deutlich komplexer als die eines Einzelprozessorsystems.

Programmierung

Die Entwicklung von SPS-Programmen erfolgt typischerweise mit sogenannten Programmiergeräten. Programmiergeräte *(PG)* sind meist PC-basierte, Laptop-ähnliche Mikrocomputer in spezieller Ausführung (z.B. schlagfestes Gehäuse, TTY-Schnittstelle und EPROM-Programmiersteckplätze). Für die Programmentwicklung muß noch keine Verbindung zum späteren Zielsystem, der SPS, bestehen (*Offline*-Programmierung).

Die Trennung zwischen *Entwicklungs-* und *Zielsystem* ist eines der kennzeichnenden Merkmale einer SPS. Nach der Übersetzung des Programmes in den steuerungsspezifischen Maschinencode kann das Programm in die SPS geladen werden. Hierzu muß eine Verbindung zwischen PG und SPS bestehen (*Online*-Betrieb). Der Maschinencode kann auch aus der SPS zurück in das PG geladen werden. Dabei findet automatisch eine Rückübersetzung in die Darstellungsform der Programmiersprache statt.

Im Online-Betrieb können verschiedene Testfunktionen, Fehlersuche und Programmkorrekturen durchgeführt werden. Besonders wertvoll in der Praxis ist die Eigenschaft einer SPS, daß Programmänderungen online durchgeführt werden können, d.h. ohne die Steuerung und damit auch die Anlage anhalten zu müssen.

An die Programmierung von SPS werden vielfältige Anforderungen gestellt. Zum einen kommen die Programmierer aus den unterschiedlichsten Berufsgruppen (Facharbeiter, Techniker und Ingenieure), zum anderen sollte die Programmierung sich sowohl an die konventionelle Schützsteuerungstechnik anlehnen als auch moderne, verteilte Steuerungssysteme mit komfortabler Bedienung berücksichtigen.

Dies führte in der Vergangenheit zu einer Vielzahl proprietärer Programmiersysteme, die sich mehr oder weniger an den vorhandenen Normen und Vorschriften (DIN 19237, DIN 19239, DIN 40719 Teil 6, VDI 2880) orientierten. Zwar haben sich die Programmiersprachen *Kontaktplan (KOP)*, *Funktionsplan (FUP)* und *Anweisungsliste (AWL)* allgemein etabliert, insbesondere weil der Marktführer Siemens diese Programmiersprachen mit seinem Programmierpaket *STEP 5* unterstützte, doch waren die Sprachelemente von Hersteller zu Hersteller zu unterschiedlich und an herstellerspezifischen Eigenschaften der SPS orientiert. Diese Problematik wird durch den weltweiten Standard IEC 1131-3 gelöst. Die IEC 1131-3 definiert eine hersteller- und geräteunabhängige, einheitliche Programmierung in fünf verschiedenen Programmiersprachen (vgl. Kap. 6.9).

Auch das Entwicklungspaket *STEP 7*, für die SPS-Familie *SIMATIC S7* als Nachfolger der SIMATIC S5, orientiert sich an der IEC-Norm. Die Entwicklungsoberfläche ist hier auch nicht mehr Siemens-spezifisch, sondern setzt auf dem in der PC-Welt weit verbreiteten Windows-Betriebssystem auf.

6.5 Industrie Personal Computer

Der Personal Computer wurde in erster Linie für den Einsatz im Bürobereich konzipiert. Dies schlägt sich in einer Architektur nieder, die für das interaktive Arbeiten an Bildschirmarbeitsplätzen geschaffen wurde und sich damit von einer SPS unterscheidet, deren Architektur auf Prozeßschnittstellen zugeschnitten ist. Die Schwerpunkte der *PC-Architektur* liegen in der Einbindung von Peripheriegeräten wie:

- Eingabemedien (Tastatur, Maus, ...)
- Bildschirm (grafische Benutzeroberflächen),
- Drucker,
- Speichermedien,
- Rechnernetzwerk.

In Tabelle 6.5-1 ist ein Überblick über die verschiedenen Busarchitekturen für *Büro-PC* dargestellt. Durch den offengelegten Standard für die *XT-Architektur* des IBM-PC legte IBM die Grundlage für die heutige PC-Welt. Als offenes System, das mit Karten beliebiger Hersteller bestückt werden konnte, fand das PC-Konzept schnell ein große Verbreitung.

Mit dem Nachfolger *IBM-AT* wurde ein neuer 16-bit-Busstandard spezifiziert. Der *ISA-Bus* wurde als Erweiterung des XT-Busses so konzipiert, daß XT-Einsteckkarten weiterhin verwendet werden konnten.

Mit dem Einzug der 32-bit- Prozessoren entwickelte IBM die *Micro Channel Architecture (MCA)*, die jedoch nicht offengelegt wurde und als proprietärer Bus keine große Bedeutung erlangte. In der MCA wurde die Idee der automatischen Konfiguration zuerst verwirklicht. Die *EISA-Architektur* wurde als Erweiterung der ISA-Architektur auf 32 bit wiederum als offener Standard eingeführt. Als weitere Standards wurden die sogenannten lokalen Busse *VLB* und *PCI* eingeführt. Der VLB wurde, in erster Linie für Hochleistungs-Grafikkarten, speziell für den 80486-Prozessor entwickelt. Die Architektur des PCI-Busses ist für den sogenannten *Plug and Play*-Standard vorgesehen, der eine besonders einfache Installation von Peripheriekarten erlaubt, ohne daß sich der Benutzer mit Port-, DMA- und IRQ-Konflikten beschäftigen muß. Für detailliertere Ausführungen zum Thema Hardware von Standard-PC sei auf [MES95] verwiesen.

Tabelle 6.5–1: PC-Architektur

Busarchitektur	**XT**	**ISA** *Industry Standard Architecture (auch AT-Bus genannt)*	**MCA** *Micro Channel Architecture*
Datenbus Adreßbus	8 bit 20 bit	8/16 bit 24 bit	16/32 bit 32 bit
Busfrequenz	4,77 MHz	8,33 MHz	10 MHz
maximale Übertragungs-rate	4,77 Mbyte/s	8,33 Mbyte/s	20 Mbyte/s
spezielle Eigenschaften		offen	IBM proprietär (nicht mit ISA, EISA und VLB kompatibel)
Preis	niedrig	niedrig	hoch

Busarchitektur	**EISA** *Enhanced Industry Standard Architecture*	**VLB** *VESA Local Bus*	**PCI** *Peripheral Component Interconnect*
Datenbus Adreßbus	32 bit 32 bit	32 bit 32 bit	32 bit (opt. 64) 32 bit (opt. 64)
Busfrequenz	8,33 MHz	33-50 Mhz (3 slots: 33, 2 slots: 40, 1 slot: 50),	33 MHz, (bis zu 66 MHz PCI 2.1 Option)
maximale Übertragungs-rate	33 Mbyte/s	66 Mbyte/s	66 Mbyte/s (bis 133 Mbyte/s bei 64 bit Option)
spezielle Eigenschaften	rückwand-kompatibel mit ISA	Koexistenz mit ISA, EISA; Einschübe limitiert auf 2 bis 3 Karten; rückwand-kompatibel mit ISA	Koexistenz mit ISA, EISA und MCA; Einschübe limitiert auf 2 bis 3 Karten
Preis	hoch	mittel	mittel

Spezielle Speicherbereiche für Steuerungsaufgaben, wie sie für eine SPS charakteristisch sind (Prozeßabbilder, Merkerbereich, Zeit- und Zählerglieder), weist ein PC nicht auf. Ein PC besitzt jedoch neben dem Hauptarbeitsspeicher einen *Cache-Speicher*, der ab der 80486-Prozessorgeneration direkt auf dem Prozessorchip untergebracht ist. Ein Cache-Speicher ist ein schneller Vordergrundspeicher, der sich durch besonders kurze Zugriffszeiten auszeichnet, aber nicht explizit in einem Anwenderprogramm adressiert werden kann. Ziel des Einsatzes eines Cache-Speichers ist es, darin stets die am häufigsten gebrauchten Daten (Operanden und Programmteile) unterzubringen, so daß der Prozessor die Mehrzahl der Zugriffe auf diesen schnellen Speicher und nicht auf den langsamen Arbeitsspeicher durchführen kann. Dadurch wird eine Verkürzung der Bearbeitungszeit für den Programmablauf erreicht, s. auch [BÄH91].

Ein *industrietauglicher* PC, der sogenannte *IPC*, zeichnet sich im Vergleich zum Büro-PC durch die im folgenden aufgeführten wesentliche Merkmale aus.

Aufbau
IPC sind in der Regel für den Einsatz in 19"-Aufbausystemen konzipiert, verfügen über ein leistungsfähiges Rückwand-Bussystem und lassen sich ähnlich einer SPS mit verschiedenen Einschubkarten bestücken, s. Bild 6.5-1. Man unterscheidet zwei verschiedene Höhenformate, Einfach- (3HE) und Doppel-Europaformat (6HE) (vgl. Kap. 6.10).

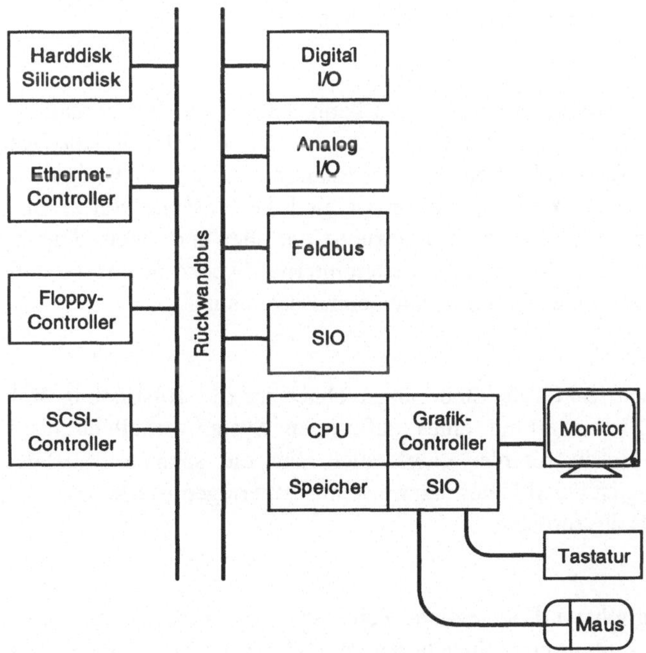

Bild 6.5-1: Prinzipieller Aufbau eines Industrie-PC

Bussystem
Das Bussystem für einen IPC zeichnet sich gegenüber den in Büro-PC üblichen Bussystemen durch die höhere mechanische Stabilität und die elektrische Auslegung zur Aufnahme von mehr als fünf Einschubkarten aus. Der ISA-Bus hat

zwar eine hohe Verbreitung und man findet ihn auf Grund des großen Produktangebotes auch im industriellen Einsatz, als Nachteil erweisen sich jedoch die ungenormte Kartengröße, labile Mechanik, unbefriedigende Frontplatten und Steckverbindungen. Bussysteme, die den erhöhten Anforderungen im industriellen Bereich voll genügen sind der SMP-Bus und der AT96-Bus, für die das Produktangebot jedoch deutlich kleiner ausfällt.

Der Vollständigkeit halber sei hier auch noch der PC/104-Bus erwähnt, eine sehr kompakte Version des ISA-Busses. Der PC/104-Bus wurde insbesondere zur Integration der PC-Architektur in industrielle Produkte, als sogenannte embedded Applikationen (vgl. Kap. 6.8) entwickelt, die Ansprüche hinsichtlich reduziertem Platz- und Energieverbrauch gegenüber einem Standard-PC stellen.

PC-Kompatibilität

Um in der industriellen Anwendung vom Hardware- und Softwareangebot des PC-Massenmarktes profitieren zu können, ist die volle PC-Kompatibilität erforderlich, d.h. ein PC-Chipsatz und ein PC-BIOS. Durch die Wahl des Prozessors und den stufenweisen Ausbau des Arbeitsspeichers läßt sich der IPC unter den Aspekten Preis und Leistung entsprechend der Aufgabe konfigurieren. IPC profitieren insbesondere von den Fortschritten bei den Prozessoren, Speichern und den Softwaretools, die hier besonders zügig einfließen können.

Echtzeit

Damit ein IPC Steuerungsaufgaben übernehmen kann, muß er die Echtzeitanforderungen des zu steuernden Prozesses erfüllen, dh. er muß ein deterministisches Zeitverhalten aufweisen. Dazu gehört die schnelle Reaktion auf externe Ereignisse per *Interrupt*, die Generierung zyklischer Interrupts und die Messung von Zeitintervallen. Der PC verfügt zwar über zwei Interrupt-Controller und einem Timer-Baustein; diese sind jedoch weitgehend für systeminterne Zwecke belegt, so daß für den IPC zusätzliche Hardware-Komponenten einzusetzen sind.

Sicherheit

Beim Einsatz von Industrie-PC als Steuerungsrechner ist die Ausrüstung mit einem *Watchdog* zur Sicherstellung eines definierten Systemverhaltens nach einem Software- oder Hardwarefehler unerlässlich. Für die spannungsausfallsichere Datenspeicherung ist der IPC vorzugsweise mit batteriegepufferten *SRAM*-Bausteinen (Static RAM) auszurüsten.

Speichermedien

In einem IPC sollte möglichst auf bewegliche Teile verzichtet werden. Durch den Einsatz bootfähiger, hochintegrierter Speicherkarten (Silicon-Disks auf Basis von Flash-EPROM) als Massenspeicher läßt sich diese Forderung weitgehend erfüllen. Bei sehr großem Speicherbedarf sind Festplatten einzusetzen. In bezug auf Schockfestigkeit sind hier allerdings Festplatten zu wählen, die auch für den Einsatz in Laptops konstruiert sind.

Baugruppen

Der Umfang lieferbarer Ein-Ausgabe-Baugruppen ist vergleichbar mit dem Angebot auf dem SPS-Markt. Das Angebot an Datenschnittstellen umfaßt nahezu alle Kommunikationsmöglichkeiten, die in Kap. 7 beschrieben sind. Spezielle Baugruppen für Benutzerschnittstellen entfallen hier, da sich der PC bereits durch leistungsfähige Grafik-Controller auszeichnet. Deren Komplexität stieg durch die Forderungen nach immer höheren Auflösungen und größeren Verarbeitungsgeschwindigkeiten derart an, daß sie mit der des eigentlichen Mikroprozessors verglichen werden kann.

Arbeitsweise

Die Arbeitsweise eines IPC hängt neben der Architektur im wesentlichen von der Software und deren Möglichkeiten ab. Ähnlich der SPS wird auch hier zwischen Anwenderprogramm und Betriebssystem differenziert; mit dem Unterschied, daß das Systemprogramm bei der SPS ein fester, proprietärer Bestandteil derselben ist, während bei IPC mehrere Alternativen an Betriebssystemen zur Auswahl stehen. Eine unerläßliche Notwendigkeit für die sichere Steuerung von Prozessen ist ein deterministisches Zeitverhalten bei der Bearbeitung des Steuerprogrammes und bei Reaktionen auf externe Ereignisse. Dies wird durch sogenannte *Echtzeitbetriebssysteme* (vgl. Kap. 6.8) garantiert. Im Bürobereich besteht diese Echtzeitforderung naturgemäß nicht, so daß Betriebssysteme wie Windows 95/98, Windows NT, OS/2 oder UNIX diese Eigenschaft auch nicht aufweisen.

Beim IPC sind wie bei der SPS zyklische, zeitgesteuerte und interruptgesteuerte Programmsteuerungen realisierbar. Dazu wird das Anwenderprogramm in der Regel in mehrere Teilprogramme strukturiert, die als selbständige Prozesse, sogenannte Tasks, gestartet werden. Das Betriebssystem übernimmt die Verwaltung der Tasks, teilt die Prozessorzeit nach Prioritäten zwischen den Tasks auf, bearbeitet Interrupts und koordiniert die Kommunikation zwischen den Tasks. IPC sind nach der *von-Neumann-Architektur* aufgebaut, die nur für das sequentielle Abarbeiten von Programmen konzpiert ist. Die einzelnen Tasks können jedoch nicht unabhängig voneinander vollständig abgeschlossen werden, da zum einen Kommunikationsbedarf zwischen ihnen besteht und zum anderen die Aufgaben nebenläufig behandelt werden müssen. Ein Beispiel hierfür ist die Steuerung eines RBG mittels IPC, bei der die Positioniersteuerung der Achsen und die Sicherheitsüberwachung als selbständige Tasks realisiert sind und daher gleichzeitig bearbeitet werden müssen. Dazu wird jeder Task vom Betriebssystem eine bestimmte Prozessorzeit in Form sogenannter Zeitscheiben zugeteilt, so daß man eine quasi-parallele Bearbeitung erreicht. Die spezielle Thematik der Echtzeitbetriebssysteme wird detailliert in Kap. 6.8 behandelt.

Die Softwareschnittstelle zwischen dem Anwenderprogramm und den Peripheriebaugruppen des IPC wird durch *Gerätetreiber* realisiert, die organisatorisch dem Betriebssystem zuzuordnen sind. Wegen der großen Vielfalt der Peripheriebaugruppen unterschiedlichster Hersteller, die für den IPC als offenes System kennzeichnend ist, kann nicht für jede Baugruppe ein passender Treiber mit dem Betriebssystem ausgeliefert werden. Die Treiber werden daher zusammen mit den Baugruppen für die gängigsten Betriebssysteme angeboten.

Programmierung
Zur *Programmierung* von Steuerungssystemen auf PC Basis werden zahlreiche, meist Windows-basierte Entwicklungstools angeboten. Man kann zwischen den für allgemeinen, nicht anwendungsspezifischen Entwicklungtools der verschiedenen Programmiersprachen (z.B. C, C++, PASCAL, BASIC) und speziellen Entwicklungstools für Steuerungen auf IPC-Basis unterscheiden. Die letzteren werden auch als *Software-SPS* bezeichnet.

Die Idee der Software-SPS ist es, die SPS-Funktionalität auf einem IPC nachzubilden. Als Vorteile gegenüber der klassischen SPS sind dabei insbesondere die offene Systemarchitektur, die komfortable Bedienoberfläche und die hohe Innovationsgeschwindigkeit der PC-Technik zu sehen.

Die Software-SPS besteht aus einem Entwicklungssystem und einem Laufzeitsystem. Die Entwicklungsumgebung unterstützt die Programmerstellung mit Programmiersprachen, die sich i.allg. an der IEC 1131-3 orientieren. Das erstellte Programm wird zunächst auf lexikalische, syntaktische und semantische Fehler überprüft. Bei Fehlerfreiheit kann ein ablauffähiger Maschinencode erzeugt werden und dieser in das Laufzeitsystem geladen werden.

Das Laufzeitsystem bildet das SPS-Verhalten auf dem PC nach. Es ist für die Abarbeitung des erstellten Steuerungsprogrammes und die Steuerung des Prozesses unter einem Echtzeitbetriebssystem verantwortlich. Um das Steuerungsprogramm auf seine Funktionalität hin zu testen, steht in der Entwicklungsumgebung als Hilfsmittel ein Debugger zur Verfügung. Mit einem Sourcelevel-Debugger kann die Programmabarbeitung im Quellprogramm am Bildschirm verfolgt und beeinflußt werden. So kann das Programm schrittweise per Tastendruck bearbeitet werden oder an bestimmten Stellen (Breakpoints) angehalten werden, um etwa Werte von Variablen zu analysieren.

Das Laufzeitsystem kann die Prozeßdaten nicht nur zum Zweck der Inbetriebnahme und Wartung, sondern auch anderen Systemen zu Visualisierungszwecken zur Verfügung stellen.

6.6 VMEbus Industrierechner

Der *VMEbus* wurde 1981 speziell für die 680x0-Prozessorlinie von Motorola in industriellen Anwendungen spezifiziert. Er kombinierte als erster Busstandard die Leistungsfähigkeit moderner 32-bit-Prozessoren mit der Flexibilität eines modularen Systems. Aus der Offenlegung der Spezifikation entstand die Norm ANSI/IEEE 1014-1987. Heute ist der VMEbus das international meistverbreitetste, offene, industrielle Bussystem überhaupt. Zusätzlich zur ursprünglichen Motorola 680x0-Linie werden VMEbus-Baugruppen mit Prozessoren wie DEC Alpha, MIPS, i960, PowerPC, 80486 angeboten.

Die Stärke des VMEbus liegt besonders in der Flexibilität, die dem Anwender eine Reihe von Freiheitsgraden eröffnet. Erforderlich ist dies, wenn die endgültige Anwendung zum Zeitpunkt der Systemauswahl noch nicht genau genug festgelegt werden kann, wie in der Forschung und Entwicklung. Aus tausenden von Produkten, angeboten von über 200 Herstellern, lassen sich maßgeschneiderte Lösungen für die unterschiedlichsten Einsatzfälle zusammenstellen. Die Flexibilität des VMEbus wird von keiner anderen Steuerungshardware erreicht.

Aufbau

Die VMEbus-Spezifikation definiert eine Schnittstelle, um Prozessoren, Speicher und Peripheriebaugruppen untereinander zu koppeln. Sie beschreibt die mechanischen und elektrischen Eigenschaften sowie die Abläufe bei der Kommunikation der Einheiten mit dem VMEbus.

Der VMEbus ist ein Rückwandbus mit zwei nach DIN 41612 genormten, dreireihigen, 96poligen Steckverbindern P1 und P2. Während für Entwicklungssysteme Towergehäuse üblich sind, werden die Zielsysteme i.allg. in 19"-Bauweise (vgl. Kap. 6.10) realisiert. Bis zu 21 Einschubbaugruppen können in einem 19"-Aufbausystem installiert werden. VMEbus-Baugruppen haben das Einfacheuropaformat (3HE) mit P1-Stecker oder das Doppeleuropaformat (6HE) mit P1- und P2-Stecker, vgl. Kap. 6.10.

Tabelle 6.6–1: Eigenschaften des VMEbus [PET93]

Kriterium	Spezifikation
Datenbus	8, 16, 24, 32, 64 bit
Adreßbus	16, 24, 32, 64 bit
Transfermechanismus	asynchron
Max. Übertragungsrate	40 Mbyte/s 80 Myte/s (VME64)
Interruptebenen	7
Spezielle Eigenschaften	Dynamische Anpassung der Daten- und Adressbusbreite, Master-Slave-Architektur, Multiprocessing, bis zu 21 Prozessoren

Der P1-Stecker unterstützt die 16- und 24-bit-Adressierung sowie eine Datenbusbreite von 8 oder 16 bit. Zusätzlich werden die 32 Leitungen der mittleren Reihe des P2-Steckers für 32-bit-Adressbusbreite und Datenbusbreite verwendet. Die übrigen 64 Leitungen des P2-Stecker stehen dem Benutzer zur freien Verfügung. Eine 64-bit-Option für Adress- und Datenbus unter Beibehaltung der Steckerbelegung existiert seit 1990; sie ist auch unter dem Namen *VME64* bekannt. Erreicht wird dies durch Multiplexen der jeweils 32 Daten- und Adreßleitungen. In Tabelle 6.6-1 sind einige, wichtige Eigenschaften des VMEbus aufgelistet.

Arbeitsweise

Der VMEbus nutzt eine *Master-Slave-Archiktektur*. Eine Master-Baugruppe überträgt Daten von und zu einer oder mehreren Slave-Baugruppen. Es können mehrere Master am Bus teilnehmen (Multiprocessing). Bevor ein Master Daten übertragen kann, muß zunächst der Zugang zum Bus bei dem sogenannten zentralen *Arbiter* angemeldet werden. Der Arbiter ist Teil eines Moduls, das mit System Controller bezeichnet wird, und hat die Aufgabe der Busverwaltung. Alle Busaktivitäten finden auf einem der vier Sub-Busse statt, die mit Data Transfer Bus, Data Transfer Arbitration Bus, Priority Bus und Utility Bus bezeichnet werden.

Der VMEbus ist asynchron, d.h. es existiert keine feste Busfrequenz, um den Datentransfer zu koordinieren. Der Datentransfer zwischen zwei Baugruppen wird über Handshake-Signale koordiniert. Die Dauer eines Datentransfers wird dabei durch die langsamere Baugruppe bestimmt. Für weitere Informationen bezüglich der Bus-Arbeitsweise sei auf die VMEbus-Spezifikation [VIT87] verwiesen.

Beim VMEbus-System sind wie bei IPC und SPS zyklische, zeitgesteuerte und interruptgesteuerte Programmsteuerungen realisierbar. Das Anwenderprogramm wird dabei in mehrere Teilprogramme strukturiert, die als selbständige Tasks ablaufen. Ein Echtzeit-Multitasking-Betriebssystem wie OS-9 (vgl. Kap. 6.8) übernimmt die Verwaltung der Tasks, teilt die Prozessorzeit nach Prioritäten zwischen den Tasks auf, bearbeitet Interrupts und koordiniert die Kommunikation zwischen den Tasks.

Die Softwareschnittstelle zwischen dem Anwenderprogramm und den Peripheriebaugruppen des VMEbus-Rechners wird durch *Gerätetreiber* realisiert, die zusammen mit den jeweiligen Peripheriebaugruppen ausgeliefert werden.

Programmierung

Die Programmierung einer Steuerung auf VMEbus-Basis geschieht i.allg. an Terminals mit einem C- oder C++-Entwicklungstool (z.B. ANSI-C von Microware). Der Ablauf einer Programmentwicklung für VMEbus-Systeme ist vergleichbar mit dem PC.

Da die Stückzahlen der VMEbus-Systeme deutlich niedriger als bei den PC-Systemen sind, ist die Auswahl an verfügbarer Anwendersoftware vergleichsweise gering. Die Innovationszyklen sind ebenfalls deutlich länger als bei den PC-Systemen.

6.7 Robotersteuerungen

Auf Grund der Bedeutung von *Robotern* im Materialfluß (Kommissionieren, Palettieren, Depalettieren) soll hier - der Vollständigkeit halber - noch die Klasse der Robotersteuerungen erwähnt werden. Sie unterscheiden sich von den zuvor beschriebenen Automatisierungsgeräten dadurch, daß sie durch ihre spezielle Konzeption in ihrem Einsatzbereich auf Roboter beschränkt bleiben.

Die meisten Industrieroboter haben mikroprozessorbasierte Steuerungen. *Robotersteuerungen* stellen Berechnungsfunktionen, Schrittketten, Speicherfunktionen und Schnittstellen zu Sensoren, Greifern, Werkzeugen und anderen peripheren Einheiten zur Verfügung. Zur datentechnischen Einbindung in industrielle Kommunikationssysteme stehen ebenfalls Schnittstellen zur Verfügung.

Robotersteuerungen bearbeiten die Schritte einer gegebenen Anwendung, indem sie eine programmierte Folge von Anweisungen ausführen, die aus einer Folge von Positionen für die einzelnen Bewegungsachsen des Roboters bestehen.

Die Programmierung von Robotersteuerungen geschieht entweder online, d.h. direkt an der Steuerung oder offline über entsprechende Programmiergeräte. Roboterhersteller benutzen typischerweise proprietäre Programmiersprachen zur Programmierung ihrer Steuerungen. Eine spezielle Art der Roboterprogrammierung wird mit *Teach-in*-Systemen realisiert. Teach-in-Systeme verlangen keinerlei Programmierkenntnisse. Bei der Teach-in-Programmierung werden einfach nacheinander die für den zu realisierenden Bewegungsablauf erforderlichen Raumpositionen per Hand angefahren und deren Koordinaten in der Steuerung gespeichert. Der gespeicherte Bewegungsablauf kann dann beliebig oft wieder aufgerufen werden.

6.8 Echtzeitdatenverarbeitung und -betriebssysteme

Die Sonderstellung der *Echtzeitdatenverarbeitung* resultiert daraus, daß das Rechnersystem seine Eingabedaten unmittelbar aus dem zu beeinflußenden Prozeß bezieht und die Ergebnisse ebenso unmittelbar auf diesen Prozeß einwirken. Das Rechnersystem kann also direkt ohne menschlichen Eingriff mit dem Prozeß Daten austauschen. Dabei hat der Zeitpunkt der Dateneingabe und der Bereitstellung der Ergebnisse von Berechnungen per Datenausgabe eine besondere Bedeutung.

Der Begriff Echtzeit wird vielfach im Zusammenhang mit besonders schnellen Rechnern verwendet. *Echtzeitfähigkeit* und Leistungsfähigkeit eines Rechnersystems sind jedoch keinesfalls auf eine Stufe zu stellen. Die Echtzeitdatenverarbeitung zeichnet sich lediglich dadurch aus, daß sie ein deterministisches Zeitverhalten bei Reaktion auf ein internes oder externes Prozeßereignis garantiert. Die zulässige Zeitschranke ergibt sich dabei aus der Analyse des zu steuernden Prozesses. Sie erstreckt sich vom Millisekunden-Bereich bei der Regelung hochdynamischer Prozesse bis in den Stundenbereich bei sehr trägen verfahrenstechnischen Prozessen. Bei der Steuerung von Materialflußprozessen bewegen sich die Echtzeitforderungen für die Reaktionszeit vom Millisekunden-Bereich (z.B. schnelle Sortieranlagen, Automatikkrane, Roboter) bis in den Sekundenbereich (z.B. Palettenfördertechnik).

Grundlagen der Echtzeitdatenverarbeitung

In Abhängigkeit von den Folgen, die bei Überschreitung der Zeitschranken eintreten können, unterscheidet man *harte* und *weiche Echtzeitanforderungen.* Entsteht bei einer möglichen Überschreitung Gefahr für die Sicherheit von Mensch und Umwelt oder die Gefahr eines erheblichen Schadensumfanges in der Anlage sind hohe Anforderungen an das System zu stellen. Bei einem weichem Echtzeitsystem sind die Zeitschranken einzuhalten, jedoch ist eine Verletzung der Echtzeitbedingungen in Ausnahmefällen tolerierbar, wie bei der Darstellung von Prozeßdaten zu Visualisierungszwecken, da sie nicht zu fatalen Systemzuständen führt. Die Garantie der Einhaltung bei allen möglichen Systemzuständen erfordert in der Regel ein für den Normalbetrieb erheblich überdimensioniertes Rechnersystem [WOL96]. Aus Kostengründen sind daher die Toleranzen in den Anforderungen im einzelnen genau festzulegen.

Die *Reaktionszeit* t_R eines Systems setzt sich aus der *Wartezeit* t_W und einer *Verarbeitungszeit* t_V zusammen, s. Bild 6.8-1. Von einem Echtzeitbetriebssystem ist unter allen Umständen sicherzustellen, daß die Reaktionszeit t_R jederzeit kleiner ist als eine maximal erlaubte *Grenzzeit* t_{Rmax}, die wiederum kleiner ist als die des schnellsten Prozeßereignisses t_P [FÄR94].

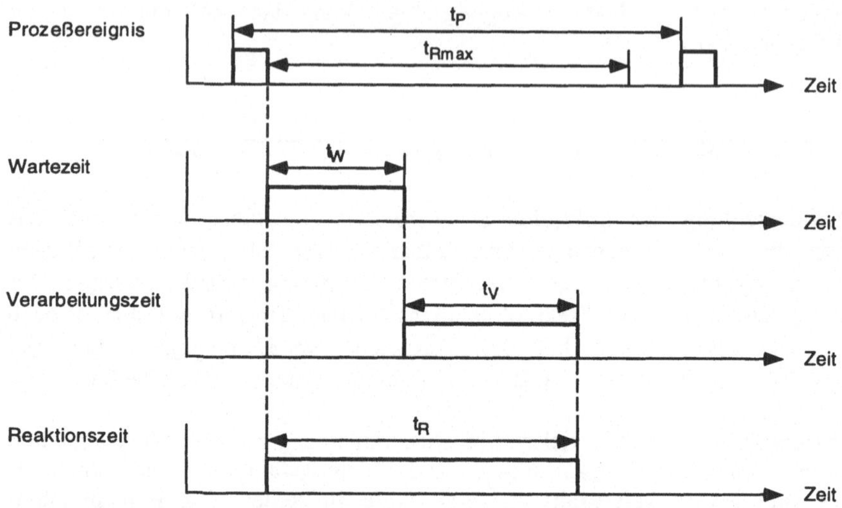

Bild 6.8-1: Definition der Zeiten in der Echtzeitdatenverarbeitung

Ein weiterer Aspekt der Echtzeitdatenverarbeitung ist die Forderung nach gleichzeitiger Bearbeitung mehrerer *Rechenprozesse*, die üblicherweise als Prozesse oder *Tasks* bezeichnet werden. Hier wird der Begriff Task verwendet, um Verwechselungen mit dem zu steuernden Prozeß auszuschließen. Tasks sind eigenständige Rechenprozesse, die eine in sich weitgehend abgeschlossene Aufgabe erfüllen.

Die in der Prozeßsteuerung eingesetzten Rechner sind in großer Mehrheit nach der von-Neumann-Architektur aufgebaut, die für die sequentielle Bearbeitung von Programmen konzipiert ist. Parallelrechnerarchitekturen werden nur in Ausnahmefällen, wenn eine besonders hohe Rechnerleistung zu erbringen ist, eingesetzt. Bei Ein-Prozessor-Systemen spricht man von quasi-Parallelität, die durch einen sogenannten *Scheduler* (Verteiler) ermöglicht wird. Der Scheduler sorgt dafür, daß jede Task eine bestimmte Rechenzeit auf dem Prozessor zugeteilt bekommt.

In Bild 6.8-2 ist ein einfaches Zustandsmodell für eine Task dargestellt. Die Anzahl und die Bezeichnung der Zustände, die für Tasks definiert sind, variieren zwischen den verschiedenen Betriebssystemen. Unabhängig von betriebssystemspezifischen Besonderheiten befindet sich dabei jede Task prinzipiell immer in einem der fünf Zustände *BEREIT*, *AKTIV*, *SCHLAFEND*, *WARTEND* oder *BEENDET*. Diese Zustände werden in Form von Listen geführt. Die *BEREIT*-Liste enthält die für die Prozessorzuteilung bereitstehenden Tasks. Die Reihenfolge wird hierbei durch das Scheduling-Verfahren bestimmt, die weiter unten erläutert werden. Wird einer Task der Prozessor zugeteilt, geht sie in den aktiven Zustand über und bearbeitet das Programm bis ihr der Prozessor wieder entzogen wird.

Allgemein entsteht ein Wartezustand für eine Task, wenn sie auf ein externes oder internes Ereignis, wie beispielsweise ein Signal von einer anderen Task, wartet. Eine Task kann auch in einen Schlafzustand versetzt werden, der eine bestimmbare Anzahl von Zeitscheiben andauert. Wenn eine Task vollständig abgearbeitet ist oder auch von einer anderen Task abgebrochen wurde, geht sie in den Zustand beendet über und wird anschließend aus den Listen gelöscht.

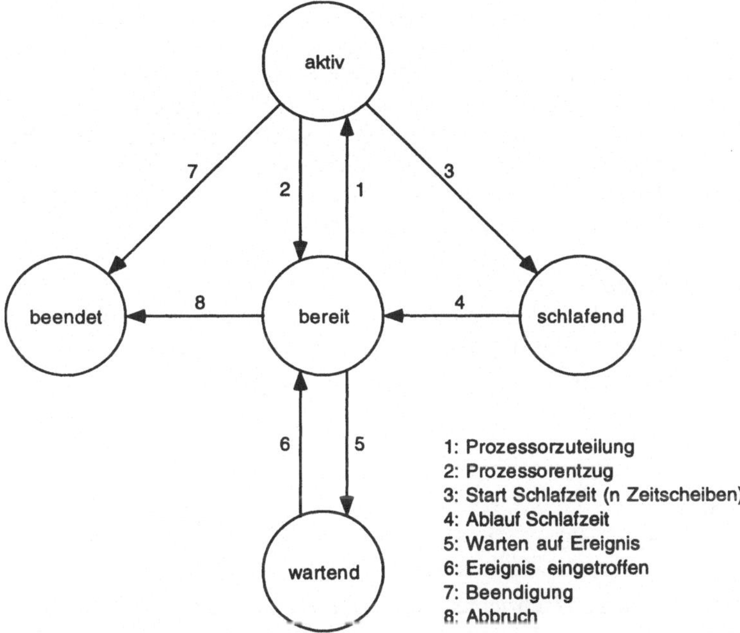

Bild 6.8-2: Einfaches Zustandsmodell für eine Task

Scheduling-Verfahren

Als Scheduling-Verfahren kommen verschiedene, meist heuristische Verfahren zum Einsatz [WOL96]. Der einfachste Scheduling-Algorithmus *FCFS (First Come First Serve)* arbeitet nach dem FIFO-Prinzip, d.h. alle Ereignisse treffen in einer Warteschlange ein und werden nacheinander bearbeitet. Eine deterministische Antwortzeit kann für solche Systeme nicht sichergestellt werden.

Beim *Round-Robin*-Verfahren werden alle Tasks eine bestimmte Zeit, Zeitscheibe oder time slice genannt, bearbeitet, bevor sie unterbrochen werden und der Prozessor der nächsten Task zur Nutzung überlassen wird. Reine Round-Robin-Verfahren werden in der Regel für time-sharing-Systeme eingesetzt. Für Steuerungsanwendungen sind sie weniger geeignet.

Beim *kooperativen Multitasking* enscheidet jede Task selbst, wann sie eine Weitergabe des Prozessors zulassen soll. Dazu wird in unregelmäßigen Abständen der Scheduler explizit aufgerufen. Als Nachteil erweisen sich bei diesem Vorgang die mangelnde Robustheit gegenüber fehlerhaften Tasks und die Notwendigkeit, für einen echtzeittauglichen Einsatz die maximalen Abstände des Aufrufs festzulegen. Als Beispiel sei hier das PC-Betriebssystem MS-WINDOWS 3.x genannt, bei dem dieses Verfahren zu einem nichtdeterministischen Verhalten führt, was den Einsatz für Echtzeitanwendungen verbietet [WOL96].

Die klassische Lösung für Echtzeitanwendungen ist das prioritätsgesteuerte Scheduling. Jedem Prozeß wird vom Benutzer bei der Programmierung eine

Priorität zugewiesen. Die Priorität ist eine Zahl, die angibt, an welcher Stelle eine ablaufbereite Task in das Ranggefüge aller zu einem bestimmten Zeitpunkt ablaufbereiten Tasks eingefügt wird. Der Prozessor wird stets der ablaufbereiten Task höchster Priorität zugewiesen.

Man spricht von *preemptiven Multitasking*, wenn eine Task während ihres Ablaufs durch einen Prozeß höherer Priorität unterbrochen werden kann. Ein Sonderfall liegt vor, wenn mehrere Tasks dieselbe Priorität besitzen. In diesem Fall wird der Prozessor üblicherweise nach dem Round-Robin-Verfahren zugewiesen.

Eine andere Möglichkeit zur Vermeidung dieser Konfliktsituation, ist die Berücksichtigung des Prozeßalters. Bei dem Echtzeitbetriebssystem OS-9 setzt sich das Prozeßalter aus der Priorität und der Zeitdauer, die die Task bereits auf ihre Ausführung wartet, als zusätzliches Kriterium zusammen.

Intertask-Kommunikation

Die Kommunikation zwischen Tasks dient dazu, einen geregelten, synchronisierten Ablauf zu gewährleisten. Für die *Intertask-Kommunikation*, auch *Interprozeß-Kommunikation* genannt, existieren verschiedene Mechanismen:

- Signale,
- Alarme,
- Pipes,
- Semaphore und
- gemeinsame Speicherbereiche.

Signale sind kurze Software-Nachrichten zur Unterbrechung eines Systemablaufs zwecks Behandlung von Ausnahmesituationen. Sendet eine Task ein Signal an eine andere Task, so wird diese, falls sie sich im Warte oder Schlafzustand befindet, zunächst aktiviert. Die Programmbearbeitung innerhalb der Task wird unterbrochen und das Programm verzweigt in eine vorher vom Programmierer definierte Signalroutine. Nach der Bearbeitung dieser Routine wird das Programm an der Unterbrechungsstelle fortgesetzt.

Alarme sind ein Konzept, mit dem ein Prozeß zu einem bestimmten Zeitpunkt oder nach einer eingestellten Zeitspanne sich selbst ein Signal senden kann. Die Behandlung dieser zeitgesteuerten Signale erfolgt analog zur oben beschriebenen Signalbearbeitung. Der Benutzer hat mehrere Möglichkeiten, einen Alarm einzustellen:

- absoluter Alarm: wird einmalig zu der eingestellten Tageszeit ausgelöst,
- relativer Alarm: wird einmalig nach einer abgelaufenen Zeitspanne ausgelöst,
- zyklischer Alarm: wird im eingestellten Zeitabstand immer wieder ausgelöst.

Pipes sind Datenspeicher, über die ein Prozess Daten zu anderen Prozessen senden kann. Der Datenverkehr findet dabei nur in einer Richtung statt. Pipes sind wie ein FIFO-Puffer organisiert. Der Datenverkehr über Pipes ist sehr effizient und vollkommen formatunabhängig.

Vor der Benutzung muß eine Pipe neu angelegt werden. Eine Task, die in eine Pipe schreiben oder aus einer Pipe lesen will, muß diese erst öffnen. Eine Pipe kann von mehreren Tasks gleichzeitig zum Lesen geöffnet werden. Ist eine Pipe voll, erhält die schreibende Task eine Fehlermeldung (bei anonymen Pipes), ansonsten geht die Task in den Wartezustand über, bis die lesende Task die Daten ausgelesen hat. Nach der Benutzung muß die Pipe wieder geschlossen werden.

Semaphore sind globale Variablen, mit denen der Zugriff auf gemeinsam nutzbare Betriebsmittel zwischen verschiedenen Tasks koordiniert werden kann. Für jedes zu verwaltende Betriebsmittel ist jeweils ein Semaphor definiert. Der Wert des Semaphors zeigt an, ob das jeweilige Betriebsmittel gerade frei oder belegt ist und somit der Zugriff erlaubt oder nicht erlaubt ist. Ein Semaphor muß vor der Benutzung angelegt und initialisiert werden. Jede Task, die auf den Semaphor zugreifen möchte, muß sich vom Betriebssystem einen *Link* (Verbindung) zu dem Semaphor erzeugen lassen. Will eine Task auf ein Betriebsmittel zugreifen, muß sie zunächst abfragen, welchen Wert der zugehörige Semaphor hat. Ist das Betriebsmittel in dem Moment frei, wird es direkt von der abfragenden Task reserviert. Ist das Betriebsmittel hingegen in dem Moment belegt, geht die Task in den Wartezustand über, bis der Semaphor das Betriebsmittel wieder als frei zu erkennen gibt. Nach der Benutzung des Betriebsmittels muß daher den anderen Tasks über den Wert des Semaphors die Freigabe mitgeteilt werden. Der Link auf den Semaphor wird am Taskende wieder zurückgenommen.

Gemeinsam genutzte Speicherbereiche (*shared memory*) zur Intertask-Kommunikation sind ein Beispiel für Betriebsmittel, die per Semaphor verwaltetet werden. Der Semaphor steuert den koordinierten Zugriff mehrerer Tasks auf einen Speicherbereich. Während beispielsweise eine Task Daten in diesen Speicherbereich schreibt, liest eine andere Task diese Daten aus diesem Speicherbereich.

Interrupt-Behandlung

Neben der Zuteilung von Prioritäten spielt die Behandlung von *Interrupts* in Echtzeitbetriebssystemen eine zentrale Rolle. Dabei ist die Prozeßankopplung derart vorzunehmen, daß besondere externe Ereignisse einen Hardware-Interrupt auf dem Steuerungssystem auslösen können. Die spezifische Reaktion auf ein bestimmtes Interrupt, die *Ereignisreaktion*, wird anwendungsspezifisch festgelegt.

Tritt ein Interupt auf, so erfolgt in der ersten Reaktionsstufe der Start einer *Interrupt-Service-Routine* (ISR). Der Start erfolgt unmittelbar durch die Hardware und nicht durch das Betriebssystem. Es ist dabei sichergestellt, daß die derart unterbrochene laufende Task logisch korrekt fortgesetzt werden kann. Die Interrupt-Service-Routine wird in einem privilegierten Modus ausgeführt und kann die zweite Reaktionsstufe als anwendungsspezifische Reaktion bereits enthalten.

Günstiger ist es jedoch, in der Interrupt-Service-Routine lediglich ein Signal zu erzeugen und die Ereignisreaktion in einer Interrupt-spezifischen Anwendertask zu formulieren, weil hier nicht die besonderen Randbedingungen und Restriktionen für Interrupt-Service-Routinen gelten. Als Reaktion auf das Signal der Interrupt-Service-Routine kann dann die zweite Reaktionsstufe sofort gestartet werden, wenn die Anwendertask mit der Ereignisreaktion die höchste Priorität hat. Das Beenden der Interrupt-Service-Routine führt zu einer Neuordnung der BEREIT-Liste.

Es ist also bei der Programmentwicklung eine genau überlegte Abstufung der Prioritäten vorzunehmen, die garantiert, daß die in einer Notsituation aufgerufene Task die höchste Priorität erhält, damit sie ungestört ablaufen kann, um den Prozeß in einen stabilen Zustand zurückzuführen.

Um Konflikte bei mehreren, gleichzeitig anliegenden Interrupts zu vermeiden, sind den Interrupts auf Hardwareebene Prioritäten zugeordnet. Bei manchen Prozessoren liegen mehrere Interrupts gleichberechtigt auf einer Ebene. Ein Interrupt kann nur bearbeitet werden, wenn bereits eine Interrupt-Service-Routine aus der gleichen oder der höheren Ebene aktiviert ist, s. Bild 6.8-3. Man spricht hierbei auch von *Maskierung* der Interrupts der gleichen und niedrigeren Ebene. Die Prioritäten aller Interruptebenen liegen über den Taskprioritäten. Die Tasks werden demnach nur ausgeführt, wenn alle begonnenen Interrupt-Service-Routinen beendet wurden.

In Bild 6.8-3 ist beispielhaft der Einfluß der Prioritäten von Interrupts und Tasks auf die Behandlung von Interrupts dargestellt. Der Interrupt IR1 startet die Interrupt-Service-Routine ISR1 und unterbricht damit die laufende Task A. Während ISR1 läuft, tritt der Interrupt IR2 auf, der eine höhere Priorität als IR1 1 besitzt, so daß ISR 1 von ISR 2 unterbrochen wird. Als Ereignisreaktion auf IR2 kann die Task C erst gestartet werden, wenn ISR 1 beendet ist. Task B als Ereignisreaktion auf IR1 kann auf Grund ihrer niedrigeren Priorität erst nach Beendigung von Task C gestartet werden. Es sei an dieser Stelle noch einmal darauf hingewiesen, daß nur für Ereignisse auf der höchsten Interrupt-Prioritätsebene in Verbindung mit der höchsten Priorität für die Interrupt-spezifische Task, in der die Ereignisreaktion formuliert ist, eine definierte Aussage über die Reaktionszeit getroffen werden kann.

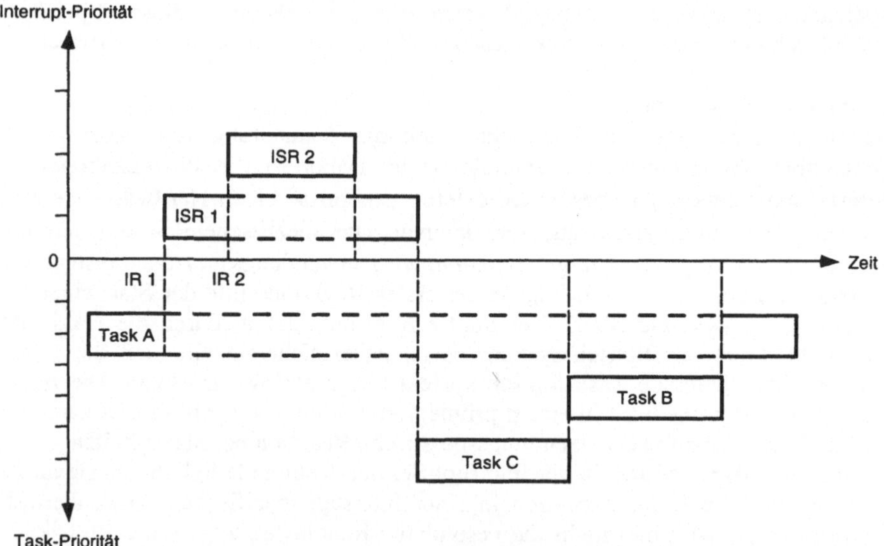

Bild 6.8-3: Einfluß von Interrupt- und Taskprioritäten auf Ereignisreaktionen

Echtzeitbetriebssysteme

Echtzeitbetriebssysteme bilden eine besondere Klasse innerhalb der Betriebssysteme (vgl. Kap. 4.3.3.1). Ein Echtzeitbetriebssystem (*Real Time Operating System)* zeichnet sich durch einen konsequent modularen Aufbau aus, dessen Zentrale der sogenannte *Echtzeitkern* ist.

Der Kern (*kernel*) sorgt für alle Basisfunktionen, wie

- Taskverwaltung,
- Scheduling,
- Task-Synchronisation und Intertask-Kommunikation,
- Interruptverarbeitung,
- Ein-/Ausgabeverwaltung,
- Speicherverwaltung.

Sogenannte Microkernel-Architekturen haben die Funktionalität des Kernes noch weiter reduziert und umfassen bei dem Betriebssystem QNX nur noch die Intertask-Kommunikation und das Scheduling.

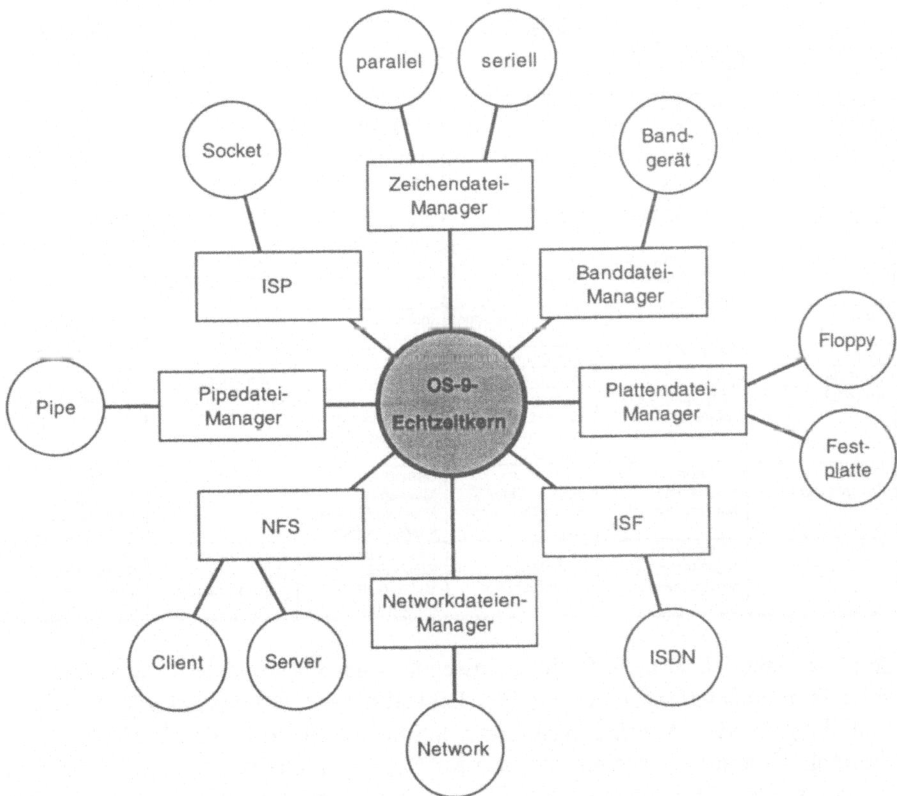

Bild 6.8-4: Modularer Aufbau des Echtzeit-Multiuser-Multitasking-Betriebssystems OS-9

Für Echtzeitbetriebssysteme sind in vielen Anwendungen besondere Randbedingungen zu berücksichtigen wie der Betrieb ohne Massenspeicher oder der automatischer Anlauf. Durch den modularen Aufbau läßt sich das Betriebssystem individuell für die Anwendung konfigurieren, indem um den Kern die benötigten

Module wie verschiedene Dateimanager, Netzwerkmanager, Netzwerk-Filemanager und Gerätetreiber gruppiert werden, s. Bild 6.8-4.

Tabelle 6.8–1: Übersicht über Echtzeitbetriebssysteme, nach [WOL96] mit Ergänzungen

Hersteller	**ARS Integrated Systems**	**Microware**	**QNX Software Systems**	**Siemens**	**WindRiver**
Produkt	**pSOS**	**OS-9/9000**	**QNX**	**RMOS**	**VxWorks**
Anwendungsklasse	EZBS, EZK, embedded	EZBS, EZK, embedded	EZBS, EZK, embedded	EZK, embedded	EZBS, EZK, embedded
Zielsystem	680x0, 80x86, 8016x, PowerPC, CPU32, i960, Hitachi SH, MIPS	680x0, CPU32, 80x86, PowerPC	I386/i486 Pentium, 80286 (16 Bit)	i386/i486 Pentium, 680x0, 683x0	680x0, 80x86, 8016x, PowerPC, CPU32, i960, Sparc, AMD29k, Hitachi SH, MIPS, 88100
Entwicklungssystem	UNIX, Sun, MS-DOS, Windows, Windows NT, OS/2	UNIX, Sun, MS-DOS, Windows, Resident	QNX	MS-DOS, Windows, UNIX, SunOS, VMS	UNIX, Sun, MS-DOS, Windows
Entwicklungsumgebung	CAD-UL, Microtec, SDS, Greenhills, ALISYS	FasTrak, Ultra C	Watcom	SICOMP RMOS Organon	VxGnu-Tookit, WindRiver
Programmiersprache	ASM, ANSI-C, C++, Pascal, Ada	ANSI-C, C++	Watcom C, C++, Inline, ASM	ASM, ANSI-C, C++, STEP5, STEP 7	ASM, ANSI-C, C++
Dateisystem	UNIX, DOS, NFS, Real-Time-Filesystem	DOS, privat	UNIX, DOS, ISO9660	DOS	UNIX (RT-11), DOS
Grafiksystem	X-Win, MetaWin für RT	X-Win	X-Win (Motif), QNX-Win, Photon	MS-Windows	X-Win
Netzwerk	TCP/IP, Netware, OSI 1-7, SNMP CMIP, X.25	TCP/IP, OS-9-net, NeWLink	TCP/IP, NFS, SNMP, Streams	TCP/IP, Netware, PC/NFS, ISDN	TCP/IP, NFS, SNMP, Streams
Feldbus	CAN-Bus	Interbus, Profibus, CAN-Bus	Interbus	SINEC H1, SINEC L2, Bitbus	-
Tasks	65535	unbegrenzt	300	keine Angabe	unbegrenzt
Prioritäten	256	unbegrenzt	32	keine Angabe	256
Scheduler	preemptiv, round robin, prioritätsgesteuert	preemptiv, kooperativ, round robin, prioritätsgesteuert	preemptiv, round robin, prioritätsgesteuert	keine Angabe	preemptiv, round robin, prioritätsgesteuert
Intertask-Kommunikation	Semaphore, Messages, Mailbox, Signale	Semaphore, Alarme, Signale, Pipes, Datenmodule	Semaphore, Messages, Mailbox, Signale, shared memory	keine Angabe	Semaphore, Messages, Mailbox, Signale, shared memory
Sonstiges	32-Bit-Code, ROM-fähig, Multiprozessor	32-Bit-Code, ROM-fähig, Multiprozessor	32-Bit-Code, ROM-fähig, Multiprozessor, POSIX 1003	32-Bit-Code, ROM-fähig, Datenaustausch über DDE	32-Bit-Code, ROM-fähig, Multiprozessor, POSIX 1003

Selbstverständlich ist nicht für jede Anwendung der Echtzeitdatenverarbeitung der volle Funktionsumfang eines solchen Echtzeitbetriebssystems erforderlich. Eine Einteilung in vier Anwendungsklassen nimmt der IEEE-Standard 1003 *POSIX* (Portable Operating Systems Interface for Computer Environments), Subkomitee 13 mit seinen AEP (Application Environment Profiles) vor. Diese Einteilung wurde auch in die ISO/IEC Norm 9945 übernommen. Die Anwendungsprofile beschreiben den Funktionsumfang typischer Anwendungen mit dem dazu jeweils erforderlichen Umfang an Betriebssystemfunktionen und den minimalen Hardwarevoraussetzungen.

Die unterste Klasse (Minimal Real-Time System) ist für sogenannte *embedded applications* (eingebettete Anwendungen), die nur die Kernfunktionen eines Echtzeit-Betriebssystems benötigen. Die minimale Hardwarevoraussetzung ist der Prozessor mit Hauptspeicher.

Die nächsthöhere Klasse (Real-Time Controller System) ist für Anwendungen, die eine Ausnahmebehandlung erforderlich machen, ein Dateisystem und asynchrone Ein- und Ausgaben benötigen. Das Minimalsystem wird in der Hardware um eine oder mehrere serielle Schnittstellen ergänzt.

Die dritte Klasse (Dedicated Real-Time System) weist u.a. eine allgemeine Schnittstelle für Gerätetreiber auf.

Die oberste Klasse (Multi-Purpose Real-Time System) umfaßt alle Funktionen für Echtzeitanwendungen. Hardwarevorraussetzungen sind einer oder mehrere Prozessoren mit Speicherverwaltungseinheit (MMU), Massenspeicher, Netzschnittstellen und Datensichtgeräte.

Eine Auswahl fünf gängiger, derzeit am Markt angebotener Echtzeitbetriebssysteme sind als Überblick mit in Tabelle 6.8-1 aufgeführt. Die vollständige Übersicht mit insgesamt 16 Echtzeitbetriebssystemen findet man in [WOL96].

Relevante Entscheidungskriterien, die bei der Auswahl eines Echtzeitbetriebssystemes zu bewerten sind, faßt die folgende Liste zusammen:

- Anwendungsklasse,
- Intertask-Kommunikation,
- Taskanzahl,
- Prioritäten,
- Schedulingverfahren,
- Zielsystem,
- Entwicklungssystem,
- Entwicklungsumgebung,
- Programmiersprache,
- Debugger,
- Dateisystem,
- Graphiksystem,
- Netzwerkeinbindung,
- Feldbusanbindung,
- Verbreitung des Betriebssystems,
- Lizenzkosten.

6.9 Anwendungsprogrammierung nach IEC 1131-3

Bis Mitte der 90er Jahre wurde der Markt von nahezu vollständig inkompatiblen Steuerungssystemen der verschiedenen Hersteller geprägt. Die Inkompatibilität bezieht sich dabei sowohl auf die Hardware als auch auf die Programmierung. Der Aufwand für die Entwicklung und Implementierung von Steuerungssoftware wächst jedoch überproportional mit der Zeit. Gründe hierfür sind im wesentlichen die immer komplexer und komplizierter werdenden technischen Anlagen, sowie die hohen Erwartungen der Betreiber bezüglich Funktionalität und Leistungsfähigkeit.

Ein wichtiger Schritt zur Erhöhung der *Kompatibilität* zwischen den Systemen unterschiedlicher Hersteller und damit auch zur Erhöhung des Wiederverwendungsgrades ist der weltweite Standard *IEC 1131* „Programmable Controllers“, der unter Schirmherrschaft der International Electrotechnical Commission (IEC) erarbeitet wurde. Die internationale Norm IEC 1131 setzt auf verschiedenen nationalen Standards und Normen auf:

- Grafcet (Frankreich) bzw. IEC 848
- DIN 40719 (Deutschland)
- NEMA ICS-3-304 (USA)
- DIN 19239 (Deutschland)
- VDI 2880 (Deutschland)

Die IEC 1131 beschreibt ein allgemeines hersteller- und geräteunabhängiges Hardwaremodell, einen Satz von Programmiersprachen, Anwenderrichtlinien und Funktionalitäten zur Kommunikation zwischen Steuerungen.

Der dritte Teil der IEC 1131 beschäftigt sich mit den Programmiersprachen für Steuerungen. *IEC 1131-3* definiert eine hardwareunabhängige Programmierung in fünf verschiedenen Programmiersprachen:

- *KOP:* *Kontaktplan,*
- *FBS:* *Funktionsbausteinsprache,*
- *AWL:* *Anweisungsliste,*
- *ST:* *Strukturierter Text,*
- *AS:* *Ablaufsprache.*

Mit der Hardwareunabhängigkeit kann beim Wechsel des Steuerungstyps der Lernaufwand reduziert und ein hoher Wiederverwendungsgrad von Softwaremodulen erreicht werden.

Die ersten drei Sprachen definieren zunächst einen Standard für die bereits existierenden SPS-Programmiersprachen. Die bislang als FUP (Funktionsplan) bezeichnete Sprache wurde in FBS umbenannt. Neu ist der Standard für die Sprache ST. Es handelt sich dabei um eine höhere, prozedurale Programmiersprache, die der Programmiersprache PASCAL (vgl. Kap 4) ähnlich ist. Die Ablaufsprache (AS), eine Weiterentwicklung von Grafcet, ist den anderen Programmiersprachen übergeordnet.

Unabhängig von der gewählten Programmiersprache kann ein nach IEC 1131-3 erstelltes Programm also auf einem IPC oder den SPS verschiedener Hersteller ablaufen, sofern diese sich nach der Norm richten.

Eine weitere Neuerung, die die IEC 1131-3 bietet, ist die Einführung eines Deklarationsteiles in den einzelnen Programmen und Bausteinen. In diesem Deklarationsteil werden die verwendeten Variablen vereinbart und der Typ der Variablen festgelegt, wie es in höheren Programmiersprachen üblich ist. Die bisher üblichen Zuordnungs- und Querverweislisten entfallen damit. Ferner wird zwischen globalen und lokalen Variablen unterschieden.

KOP

Die Struktur eines Kontaktplanprogrammes entspricht der Struktur eines Stromlaufplanes, der die Realisierung der entsprechenden Logikfunktion mit Relais darstellt. Die einzelnen Strompfade der Schaltung, die jeweils aus einer Logikverknüpfung auf der linken Seite und einer Relaisspule auf der rechten Seite bestehen, werden in der SPS-Terminologie auch mit dem englischen Ausdruck *Rung* bezeichnet. Das Kontaktplanprogramm besteht aus einer Folge von Rungs, die von der SPS zyklisch von oben nach unten abgearbeitet werden.

Der Strom fließt logisch von der linken Stromschiene über ein Netzwerk von Kontakten und über eine (logische) Spule zur rechten Stromschiene. Die Spule entspricht dabei einer Relaisspule und ist einem Ausgang der SPS oder einem Merker zugeordnet. Der Ausgang bzw. der Merker ist jeweils gesetzt, wenn der logische Stromfluß die Spule erreicht.

Die (logischen) Kontakte entsprechen Relaiskontakten. Ein Kontakt ist abhängig von dem ihm zugeordneten Eingang bzw. Merker geöffnet oder geschlossen. Der Kontakt kann als Schließer oder als Öffner realisiert werden, s. Bild 6.9-1.

	Schaltsymbol
Spule	----( )----
Kontakt als Schließer	----] [----
Kontakt als Öffner	----] / [----

Bild 6.9-1: Grundlegende Schaltsymbole bei der Kontaktplanprogrammierung

Zur Realisierung häufig benötigter Grundfunktionen, für die bei der hardwaretechnischen Realisierung ein höherer Schaltungsaufwand mit u.U. mehreren Hilfsrelais benötigt wird, stellt die Kontaktplanprogrammiersprache spezielle Spulen zur Verfügung, s. Tabelle 6.9-1.

Tabelle 6.9–1: Spulen mit speziellen Funktionen im Kontaktplan

Erkennen der positiven Flanke	---(P)---	Ausgang im aktuellen SPS-Zyklus 1, wenn am Eingang ein Wechsel von 0 im letzten auf 1 im aktuellen Zyklus erfolgte
Erkennen der negativen Flanke	---(N)---	Ausgang im aktuellen SPS-Zyklus 0, wenn am Eingang ein Wechsel von 1 im letzten auf 0 im aktuellen Zyklus erfolgte
Speicherfunktion	---(S)---	SET-Spule: setzt den Ausgang auf 1
	---(R)---	RESET-Spule: setzt den Ausgang auf 0

Als Beispiel für die Anwendung einer SPS im Materialfluß soll hier die Steuerung eines Teils eines Transportsystems zur Umsetzung von Werkstückträgern von einer Hauptstrecke auf eine Querstrecke dienen, s. Bild 6.9-2.

Die SPS muß mit Hilfe der Eingangssignale der Initiatoren, denen die SPS-Eingänge *E1.0*, *E1.1* und *E1.2* zugeordnet sind, die Hubquereinheit mit dem Ausgang *A1.0* und den Vereinzeler mit dem Ausgang *A1.1* so steuern, daß die von der Hauptstrecke ankommenden Werkstückträger vereinzelt und jeweils von der Hubquereinheit auf die Querstrecke umgesetzt werden.

Die Initiatoren sind induktive Sensoren, die auf ein metallisches Stück am Werkstückträger reagieren. Die zugehörigen Eingänge liefern den Wert TRUE, wenn ein Werkstückträger anwesend ist. Das Setzen des zum Vereinzeler gehörenden Ausgangs *A1.0* stellt den Vereinzeler in Durchlaßstellung, das Rücksetzen in Sperrstellung.

Die Hubquereinheit befindet sich in Grundstellung, d.h. wenn der zugehörige Ausgang *A1.1*=0 ist, auf dem unteren Gurtniveau (Niveau der Längsrichtung). Durch das Setzen von *A1.1* fährt sie auf das obere Gurtniveau (Niveau der Querrichtung). Das Kontaktplanprogramm zur Steuerung des Transportsystems ist in Bild 6.9-3 dargestellt.

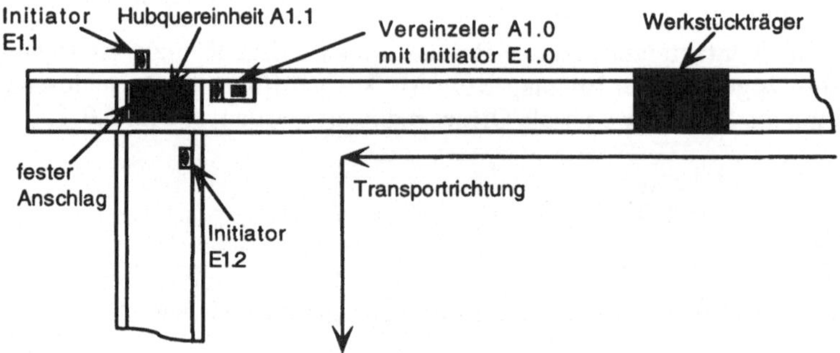

Bild 6.9-2: Teil eines Transportsystems mit Reibgurten

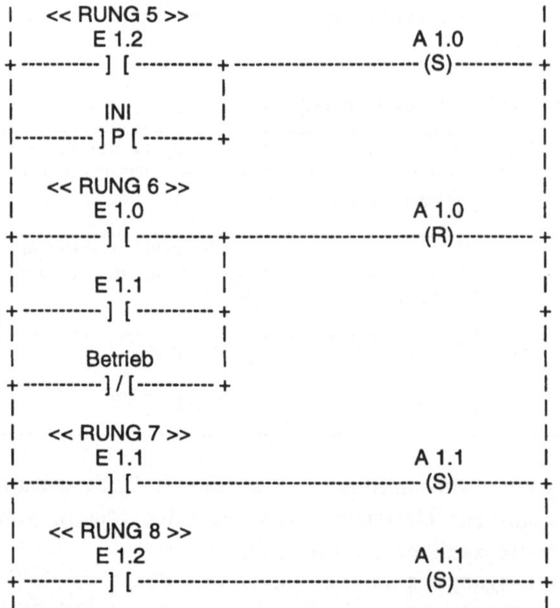

Bild 6.9-3: KOP zur Steuerung des Transportsystems

Wenn der dem Eingang *E1.2* zugeordnete Initiator Anwesenheit meldet, bedeutet dies, daß ein Werkstückträger gerade die Hubquereinheit verlassen hat und diese somit wieder frei ist. Der Ausgang *A1.0* wird dann gesetzt (RUNG 5), und der Vereinzeler läßt einen Werkstückträger durch. Dieser erreicht zunächst den *E1.0* zugeordneten Initiator. Dieser meldet Anwesenheit und *A1.0* wird zurückgesetzt (RUNG 6), so daß die nachfolgenden Werkstückträger gesperrt werden.

Wenn der Werkstückträger die Hubquereinheit erreicht hat, meldet der dort befindliche Initiator dies an den Eingang *E1.1*. Der Ausgang *A1.1* wird dann gesetzt (RUNG 7) und die Hubquereinheit fährt nach oben auf das Niveau der Querstrecke. Hat der Werkstückträger die Hubquereinheit verlassen, wird diese wieder nach unten auf das Niveau der Längsstrecke gefahren und ist dann bereit zur Aufnahme des nächsten Werkstückträgers (RUNG 8).

Die Kontakte INI und BETRIEB stellen einen definierten Anfangs- bzw. Endzustand bei Ein- bzw. Ausschalten der Anlage sicher. Beim Einschalten hat der Eingang INI eine positive Flanke, die in RUNG 5 den Vereinzeler veranlaßt, einen Werkstückträger durchzulassen. Wird die Anlage ausgeschaltet, so wird über den negierten Kontakt BETRIEB in RUNG 6 sichergestellt, daß der Vereinzeler sperrt und alle noch unterwegs befindlichen Werkstückträger gestoppt werden.

Auch die ODER-Verknüpfung mit *E1.1* dient der Sicherstellung des Anfangszustandes. Im Einschaltzustand kann sich ein Werkstückträger auf der Hubquereinheit befinden. Der Vereinzeler darf dann nicht sofort durchlassen. In RUNG 6 bewirkt die Verknüpfung mit *E1.1*, daß *A1.0* zurückgesetzt wird, der Vereinzeler also sperrt, wenn sich noch ein Werkstückträger auf der Hubquereinheit befindet.

FBS

In der Funktionsbausteinsprache werden die Ausgänge mit den Eingängen über ein Netzwerk von Funktionsbausteinen verknüpft. Funktionsbausteine können z.B. Logikverknüpfungen darstellen, wie sie bei der Kontaktplanprogrammierung durch Seriell- und Parallelschaltung von Kontakten realisiert werden.

AWL

Die Anweisungsliste ist eine einfache textuelle Programmierung. In jeder Zeile steht zunächst ein Operator gefolgt von einem Operanden oder einer „Klammer auf" zur Verknüpfung mit dem Ergebnis einer logischen Verknüpfung in der Klammer.

Operatoren sind z.B. ein U für die UND-Operation, ein O für die ODER-Operation und ein N für die Negation. Das Ergebnis einer logischen Verknüpfung kann einem Ausgang, z.B. A1, mit der Operation „=A1" zugewiesen werden. Der Operator PE (ohne Operand) bezeichnet das Programmende). Folgt einem logischen Operator ein N, so wird der entsprechende Eingangswert negiert. Die Funktion $A1 = \overline{E1} \wedge E2$ würde als Anweisungsliste also wie folgt realisiert:

```
UN  E1
U   E2
=   A1
```

Tabelle 6.9-2 zeigt den Vergleich der programmtechnischen Realisierung einer beispielhaften Verknüpfung als Kontaktplan, Funktionsbausteinsprache und Anweisungsliste.

Tabelle 6.9–2: Vergleich von Kontaktplan, Funktionsbausteinsprache und Anweisungsliste

KOP	FBS	AWL
I E1 E0 A1 I +-----] / [---- +-----] / [-----+----- ( )-----+ I I I I I------E2 -----I I I +] / [+ I I I I I I E1 E2 I I +-----] / [----] / [-------------+ I	E0 → & E1, E2 → >=1 → & E1, E2 → & & , & → >=1 → A1	UN E0 U(ON E2 ON E1) O(UN E1 UN E2) =A1 PE

Ein SPS-Programm kann mit Hilfe von Bausteinen strukturiert werden. Es gibt verschiedene Arten von Bausteinen, die bestimmte Aufgaben übernehmen. So enthalten Programmbausteine z.B. Teilprogramme, die der übersichtlichen Gliederung des Gesamtproblems in Teilprobleme dienen. Funktionsbausteine enthalten vielseitig anwendbare Programmteile und Funktionen.

Sehr universell einsetzbare Funktionsbausteine, wie z.B. Timer und Counter, sind schon vordefiniert. Der Programmierer kann aber auch eigene Funktionsbausteine erstellen. Sie können dann mehrfach im Programm verwendet werden und ermöglichen so eine ökonomische Programmierung. Funktionsbausteine können in FBS, KOP und AWL verwendet werden, s. Tabelle 6.9-3. Funktionsbausteine haben Ein- und Ausgänge, die bei Verwendung des Funktionsbausteins jeweils zu „beschalten“ sind. Dieses Beschalten ist vergleichbar mit der Parameterübergabe für Prozeduren und Funktionen bei höheren Programmiersprachen.

Tabelle 6.9–3: Verwendung eines Funktionsbausteines

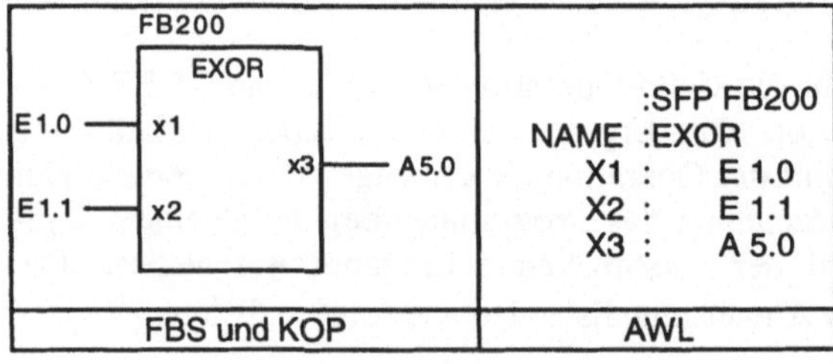

FBS und KOP	AWL
FB200 EXOR E1.0 — x1 E1.1 — x2 x3 — A5.0	:SFP FB200 NAME :EXOR X1 : E 1.0 X2 : E 1.1 X3 : A 5.0

Weitere Features bei SPS-Programmen sind:

- die Möglichkeit, Zahlen zu verarbeiten:
  Hierfür werden Mehrbit-Datentypen zur Verfügung gestellt. Exemplarisch sei hier auf den Datentyp WORT hingewiesen, der eine Breite von 16 bit hat und mit W bezeichnet wird. Die Zuweisung AW1=EW1-EW2 wird, wie in Tabelle 6.9-4 gezeigt, realisiert:

Tabelle 6.9–4: Subtraktion zweier Wörter

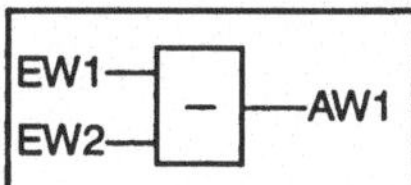 EW1, EW2 → [–] → AW1	L EW1 L EW2 SUB =AW1	EW: Eingangswort AW: Ausgangswort L: Ladeoperator, dient der Bereitstellung von Operanden für nachfolgende Operationen
FBS	AWL	

- Sprünge:
  Es können bedingte und unbedingte Sprünge verwendet werden. Das Programm soll z.B. zu einem Label „Verzweigung 1" springen, wenn ein Eingang E1 gesetzt ist, s. Bild 6.9-4.

```
         E1
+------] [------------------------------------>> Verzweigung1
```

Bild 6.9-4: Bedingter Sprung in KOP

- Interrupts:
  Das kontinuierlich ablaufende SPS-Programm kann von Interrupts unterbrochen werden. Ist eine Interrupt-Bedingung erfüllt, wird das Hauptprogramm unterbrochen und der zum Interrupt gehörende Programmblock ausgeführt. Interrupts werden für vorrangige Prozesse, wie z.B. Not-Aus-Schalter, eingesetzt.

ST

Der strukturierte Text ermöglicht als Hochsprache eine gut strukturierte, übersichtliche Programmgestaltung. ST bietet die typischen PASCAL-Konstrukte wie Abfragen mit IF - THEN - ELSE oder CASE und Schleifen mit FOR, WHILE oder REPEAT. Die syntaktische Verwendung weicht gegenüber Pascal teilweise geringfügig ab.

Bei der Anwendung von Schleifen ist Vorsicht geboten, weil durch Schleifen die Zykluszeit leicht den maximal zulässigen Wert überschreitet. Die Norm verbietet daher auch die Verwendung von Schleifen als Warteschleifen auf externe Ereignisse. Die Sprache ST stellt eine sinnvolle Ergänzung der bisher üblichen SPS-Sprachen dar, da die Hochsprachen vielen Programmierern geläufiger sind.

AS

AS-Programme bestehen im wesentlichen aus Schritten sowie deren Verbindungen zur Festlegung der *Transitionen* (Übergänge) und den zugeordneten *Transitionsbedingungen.* Wenn ein Schritt aktiviert ist, werden die ihm zugeordneten

Aktionen ausgeführt. Wenn die dem Übergang zum nächsten Schritt (Reihenfolge von oben nach unten) zugeordnete Transitionsbedingung erfüllt ist, wird zum nächsten Schritt übergegangen.

Bei einer Aktion kann es sich um das Ansprechen eines einzelnen Ausgangs oder Merkers, oder um einen komplexeren Programmteil, der in einer der anderen Sprache programmiert wurde, handeln. Entsprechendes gilt für die Transitionsbedingungen: Es kann sich um das Abfragen eines einzelnen Einganges oder das Ergebnis einer komplexen logischen Verknüpfung handeln.

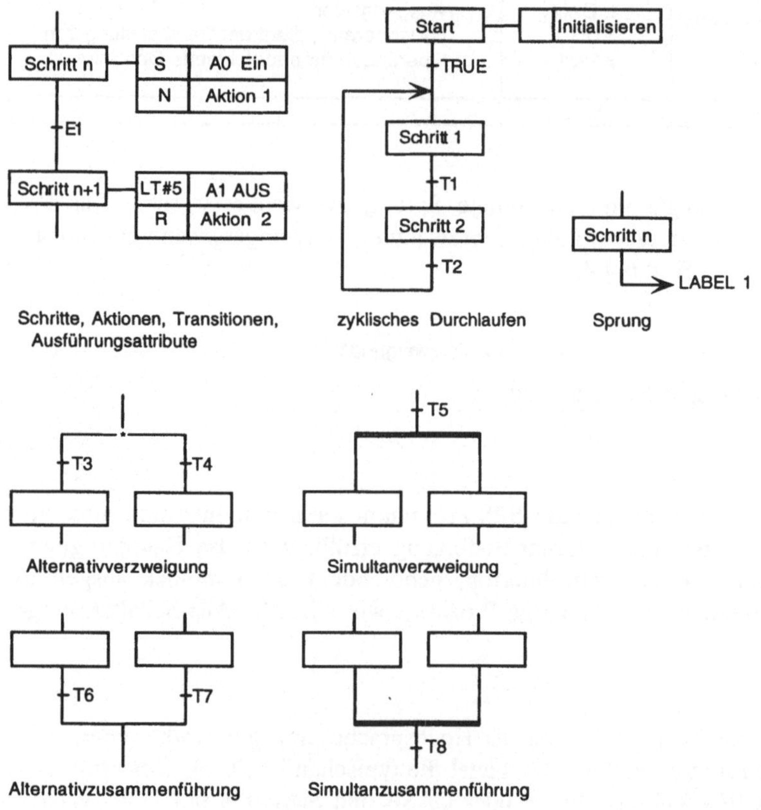

Bild 6.9-5: Grundelemente der Ablaufsprache

Komplexere Aktionen und Transitionsbedingungen können mit den anderen Sprachen der IEC-Sprachfamilie programmiert werden. Verzweigungen können als Alternativ- und als Simultanverzweigung realisiert werden. Bei einer Alternativverzweigung ist jedem Zweig der Verzweigung eine eigene Transitionsbedingung zugeordnet. Der Zweig, dessen Transitionsbedingung erfüllt ist, wird abgearbeitet. Bei sich nicht gegenseitig ausschließenden Verzweigungen kann durch ein *-Symbol im Verzweigungspunkt die Abarbeitung von links nach rechts erzwungen werden.

Wenn bei einer Simultanverzeigung (durch einen Doppelstrich gekennzeichnet) die für beide Zweige gemeinsame Transitionsbedingung erfüllt ist, werden beide Zweige simultan abgearbeitet. Entsprechend gibt es auch Alternativ- und Simultanzusammenführungen, wobei bei der Simultanzusammenführung beide Zweige abgearbeitet sein müssen bevor der erste Schritt nach der Zusammenführung aktiviert werden kann [NEU95], s. Bild 6.9-5. Der Block für die Aktionen ist in zwei Teile aufgeteilt. Der rechte Teil ist für den Aktionsnamen vorgesehen, der linke Teil für das Aktionsattribut. Soll kein Aktionsattribut vorgesehen werden, steht dort ein N oder kein Zeichen. S steht für das Setzen eines Ausgangs oder Merkers, R für das Rücksetzen (vgl. R- und S-Spule im KOP). Ein D mit Zeitangabe steht für eine Verzögerung, ein L mit Zeitangabe für eine Zeitbegrenzung der Aktion.

6.10 Gerätetechnischer Aufbau von Steuerungssystemen

Im folgenden werden Kriterien für den gerätetechnischen Aufbau von Steuerungssystemen der unteren Steuerungsebene beschrieben. Für weitergehende Informationen und praktische Arbeitsanleitungen zur elektrischen Installationstechnik sei auf [SEI93] verwiesen.

Schutzart
Der physikalische Schutz von elektrischen Geräten durch Schränke und Gehäuse wird nach DIN 40050 bzw. IEC 529 mit IP (*International Protection*) und zwei Kennziffern angegeben, s. Tabelle 6.10-1. Die erste Ziffer bezeichnet die Schutz grade gegen Berührung gefährlicher Spannungen und gegen Eindringen von Fremdkörpern. Die zweite Ziffer definiert den Wasserschutzgrad. So ist zum Beispiel ein Gehäuse der Schutzart IP 54 durch vollständigen Berührungsschutz gegen Spannungen und Schutz gegen Staubmengen, die die Funktion der Baugruppen und Bauteile beeinträchtigen könnten, sowie durch Schutz gegen Spritzwasser aus der Umgebung gekennzeichnet.

Schaltschrank
Im Aufbau von Steuerungssystemen dienen Schaltschränke i.allg. der Aufnahme und Verknüpfung von Komponenten, Baugruppen und Geräten (Netzgeräte, Schaltgeräte, Automatisierungsgeräte, Stellgeräte usw.). Schaltschränke werden nach dem Baukastenprinzip aus Elementen mit festgelegten Raster- und Teilungsmaßen aufgebaut und so den individuellen Aufbauanforderungen angepaßt. Schaltschränke werden im wesentlichen durch folgende Merkmale beschrieben:

- *Abmessungen*,
- *Bauart*,
- *Werkstoff*,
- *Anstrich*,
- *Umgebungsbedingungen*,
- *Fremdbelüftung* und
- *Schutzart*.

Tabelle 6.10–1: Schutzgrade für Berührungsschutz gegen gefährliche Spannungen, Fremdkörperschutz und Wasserschutz, Auszug aus DIN 40050

1. Kennziffer	Benennung	ergänzende Anmerkung
0	kein Schutz	-
1	Schutz gegen große Fremdkörper	> 50 mm, großflächiges Berühren
2	Schutz gegen mittelgroße Fremdkörper	> 12 mm, Berühren mit Fingern
3	Schutz gegen kleine Fremdkörper	> 2,5 mm, Berühren mit Werkzeugen, Drähten, u.ä.
4	Schutz gegen kornförmige Fremdkörper	> 1 mm, Berühren mit Werkzeugen, Drähten, u.ä.
5	Schutz gegen Staubablagerungen	Vollständiger Schutz gegen Berühren
6	Schutz gegen Staubeintritt	Vollständiger Schutz gegen Berühren

2. Kennziffer	Benennung	ergänzende Anmerkung
0	kein Schutz	-
1	Schutz gegen senkecht fallendes Tropfwasser	0°
2	Schutz gegen schräg fallendes Tropfwasser	< 15°
3	Schutz gegen Sprühwasser	< 60°
4	Schutz gegen Spritzwasser	aus allen Richtungen
5	Schutz gegen Strahlwasser	aus allen Richtungen
6	Schutz bei Überflutung	-
7	Schutz beim Eintauchen	-
8	Schutz beim Untertauchen	-

Die Abmessungen des Schaltschrankes werden in Vielfachen des Grundrastermaßes angegeben. International hat sich ein zölliges Grundrastermaß (1/10 Zoll) durchgesetzt, auf dessen Basis folgende Einheiten gebräuchlich sind:

- SEP: Standard-Einbauplatz (1 SEP = 6/10 Zoll),
- TE: Tiefeneinheit (1 TE = 2/10 Zoll),
- HE: Höheneinheit (1 HE = 1¾ Zoll).

Für elektronische Geräte und Anlagen wird heutzutage vorwiegend die 19“-Bauweise als international genormtes Aufbausystem verwendet. Normen für Aufbausysteme sind zum einen die DIN 41494 und zum anderen die korrespondierende internationale Norm IEC 297. Die Größe von Schaltschränken reicht von kleinen Klemmenkästen über Kompaktschaltschränke bis hin zu langen Schaltschrankreihen, aufgebaut aus Anreihschränken. Die Bauart wird durch Festlegung von Schrank, Schwenkrahmen, Sichtfenster, Türen, Schloß, Leitungsdurchführungen, Stopfbuchsen usw. bestimmt. Der Werkstoff, vorwiegend Stahl oder Kunststoff, und der Anstrich richten sich nach den Umgebungsbedingungen.

Interner Aufbau

Der interne Aufbau wird durch die Geräte, Anschlüsse und Verbindungen der einzelnen Schaltelemente und die Kabelkanäle beschrieben. Auf die Geräte, insbesondere die Automatisierungsgeräte, wurde in Kap. 6.3 eingegangen.

Einbau der Bedienelemente
Die Bedienelemente sind entweder im Schaltschrank oder in ein vorhandenes Pult einzubauen oder aber als separates Bedientableau auszuführen.

Anschluß der Ein- und Ausgänge
Der Anschluß für Ein- und Ausgänge kann entweder über Steckverbindungen oder Klemmleisten erfolgen. Für die Schnittstellenbeschreibung existieren ebenfalls Normen und Richtlinien (z.B. DIN 19240 und VDI/VDE 2880 Bl. 2).

Datenschnittstellen
Zur informationstechnischen Ankopplung einer Steuerung, beispielsweise an eine übergeordnete Steuerung, ist die Festlegung einer geeigneten Datenschnittstelle erforderlich. Es existiert eine Vielzahl von Standarddatenschnittstellen, so daß meistens eine gemeinsame Basis auch für die Kopplung unterschiedlicher Herstellerfabrikate gefunden werden kann.

Energieversorgung
Die Energieversorgung kann je nach Anlage elektrisch, pneumatisch oder hydraulisch oder aber durch eine Kombination erfolgen.

6.11 Bewertungskriterien für Steuerungen

An ein modernes Steuerungssystem sind folgende Anforderungen zu stellen, die je nach Anwendungsfall eine unterschiedliche Gewichtung erhalten:

- kompakter Aufbau,
- einfache Inbetriebnahme und Bedienung,
- modulare Bauweise,
- offenes System,
- Vernetzbarkeit,
- Übersichtlichkeit,
- Fern-Diagnose und Wartung,
- hohe Verfügbarkeit,
- komfortable Bedienoberfläche,
- statistische Auswertungen,
- vollgraphische Visualisierungen.

Allgemeine Aussagen darüber, in welchem Fall sich eine SPS, ein IPC oder ein VMEbus-System für eine Applikation empfiehlt, sind kaum zu treffen. Je nach Einsatzgebiet werden Kriterien wie Preis, Echtzeitfähigkeit, Betriebssicherheit, Erweiterbarkeit, Rechenleistung und Aussagen darüber, wie einfach ein System zu installieren und zu warten ist, unterschiedlich gewichtet.

Ein Vorteil der SPS ist das weit verbreitete Know-How. Des weiteren muß im wesentlichen nur das Programm erstellt werden; eine Betriebssystemkonfiguration, die entsprechend umfangreiche Betriebssystemkenntnisse erfordern würde, ist nicht notwendig.

Als Vorteil des IPC sind das große Angebot an relativ preiswerter Hardware und Software und die komfortable Benutzerschnittstelle zu nennen. Häufig werden aber einfache Büro-PC, die in ein 19"-Gehäuse eingebaut wurden, als Industrie-PC angeboten. Dies suggeriert nach außen Industrietauglichkeit, die jedoch nicht gegeben ist. Ein echter IPC sollte die in Kap. 6.5 beschriebenen Aufbaukriterien erfüllen. Als weiterer Vorteil der PC-Steuerungstechnik wird häufig das weitverbreitete Know-how auf dem PC-Sektor genannt, was jedoch in der Regel nicht die Echtzeitdatenverarbeitung mit einschließt.

VMEbus-Systeme lassen sich durch ihre Vielseitigkeit, den modularen Aufbau und die Skalierbarkeit der Leistung besonders gut auf beliebige Anforderungen auf Steuerungsebenen abstimmen. Da die Komponentenpreise für VMEbus-Systeme jedoch verhältnismäßig hoch sind, werden sie schwerpunktmäßig bei Applikationen mit hohen Anforderungen (z.B. Bildverarbeitung, Bahnsteuerung) und für maßgeschneiderte Systemlösungen eingesetzt. Die hohe Flexibilität setzt jedoch auch einen hohen Kenntnisstand bei der Entwicklung einer Steuerung auf VMEbus-Basis voraus.

Auf der Element- und Bereichssteuerungsebene (vgl. Kap. 5.6) werden in Materialflußsystemen heute vornehmlich SPS eingesetzt. Mit dem Trend zur Dezentralisierung und damit der lokalen Intelligenz werden auf der Bereichs- und Subsystemsteuerungsebene zunehmend Datenverwaltung, komplexe Optimierungsstrategien und bedienerfreundliche Benutzeroberflächen gefordert. Aufgrund der eingegrenzten Fähigkeiten der SPS hinsichtlich Datenverwaltung, statistischer Auswertungen und komfortabler Bedienoberflächen hat sich daher auf diesen Ebenen ein Nebeneinander von SPS und Rechner etabliert.

Die Verknüpfung verschiedener Architekturkonzepte und Produkte unterschiedlicher Hersteller ist jedoch häufig mit hohem Aufwand verbunden. Daher wurden hybride SPS-PC-Systeme entwickelt, die entweder aus einer SPS mit PC als Einschubkarte bestehen oder aber einem PC mit SPS-Einschub bestehen. Die Aufgabenteilung wird in der Regel derart vorgenommen, daß die Vorteile des jeweiligen Konzeptes genutzt werden. Während die SPS mit ihrer Vielfalt an Prozeßschnittstellen und ihrer Echtzeitfähigkeit die Steuerung übernimmt, werden die Vorteile des PC zur Gestaltung der Bedienoberfläche einsetzt. Der Datenaustausch zwischen SPS und PC geschieht dabei über den leistungsfähigen Rückwandbus.

Als Beispiel für solche Entwicklungen sei die Generation SIMATIC S7 und M7 genannt. Sie bietet die Möglichkeit, SPS- und PC-Technik direkt in einem Aufbausystem zu kombinieren. Es läßt sich hiermit eine klassische SPS mit entsprechender CPU-Baugruppe vom Typ S7 aufbauen oder als Ersatz für die CPU-Baugruppe eine PC-Baugruppe M7 einsetzen, die mit denselben Peripheriebaugruppen kombiniert werden kann.

S7 und M7 lassen sich zwecks Aufgabenteilung auch gemeinsam in einem Rack betreiben. Die CPU des M7-400 sind mit einem 80486 oder Pentium Prozessor ausgestattet. Das Echtzeit-Multitasking-Betriebssystem erlaubt, MS-DOS- oder MS-Windows-Programme als Task ablaufen zu lassen. Der M7-400 bietet außerdem die Möglichkeit, kurze PC/AT-Karten einzusetzen.

Eine andere Lösung, die Schnittstellenprobleme vermeidet, sind PC-Steuerungen. Diese bestehen dann aus einem Steuerungs-PC mit Echtzeitbetriebssystem und einem Visualisierungs-PC mit Windows-Betriebssystem. Der Steuerungs-PC läßt sich teilweise auch als Einschubkarte realisieren. Das Problem der Prozeßankopplung wird bei dieser Konfiguration am besten durch einen Sensor/Aktor-Bus gelöst.

Auf den obersten Steuerungsebenen 5 und 6 werden als Materialflußleitsystem vernetzte Workstations und zunehmend Personal Computer in Client-Server-Architektur eingesetzt, Kap. 6.2. Da auf diesen Ebenen i.allg. keine harten Echtzeitanforderungen vorliegen, kann auf ein spezielles Echtzeitbetriebssystem verzichtet werden, so daß ein gängiges Multitasking-Betriebssystem wie Windows NT installiert werden kann.

7 Kommunikationstechnik

7.1 Allgemeines

In der Kommunikationstechnik wird zwischen industrieller Komunikation und kommerzieller Kommunikation unterschieden. Digitale Übertragungstechniken und globale Vernetzung haben die Grenzen zwischen den Bereichen allerdings fließend werden lassen. In diesem Kapitel wird in erster Linie ein Überblick über die industrielle Kommunikationstechnik gegeben. Die kommerzielle Kommunikationstechnik wird erwähnt, wenn es Berührungspunkte gibt.

Die *industrielle Kommunikationstechnik* hat sich aus dem Bestreben der informatorischen betrieblichen Vernetzung der unterschiedlichen Unternehmensbereiche entwickelt. Heute stellt sich die industrielle Kommunikationstechnik in einer Struktur mit drei Hauptebenen und den zugehörigen Normen und Standards dar. Im unteren Feldbereich, mit *FAN* (*Field Area Network*) bezeichnet, wird die industrielle Kommunikation im engeren Sinn vollzogen, d.h. im direkten Umfeld von Maschinen und Anlagen. Innerhalb des FAN-Bereich ist noch zwischen *Feldbus* und *Sensor/Aktor-Bus* zu unterscheiden. Über den Feldbus werden Maschinen, Anlagenbereiche oder Anlagenkomponenten (intelligente Feldgeräte) vernetzt. Der Sensor/Aktor-Bus dient der Ankopplung einfacher, meist binärer Sensoren und Aktoren an die Steuerung. Das Bussystem ersetzt die konventionelle Parallelverdrahtung mit Verteilerschränken, Rangierverteilern, Kabeltrassen und Kabelkanälen durch ein einzige Leitung. Der Sensor/Aktor-Bus zeichnet sich durch seine Echtzeitfähigkeit und die durch binäre Signale bedingte kurze Telegrammlänge aus. Auf der Feldbusebene werden längere Telegramme, deren Inhalt beispielsweise Parametersätze sind, ausgetauscht. Die Forderung nach Echtzeitfähigkeit hängt von der Aufgabenstellung ab, wird aber von einzelnen Bussystemen erfüllt.

Der überlagerte Bereich, mit *LAN* (*Local Area Network*) verbindet größere Bereiche innerhalb eines Unternehmens. Über LAN lassen sich alle dezentralen Informationsknoten (beispielsweise Wareneingang, Kommissionierung, Warenausgang, Lagerverwaltung und Materialflußsteuerung) miteinander vernetzen. Man unterscheidet zwischen dem industrietauglichen LAN und dem Büro-LAN. Beide können durchaus kompatibel auf einem Standard basieren, so daß eine Vernetzung zwischen dem Produktionsbereich und dem Bürobereich ohne weiteres möglich ist.

Räumlich weitere Bereiche erschließen *WAN* (*Wide Area Network*). Diese Netzwerke werden im außerbetrieblichen Bereich unternehmensübergreifend eingesetzt. Sie werden als Hochgeschwindigkeitsnetze häufig mit Lichtwellenleitern (*FDDI* - Fibre Distributed Data Interface) ausgeführt.

Eine weitere Variante der über die Unternehmensgrenze hinausgehenden Kommunikation ist das *Internet*, das Netz der Netze. Ursprünglich wurde es als weltweites Wissenschaftsnetz geplant, das zunächst alle Universitäten miteinander verbinden sollte, um so den orts- und zeitunabhängigen Informationsaustausch zwischen Wissenschaftlern zu ermöglichen. Der Reiz der globalen Informationsverfügbarkeit und der heute einfache Zugang zum Internet, beispielsweise über das Telefonnetz, hat zu einem sprunghaften Anstieg der Teilnehmerzahlen aus dem privaten, wie auch dem geschäftlichen Bereich geführt. Durch die digitale Erreichbarkeit eines jeden Internet-Teilnehmers, ob privat oder geschäftlich, wurde das Internet sehr zügig für kommerzielle Zwecke erschlossen. Für Produktions- und Handelsunternehmen sind die Informationsvorteile durch die Vernetzung in bezug auf Einsparungen im Beschaffungsbereich und der intensivierte Kundenkontakt imVertrieb von Nutzen.

7.2 Grundlagen der Datenkommunikation

7.2.1 Klassen von Rechnernetzen

Der Zusammenschluß mehrerer datenverarbeitender Maschinen (*Stationen*) über Kommunikationsverbindungen (*Kanäle*) zwecks Datenaustausch zwischen den einzelnen Komponenten heißt *Rechnernetz*, *Netzwerk*, Netz oder mit der englischen Bezeichnung Net.

Topologien
Rechnernetze lassen sich zunächst nach der Art und Weise dieses Zusammenschlusses - der *Topologie* des Netzwerks - klassifizieren. Es existieren vier Grundtopologien:

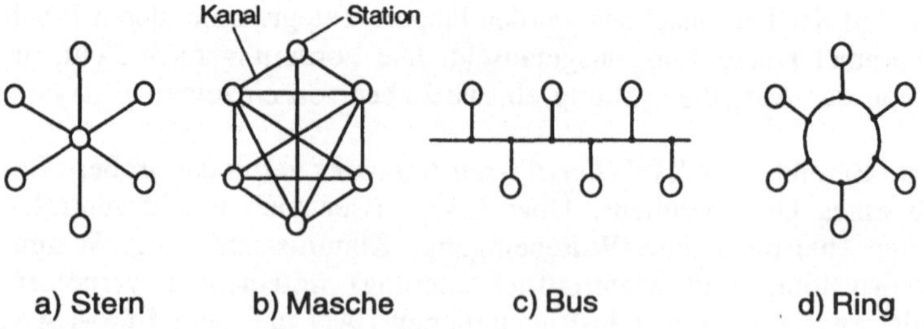

Bild 7.2-1: Netzwerk-Grundtopologien

Größere Rechnernetze, wie sie in großen Industrie- oder Logistikunternehmen anzutreffen sind, haben meist einen hierarchischen Aufbau. Dabei können unterschiedliche Netzwerktopologien durch Verknüpfung einzelner Teilnetze miteinander kombiniert sein.

Rundsendenetzwerke
Bei einem Vergleich der Topologien *Stern* und *Masche* mit *Bus* und *Ring* ist für die letzteren beiden Topologien signifikant, daß eine ausgesendete Nachricht sämtliche angeschlossenen Stationen erreicht, weil diese alle an einen gemeinsamen Kanal angeschlossen sind. Derartige Netzwerke nennt man *Rundsendenetzwerke*. Bei Rundsendenetzwerken muß jede Station jede empfangene Nachricht daraufhin überprüfen, ob diese an sie adressiert ist. Ansonsten wird die Nachricht einfach ignoriert. Des weiteren muß der Zugang zum Medium nach speziellen Strategien geregelt werden (vgl. Kap. 7.2.9.1).

Teilstreckennetze
Bei den Topologien Stern und Masche hingegen verbindet ein Kanal immer genau zwei Stationen. Von einer Station können mehrere Kanäle ausgehen. Die Nachrichten werden zielgerichtet auf einen bestimmten Kanal versendet. Eine Zielstation ist dabei von der Quellstation aus entweder direkt oder über andere Stationen zu erreichen (z.B. bei einem nicht vollvermaschten Maschennetz). Eine Station stellt entweder fest, daß eine Nachricht an sie adressiert ist oder sie muß diese zielgerichtet weiterleiten. Solche Netze heißen *Punkt-zu-Punkt-* oder *Teilstreckennetze*.

Hostcomputer - Endsystem
Die Stationen in einem Netz, welche für den Betrieb von Anwenderprogrammen vorgesehen sind, werden *Hostcomputer* - kurz: *Host* - oder *Endsysteme* genannt. Sie verkörpern die reinen Anwendungsaspekte und sind durch das Kommunikations-*Subnet* miteinander verbunden, welches die reinen Kommunikationsaspekte des Netzes enthält.

IMP-Transitsystem-Vermittlungsknoten
Auch das Kommunikations-Subnet enthält mehr oder weniger intelligente Maschinen, welche der Weiterleitung der Daten dienen. Diese werden IMP (*Interface Message Processors*, Schnittstellenprozessoren) genannt. Bei Rundsendenetzen existiert ein IMP pro Host. Der IMP ist dann meist in den Host integriert (z.B. auf einer in einem Hostcomputer-Steckplatz steckenden Controller-Karte) und hat u.a. die Aufgabe alle empfangenen Nachrichten, die den jeweiligen Host adressieren, an diesen weiterzuleiten.

Bei Teilstreckennetzen sind die IMP meist komplexere Einheiten bis hin zu Rechnern, welche jedoch nicht der Anwendung dienen, sondern der Weiterleitung von Daten auf eine der an den IMP angeschlossenen Teilstrecken. Sie nehmen eine zielgerichtete Weiterleitung der Daten (Vermittlung) vor und werden daher auch Transitsysteme oder *Vermittlungsknoten* genannt. In diesem Fall sind an einen IMP meist mehrere Hosts angeschlossen.

Im einfachen Fall eines sternförmigen Netzes, s. Bild 7.2-1 a), kann z.B. der Sternpunkt ein Vermittlungsknoten sein, welcher den Datenverkehr zwischen den sternförmig angeschlossenen Hosts vermittelt.

Teilvermaschtes Netz
Um ein Netz voll zu vermaschen, s. Bild 7.2-1 b), d.h. jede Station ist von jeder anderen aus direkt über einen Kommunikationskanal erreichbar, steigt die Anzahl der Kommunikationsverbindungen quadratisch mit der Anzahl der Stationen. Größere Maschennetze sind daher meist nur teilvermascht. Dann muß eine Kommunikation zwischen zwei Hosts i.allg. über mehrere IMP vermittelt werden, s. Bild 7.2-2.

LAN-WAN-GAN-Internet
Ein anderer Klassifizierungsparameter ist die Ausdehnung des Netzes, auch wenn es keine quantitativ faßbaren Abgrenzungskriterien hinsichtlich der Ausdehnungsgröße gibt.

Local Area Networks (LAN) sind Systeme, die den angeschlossenen Teilnehmern Nachrichtenaustausch auf begrenztem Gebiet, wie z.B. einem Fabrikgelände, in eigener Verantwortung des Netzbetreibers ermöglichen. Es werden Übertragungsgeschwindigkeiten von 10 bis 300 Mbit/s unterstützt. LAN sind meist Rundsendenetze. Beispiele sind Ethernet, Token Ring und Token Bus (vgl. Kap. 7.2.9.1).

Mit *Wide Area Networks (WAN)* verbindet man Rechner auf einem Kontinent oder innerhalb der Landesgrenzen. Sie werden mit metallischen Leitern und Lichtwellenleitern betrieben. Ein Beispiel ist DATEX-P der Deutschen Telekom. Die Übertragung einer Nachricht von der Quelle zum Ziel dauert sowohl bei WAN als auch bei *GAN (Global Area Network)* in der Regel einige Minuten. WAN sind i.allg. als Teilstreckennetzwerke realisiert.

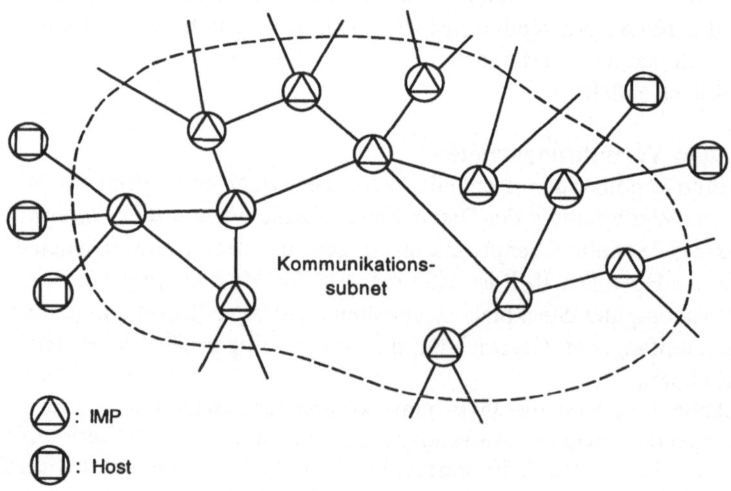

Bild 7.2-2: Beziehung zwischen Host und IMP

Ein weltumspannend arbeitendes Netz, welches Rechner auf verschiedenen Kontinenten untereinander verbindet, heißt Global Area Network (GAN). Es kann in der Regel nur unter Zuhilfenahme von Satelliten betrieben werden. Beispiele für GAN sind XEROX-Internet, IBM-VNET und DEC-Easynet, die jeweils konzerneigene Netze darstellen.

Wenn zwei oder mehrere Netzwerke miteinander verbunden werden, entsteht das sogenannte *Internetworking* (die netzüberschreitende Kommunikation) [TAN92]. Das heute als das *Internet* bekannte Netz entwickelte sich aus einem in den späten 60er Jahren erstellten experimentellen Computernetz, welches von der Abteilung ARPA (Advanced Research Project Agency) des amerikanischen Verteidigungsministerium in Auftrag gegeben wurde. 1969 wurden die ersten 4 IMPs bei vier US-amerikanischen Universitäten zum *ARPANET* verbunden. Es folgte der Anschluß weiterer lokaler Netze von Universitäten und Forschungseinrichtungen. Als bei ARPANET 1982 die ursprüngliche Netzwerksoftware NCP (Network Control Protocol) durch das heute weit verbreitete TCP/IP (vgl. Kap. 7.2.9.2) ersetzt wurde, war die Voraussetzung geschaffen, über Subnetze unterschiedlicher Betreiber, welche den Datentransport auf jeweils verschiedene Art und Weise abwickeln, zu vermitteln. ARPANET entwickelte sich zum ARPA Internet, welches aus einer Verbindung vieler von verschiedenen Organisationen betreuten Teilnetzen besteht. Das Internet wird daher auch als das "Netz der Netze" bezeichnet. Es ist ein weltumspannendes Kommunikationsmedium mit einer rasanten Entwicklung: Bestand es 1990 noch aus ca. 200.000 eingebundenen Computern (Hosts), so waren 1992 über 700.000 und 1996 bereits 10 Millionen.

7.2.2 Übertragungstechniken

Um Daten von einem Rechner zu einem anderen zu übermitteln, werden diese vom Sender (Quelle) auf einen Kanal gegeben und nach einer Übertragungszeit vom Empfänger (Senke) empfangen. Quelle und Senke können z.B. Hostcomputer sein. Der Kanal besteht aus den Komponenten *Umformer*, *Rückformer* und physikalisches Medium, s. Bild 7.2-3.

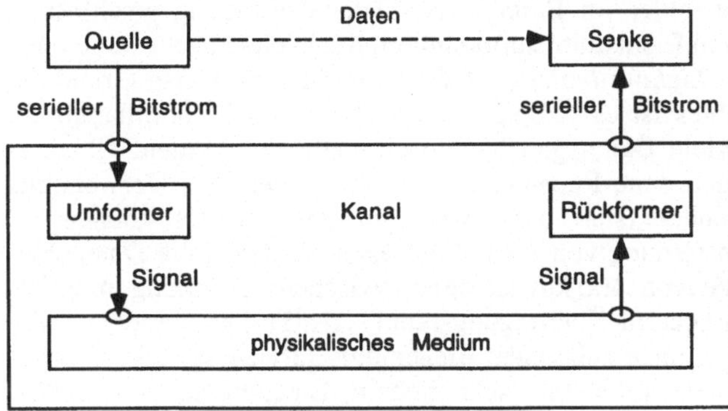

Bild 7.2-3: Datenübertragung über einen Kanal

Der Umformer wandelt die von der Quelle zu übertragenden Daten (Bitmuster) in ein physikalisches Signal um und gibt dieses auf das Medium. Das physikalische Medium sorgt für die Signalübertragung zwischen dem Umformer am Quellort und dem Rückformer am Senkenort, welcher das Signal empfängt, die Daten aus dem Signal zurückgewinnt und an die Senke weitergibt.
Das physikalische Signal, welches die zu übermittelnden Daten während der Übertragung auf dem Medium repräsentiert, kann elektrischer, optischer oder elektromagnetischer Natur sein.

Die Übertragungstechniken für das physikalische Signal lassen sich generell in*leitungsgebundene, leitungsnahe* und *leitungsfreie* Datenübertragungstechniken gliedern.

Die eingesetzten Übertragungstechniken arbeiten nach unterschiedlichen physikalischen Prinzipien. Es wird zwischen

- *akustischer* Datenübertragung,
- *elektrischer* Datenübertragung,
- *elektromagnetischer* Datenübertragung (Funk) und
- *optischer* Datenübertragung

unterschieden. Die akustische Datenübertragung hat heute eine untergeordnete Bedeutung und soll hier nicht weiter betrachtet werden. Die verschiedenen Datenübertragungstechniken haben sich aufgrund ihrer spezifischen Vor- und Nachteile individuelle Anwendungsbereiche erschlossen.

Leitungsgebundene Datenübertragungstechnik

Seit der Nutzbarmachung des elektrischen Stromes kennt man die leitungsgebundene Übertragung von Daten über elektrische Leiter. Bei der *elektrischen Datenübertragung* werden die einzelnen Daten in Form von Spannungen und Strömen dargestellt. Es ist eine analoge und digitale Datenübertragung möglich. Als Übertragungsmedien werden i.allg. verdrillte Zweidrahtleitungen oder Koaxialkabel verwendet.

Die *optische Datenübertragung* hat in den letzten Jahren auf Grund ihrer hohen Übertragungsgeschwindigkeiten, der geringen Störanfälligkeit und der sinkenden Preise weite Anwendungsfelder im Bereich der Datenübertragung erschlossen. Die Daten werden auf einen Lichtstrahl aufmoduliert, der in einem sehr reinen und damit gering dämpfenden *Lichtwellenleiter* (LWL) gesendet wird. Auf Grund der hohen Frequenz des Lichtes ist es möglich, die Lichtwelle sehr breitbandig zu nutzen, d.h. es können viele Daten gleichzeitig aufmoduliert werden. Überdies können große Entfernungen ohne Repeater überbrückt werden. Bei Verwendung von Laserdioden als Sender (statt der kostengünstigeren LED) können ca. 1000 Mbit/s über eine Entfernung von 1 km übertragen werden. Eine Datenübertragung über eine Strecke von 100 km ist ohne Zwischenverstärkung möglich, allerdings bei einer verminderten Übertragungsrate [TAN92]. Die Verlegung von LWL ist aufgrund eines geringen zulässigen Biegeradius aufwendig. LWL werden insbesondere für Datennetzwerke mit sehr hohem Datendurchsatz verstärkt eingesetzt.

Ein Vorteil der leitungsgebundenen Übertragung ist unter anderem die Sicherheit gegenüber Störungen. Außerdem sind keine Genehmigungsverfahren erforderlich.

Leitungsnahe Datenübertragungstechnik

Die leitungsnahe Datenübertragung läßt sich sowohl elektrisch als auch elektromagnetisch realisieren. Sie wird insbesondere bei spurgeführten Materialflußmitteln (Krananlagen, Regalbediengeräte, Hängebahnen, Portalroboter) und Förderzeugen eingesetzt. Zur Übertragung elektrischer Signale werden dazu *Schleifleitungen* verwendet. Eine Schleifleitung wird heute in der Regel nur mit einem elektrischen Leiter verwendet.

Die berührungslose, breitbandige Datenübertragung mit elektromagnetischen Signalen über *Schlitzhohlleiter* wurde ursprünglich für die Magnetschnellbahn Transrapid entwickelt. Ständig steigende Anforderungen an Übertragungsgeschwindigkeiten und eine steigende Anzahl zu realisierender Übertragungskanäle haben dazu geführt, daß diese Technik zunehmend bei spurgeführten Materialflußmitteln Einsatz findet. Das System, das von der Firma Vahle angeboten wird, besteht aus einem Schlitzhohlleiter, der entlang der Fahrschiene verlegt wird, und stationären sowie mobilen, spurgeführten Sende- und Empfangseinheiten, zwischen denen die Datenübertragung erfolgt. Diese Einheiten verfügen über Antennen, die in den Schlitzhohlleiter eintauchen. Die Trägerfrequenz liegt im Mikrowellenbereich um 2,4 GHz. Über gängige Schnittstellen (RS-232, RS-485, INTERBUS-S, PROFIBUS, Ethernet) kann die Datenübertragungstechnik per Schlitzhohlleiter in übliche Netzwerke eingebunden werden. Auch Audio- und Videosignale lassen sich mit dem System übertragen. Auf Grund der nutzbaren Bandbreite von mehr als 300 MHz lassen sich mehrere Kanäle über einen Schlitzhohlleiter übertragen, z.B. gleichzeitig Ethernet, Video und eine Notausschleife.

Leitungslose Datenübertragungstechnik

Die leitungslose Datenübertragung wird elektromagnetisch oder optisch realisiert. Mittels leitungslosen Datenübertragungstechniken lassen sich insbesondere auch nicht spurgeführte Materialflußmittel wie Stapler und Fahrerlose Flurförderzeuge informationstechnisch direkt mit einer Steuerung auf der Logistik- oder Materialflußebene verbinden. Für den außerbetrieblichen Materialfluß sind die mobilen Kommunikationsdienste (*Funkrufdienste/Paging*, *Bündelfunk- und Funktelefondienste*, *mobile Datenkommunikation*, *Satelliten-Mobilfunk*) auf Basis der Funkübertragung zu nennen. Sie sind für die informatorische Einbindung der Frachtführer während der Fahrt von zentraler Bedeutung.

Die *induktive Datenübertragung* ist vom Prinzip her als Funkverkehr im Längstwellenbereich (< 100 kHz) einzuordnen, wobei die Übertragungsreichweiten gering sind. Es werden in der Praxis Übertragungsgeschwindigkeiten bis zu ca. 2400 bit/s realisiert. Typische Einsatzfelder sind Krane und Automatische Flurförderzeuge. Dem Vorteil einer kostengünstigen Datenübertragung stehen die Nachteile kurzer Übertragungsreichweiten und geringerer Übertragungsgeschwindigkeiten gegenüber. Aus diesem Grund spielt diese Technik in der Praxis so gut wie keine Rolle mehr und ist auf Altanlagen oder Sonderanwendungen beschränkt.

Bei der *Datenübertragung mit Funk* werden üblicherweise Frequenzen im UKW-Bereich (Ultrakurzwelle) benutzt (100 bis 200 MHz). Diese Technik ist in Deutschland durch die Bundespost genehmigungspflichtig. Eine weit verbreitete Ntzung stellt der *Betriebsfunk* dar. Besondere Schwierigkeiten bereitet die Tatsache, daß die Anzahl der Frequenzen (Kanäle), die erlaubt werden, begrenzt ist.

Vorteile des Funkverkehrs sind mittlere Datenübertragungsreichweiten bis zu wenigen Kilometern bei Datenübertragungsraten von bis zu 9600 bit/s. Nachteile dieses Datenübertragungsverfahrens ist die Genehmigungspflicht, eventuell auftretende Störeinflüsse durch weitere Funkstellen, Dopplereffekte, Störungen durch Überreichweiten, obwohl die Anzahl der Funkteilnehmer pro Kanal begrenzt ist. Die Deutsche Telekom führte 1990 den Bündelfunkdienst *Chekker* ein, der die Nachteile des privaten Betriebsfunks beseitigt. Hierbei wird ein Bündel von Funkkanälen zur Verfügung gestellt, auf welches das Kommunikationsaufkommen rechnergesteuert, gleichmäßig verteilt wird.

Der *Richtfunk* und *Satellitenfunk* benutzt Frequenzen bis in den GHz-Bereich. Für den Betrieb dieser Verbindungen ist Sichtkontakt nötig. Auf Grund der großen Reichweiten liegt der Anwendungsbereich dieser Technik bei der außerbetrieblichen Datenübertragung. In der Bundesrepublik Deutschland stellt die Bundespost diese Verbindungen zur Verfügung, die dann von verschiedenen Teilnehmern genutzt werden können.

Die *optische Datenübertragung* mit Hilfe von Infrarotlicht (IR) hat sich auf Grund des relativ geringen Aufwands einen großen Anwendungsbereich erobert. Die erzielbare Reichweite dieser Datenübertragungssysteme reicht je nach der Strahlungscharakteristik des verwendeten Systems bis zu 250 Metern bei einem gerichtet strahlenden Infrarotsender. Zwischen dem Infrarotsender und -empfänger muß in der Regel Sichtverbindung bestehen. Nachteilig ist, daß Infrarotdatenübertragungssysteme gegenüber Fremdlicht und Verschmutzungen des Senders und Empfängers empfindlich sind. Die Datenübertragungsraten reichen bis zu 1,5 Mbit/s. Infrarotdatenübertragungsgeräte bedürfen keiner Genehmigung.

7.2.3 Signalübertragung

Bezüglich der Art und Weise, wie Daten (eine Bit-Folge) und Signalverlauf aufeinander abgebildet werden unterscheidet man grob zwischen Basisband- und Trägerfrequenzverfahren. Die *Basisbandübertragung* bezieht sich auf die Übertragung stufenförmiger Signale. Eine Bitfolge wird dabei jeweils durch den Wechsel zwischen mehreren (meist zwei) unterschiedlichen Signalpegeln dargestellt.

Bei der *Trägerfrequenzübertragung* wird eine Trägerfrequenz entsprechend der zu übertragenden Bitfolge moduliert. Von den Modulationsverfahren Amplituden-, Frequenz- und Phasenmodulation ist die Phasenmodulation die derzeit üblichste Modulationsmethode zur Datenübertragung [TAN92]. Der Unterschied zwischen einem Bit der Wertigkeit 0 und einem Bit der Wertigkeit 1 wird dabei in der Trägerfrequenz durch die Phasenlage repräsentiert (z.B. kann die Bitfolge „01“ in der Phasenmodulation durch einen Phasensprung um 180° der Trägerfrequenz dargestellt werden).

Eine Basisbandübertragung ist nur dann möglich, wenn der verwendete Kanal zur Übertragung von Gleichsignalen in der Lage ist, was z.B. bei Funkkanälen nicht der Fall ist. Über elektrische Leiter ist eine Basisbandübertragung grundsätzlich möglich. Obwohl die meisten Telefone über verdrillte Zweidrahtleitungen an das Amt angeschlossen sind, können jedoch über das öffentliche Fernsprechnetz in effektiver Art und Weise Daten ebenfalls nur im Trägerfrequenzverfahren übertragen werden, weil kapazitive und induktive Einflüsse im Ortsnetz eine

Basisbandübertragung stark verzerren würden. Überdies werden bei Verbindungen über das Ortsnetz hinaus Zwischenverstärker eingesetzt, welche für Gleichstrom nicht durchlässig sind.

Modem

Ein Gerät, mit welchem ein Rechner an das für analoge Sprachübertragung entworfene Telefonnetz zwecks Datenübertragung angeschlossen werden kann, heißt *Modem* (Modulator - Demodulator). Der Modulator entspricht dem Umformer, der Demodulator dem Rückformer, vgl. Bild 7.2-3. Es wandelt im Sendebetrieb einen seriell ankommenden Bit-Strom in einen modulierten Träger und im Empfangsbetrieb den modulierten Träger in einen seriellen Bitstrom um.

Eine Signalübertragung erfolgt mit einer bestimmten Signalgeschwindigkeit (auch Schrittrate). Sie wird in *baud* gemessen und gibt an, wie oft sich der Signalzustand pro Sekunde ändern kann. Wenn die Übertragungsdaten in zwei Signalzuständen codiert werden, ist die Signalgeschwindigkeit gleich der Bitrate, die in bit/s angegeben wird. Bei der Basisbandübertragung kann z.B. eine „0" als 0V-Signalpegel, eine „1" als 5V-Signalpegel codiert werden. Bei einer Phasenmodulation kann dann eine „0" als 0° und eine „1" als 180° Phasenverschiebung codiert werden. Die höhere Störunempfindlichkeit der Phasenmodulation gegenüber der Amplitudenmodulation kann man jedoch dazu ausnutzen, mehr als 2 Signalzustände zuzulassen (z.B. vier Signalzustände bei einer Phasenverschiebungen um 0°, 90°, 180° und 270°). Auf diese Weise lassen sich $\log_2(4)$, d.h. zwei Bit pro Signalschritt darstellen („00" entspricht 0°, „01" entspricht 90°, „10" entspricht 180° und „11" entspricht 270°). Die Bitrate ist dann doppelt so hoch wie die Signalgeschwindigkeit.

Einige Modems benutzen eine Kombination aus Phasenmodulation und Amplitudenmodulation. Sie wird Quadraturmodulation genannt. Es ergeben sich dann aus z.B. vier Abstufungen in der Phase (0°, 90°, 180° und 270°) und zwei Abstufungen in der Amplitude acht verschiedene Signalzustände, so daß die Bitrate mit $\log_2(8)$ dreimal so hoch ist wie die Signalgeschwindigkeit. Es gibt auch Modems, die mit 16 Signalzuständen arbeiten, bei welchen die Bitrate entsprechend viermal so hoch ist wie die Signalgeschwindigkeit.

Wenn mehrere gleichlaufende Kanäle mit vergleichsweise geringer Übertragungsleistung benötigt werden, z.B. zwischen zwei Vermittlungsknoten in einem Netz, besteht die Möglichkeit, ein breitbandiges Medium für mehrere Kanäle zu nutzen. Dies wird als Multiplexbetrieb bezeichnet.

Frequenzmultiplex

Beim *Frequenzmultiplex* (FDM: frequency division multiplex) können mehrere Kanäle im Trägerfrequenzverfahren auf jeweils unterschiedlichen Trägerfrequenzen über dasselbe Medium übertragen werden. Das nutzbare Frequenzband des Mediums wird dabei in mehrere Teilbänder aufgeteilt.

Zeitmultiplex

Beim Zeitmultiplex (TDM: time division multiplex) wird das Medium den einzelnen Kanälen für die Dauer eines bestimmten Zeitraumes in sogenannten Zeitschlitzen periodisch zugeteilt. An jedem Ende des Mediums befindet sich ein Umschalter, der jeweils eine der Quellen auf der einen bzw. eine der Senken auf der anderen Seite für die Dauer eines Zeitschlitzes mit dem Medium verbindet. Bild 7.2-4 zeigt eine Prinzipdarstellung des Zeitmultiplexverfahrens: Schalter A verbindet die Eingangskanäle zyklisch mit dem Medium. Er multiplext die Eingangskanäle. Schalter B läuft synchron mit den ankommenden Zeitschlitzen, d.h. mit der gleichen Frequenz wie Schalter A, jedoch um die Signallaufzeit der Übertragungsstrecke zeitversetzt. Er demultiplext das ankommende Zeitmultipex-signal.

Der Takt zur Synchronisation zwischen Multiplexer und Demultiplexer wird mit den Übertragungsdaten zusammen übertragen (vgl. Kap.7.2.4). Multiplexen und Demultiplexen werden vollelektronisch abgewickelt. Die umlaufenden Schalter in Bild 7.2-4 dienen lediglich der Erhöhung der Anschaulichkeit.

Wenn mehrere Vermittlungsknoten jeweils durch Zeitmultiplexleitungen verbunden sind, liegt es nahe, auch die Vermittlung im Zeitmultiplex vorzunehmen (vgl. Kap. 7.2.7).

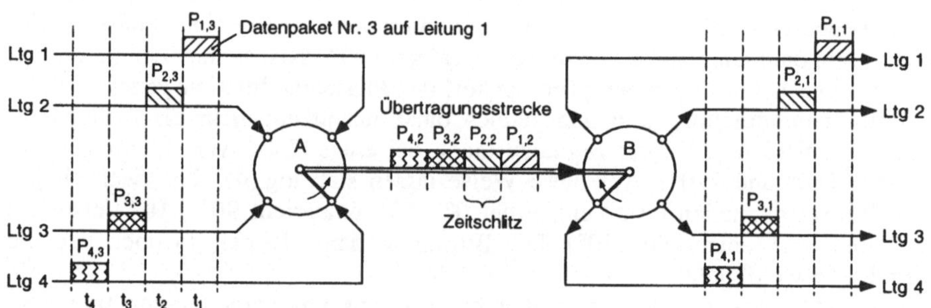

Bild 7.2-4: Übertragung im Zeitmultiplex

7.2.4 Übertragungsverfahren

Bei der Datenübertragung wird prinzipiell zwischen der *parallelen* und *seriellen* Datenübertragung unterschieden. Eine parallele Übertragung liegt vor, wenn jeweils mehrere Bits gleichzeitig auf verschiedenen parallelen Leitungen (Kanälen) übertragen werden, bei einer byteweisen Übertragung 8 Bit gleichzeitig. Es muß dazu eine entsprechende Anzahl an Leitungen zur Verfügung stehen. Zusätzlich zu diesen sogenannten Datenleitungen sind noch Leitungen zur Synchronisation der Datenübertragung und zur Signalisierung (Kommunikationsbereitschaft, Fehlermeldungen, Statussignale) erforderlich. Der Vorteil der parallelen Datenübertragung liegt in der Schnelligkeit. Wesentliche Nachteile sind die Störanfälligkeit durch elektrische Beeinflusssung und die hohen Leitungskosten. Die parallele Datenübertragung wird daher nur auf kurzen Entfernungen angewandt.

Bei der seriellen Datenübertragung werden Daten über nur einen Kanal seriell übertragen. Da die meisten datenverarbeitenden Geräte intern bitparallel arbeiten (z.B. Mikroprozessoren von Rechnern) erfolgt eine Parallel/Seriell-Umsetzung vor bzw. eine Seriell/Parallel-Umsetzung nach der Übertragung.

Wesentlich für das Funktionieren einer Datenübertragung ist die *Synchronisation* zwischen Quelle und Senke. Die Senke muß den Beginn und das Ende einer Datenübertragung erkennen und dazwischen das Signal in einem zum Sendetakt isochronen Taktraster abtasten. Hierzu kann z.B. der Übertragungstakt über eine separate Taktleitung übermitttelt werden. Aufgrund der zusätzlich erforderlichen Leitung wird diese Methode jedoch nur im Nahbereich angewandt.

Häufiger erfolgt eine Synchronisation über die Datenleitung. Als erste Möglichkeit kann dies punktuell durch Übertragung von Synchronisationssignalen geschehen. Die Taktgeneratoren der Quelle und der Senke können nach einer Synchronisation über die Datenleitung einen isochronen Takt für einen bestimmten, zeitlich begrenzten Zeitraum halten. Während dieses Zeitraumes können Daten übertragen werden. Danach muß erneut synchronisiert werden.

Die zweite Möglichkeit einer Synchronisation über die Datenleitung besteht in der Übertragung das Taktes zusammen mit den Daten. Hierfür existiert eine Anzahl verschiedener Codes. Um das Prinzip der gemeinsamen Übertragung von Daten und Takt zu verdeutlichen, ist in Bild 7.2-5 die einfache Manchester-Codierung dargestellt, bei welcher die Bit-Wertigkeit in der Phasenlage des Signals enthalten ist.

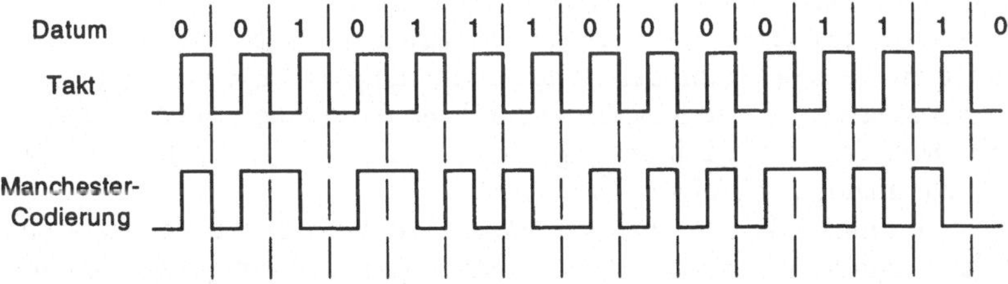

Bild 7.2-5: Manchester-Codierung

Zwei wichtige Verfahren zur Signalisierung von Übertragungsanfang und -ende sind der *Start/Stop-Betrieb* und die *Blocksynchronisation*. Beim Start/Stop-Betrieb (auch asynchrone Datenübertragung genannt) können aus einer festgelegten kleineren Anzahl Bits (typisch: 5, 7 oder 8) bestehende Zeichen zu beliebigen Zeitpunkten vom Sender abgesendet werden. Zur Kennzeichnung eines Zeichenbeginns dienen ein oder zwei Startbits, deren Flanke und Zeitdauer auch zur Synchronisation dienen. Darauf folgen eine festgelegte Anzahl von Nutzdatenbits und zum Abschluß ein oder zwei Stopbits. Sie dienen nicht der Kennzeichnung des Zeichenendes (dieses ist durch die festgelegte Anzahl von Bits vorgegeben), sondern sollen eine Ruhephase vor Beginn der nächsten Zeichenübertragung garantieren.

Mit der Blocksynchronisation (auch synchrone Datenübertragung) können größere Informationsblöcke innerhalb eines Rahmens (Frame) übertragen werden. Die Länge eines Blocks darf dabei im Gegensatz zum Start/Stop-Betrieb bis zu einer Maximalgröße variieren. Ein Block wird durch eine spezielle Bitkombination als Startzeichen eingeleitet, z.B. „01111110". Danach folgt die Nutzinformation in Gruppen zu jeweils 8 Bit (byteweise). Da die Anzahl der übertragenen

Bytes nicht festliegt, folgt am Ende des Blockes die Endekennung, z.B. wieder „01111110“. Diese Bitkombination darf dann natürlich im Informationsblock selbst nicht vorkommen. Dies wird durch das sogenannte Bitstopfen vermieden: ein quellenseitiges Einfügen einer Null nach fünf aufeinanderfolgenden Einsen im Informationsblock und ein senkenseitiges Entfernen dieser Stopf-Nullen).

Die Blocksynchronisation besitzt den Vorteil einer größeren Effektivität gegenüber dem Start/Stop-Betrieb, weil das Verhältnis von Nutzdaten-Signalen zu Synchronisationssignalen günstiger ist. Der Aufwand ist jedoch höher, da der Zeittakt über einen längeren Zeitraum aufrecht erhalten werden muß und ein Bitstopfen erforderlich ist.

Bei der Blocksynchronisation muß ein Zeichen unmittelbar auf das nächste folgen, wohingegen bei Start/Stop-Betrieb ein Zeichen zu jedem beliebigen Zeitpunkt gesendet werden kann.

7.2.5 Struktur von Kommunikationssystemen

Damit eine Kommunikation zwischen Rechnern koordiniert und sicher ablaufen kann, müssen eine Reihe von Voraussetzungen geschaffen werden. Als anschauliches Beispiel für eine Rechnerkommunikation sei hier der Zugriff auf Dateien, welche auf einem anderen Rechner gespeichert sind, genannt.

Um einen Datenaustausch überhaupt zu ermöglichen, muß jeder der beiden Rechner durch eine entsprechend geeignete Anschaltung an das Übertragungsmedium angeschlossen werden. Je nach Netzwerk kann diese unterschiedlich ausfallen: z.B. ein Transceiver bei Ethernet (vgl. Kap. 7.2.9.1) oder ein Modem zum Anschluß an das analoge öffentliche Telefonnetz.

In jedem Fall enthält die Anschaltung jedoch Um- und Rückformer und eine Logik zur Koordinierung von Senden und Empfangen. Die von einem Rechner kommenden Sendedaten werden entsprechend festgelegter Übertragungsparameter im Umformer in Signale umgewandelt, welche auf den Übertragungskanal gegeben werden. Beim empfangenden Rechner werden die Signale rückgewandelt und liegen dann als Empfangsdaten vor. Die Übertragungsparameter legen u.a. die Spannungspegel und die zeitliche Dauer für die Darstellung eines Bits fest. Des weiteren definieren sie die Kommunikation zwischen Medienanschaltung und Rechner. Beispielhaft hierfür ist der folgende Ablauf: Signalisierung einer Sendeanforderung des Rechners an die Medienanschaltung, Rückmeldung der Sendebereitschaft, Übermittlung der Sendedaten.

Wenn diese Voraussetzungen geschaffen sind, besteht die Möglichkeit, einen Bit-Strom (serielle Bit-Übertragung) auf den Übertragungskanal zu senden und einen Bit-Strom von diesem zu empfangen. Diese Übertragungsmöglichkeiten werden auch als *Dienst* bezeichnet.

Im Gegensatz zum Begriff *Dienst*, der besagt, was an Kommunikationsmöglichkeiten angeboten wird, bezeichnet der Begriff *Protokoll*, wie diese Kommunikationsmöglichkeiten realisiert werden, d.h. die Regeln und Bestimmungen, nach denen die Kommunikation abläuft (in o.g. Fall also die Festlegung von Spannungspegeln, Signalisierungsabläufen, Steckernormen usw.).

Das Dienstangebot „Übertragung eines Bit-Stromes“ hat noch nicht die Qualität eines Anwendungsdienstes, den der Anwender bzw. ein vom Anwender benutztes

Anwendungsprogramm benötigt um z.B. eine Datei, welche auf einem anderen Rechner gespeichert ist, auf den eigenen Rechner zu transferieren.

Einige der Dienstleistungen, die erbracht werden müssen, um die Lücke zwischen dem Bitübertragungsdienst und dem Anwendungsdienst zu schließen, sind:

- Vermeiden von Störungen einer Sendung durch andere, gleichzeitig auf demselben Medium sendende Rechner über eine Zugangsregelung zum Übertragungsmedium.
- Datenübertragung in an den Empfänger adressierten Paketen definierten Formates; Behebung von Verfälschungen von Paketen durch Störeinflüsse.
- Ermöglichen der zielgerichteten Wegleitung der Pakete durch beliebige Rechnernetze (Teilstreckennetze) zum Empfänger.
- Ermöglichen des Transfers beliebig langer Daten (Aufteilung der Sendedaten auf einzelne Pakete beim Sender; Sicherung gegenüber Vertauschung der Reihenfolge und Verlust von Paketen beim Empfänger).
- Ermöglichen des Datentransfers unter Anpassung unterschiedlicher Syntaxen beim Sender und Empfänger: Daten unterschiedlicher Zeichencodes - z.B. ASCII auf Rechner 1 und EBCDIC auf Rechner 2 - oder Darstellungsformen von Datenstrukturen (Records und Arrays) zueinander kompatibel machen.
- Ermöglichen des Selektierens, Öffnens und Transferierens einer auf einem Rechner gespeicherten Datei von einem anderem Rechner aus, unabhängig von der jeweils lokalen Art des Dateizugriffs.

Bei dieser Aufzählung handelt es sich nur um eine kleine Auswahl der Aufgaben, die zu erfüllen sind, um eine Rechnerkommunikation zu ermöglichen. Es ist jedoch bereits zu erkennen, daß die einzelnen Leistungen in der Reihenfolge ihrer Nennung aufeinander aufbauend immer weiter von der Übertragung eines Bit-Stromes abstrahieren und dabei den Erfordernissen des Anwendungsdienstes schrittweise näherkommen, wobei die in obiger Aufzählung letztgenannte Leistung bereits eine Leistung des Anwendungsdienstes ist.

Entsprechend der oben erläuterten, aufeinander aufbauenden Struktur der einzelnen Dienstleistungen werden Rechnernetze i.allg. in einer Reihe von Schichten organisiert, s. Bild 7.2-6. Dabei benutzt die Schicht N jeweils den Dienst der nächstniedrigeren Schicht N-1 und bietet der Schicht N+1 einen höherwertigen Dienst an. Beispielsweise bietet der N-1-Dienst die Leistung an, Datenpakete zu versenden, wobei Verlustfreiheit der Datenpakete nicht garantiert werden kann, wohingegen der N-Dienst ein verlustfreies Versenden von Datenpakten garantiert. Anders ausgedrückt verdeckt der N-Dienst eine Unzulänglichkeit des N-1-Dienstes, mögliche auftretende Paketverluste, vor dem N+1-Dienst.

Das komplexe Problem der Rechnerkommunikation wird auf diese Weise modularisiert und die Komplexität der einzelnen Module (Schichten) kann überschaubar gehalten werden.

Eine Schicht wird auf einem System jeweils durch mindestens eine Instanz realisiert. Eine Instanz kann ein Softwareprozeß oder auch ein intelligenter I/O-Chip sein [TAN92]. Eine Instanz der Schicht N auf der Station 1 kann mit einer Instanz derselben Schicht auf der Station 2 nach den Regeln des Protokolls der Schicht N kommunizieren, s. Bild 7.2-6. Diese beiden Instanzen heißen dann *Partnerinstanzen*.

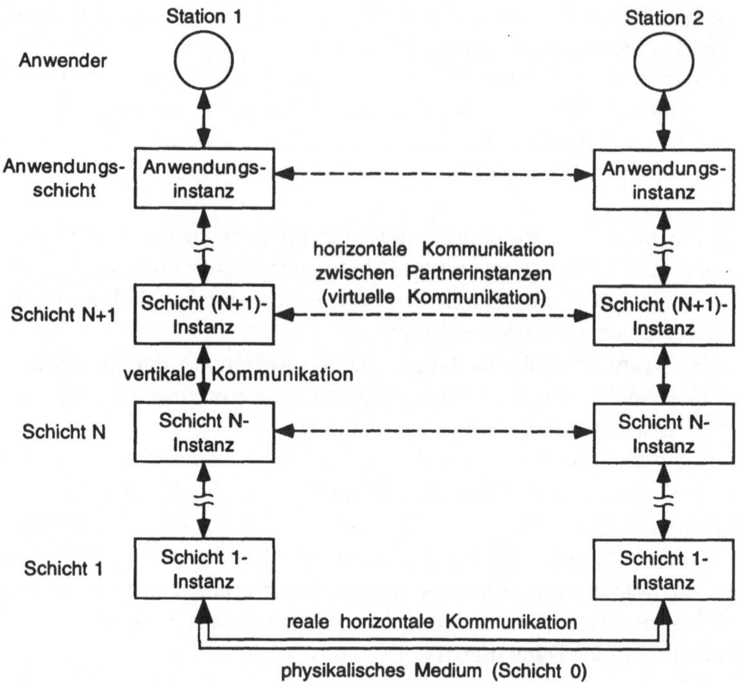

Bild 7.2-6: Schichtenmodell einer Kommunikation

Die Kommunikation zwischen den beiden Partnerinstanzen wird als horizontale oder auch als *virtuelle* Kommunikation bezeichnet. Virtuelle Kommunikation bedeutet, daß es aus Sicht der Partnerinstanzen einer Schicht N so erscheint, als würden diese direkt miteinander kommunizieren. In Wirklichkeit werden jedoch keine Daten direkt zwischen Schicht N-Instanzen ausgetauscht. Die Daten werden statt dessen von der Schicht N-Instanz auf Station 1 Schicht für Schicht nach unten weitergegeben (vertikale Kommunikation) bis sie den physikalischen Kanal (das Übertragungsmedium) erreichen, wo der horizontale Datentransport von Station 1 zu Station 2 stattfindet. Bei Station 2 angelangt werden die Daten nun wieder nach oben weitergegeben bis sie Schicht N erreicht haben.

Das vertikale Weitergeben der Dateneinheiten von Schicht zu Schicht erfordert zwischen je zwei Schichten eine genau definierte Schnittstelle, welche sich in durch Adressen gekennzeichnete Dienstzugangspunkte (SAP: *Service Access Point*) gliedert. An den SAP einer Schicht N werden die von der Schicht N angebotenen Dienste den Instanzen der Schicht N+1 zugänglich gemacht. Die Nutzung der Schicht N-Dienste durch Partnerinstanzen der Schicht N+1 kann als Kommunikation über ein *abstraktes Medium* betrachtet werden. Den (N+1)-Instanzen bleibt dabei verborgen, daß dieses abstrakte Medium wiederum aus Instanzen und einem untergeordneten abstrakten Medium besteht, s. Bild 7.2-7.

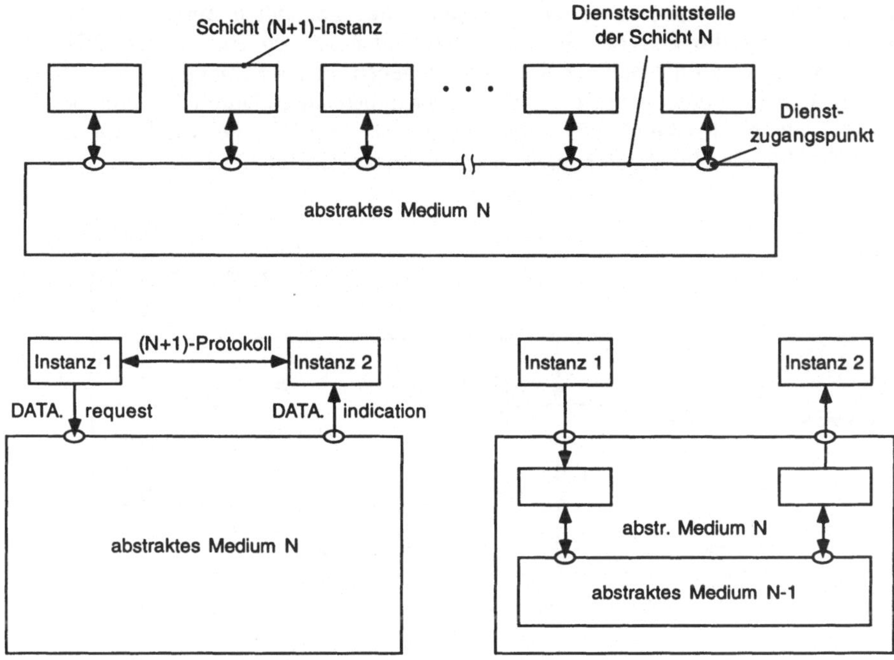

Bild 7.2-7: Kommunikation über ein abstraktes Medium

Die Kommunikation über das abstrakte Medium läuft über Schnittstellenereignisse an den SAP ab. Dabei existiert für die Dienstschnittstelle einer jeden Schicht ein genau definierter Satz unterschiedlicher Typen von Schnittstellenereignissen, welche die einzelnen Dienstelemente (*primitives*) sind. Das Versenden einer Dateneinheit wird von einer Instanz 1 der Schicht N mit dem Dienstelement *DATA.request* vom abstrakten Medium angefordert. Dieses sorgt für die Übertragung entsprechend der von dem Schicht (N-1)-Dienst vorgegebenen Qualität und zeigt die Ankunft der Daten der Partnerinstanz 2 mit dem Dienstelement *DATA.indication* an. Die zu übertragenden Nutzdaten sind dabei jeweils Parameter der Dienstelemente *DATA.request* und *DATA.indication*, s. Bild 7.2-7.

Damit das Protokoll einer Schicht abgewickelt werden kann, ist i.allg. ein Austausch von Protokollinformation (PCI: *Protocol Control Information*) zwischen den Partnerinstanzen erforderlich.

PCI können Sequenzzahlen sein, mit welchen zu versendende Dateneinheiten numeriert werden. Sequenzzahlen werden für ein Protokoll benötigt, welches die Leistung des verlustfreien Versendens von Datenpakten erbringen soll (s. obiges Beispiel). Eine Instanz kann durch Kontrolle der Sequenzzahlen der empfangenen Pakete den Verlust eines Paketes feststellen und dieses dann von der Partnerinstanz nachfordern.

Die PCI werden mit den eigentlichen Nutzdaten in einer Einheit zusammen als sogenannte Protokolldateneinheit (PDU: Protocol Data Unit) versendet. In einer

Schicht N bekommt eine zu übertragende Nutzdateneinheit einen Nachrichtenkopf, welcher die PCI der Schicht N beinhaltet. Die so entstandene PDU der Schicht N wird an die Schicht N-1 weitergegeben. In der Schicht N-1 werden die in der Schicht N erzeugten PDU wie Nutzdaten behandelt. Durch Anfügen der (N-1)-PCI als Nachrichtenköpfe entstehen die (N-1)-PDU, die wiederum in der Schicht N-2 wie Nutzdaten behandelt werden usw., s. Bild 7.2-8.

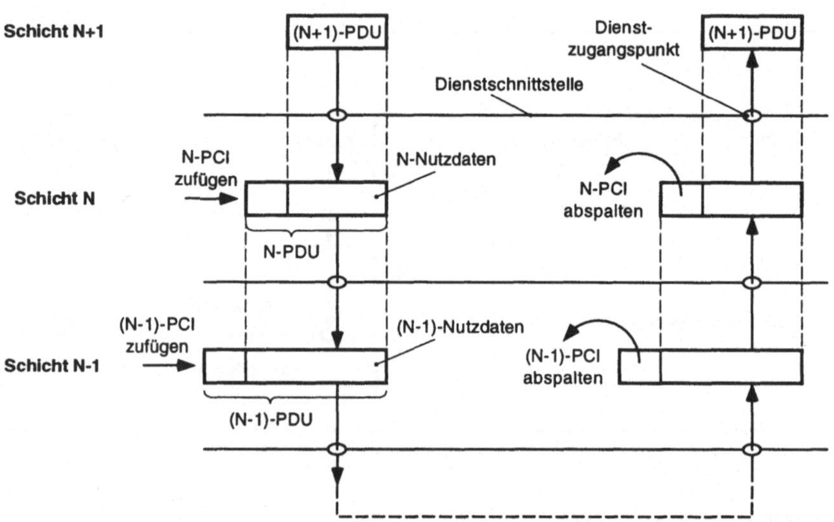

Bild 7.2-8: Bildung und Aufspaltung von PDU

Beim „Aufsteigen" durch die Schichten auf der Empfängerseite werden die Nachrichtenköpfe der Reihe nach wieder entfernt. Die Instanzen einer jeden Schicht behandeln dabei nur die für sie bestimmten, von ihren jeweiligen Partnerinstanzen als Nachrichtenköpfe angefügten PCI, welche zur Abwicklung des Protokolls der jeweiligen Schicht benötigt werden. Weil diese danach nicht mehr benötigt werden, werden sie nicht an die höheren Schichten weitergegeben. PCI der höheren Schichten werden wiederum wie Nutzdaten behandelt, s. Bild 7.2-6.

Den gesamten Satz von Schichten und Protokollen nennt man *Netzwerkarchitektur*. Die Spezifikation der Architektur muß dem Anwendungsentwickler die Informationen liefern, die er braucht, um für jede einzelne Schicht die entsprechende Hard- und/oder Software so zu erstellen, daß dem Protokoll der jeweiligen Schicht genüge getan wird [TAN92].

In Kapitel 7.2.9 werden einige gängige Protokolle, sowie deren Einordnung in ein von der ISO (International Standards Organization) im Rahmen von internationalen Standardisierungsbestrebungen entwickelten Referenzmodells für Rechnernetzarchitekturen (vgl. Kap. 7.2.8) behandelt. In diesem Zusammenhang wird gezeigt, daß die Organisation von Netzwerkarchitekturen in Schichten mit genau definierten Schnittstellen an jeder Schicht eine wesentliche Voraussetzung für die Flexibilität von Netzwerken ist, z.B. hinsichtlich des Anschlusses unterschiedlicher Systeme an ein Netzwerk, Austausch des Übertragungsmediums (Kupferleitungen gegen Funkkanäle) oder der Verbindung unterschiedlicher lokaler Netze zu einem großen Verbund.

7.2.6 Grundformen von Dienstleistungen und Dienstelementen

Bestätigte und unbestätigte Dienste

In Kapitel 7.2.5 wurden bereits die Dienstelemente *DATA.request* und *DATA.indication* vorgestellt, welche zum Datentransfer von einer Instanz zu einer Partnerinstanz benötigt werden. In diesem Fall erhält die initiierende Instanz keine Rückmeldung von der Partnerinstanz und hat daher auch keine Kontrolle über die erfolgreiche Abwicklung des Dienstes; der Dienst ist damit *unbestätigt*.

Bei einem *bestätigten* Dienst hingegen bekommt die initiierende Instanz eine Rückmeldung über die Abwicklung des Dienstes. Ein bestätigter Dienst besteht aus vier Dienstelementen. Die ersten beiden entsprechen dem unbestätigten Dienst. Dann fordert die Partnerinstanz 2 nach korrektem Empfang der Daten mit *DATA.response* vom abstrakten Medium die Übertragung einer Rückmeldung an. Diese wird mit *DATA.confirm* der Instanz 1 angezeigt. Die initiierende Instanz 1 erhält somit eine Antwort und hat die Bestätigung, daß die von ihr versendeten Daten korrekt bei der Partnerinstanz angekommen sind. Bild 7.2-9 zeigt den Kommunikationsablauf für einen bestätigten Datentransfer in einem sogenannten Zeitdiagramm.

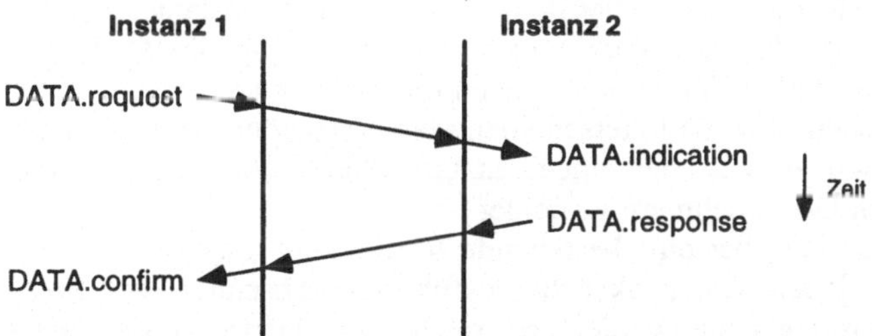

Bild 7.2-9: Zeitdiagramm für einen bestätigten Datentransfer

Das Protokoll einer Schicht N, welche einen bestätigten Datentransfer anbietet, muß eine Wiederholung verfälscht ankommender Datenpakete (Detektion durch redundante Codierung) von der Partnerinstanz anfordern und zwar unter Benutzung des unbestätigten Datentransfers der Schicht (N-1). Die Protokollkontrollinformation (PCI) der Schicht N, welche als Nutzdaten per unbestätigtem Datentransfer über das abstrakte Medium N-1 zur Partnerinstanz gesendet wird, impliziert dabei die Aufforderung zur Wiederholung. Es können mehrere (unbestätigte) Austauschvorgänge zwischen den Schicht N-Partnerinstanzen nötig sein bis sowohl die von der Instanz 1 versendeten Daten als auch die von der Instanz 2 zurückgesendeten Anwortdaten korrekt empfangen sind und der Instanz 1 das *DATA.confirm* gegeben werden kann.

Datagrammdienste
Die bestätigten und unbestätigten Datenaustauschvorgänge können erfolgen, ohne daß durch vorher erbrachte Dienste Voraussetzungen geschaffen wurden. In jeder Nachricht muß dabei der Empfänger vollständig adressiert werden, unabhängig davon, ob nur eine Nachricht oder sehr viele Nachrichten in Folge ausgetauscht werden. Einen solchen Dienst nennt man verbindungsunabhängigen Dienst, oder auch *Datagrammdienst.* Datagramme sind jeweils einzeln adressierte Nachrichtenpakete beschränkter Länge, welche unabhängig voneinander übermittelt werden.

Verbindungen
Im Gegensatz dazu findet bei einem *verbindungsorientierten Dienst* ein Nachrichtenaustausch im Kontext einer Verbindung eingebettet statt. Ein anschauliches Beispiel ist eine Telefonverbindung. Bei zwei Rechnern, die über eine Telefonverbindung kommunizieren, die ausschließlich zwischen diesen beiden Partnern besteht, muß eine versendete Nachricht nicht zusätzlich adressiert werden, da die bestehende Verbindung die Adressierung beinhaltet.

Eine Verbindung wird mit dem Dienst CONNECT aufgebaut. Während der Aufbauphase der Verbindung werden die Parameter der Verbindung festgelegt. Neben den Verbindungseigenschaften, wie z.B. dem Richtungsbetrieb (s.u.), müssen bei Initiierung eines Verbindungsaufbaus mit *CONNECT.request* die Initiatoradresse und die Beantworteradresse als Parameter angegeben werden. CONNECT ist immer ein bestätigter Dienst, weil der Partner am anderen Ende seine Zustimmung zum Aufbau der Verbindung geben muß. Für die Auflösung einer Verbindung (DISCONNECT) kann hingegen ein bestätigter oder ein unbestätigter Dienst vorgesehen sein. Zu unterscheiden vom Verbindungsabbau ist der Verbindungsabbruch, wie er z.B. bei einem Leitungsfehler vorkommen kann. Dieser wird dann beiden Dienstnehmern gemeldet.

Für einen Datenaustausch über eine bestehende Verbindung müssen nicht wie beim Datagrammdienst jedem Datenpaket die ausführliche Absender- und Empfängeradresse explizit mitgegeben werden. Es reicht eine kurze Verbindungsnummer, mit der die betreffende Verbindung von anderen bestehenden Verbindungen unterschieden werden kann. Ein verbindungsorientierter Datenaustausch ist daher dann günstig, wenn mehrere Austauschvorgänge zwischen zwei Partnern zu erwarten sind.

Neben der verkürzten Adressierung durch eine Verbindungsnummer ist auch die FIFO-Eigenschaft einer verbindungsorientierten Datenübermittlung von Bedeutung. Einzelne Datenpakete, welche über eine Verbindung versendet werden, kommen beim Empfänger in derselben Reihenfolge an, in der sie vom Sender abgesendet worden sind. Beim Datagrammdienst ist dies nicht gewährleistet, so daß die Kommunikationspartner die Wiederherstellung der richtigen Reihenfolge selbst übernehmen müssen.

Richtungsbetrieb
Beim Verbindungsaufbau werden außer Initiator- und Beantworteradresse auch die Verbindungseigenschaften festgelegt. Eine wichtige Verbindungseigenschaft ist die Art des *Richtungsbetriebs.* Sie beinhaltet eine Vereinbarung, welcher der

Partner das Senderecht hat. Es werden drei Betriebsarten unterschieden (s. Bild 7.2-10):

- Beim *Simplex*-Betrieb hat nur einer der Partner das Recht zu senden. Bei dieser einseitigen Kommunikation werden keine Antwortdaten zurückübertragen.
- Beim *Halbduplex*-Betrieb hat jeweils zu einem Zeitpunkt nur einer der Partner das Recht zu senden. Dieses Recht kann jedoch an den anderen Partner übergeben werden.
- Beim *Vollduplex*-Betrieb hat jeder der Partner zu jedem Zeitpunkt das Recht zu senden. Es ist möglich, gleichzeitig Daten in beide Richtungen auszutauschen.

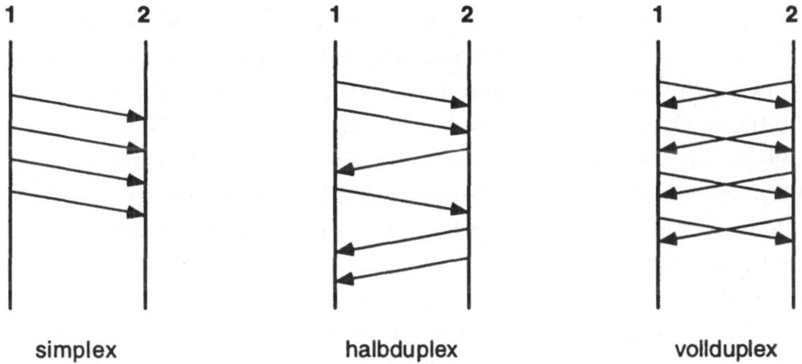

Bild 7.2-10: Arten des Richtungsbetriebes

Auf physikalischer Ebene bedeutet der Simplex-Betrieb, daß jeweils nur einer der Partner über einen Sender, der andere nur über einen Empfänger verfügen muß. Es ist nur ein Kanal zwischen Sender und Empfänger erforderlich. Auch beim Halbduplex-Betrieb ist nur ein Kanal erforderlich, allerdings müssen beide Partner sowohl über einen Sender als auch über einen Empfänger verfügen. Für den Vollduplexbetrieb muß ebenfalls jeder der Partner über je einen Sender und einen Empfänger verfügen. Es sind jedoch zwei Kanäle erforderlich. Für Vollduplex-Betrieb ausgelegte Kommunikationsstrecken können auch halbduplex oder simplex betrieben werden, ebenso wie für Halbduplex-Betrieb ausgelegte Strecken auch simplex betrieben werden können, aber niemals umgekehrt.

7.2.7 Netzwerkvermittlungstechniken

Bei Teilstreckennetzen muß die Aufgabe der physischen und softwaretechnischen Realisierung einer Datenübermittlung vom Sender zum Empfänger über eventuell mehrere Vermittlungsknoten hinweg gelöst werden.

Datagrammvermittlung

Bei der *verbindungslosen Vermittlung* übergibt der Quellrechner dem Netz Datagramme. Das Netz übernimmt die Aufgabe, die Datagramme der jeweiligen Zielstation zuzustellen. Jedes Datagramm ist dabei für das Netz eine eigenständige Einheit und wird abhängig von der momentanen Belastungssituation der einzelnen

Teilstrecken durch das Netz geleitet. Daher kann ein Datagramm ein anderes zu einem früheren Zeitpunkt aufgegebenes Datagramm im Netz überholen. Wenn mehrere Datagramme an denselben Adressaten aufgegeben werden (z.B. Aufteilung einer größeren Nachricht auf einzelne Datagramme) wird eine Beibehaltung der Reihenfolge nicht gewährleistet. Die Wiederherstellung der korrekten Reihenfolge und die Überprüfung der korrekten Übermittlung aller Datagramme sind vom Sender und Empfänger in einer dem Datagrammdienst übergeordneten Ebene selbst zu übernehmen.

Verbindungen

Bei einer *verbindungsorientierten Vermittlung* wird zunächst eine Verbindung zwischen zwei Partnern aufgebaut. Der Verbindungsaufbau wird von einer Station 1 unter Angabe der Adresse einer Station 2, mit welchen eine Verbindung gewünscht wird, initiiert. Der Verbindungswunsch kann sowohl vom Netz als auch von Station 2 abgelehnt werden (z.B. aufgrund der momentanen Belastungssituation oder vorhandener Störungen). Ansonsten wird die Verbindung aufgebaut und der erfolgreiche Verbindungaufbau an Station 1 zurückgemeldet. Solange die Verbindung besteht, d.h. bis sie auf Wunsch eines der Partner abgebaut oder durch Störungen abgebrochen wird, ist ein Datenaustausch ohne nochmalige Adressierung der Daten möglich. Die Reihenfolge mehrerer gesendeter Dateneinheiten bleibt bei der Auslieferung an den Empfänger bestehen.

Durchschaltvermittlung

Eine von der Telefonvermittlung bekannte verbindungsorientierte Vermittlung heißt *Durchschaltvermittlung*. Die Knoten im Netz suchen einen freien Leitungsweg zwischen zwei Kommunikationspartnern und belegen diesen dann ausschließlich für diese Verbindung. Im früheren Telefonnetz geschah dies z.B. durch Hubdrehwähler, welche beim Verbindungsaufbau jeweils zwei Kupferpfade direkt miteinander verbinden.

Digitale Daten können auch durch ein Koppelfeld aus Logikbausteinen vermittelt werden. Das Koppelfeld besteht aus einer Matrix mit Zubringerleitungen als Matrixzeilen und Abnehmerleitungen als Matrixspalten. Die Kreuzungspunkte der Zeilen und Spalten (Zubringer- und Abnehmerleitungen) stellen potentielle Verbindungspunkte dar; das Zubringer- und Abnehmerleitungspaar kann abhängig vom Inhalt eines Verbindungsspeichers eine Verbindung darstellen oder nicht. Das Zusammenwirken von Verbindungsspeicher und Koppelfeld ist dabei so realisiert, daß einer Zubringerleitung immer nur eine Abnehmerleitung und einer Abnehmerleitung immer nur eine Zubringerleitung zugeordnet werden kann. Eine Verbindung wird durch das Beschreiben des Verbindungsspeichers aufgebaut. Die Vermittlung verändert die räumliche Lage der Verbindungspunkte im Koppelfeld. Das Vermittlungsprinzip wird daher auch *Raumlagenvielfach* genannt.

Paketvermittlung

Die *Paketvermittlung*, auch *virtuelle Verbindung* (*virtual call*) genannt, stellt dem Dienstnehmer ebenfalls eine verbindungsorientierte Datenübermittlung zur Verfügung. Intern werden bei der Paketvermittlung einzelne Datenpakete beschränkter Länge versendet, die jedoch im Gegensatz zu der Datagrammvermittlung alle denselben, bei Verbindungsaufbau ausgewählten Weg nehmen. Die Reihenfolge der Pakete bleibt daher erhalten. Im Unterschied zur Durchschaltvermittlung können bei der Paketvermittlung mehrere gleichzeitig bestehende Verbindungen über eine Leitung führen. Die einzelnen Datenpakete werden jeweils von einem Vermittlungsknoten zum nächsten weitergegeben. In den einzelnen Vermittlungsknoten werden die Pakete bis zur Weiterleitung zwischengespeichert. Das DATEX-P-Netz der Deutschen Telekom ist ein Beispiel für ein paketvermitteltes Netz.

Zeitmultiplexvermittlung

Bei einer im zeitlichen Multiplex betriebenen Leitung (vgl. Kap. 7.2.3) kann durch Wechseln der zeitlichen Lage der den einzelnen Übertragungskanälen zugeordneten Zeitschlitze (Zeitlage der Kanäle) in einem Zeitlagenwechsler eine Vermittlung vorgenommen werden: *Zeitlagenvielfach*. Je nach Inhalt eines Verbindungsspeichers, welcher die bestehenden Verbindungen repräsentiert, werden im Vermittlungsknoten die Zeitlagen gewechselt, so daß beim Demultiplexen die einzelnen Zeitlagen entsprechend den bestehenden Verbindungen auf die Ausgabeleitungen verteilt werden. Ein Verbindungsaufbau wird wie beim Raumlagenvielfach durch das Beschreiben des Verbindungsspeichers realisiert.

Raum-Zeitlagenvielfach

Eine weitere Variation besteht in der Vermittlung zwischen mehreren ankommenden und mehreren abgehenden Multiplexleitungen, wobei die Vermittlung sowohl über Zuordnungen von Leitungen als auch von Zeitlagen vorgenommen wird: *Raum-Zeitlagenvielfach*.

ISDN

Übertragung und Vermittlung im zeitlichen Multiplex wird im *ISDN* (Integrated Service Digital Network) verwendet. Wurden früher für unterschiedliche Aufgaben angepaßte Spezialnetze, wie das Fernsprech-, das Telex- oder die Datex-Netze, eingesetzt, so ist die Philosophie von ISDN, die Funktionen dieser Netze zu vereinigen.

Über das ISDN können digitale Daten für unterschiedliche Anwendungszwecke übertragen werden. Fernziel ist, das weltweite Telefonnetz, welches ursprünglich ausschließlich für die Übertragung analoger Sprachsignale ausgelegt wurde und eine entsprechend niedrige Bandbreite aufweist, durch ein breitbandiges, digitales Sytem zu ersetzen. ISDN-Telefone eröffnen weitreichendere Möglichkeiten als analoge Telefone (Anrufweiterschaltung, Konferenzschaltungen usw.). Die Sprachsignale werden dabei als PCM-Signale (Pulscodemodulation) digitalisiert und entsprechend des beschriebenen Zeitmultiplexverfahrens in Zeitschlitzen, welche der entsprechenden Telefonverbindung zugeordnet sind, übertragen.

Für das ISDN ist dabei die Bedeutung der übertragenen Daten unerheblich. In gleicher Weise wie digitalisierte Töne bei Telefonverbindungen können daher auch Daten, digitalisierte Bilder und Videosequenzen übertragen werden. Dadurch können die verschiedensten Dienste über dasselbe Netz angeboten werden. Neben dem Telefon sind dies z.B. Videotex (interaktiver Zugriff von einem Terminal auf eine entfernte Datenbank), Teletex (Übermittlung von Texten und einfachen Grafiken), Telefax (Fernkopieren) und Fernmeß- und Alarmierungsdienste.

Zwischen zwei ISDN-Teilnehmern können je Richtung Daten mit 64 kbit/s pro Kanal übertragen werden. Die zur Verfügung stehende Übertragungsleistung ist konstant. Einer Verbindung wird im zeitlichen Multiplex genau eine Zeitschlitznummer zugeordnet. Dieses zeitliche Mutliplexverfahren heißt *STM* (Synchronous Transfer Mode). Wenn von einer stehenden Verbindung momentan keine Übertragung gefordert wird, kann die nicht benötigte Übertragungskapazität bei Verwendung von STM auch nicht anderweitig vergeben werden.

Im Gegensatz zu STM wird beim zeitlichen Multiplex im *ATM* (Asynchronous Transfer Mode) berücksichtigt, daß Datenübertragungsverbindungen i.allg. einen zeitlich stark schwankenden Bedarf an Übertragungsleistung haben.; denn bei einer interaktiven Mensch-Rechner-Kommunikation wechseln sich kommunikationsarme Denkphasen mit Dialogphasen ab. Bei der Bewegtbildübertragung besteht in Phasen schneller Bildänderungen ein Bedarf an großer Übertragungsleistung; ändert sich das Bild nur langsam, wird wenig Übertragungsleistung benötigt. Jeder Verbindung bei STM muß daher ständig soviel Übertragungsleistung zur Verfügung stehen, wie zum Zeitpunkt einer Übertragungslastspitze von dieser Verbindung benötigt wird.

ATM trägt diesen Gegebenheiten Rechnung, indem es eine Überbuchung der Leitungen zuläßt. Die Summe der Lastspitzen der einzelnen über eine Leitung führenden Verbindungen darf größer sein als die Übertragungsleistung, weil es sehr unwahrscheinlich ist, daß für alle Verbindungen die Lastspitzen zum selben Zeitpunkt auftreten. Die jeweils zu einem Zeitpunkt vorhandene Last wird aufgrund der stochastischen Verteilung der Last für die einzelnen Verbindungen vielmehr weit unter der Summe der Lastspitzen liegen. Im ATM kann den einzelnen Verbindungen eine variable Anzahl von Zeitschlitzen zugeordnet werden, die von der momentanen Last abhängt. Übertragungsleistung, welche von einer Verbindung momentan nicht benötigt wird, kann also einer anderen Verbindung, welche momentan viel Übertragungsleistung benötigt, zur Verfügung gestellt werden.

Das 1988 vom Normungsgremium CCITT (Comité Consultatif International de Télégraphique et Téléphonique) definierte, seit 1995 national und seit 1996 international eingesetzte B-ISDN arbeitet im ATM.

7.2.8 ISO/OSI-Referenzmodell der Datenkommunikation

Das *ISO/OSI-* oder auch *7-Schichten-Referenzmodell* ist ein von der ISO/OSI (Open System Interconnection) entwickeltes Rahmenmodell für die Kommunikation in offenen Systemen mit der Intention einer internationalen Standardisierung. Es handelt sich hierbei um den ISO-Standard IS 7498.

Das ISO/OSI-Referenzmodell definiert 7 Schichten der Netzwerkkommunikation. Es sagt aus, was jede Schicht leisten soll, ohne die genauen Dienste und Protokolle festzulegen. Das OSI-Modell ist daher keine konkrete Netzwerkarchitektur. Allerdings sind von der ISO auch Normen für jede einzelne Schicht erstellt worden, die jedoch nicht zum Referenzmodell gehören.

Die 7 Schichten des ISO/OSI-Modells werden im folgenden kurz vorgestellt. Es wird zwischen transport- und anwendungsorientierten Schichten unterschieden.

Die transportorientierten Schichten (Schicht 1 bis Schicht 4) bilden zusammen das Transportsystem. Dieses bietet den anwendungsorientierten Schichten (Schicht 5 bis Schicht 7) den Transportdienst an, welcher logische Kanäle zum Datenaustausch zwischen Softwareprozessen der Anwendungsschicht zur Verfügung stellt. Alle Aspekte des realen Aufbaus des Kommunikationsnetzes (verschiedene Medien, Topologien, Störungen der Datenübertragung) werden dabei vor den anwendungsorientierten Schichten verborgen. Während für die transportorientierten Schichten Anwendungsaspekte und damit auch die Bedeutung der transportierten Daten ohne Bedeutung sind, sind die anwendungsorientierten Schichten für die Anpassung der Darstellungen der Daten, die Überwindung sonstiger systemspezifischer Unterschiede und für einen koordinierten Kommunikationsablauf zuständig.

Schicht 7: Anwendungsschicht

Auf der höchsten ISO/OSI-Schicht, der *Anwendungsschicht* (Application Layer), sind alle diejenigen Dienstprogramme angesiedelt, die für den Endbenutzer unter Zugriff auf die Mechanismen der unterlagerten Schichten eine Kommunikationsumgebung bilden.

Der Dienst der Anwendungsschicht muß auf die Erfordernisse der jeweiligen Anwendung zugeschnitten sein, weshalb eine allgemeingültige Standardisierung nicht möglich ist. Es haben sich jedoch Bestrebungen zur Normung einiger Anwendungsgrunddienste, die in den meisten konkreten Anwendungen benötigt werden, konkretisiert. So beseht z.B. für die meisten Anwendungen die Notwendigkeit, eine Datei von einem System auf ein anderes System zu transferieren oder eine auf einem anderen System gespeicherte Datei zu manipulieren, wobei Zugriffsrechte beachtet werden müssen. Diese Aufgaben werden vom Dienstprogramm *FTAM* (File Transfer Access and Management) nach ISO 8571 unterstützt.

Andere Beispiele für solche Grunddienste sind E-Mail, *FTP* (File Transfer Protocol) zum Austausch beliebiger Dateien zwischen Rechnern oder das *JTM* (Job Transfer and Management) nach ISO 8831, mit welchem eine Datenverarbeitung auf einem entfernten Rechner initiiert und gesteuert werden kann.

Diese Anwendungsgrunddienste bilden die Basis für enger gefaßte Anwendungsdienste spezieller Anwendungen. Ein Beispiel für einen spezielleren Anwendungsdienst für die Automatisierungstechnik ist die *MMS* (Manufacturing Message Specification) nach ISO 9506. Die MMS beinhaltet Schicht 7-Dienste des *MAP* (Manufacturing Automation Protocol) (vgl. Kap. 7.2.9.3).

Schicht 6: Darstellungsschicht

In der *Darstellungsschicht* (Presentation Layer) werden die Richtlinien in Hinblick auf Format (Komprimierung), Codierung (Zeichensatz, Verschlüsselung) und Syntax der Daten festgelegt.

Die zentrale Aufgabe ist die Schaffung von Kompatibilität bezüglich der Darstellung der Daten auf verschiedenen Systemen. Die Syntax (Zeichencodes, Darstellungen von Records, Arrays usw.) ist implementierungsabhängig und daher i.allg. auf den verschiedenen an das Netz angeschlossenen Systemen unterschiedlich. Es besteht daher eine Vereinbarung über eine gemeinsame, allgemein bekannte *Transfersyntax*, so daß zur Herstellung einer Darstellungskompatibilität jeweils nur eine Wandlung der jeweiligen lokalen Syntax in die Transfersyntax, sowie eine Rückwandlung von der Transfersyntax in die lokale Syntax implementiert werden muß. Die lokale Darstellung von zu übertragenden Daten auf einem System A in einer Syntax A wird dabei in der Darstellungsschicht in die Darstellung einer Transfersyntax umgewandelt. Nach der Übertragung zu einem System B wird die Transfersyntax in der Darstellungsschicht des Systems B in die Syntax B umgewandelt.

Als weitere Aufgaben dieser Schicht sind die Datenkompression (zwecks Erhöhung der Durchsatzrate) sowie Datenverschlüsselung (zwecks Schutz vor unbefugtem Zugriff) zu nennen.

Schicht 5: Sitzungsschicht

In der *Sitzungsschicht* (Session Layer) werden Prozeduren für den geregelten Dialog zwischen Anwendungen beschrieben. Dazu gehören der Auf- und Abbau einer Verbindung, die Festlegung der Form des Dialogs (Voll/Halbduplex) und das koordinierte Wiederaufsetzen nach einer Fehlersituation.

Als niedrigste anwendungsorientierte Schicht setzt die Sitzungsschicht direkt auf das Transportsystem auf und stellt das eigentliche Interface zur Umgebung des jeweiligen Rechners dar. Sie übernimmt die Steuerung von mehreren Austauschvorgängen umfassenden Kommunikationsabläufen (Sitzung). Mit ihr kann man sich z.B. in ein fremdes System einloggen oder einen Dateitransfer von oder zu einem fremden System initiieren. Für den Fall, daß eine Verbindung abbricht, stellt die Sitzungsschicht Punkte zum definierten Wiederaufsetzen im Kommunikationsablauf zur Verfügung.

Schicht 4: Transportschicht

Als höchste transportorientierte Schicht stellt die Transportschicht (Transport Layer) den darüberliegenden anwendungsorientierten Schichten logische Übertragungskanäle zur Verfügung, so daß diesen übertragungstechnische Details verborgen bleiben. Abhängig vom Netzwerk und vom Netzwerkdienst (Schicht 3) hat die Transportschicht folgende Aufgaben:

- Reihenfolge von Datenpaketen sichern, falls im Netzwerk Reihenfolgevertauschungen vorkommen können.
- Daten fragmentieren, falls der Netzwerkdienst nur Datenpakete beschränkter Länge unterstützt.
- Multiplex-Mechanismen (Bündeln, Mehrfachnutzen): Wenn eine hohe Übertragungsleistung gefordert ist, der Netzwerkdienst jedoch nur Verbindungen mit geringer Leistung zur Verfügung stellt, werden mehrere Netzwerkverbindungen zu einer Transportverbindung gebündelt. Wenn eine sehr leistungsfähige Netzverbindung zur Verfügung steht, kann diese für mehrere Transportverbindungen genutzt werden.
- Flußkontrollmaßnahmen: Ist ein Sender langsamer als das (abstrakte) Medium und dieses wiederum langsamer als der Empfänger, können auch eine größere Anzahl von PDU in Folge ohne Probleme gesendet werden. Ansonsten müssen Flußkontrollmaßnahmen (Pufferung der PDU, Flußbeschränkung beim Sender oder Flußabstimmung zwischen Sender und Empfänger) getroffen werden, um eine Überlastung des Mediums oder des Empfängers zu verhindern.

Beispiele für Protokolle dieser Schicht sind TCP, X.224 (ISO-Transport ISO 8073) und Sequence Packet.

Schicht 3: Netzwerkschicht
Die *Netzwerkschicht* (Network Layer), häufig auch als Vermittlungsschicht bezeichnet, beinhaltet Prozeduren, um Daten zwischen adressierbaren Systemen austauschen zu können. Die Prozeduren werden dabei in verbindungslose und verbindungsorientierte Prozeduren untergliedert. Die Hauptaufgabe dieser Schicht ist die Datenvermittlung (Routing). Beim Routing werden für die Datenpakete Leitwege vom Quellrechner zum Zielrechner bestimmt.

Die Netzwerkschicht spielt nur bei Teilstreckennetzen eine Rolle. Je nach angewandter Technik für das Routing nehmen verschiedene, zwischen denselben Partnern ausgetauschte Datenpakete alle denselben Weg durch das Netz (die Reihenfolge wird garantiert) oder die einzelnen Datenpakete können abhängig von der jeweiligen Belastungssituation auf unterschiedlichen Teilstrecken unterwegs sein. Die Reihenfolge kann dann nicht garantiert werden. Als Beispiele für diese Schicht seien X.21, X.25 und IP genannt.

Schicht 2: Sicherungsschicht
Die *Sicherungsschicht* (Link Layer) hat die Aufgabe, eine gesicherte Übertragung von Datenrahmen zur Verfügung zu stellen. Solche Datenrahmen bestehen neben einem Datenblock mit Nutzinformationen noch aus Kontrollinformationen wie Sender/Empfänger-Identifikation, Länge des Datenblocks und einer Prüfsumme zur Fehlererkennung.

Es ergeben sich zwei Hauptaufgaben der Schicht 2, welche auf zwei Teilschichten angesiedelt sind:

Schicht 2a): MAC-Teilschicht
Die *MAC-Teilschicht* (Medium Access Control) kontrolliert den Zugang zum Übertragungsmedium, um fehlerhafte Übertragungen durch Kollision von Nachrichten zu vermeiden. Nachrichten können kollidieren, wenn zwei oder mehr an das geteilte Medium (z.B. Bus oder Ring) angeschlossene Stationen gleichzeitig senden. Die MAC-Teilschicht ist daher vor allem in LAN wichtig, da diese fast immer als Rundsendenetz mit einem geteilten Medium organisiert sind.

Schicht 2b): LLC-Teilschicht
Die *LLC-Teilschicht* (Logical Link Control) ist der MAC-Schicht übergeordnet, verdeckt Übertragungfehler und stellt der ihr übergeordneten Netzwerkschicht gesicherte Kanäle zur Verfügung.

Schicht 1: Bitübertragungsschicht
In der *Bitübertragungsschicht* (Physikal Layer), häufig auch physikalische Schicht genannt, werden alle Parameter definiert, welche zur Übermittlung von Bitmustern über einen physikalischen Kanal festgelegt werden müssen.

Dies sind im einzelnen:

- mechanische Parameter (Zahl der Pins und Abmessungen bei Steckverbindungen),
- elektrische Parameter (logische Pegel, Impedanzen der Ein- und Ausgänge),
- funktionale Parameter (Funktionen der einzelnen Pins),
- prozedurale Parameter (Festlegung der Ereignisabfolge bei der Datenübermittlung).

7.2.9 Kommunikationsstandards

7.2.9.1 IEEE-Norm 802 für lokale Netze

Für lokale Netze wurden vom IEEE 802-Ausschuß [IEEE802] eine Gruppe von Normen definiert. Die IEEE 802-Norm entspricht der ISO/OSI-Norm 8802. Die Norm 802.1 ist eine Übersicht über die übrigen IEEE 802-Normen und definiert die grundsätzlichen Elemente der Schnittstelle zu höheren Ebenen.
Bild 7.2-1 zeigt die Einordnung der IEEE-Normen 802.2 bis 802.5 in das ISO/OSI-Modell. Die Norm 802.2 definiert den Standard für die LLC (Schicht 2b). Die Normen 802.3, 802.4 und 802.5 definieren unterschiedliche Medienzugangsverfahren (Schicht 2a) und die jeweils dazugehörige Bitübertragungsschicht (Schicht 1). Weil jedoch der Standard für die LLC (Schicht 2b) für alle IEEE 802-Netze einheitlich ist, wird der Vermittlungsschicht (Schicht 3) durch die IEEE 802.2, unabhängig vom verwendeten Medienzugangs-/Bitübertragungsverfahren, eine einheitliche Schnittstelle zur Verfügung gestellt.

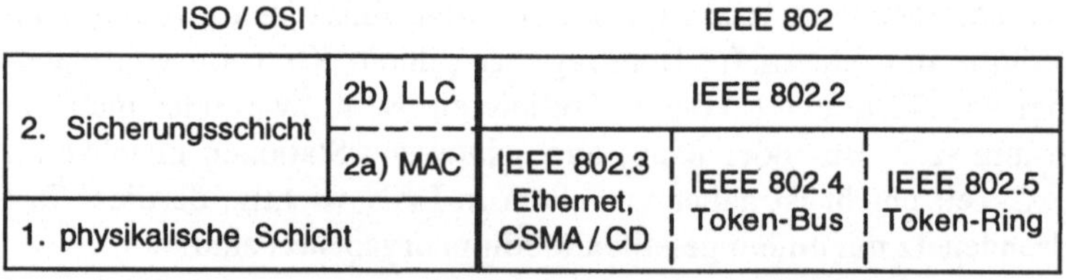

<table>
<tr><th colspan="2">ISO / OSI</th><th colspan="3">IEEE 802</th></tr>
<tr><td rowspan="2">2. Sicherungsschicht</td><td>2b) LLC</td><td colspan="3">IEEE 802.2</td></tr>
<tr><td>2a) MAC</td><td rowspan="2">IEEE 802.3
Ethernet,
CSMA / CD</td><td rowspan="2">IEEE 802.4
Token-Bus</td><td rowspan="2">IEEE 802.5
Token-Ring</td></tr>
<tr><td colspan="2">1. physikalische Schicht</td></tr>
</table>

Bild 7.2-11: Einordnung der IEEE 802-Standards in das ISO/OSI-Modell

LLC

Die LLC-Teilschicht bietet der Vermittlungsschicht verbindungsorientierte und - sowohl bestätigte als auch unbestätigte - verbindungslose Datagrammdienste zur Kommunikation an. Eine Kommnikation erfolgt durch Austausch von PDU (vgl. Kap. 7.2.5), welche auf Ebene der Sicherungsschicht mit ihren Teilschichten MAC und LLC meist als Rahmen bezeichnet werden. Zur Realisierung eines bestätigten Datagrammdienstes muß die LLC-Teilschicht für jeden empfangenen Rahmen eine Bestätigung zurücksenden. Sind Übertragungsfehler aufgetreten oder ist ein abgesendeter Rahmen innerhalb eines festgesetzten Zeitraums noch nicht bestätigt, muß die LLC für ein nochmaliges Senden des Rahmens sorgen.

Beim verbindungslosen Dienst treten Reihenfolgevertauschungen durch das nochmalige Senden eines fehlerhaft übertragenen Rahmens auf. Verdopplungen von Rahmen treten auf, wenn ein Rahmen zwar korrekt empfangen wurde, die Bestätigung hierfür jedoch nicht korrekt den Sender erreicht. Der Rahmen wird dann nochmals gesendet. Die Partnerinstanzen auf höheren Schichten, welche über verbindungslose Dienste der Schicht 2 miteinander kommunizieren, müssen dann die Wiederherstellung der richtigen Reihenfolge selbst vornehmen.

Für die verbindungsorientierte Datenübertragung muß das LLC-Protokoll dafür Sorge tragen, daß die Reihenfolge der Rahmen bei der Übermittlung eingehalten wird und Verdoppelungen von Rahmen vermieden werden. Damit diese Protokolleistung erbracht werden kann, sind die entsprechenden LLC-Rahmen mit Sendefolgenummern numeriert.

Ein LLC-Rahmen, s. Bild 7.2-12, besteht aus einer Adressierung mit Absender und Empfänger, einem Steuerungsfeld und einem Informationsfeld, in welchem die Nutzdaten transportiert werden.

Die Sendefolgenummern sind im Steuerungsfeld enthalten. Weitere im Steuerungsfeld enthaltene Informationen werden für die Koordinierung der Kommunikation, z.B. zum Verbindungsauf- und -abbau und zum Nachfordern verfälscht empfangener oder verlorener Rahmen, benötigt.

Bytes	1	1	1 oder 2	0
	DSAP Adresse	SSAP Adresse	Steuerung	Information

Bild 7.2-12: LLC-Rahmenformat gemäß IEEE 802

Die Unterstützung eines Mehrpunktbetriebes unter Benutzung eines einzigen Zugangspunktes zum physikalischen Medium ist eine weitere Leistung der LLC. Mehrpunktbetrieb heißt, daß Verbindungen zu mehreren Partnern gleichzeitig bestehen können bzw. parallel zu bestehenden Verbindungen Datagramme versendet werden können. Dies wird ermöglicht, weil der LLC-Dienst über mehrere unabhängige Dienstzugangspunkte (SAP: Service Access Point) mit jeweils vollem Dienstumfang der Vermittlungsschicht zugänglich gemacht wird. Die verschiedenen Dienstzugangspunkte auf einer Station haben jeweils eindeutige Adressen. Das Versenden eines Datagramms oder der Aufbau einner Verbindung erfolgt daher zwischen einem SSAP (source SAP) der LLC-Teilschicht auf der Quellstation und einem DSAP (destination SAP) auf der Zielstation. Ein LLC-Rahmen wird also mit einer DSAP-Adresse (Empfänger) und einer SSAP-Adresse (Absender) adressiert.

Die beschriebenen Leistungen erbringt die LLC- auf Grundlage der MAC-Teilschicht. Die LLC-Rahmen werden dabei als Nutzdaten in MAC-Rahmen transportiert, s. Bild 7.2-8.

MAC

Die Rahmenformate der MAC-Teilschicht sind bei IEEE-802.3, 802.4 und 802.5 jeweils verschieden. Ihnen ist jedoch einiges gemeinsam:

- der MAC-Rahmen beginnt mit einer speziellen Bitkombination als Startzeichen,
- die Länge des Rahmens bzw. der Nutzdaten wird entweder mitübermittelt (802.3) oder der Rahmen wird wiederum von einer speziellen Codierung abgeschlossen (802.4, 802.5),
- der MAC-Rahmen enthält Quell- und Zieladresse,
- der MAC-Rahmen enthält eine Prüfsumme.

Die ersten beiden Punkte dienen der Synchronisation der Übertragung (vgl. Kap. 7.2.4). Aus der Ziel- und Quelladresse kann eine Station erkennen, ob ein empfangener Rahmen für sie bestimmt ist und von welcher Station er kommt. Hier handelt es sich tatsächlich um Adressen von Stationen.

In den höheren Schichten werden dagegen Dienstzugangspunkte adressiert. Bei der Prüfsumme handelt es sich um einen mehrere Bit langen, aus den Nutzdaten und einem Generatorpolynom berechneten Code, der redundant der Sendung hinzugefügt wird. Das Generatorpolynom ist auch dem Empfänger bekannt, so daß dieser die empfangenen Daten auf Korrektheit prüfen kann. Nach dieser Methode der zyklischen Redundanzprüfung (*CRC*: Cyclic Redundancy Check) können auch mehrere Bits betreffende Übertragungsfehler mit hoher Wahrscheinlichkeit entdeckt werden. Die Wahrscheinlichkeit hängt dabei von der Länge der Prüfsumme, welche sich aus dem Grad des Generatorpolynoms ergibt, sowie von der Anzahl der fehlerhaften Bits ab.

Mit dem zur internationalen Norm erhobenen Generatorpolynom CRC-CCITT ($x^{16}+x^{12}+x^{5}+1$) werden alle Einzel- und Doppelfehler, alle Fehler mit ungerader Bitzahl und alle Fehlerbündel (mehrere aufeinanderfolgende Bits fehlerhaft) mit 16 oder weniger Bits entdeckt. Überdies werden 99,997 % aller 17 Bit-Fehlerbündel und 99,998 % aller Fehlerbündel mit 18 oder mehr Bits entdeckt [TAN92].

Nach diesen Gemeinsamkeiten der MAC-Teilschicht für IEEE 802.3 bis 802.5 werden im folgenden die Bitübertragungsschicht und die Handhabung des Zugangsrechts zum Medium jeweils basiert auf IEEE 802.3, 802.4 und 802.5 im einzelnen behandelt.

Ethernet

Eine von DEC, Intel und Xerox entwickelte Spezifikation für ein LAN mit Busstruktur und zugehörigen Zugriffsverfahren (MAC-Ebene 2a) kam unter dem Namen *Ethernet* bei der Vernetzung von Geräten unterschiedlicher Hersteller zur Anwendung und bildete die Grundlage für die IEEE 802.3-Norm.

Das Medium des ursprünglichen Ethernet ist eine beidseitig mit einem Widerstand reflexionsfrei abgeschlossenes gelbes Koaxialkabel (Standard Yellow Cable). Diese Verkabelungsart wird mit *10BASE5* bezeichnet. Dieser Begriff verbindet die Angaben 10 Mbit/s (Übertragungsrate), Baseband (Übertragungsart) und 500 m (maximale Länge).

Ein *Transceiver* bildet das Bindeglied zwischen Medium und Endgerät mit einem über eine E/A-Schnittstelle angeschlossenen Ethernet-Controller. Beim ursprünglichen Ethernet erfolgt der Kontakt des Transceivers zum Koaxialkabel über einen Vampir-Stecker, eine Schelle mit Außen- und Innenleiter kontaktierenden Stiften, welche das Kabel anstechen. Das Medium muß somit nicht getrennt werden, wenn eine neue Station eingefügt werden soll, s. Bild 7.2-13.

Auf der Seite des Endgerätes stellt der Transceiver die Signale zur Verfügung, die über das Transceiver-Kabel mit dem Controller verbunden werden. Die wesentlichen über das Transceiver-Kabel übertragenen Signale sind Sendedaten, Empfangsdaten und Collision Detect, welches die Kollision von Nachrichten anzeigt. Das Signal Collision Detect wird von dem von Ethernet verwendeten Medien-Zugangs-Verfahren *CSMA/CD* (Carrier Sense Multiple Access/Collision Detection) benötigt, welches auf dem Ethernet-Controller implementiert ist.

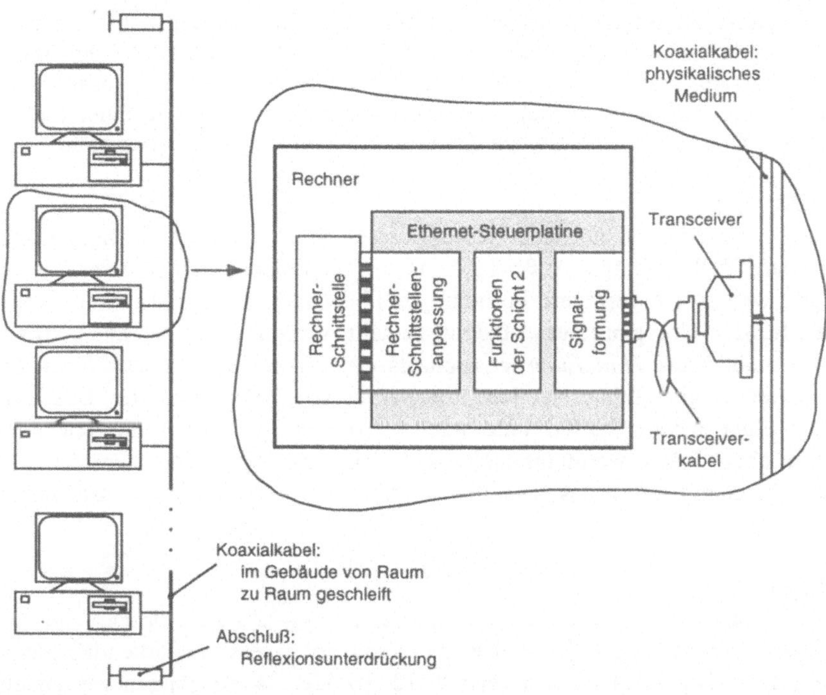

Bild 7.2-13: Rechner am 10Base5-Ethernet

Das Ethernet-Medienzugangsverfahren CSMA/CD ist ein Konkurrenzverfahren. Bevor ein Teilnehmer mit vorliegendem Sendewunsch zu senden beginnt, hört er das Medium ab. Ist das Medium besetzt, wird nach einer von einem Zufallsgenerator bestimmten Zeitdauer der Sendeversuch bzw. das Abfragen des Mediums wiederholt.

Ist das Medium frei, beginnt der Transceiver mit der Sendung der Daten. Zugleich empfängt er die über den Bus ankommenden Daten. Stimmen die Empfangsdaten mit den Sendedaten überein, gilt die Sendung als erfolgreich. Sollte eine andere Station gleichzeitig mit der Sendung begonnen haben, kommt es zur Interferenz der Signale und beide Transceiver erkennen eine Kollision. Nach Sendung eines Jam-Signals, mit welchem den anderen Stationen die Kollision angezeigt wird, warten die an der Kollision Beteiligten eine individuell zufällige Zeitspanne ab und wiederholen den Sendeversuch. Erst nach 16 aufeinanderfolgenden Kollisionen meldet der Controller dem angeschlossenen Gerät einen Übertragungsfehler.

Aufgrund des zufallsbasierten Zugriffsverfahrens kann eine maximale Verzögerungszeit nicht garantiert werden. Bei schwacher Last wird allerdings die Kollisionswahrscheinlichkeit mit der Wahrscheinlichkeit für Störungen vergleichbar, so daß dann die Wahrscheinlichkeit für die Übertragung einer Nachricht mit einer bestimmten Verzögerung vergleichbar mit den meisten anderen Zugriffsmechanismen, wenn nicht sogar besser als bei diesen ist [SLKR89].

Das *Standard Yellow Cable* als Buskabel für Ethernet ist aufgrund seiner aufwendigen Abschirmung relativ teuer und außerdem dick und starr, was die Verlegung erschwert. Es folgten daher eine Vielzahl von Entwicklungen für Ethernet-Verkabelungen mit unterschiedlichen Vor- und Nachteilen bezüglich Übertragungsrate, maximaler Kabellängen, Zuverlässigkeit, Verlegungsaufwand, maximaler Anschlußzahl pro Segment, Aufwand für das Einfügen einer Station und Kosten. Diese unterschiedlichen Typen werden im folgenden vorgestellt.

10BASE2

10BASE2 verwendet ein normales Koaxialkabel, welches kostengünstiger ist als das Standard Yellow Cable. Außerdem sind die verwendeten Transceiver kostengünstiger, weil an sie geringere Forderungen hinsichtlich der elektrischen Eigenschaften für den Übergang zum Medium gestellt werden. Diese Verkabelungsart wird daher außer als *Thin Ethernet* auch als *Cheapernet* bezeichnet. Neben der verminderten Segmentlänge ist bei Cheapernet nachteilig, daß der Bus zum Einfügen einer neuen Station unterbrochen werden muß, weil die einzelnen Stationen über T-Verzweigungsstücke mit dem Bus verbunden werden. Die Ausfallwahrscheinlichkeit des gesamten Netzes erhöht sich mit jeder zusätzlichen Station.

10BASE-T

10BASE-T verwendet eine verdrillte Zweidrahtleitung (*Twisted Pair*). Jede einzelne Station wird über die Twisted Pair-Leitung mit einem verstärkenden Sternverteiler, dem *Hub*, mit typischerweise 8, 12, 16 oder 24 Ausgängen verbunden. Von einer Station kommende Signale gibt der Hub unverändert an alle angeschlossenen Stationen weiter. Daher ist diese Verkabelungsart trotz der nach außen sternförmig erscheinenden Topologie aus logischer Sicht ein Bus, der Signale ebenfalls über das ganze Netz verbreitet. Eine Beschädigung eines Verbindungskabels betrifft bei dieser Verkabelungsart im Gegensatz zur Bus-Verkabelung immer nur eine Station. Das gesamte Netz fällt nur dann aus, wenn der Hub ausfällt.

Wenn die Anschlüsse eines Hubs für die Anzahl der anzuschließenden Stationen nicht ausreicht, können auch zwei Hubs zusammengeschlossen werden (Kopplung zweier Sterne am Sternpunkt zu einem einheitlichen Stern bzw. einem einheitlichen logischen Bus).

10BASE-F
Ein *10BASE-F*-Netzwerk auf Lichtwellenleiter-Basis (Glasfaserkabel) ist gegen elektromagnetische Störungen unempfindlich. 10BASE-F-Netze werden wie 10BASE-T-Netze über (optoelektronische) Hubs verkabelt.
Die sternverkabelten Ethernet-Arten sind zum Bus logisch kompatibel. Sie können ohne größeren Aufwand mit einem busverkabelten Ethernet zusammengeschlossen werden. Bild 7.2-14 zeigt das Schema eines Zusammenschlusses dreier koexistierenden Ethernetstandards.

Die Weiterentwicklung von Ethernet führte zum *Fast-Ethernet* mit dem Übertragungsraten von 100 Mbit/s möglich sind. Bei der Entwicklung von Fast-Ethernet wurde Wert darauf gelegt, daß die am meisten verwendete Ethernet-Verkabelungsart 10BASE-T bei einer Umrüstung auf Fast-Ethernet weiterverwendet werden kann. Ermöglicht wird dies durch eine veränderte Codierung mit verringertem Synchronisationsanteil und Ausnutzung aller vier Adernpaare des standardmäßigen 10BASE-T-Kabels, welche in bereits vorhandenen Verkabelungen meist ungenutzt sind [UNG93].

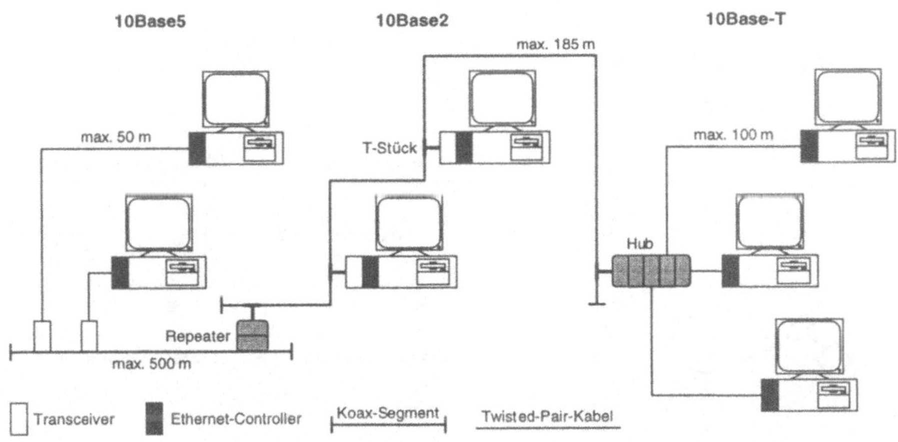

Bild 7.2-14: Zusammenschluß der drei wesentlichen Ethernetstandards [UNG94]

Token Ring
Token Ring startete wie Ethernet als Herstellerstandard. Seine Grundlagen wurden in den Züricher IBM-Laboratorien gelegt und später als IEEE-802.5 standardisiert. Auf physikalischer Ebene ist eine Ring-Topologie mit Twisted Pair als Übertragungsmedium vorhanden. Das Medium wird den einzelnen Stationen dezentral durch eine im Ring zirkulierende Sendeberechtigung, welche von Station zu Station unidirektional weitergegeben wird, zugeteilt. Die Sendeberechtigung, das Token, ist ein spezielles Bit-Muster, typischerweise 8 Bit, und kann als frei oder belegt markiert sein, z.B. „01111111“ als Frei-Token und „01111110“ als Belegt-Token [STAL84].

Wenn eine Station ein Frei-Token empfängt, darf sie eine Nachricht senden. Sie ändert das Token in „belegt“ und sendet ihre Nachricht direkt im Anschluß an das

Token. Alle folgenden Stationen geben das Belegt-Token und die Nachricht auf dem Ring weiter, sie dürfen selbst dabei keine Nachricht senden. Die Zielstation erkennt ihre Adresse und kopiert den Inhalt der Nachricht. Die Nachricht wird erst von der Nachrichtenquelle wieder vom Ring genommen. Diese erzeugt auch ein neues Frei-Token, wenn die Sendung der Nachricht abgeschlossen ist und sie ihr eigenes Belegt-Token wieder empfangen hat.

Die Stationen sind über Ringschnittstellen in den Ring geschaltet, welche zwei Modi haben:

Im Lesemodus werden eingelesene Bits zum Ausgang kopiert, woraus sich eine Verzögerung von einem Bit ergibt. In den Übertragungsmodus wird nur nach Erhalt eines Tokens geschaltet. Es können dann eigene Daten auf den Ring gegeben werden, s. Bild 7.2-15. Die Schnittstelle muß empfangene Daten puffern, um innerhalb eines Bits die Umschaltentscheidung treffen zu können.

Token Ring ist also kein Rundsendenetz im strengen Sinn wie Ethernet. Das Medium verbindet die Stationen 1 und 4, s. Bild 7.2-15, nicht direkt sondern über zwei dazwischen-geschaltete 1-Bit-Verzögerungen in den Ringschnittstellen der Stationen 2 und 3, welche aktiv darüber entscheiden, ob ankommende Daten weitergegeben oder vom Ring genommen werden.

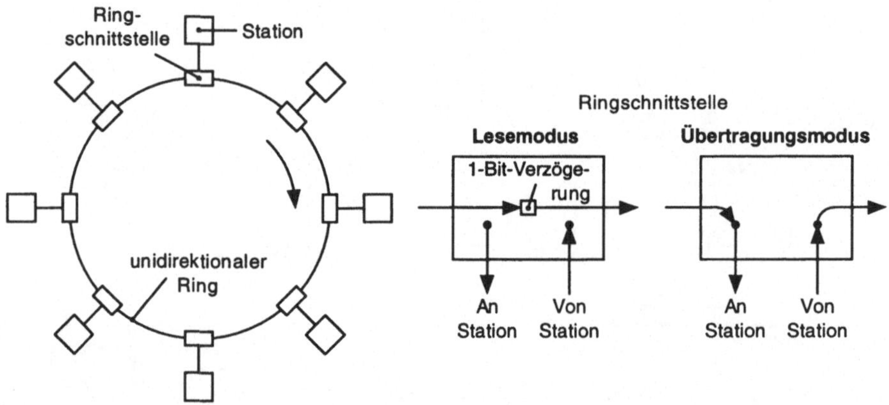

Bild 7.2-15: Rechneranschluß an Token Ring [TAN92]

Das Token - als frei oder belegt markiert - umkreist den Ring ständig. Die Speicherkapazität des Rings muß daher mindestens für das gesamte Token ausreichen. Die Speicherkapazität ist die Anzahl Bits, die von einer Station gesendet werden können, bevor das erste Bit den Ring ganz umrundet hat und die sendende Station wieder erreicht. Sie setzt sich aus der Fortpflanzungsverzögerung des Signals über eine Ringumrundung (abhängig von der Medienlänge des Rings) und der Summe der 1-Bit-Verzögerungen (abhängig von der Anzahl der Stationen) zusammen.

Zur Erhöhung der Speicherkapazität können die 1-Bit-Verzögerungen durch Schieberegister (Multi-Bit-Verzögerungen) ersetzt werden. Ringe mit großer Speicherkapazität eröffnen die Möglichkeit, mehrere Nachrichten gleichzeitig kreisen zu lassen (Slotted Ring, Registerring, s. [TAN92]).

Auch bei Token Ring wird meist wie bei Ethernet eine nach außen sternförmig erscheinende Verkabelung mit einem (Ring-) Hub als Sternpunkt realisiert, nur daß die Hub-Ausgänge intern hier ring- anstatt busförmig verschaltet sind. Der Hub konfiguriert den Ring selbständig. Jeder noch freie Ausgang ist mit einem geschlossenen Relaiskontakt überbrückt, s. Bild 7.2-16. Wenn eine neue Station in den Ring eingefügt und eingeschaltet wird, zieht das Relais aufgrund der nun anliegenden Spannung an und öffnet die Brücke über den Ausgang.

Das Gegenteil passiert, wenn eine Station vom Ring genommen wird oder ausfällt. In diesem Fall fällt das Relais ab und überbrückt den Ausgang, so daß sich der Ring wieder schließt. Dasselbe passiert bei Bruch eines Verbindungskabels zwischen einer Station und dem Hub, so daß die ansonsten vorhandene Anfälligkeit (bei einer Verkabelung von Station zu Station) des Token Ring gegenüber Kabelbruch (Totalausfall des gesamten Rings) hier vermieden wird.
Der Vorteil von Token Ring gegenüber Ethernet liegt in einer - abgesehen von Fehlern - garantierten Maximalverzögerung für die Übertragung von Nachrichten, was bei CSMA/CD nicht der Fall ist. Vorteilhaft ist außerdem, daß verschiedene Prioritätsstufen vergeben werden können. Hauptnachteil ist die notwendige komplexe Tokenverwaltung. So müssen beispielsweise durch Fehler auftretende Token-Verluste oder kontinuierlich zirkulierende Belegt-Token behoben werden [SLKR89].

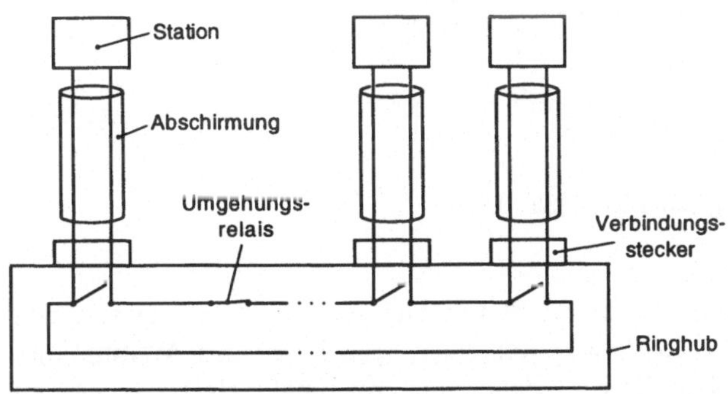

Bild 7.2-16: Funktionsprinzip eines Ringhubs

FDDI

Ein ebenfalls nach dem Token-Verfahren arbeitendes Hochleistungs-Netzwerk mit einer Übertragungsrate von 100 Mbit/s ist das FDDI (Fibre Distributed Data Interface). Die einzelnen Stationen werden mit zwei Glasfaseringen (redundante Ringstruktur) verbunden, wobei der Ringumfang bis zu 100 km umfassen kann. FDDI-Protokolle sind auf IEEE 802.5-Protokollen (Token Ring) aufgebaut.

Token Bus

Nach einem prinzipiell ähnlichen Zugriffsverfahren wie Token Ring arbeitet *Token Bus*, standardisiert in IEEE 802.4. Die physikalische Topologie ist ein Bus. Die einzelnen Stationen bilden jedoch logisch einen Ring, d.h. jede Station kennt die Adresse ihrer Nachfolge- und ihrer Vorgängerstation. Eine Möglichkeit hierbei ist, den Ring nach einer absteigenden Adressreihenfolge zu bilden. Jede Station gibt dabei das Token an die Station mit der nächstniedrigeren Adresse weiter, wenn sie selbst momentan keinen Sendewunsch hat, s. Bild 7.2-17. Der logische Ring wird geschlossen, indem die Station mit der niedrigsten Adresse und die Station mit der höchsten Adresse verbunden werden. Die logische Reihenfolge ist dabei von der physikalischen Anordnung der Stationen am Bus völlig unabhängig.

Liegt bei einer Station, welche das Token empfängt, ein Sendewunsch vor, so ist der Bus für diese Station für eine gewisse Zeit reserviert. Die Station darf nun Nachrichten versenden oder Antworten von anderen Stationen anfordern. Sie fungiert während sie das Token besitzt als Master-Station.

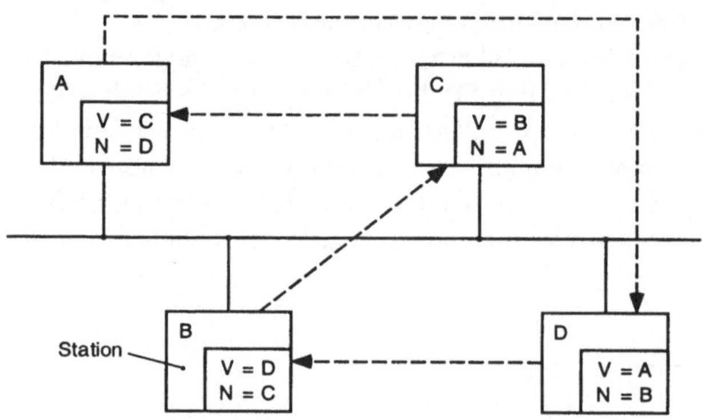

Bild 7.2-17: Token Bus und logischer Ring [STAL84]

Das Token wird weitergegeben, wenn die Station alle gewünschten Transaktionen abgeschlossen hat, oder die maximale Reservierungszeit für das Medium abgelaufen ist. Auch bei Token Bus ist daher eine maximale Verzögerungszeit garantiert.

Ein Beispiel für ein Token Bus-basiertes Zugriffsverfahren in der Automatisierungstechnik ist das Zugriffsverfahren von PROFIBUS (vgl. Kap. 7.4).

Die Token-Verwaltung (Ringinitialisierung, Aufnahme/Löschen einer Station aus dem Ring, Ausfall einer Station, durch Fehler enstandene doppelte Token) ist bei Token Bus relativ aufwendig. Die Leistung des Token Bus ist bei kleiner Last schlechter als bei CSMA/CD. Unter starker Last ist er jedoch in der Leistung überlegen [SLKR89].

7.2.9.2 Protokolle der Netzwerk- und Transportschicht

Die Protokolle der Transportschicht und der Netzwerkschicht müssen im Zusammenhang gesehen werden. Das Transportprotokoll muß abhängig von der Beschaffenheit des Netzwerkdienstes unterschiedliche Leistungen übernehmen. Bei ISO/OSI unter ISO 8072/8073 (ISO 8072 definiert den Transportdienst, ISO 8073 das Transportprotokoll) sind daher fünf Kategorien von Transportprotokollen vorgesehen:

- Kategorie 0 geht von einem bereits zufriedenstellenden Netzwerkdienst aus und bildet Transport- und Netzwerkverbindungen 1:1 aufeinander ab.
- Kategorie 1 beinhaltet Maßnahmen zur Reihenfolgesicherung und zur Fragmentierung.
- Kategorie 2 beinhaltet Mechanismen zur Flußkontrolle sowie zur Bündelung und Mehrfachnutzung.
- Kategorie 3 verbindet die Leistungen von Klasse 1 und Klasse 2.
- Kategorie 4 stellt die geringsten Anforderungen an das Netzwerk. Außer den Leistungen der Kategorie 3 beinhaltet sie z.B. zusätzlich eine eigene Verfälschungssicherung und kommt mit verlorengegangenen, duplizierten, verfälschten und durcheinandergewürfelten Paketen zurecht.

TCP/IP

Das Netzwerkprotokoll IP (*Internet Protocol*) entstand mit der Entwicklung vom ARPANET zum ARPA-Internet, welches viele Netzwerke enthält, von denen nicht alle zuverlässig sind. IP ist ein verbindungsloses Protokoll. Es bietet den Austausch von unbestätigten Datagrammen an. Die Zuverlässigkeitsmechanismen werden von dem zu IP gehörigen Transportschichtprotokoll TCP (Transfer Control Protocol) übernommen, so daß zuverlässige Transportverbindungen hergestellt werden können, auch wenn einige der beteiligten Netzwerke unzuverlässig sind. *TCP/IP* ist älter als die OSI-Protokolle und hat eine große Verbreitung, was seinen Grund auch in der Verwendung von TCP bei Berkeley-UNIX hat.

Zu versendende Nachrichten werden vom TCP-Protokoll in Datagramme zu jeweils maximal 64 kbit fragmentiert. Das IP-Protokoll sorgt dann für eine Übermittlung dieser Datagramme, welche unabhängig voneinander durch das Internet geleitet werden. Jedes einzelne Datagramm kann auf seinem Weg vom Quell- zum Ziel-Host über mehrere Subnetze geleitet werden. Zur Verknüpfung der einzelnen Subnetze werden Rechner eingesetzt, welche Gateways genannt werden (vgl. Kap. 7.2.10). Das IP-Protokoll muß dabei Routing-Aufgaben erfüllen. Einige Netze lassen nur Datagramme mit Maximalgrößen von weniger als 64 kbit zu.

Wenn ein Datagramm auf seinem Weg durch das Internet über ein solches Netz geleitet werden soll, müssen auch die Aufgaben das Fragmentierens in Teil-Datagramme und des Reassemblierens zum ursprünglichen Datagramm übernommen werden. Auf seinem Weg durch das Internet kann dabei jedes einzelne Datagramm vom IP in den verschiedenen Gateways, über die es geleitet wird, mehrmals fragmentiert und reassembliert werden.

Weil der IP-Dienst weder Reihenfolge, noch Verlustfreiheit, noch Verfälschungssicherheit der Datagramme garantiert, müssen diese Aufgaben von TCP übernommen werden. TCP ist verbindungsorientiert. Die Leistung von TCP ähnelt derjenigen des OSI-Transportprotokolls der Kategorie 4. Beide bieten einen zuverlässigen, verbindungsorientierten Dienst auf Basis eines unzuverlässigen Datagrammdienstes an.

7.2.9.3 Protokollgarnituren MAP und TOP

Ein Anwendungsgebiet der Kommunikationstechnik ist der Bereich der Fertigungsautomation. Unter Führung von General Motors wurde Anfang der 80er

Jahre die Protokollgarnitur *MAP* (Manufacturing Automation Protocols) für die offene Kommunikation in der rechnerintegrierten Fertigung CIM (vgl. Kap. 2) erarbeitet [SPU94]. Es handlet sich hierbei um eine Zusammenstellung von Protokollen über alle sieben Schichten des ISO/OSI-Referenzmodelles. Im Gegensatz zur Rechnerkommunikation im rein kaufmännischen Bereich (z.B. bei Banken, Reisebüros usw.) besteht in der Fertigungsautomation die Notwendigkeit, eine Kommunikation mit Steuerungen von Automatisierungsgeräten (z.B. Robotersteuerungen, SPS, CNC) zu realisieren. Eine solche Kommunikation zwischen einem Rechner mit Leitfunktion, z.B. einem Zellenrechner, und meist mehreren Steuerungen stellt spezielle Anforderungen an den Anwendungsdienst:

- es muß möglich sein, von einem Zellenrechner aus Programme in die untergeordneten Steuerungen (vgl. Kap. 5) zu laden, diese zu starten und zu stoppen,
- ein ereignisgesteuerter Betrieb muß möglich sein: Definierte Aktionen werden dann ausgeführt, oder bestimmte Informationen dann übertragen, wenn ein bestimmtes Ereignis auftritt. Dazu gehört z.B. ein Alarmierungskonzept,
- der momentane Zustand eines Automatisierungsgerätes muß abgefragt werden können,
- Aktionen von Geräten müssen gegenseitig ausgeschlossen werden können, z.B. um Kollisionen im gemeinsamen Arbeitsraum zweier Geräte zu vermeiden. Dies kann mit Semaphor-Variablen geschehen.

Die Anwendungsschicht von MAP beinhaltet neben recht allgemeinen Diensten, welche für viele Anwendungen benötigt werden - wie z.B. FTAM (vgl. Kap.7.2.8) zur Manipulation von Dateien auf anderen Rechnern, auch einen speziell auf die Automatisierungstechnik zugeschnittenen Dienst, den Dienst der *Manufacturing Message Specification (MMS)* nach ISO 9506. Die MMS erfüllt die oben genannten Anforderungen für die Automatisierungstechnik. Der MMS liegt ein Client-Server-Konzept zugrunde. Der Server, welcher in diesem Fall ein Automatisierungsgerät (vgl. Kap. 6) ist, wird vom Client, einem übergeordneten Rechner (PC oder Workstation als Zellenrechner oder Leitrechner), welcher mehrere Automatisierungsgeräte koordiniert, beauftragt.

Der Zugriff auf das Automatisierungsgerät bzw. auf dessen Steuerung erfolgt dabei über die *MMS-Shell.* Diese kapselt die herstellerspezifischen Eigenschaften des Gerätes gegenüber dem Client, indem es nach außen eine geräte- und herstellerunabhängige, einheitliche Kommunikationsschnittstelle mit einer Anzahl detailliert spezifizierter Operationen, wie Laden, Starten oder Stoppen von Steuerungsprogrammen, zur Verfügung stellt und diese auf die real verfügbaren Operationen der Gerätesteuerung abbildet. Diese Shell kann in das Gerät integriert oder durch einen vorgeschalteten Netzadapter realisiert werden [SCHW89], [KÜPR91]. Die weiteren Schichten von MAP werden abgedeckt durch:

- OSI-Darstellungsprotokoll ISO 8823 (Schicht 6),
- OSI-Sitzungsprotokoll ISO 8327 (Schicht 5),
- OSI-Transportprotokoll ISO 8073 der Klasse 4 (Schicht 4),
- OSI-Protokoll der Vermittlungsschicht ISO 8473 im verbindungsunabhängigen Modus,
- LLC (Logische Verbindungssteuerung) nach ISO 8802/2,

- physikalische Ebene/Medienzugriffsverfahren basiert bei MAP auf Token Bus nach ISO 8802/4. Auf diese Weise kann eine definierte Höchstgrenze für die Zeitdauer, welche eine Datenübertragung benötigt, garantiert werden was für die Automatisierungstechnik wichtig ist.

Etwa zur selben Zeit wie MAP wurde für den Bereich der Büroautomatisierung von Boeing eine Protokollgarnitur namens *TOP* (Technical and Office Protocols) entwickelt, die auch von vielen anderen Firmen zur Büroautomatisierung übernommen wurde. TOP basiert auf Ethernet oder Token Ring und unterscheidet sich daher von MAP auf physikalischer und Medienzugriffsebene. Durch Zusammenarbeit von General Motors und Boeing konnte jedoch eine Kompatibilität zwischen MAP und TOP auf den höheren Ebenen gewährleistet werden [TAN92]. Von der LLC-Schicht (Schicht 2b) bis zur Darstellungsschicht (Schicht 6) verwenden MAP und TOP dieselben ISO-Protokolle. Auf der Anwendungsschicht beinhalten MAP und TOP ebenfalls gemeinsame Dienste wie z.B. das schon vorgestellte FTAM. Außerdem beinhalten sie jeweils für MAP bzw. TOP spezifische Dienste. Das oben beschriebene MMS ist spezifisch für MAP. Ein für TOP spezifischer Dienst ist MHS (Message Handling Systems) für den Nachrichtenaustausch (elektronische Post).

7.2.10 Netzverknüpfungselemente

Weltweit existiert eine Vielzahl lokaler Netze, welche zunehmend zu einem globalen Netzwerk - Internet, Netz der Netze - verknüpft werden, um einen weltweiten Datenaustausch zu ermöglichen. Aber auch schon im kleineren Rahmen, wie z.B. einem Industriebetrieb wird es notwendig, einen Datenaustausch zwischen vorher isolierten Netzen durch Netzverküpfungen zu ermöglichen. Ein Beispiel ist ein Betrieb mit einem lokalen Netz für die kaufmännische Abteilung und einem lokalen Netz im Lagerbereich, welches die Kommunikation zwischen den einzelnen Steuerungen der automatischen Fördermittel ermöglicht. Ohne Verknüpfung dieser Netzwerke wäre ein „Zettelinterface“ notwendig, um z.B. eine im kaufmännische Bereich vorliegende Warenbestellung in einen Kommissionierauftrag für das Lager umzuwandeln.

An der Schnittstelle zwischen zwei gekoppelten Netzwerken befindet sich in jedem Fall ein Verknüpfungselement zur Überbrückung der Unterschiede zwischen den beiden Teilnetzen. Ein solches Verknüpfungselement wird auch Relais genannt. Je größer die Unterschiede zwischen den einzelnen Teilnetzen sind, um so aufwendiger ist das Relais, mit welchem diese verknüpft werden können. Je nachdem bis zu welcher Ebene des ISO/OSI-Modells das Relais ausgeführt ist, unterscheidet man Repeater (bis Ebene 1), Bridges/Brücken (bis Ebene 2), Gateways (bis Ebene 3) und Protokollwandler (bis Ebene 4 und höher).

Repeater

Repeater stellen die einfachsten Verknüpfungselemente für Netzwerke dar. LAN mit gleichartigen Zugangsverfahren und physikalischen Medien können mit Repeatern unter Signalverstärkung auf der physikalischen Ebene gekoppelt werden. Dies bedeutet, daß der Repeater die auf einem Medium ankommenden Signale detektiert, diese verstärkt und unverzüglich an das andere Medium weitergibt. Das Gesamtnetzwerk besteht dann aus zwei oder mehreren durch Repeater gekoppelten Segmenten. Die für das betreffende Netzwerk geltende maximal zulässige Länge für das Medium, welche aufgrund der Signaldämpfung im Medium auf jeden Fall beschränkt ist, muß dabei für jedes einzelne Segment eingehalten werden. Aufgrund der Signalverstärkung in Repeatern darf allerdings die Gesamtlänge von Segmenten, die mit Repeatern gekoppelt sind, die maximale Medienlänge übersteigen.

LAN mit Busstruktur (Ethernet, Token Bus) können außer zu einem langen Bus mit Repeatern auch zu einem Baum zusammenkoppelt werden. Dies ist bei einer großflächigen Standortverteilung der einzelnen Stationen günstiger als ein über die ganze Fläche durchgeschleifter Bus.

Repeater sind kostengünstiger als andere Kopplungselemente. Nachteilig ist jedoch, daß die einzelnen Segmente mit unnötigem Datenverkehr belastet werden: Jeder gesendete Rahmen wird in sämtliche über Repeater angekoppelte Segmente weitergegeben, unabhängig davon, ob dies jeweils zur Weiterleitung des Rahmens an die Zielstation erforderlich ist oder nicht.

Brücken

Besser - und in größeren Netzwerken aufgrund des großen Nachrichtenverkehrs manchmal auch unbedingt erforderlich - ist eine selektive Weiterleitung: Ein von einer Station in einem Subnetz ausgesendeter Rahmen wird nur an dasjenige angekoppelte Subnetz weitergegeben, an welches die Empfängerstation angeschlossen ist, bzw. welches zur Weiterleitung über mehrere Subnetze hinweg zur Zielstation nötig ist.

Diese Forderung wird von *Brücken* erfüllt. Die Kopplung zweier oder mehrerer Teilnetze erfolgt dabei auf der oberen Teilebene der Sicherungsschicht, der Schicht 2b), LLC. Daher dürfen sich das Medienzugriffsverfahren - Schicht 2a), MAC -, die physikalische Schicht sowie das Medium bei den Teilnetzen unterscheiden. Mit einer Brücke kann also z.B. ein Token Bus-Netz mit einem Ethernet gekoppelt werden, was mit einem Repeater nicht möglich ist.

Es existieren zwei Konzepte für die selektive Weiterleitung der Rahmen: die Quellen-Leitwegbestimmung und das Konzept der transparenten Brücke [TAN92].

Bei der Quellen-Leitwegbestimmung wird jedem von einer Quellstation gesendeten Rahmen der genaue Leitweg zu einer in einem anderen LAN befindlichen Zielstation im Rahmenkopf mitgegeben. Die einzelnen Brücken leiten die von ihnen empfangenen Rahmen anhand der Leitwegbeschreibungen. Dies macht eine manuelle Installation von LAN- und Brückennummern erforderlich. Dabei können versehentlich doppelt vergebene Nummern für Brücken oder LAN zu fehlerhaften Wegleitungen führen. Kenntnis über noch nicht bekannte Leitwege verschafft sich die Quellstation durch Senden eines Suchrahmens und Abwarten des Antwort-Rahmens der Zielstation, in welches die Brücken ihre Kennungen eintragen.

Beim Konzept der transparenten Brücke muß die Quelle nicht wissen, wie die Zielstation, welche durch ihre eindeutige Stationsadresse adressiert wird, zu erreichen ist. Jede Brücke bestimmt das LAN, in welches ein empfangener Rahmen weiterzuleiten ist durch Nachschlagen in einer Weiterleitungstabelle.

Bei Einbau einer Brücke ist ihre Weiterleitungstabelle leer. Ein von der Brücke empfangener Rahmen muß sein Ziel durch Fluten erreichen, d.h. durch Weiterleiten an jedes angeschlossene LAN. Mit der Zeit lernt die Brücke durch die ankommenden Rahmen, welches Ziel über welches angeschlosssene LAN erreichbar ist. Die Tabellen werden von einer Brücke ständig überprüft und an eventuelle Änderungen des Netzwerks angepaßt; d.h. unter anderem auch, daß die einzelnen Stationen den Ausfall einer einzigen Bücke gar nicht wahrnehmen, solange diese auf alternativen Wegen umgangen werden kann.

Die Brücken sind für die Quellstationen transparent; d.h. sie können sich genauso verhalten, als ob alle über die verschiedenen Subnetze verteilten Stationen an ein einheitliches LAN angeschlossen wären. Diesem Vorteil der transparenten Brücke steht der Nachteil gegenüber, daß bei transparenten Brücken der Weg von der Quell- zur Zielstation i.allg. nicht optimal gewählt wird, während das Konzept der Quellen-Leitwegbestimmung optimale Wege finden kann, was jedoch bei größeren Netzwerken auch problematisch wird [TAN92].

Gateways

Ähnlich wie Brücken haben auch *Gateways* die Aufgabe der zielgerichteten Weiterleitung. Gateways operieren auf der Netzwerkebene und erfüllen daher Routing-Aufgaben. Mit ihnen werden separierte, eigenständige Teilnetze, welche auch nicht lokal sein können, zu einem u.U. geographisch weiträumig verteilten Gesamtnetz verbunden. Neben dem Routing fällt dem Gateway die Aufgabe der Übersetzung von Adressen zwischen unterschiedlichen Teilnetzen zu. Typische Einsatzgebiete von Gateways sind die Verbindung von LAN mit WAN und von WAN untereinander. Bild 7.2-18 zeigt die Einsatzgebiete von Gateways im Vergleich mit Brücken.

Protokollwandler

Ein Relais, welches noch höhere Schichten realisiert (Schicht 4 und höher), heißt *Protokollwandler*. Ein Protokollwandler wird benötigt, um ein Netz mit ISO/OSI-Transportprotokoll (ISO IS8073) mit einem Netz zu verbinden, welches TCP als Transportprotokoll benutzt [TAN92]. Bei der Kopplung von lokalen Netzen, welche sich in den Protokollen höherer Ebenen unterscheiden, kann es auch vorkommen, daß eine Protokollumsetzung auf höheren Ebenen im Protokollwandler realisiert ist, während die Netzwerkschicht leer bleibt.

Es sei hier noch angemerkt, daß die verschiedenen Netzwerkverknüpfungselemente (Relais) in der Literatur nicht einheitlich bezeichnet werden. So werden z.B. Relais der Ebene 3 (hier: Gateways) häufig auch als *Router* bezeichnet. Hingegen wird der Begriff Gateway oft als Oberbegriff für Relais ab der Ebene 3 (hier: Gateway und Protokollwandler) verwandt.

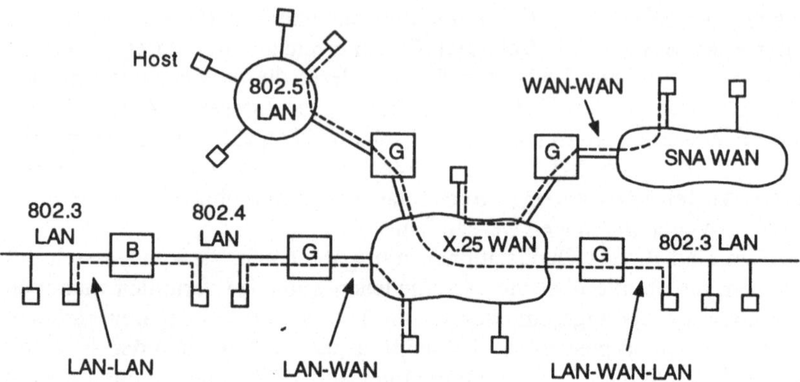

Bild 7.2-18: Einsatz von Brücken und Gateways

7.3 Ebenen der industriellen Kommunikation

In Kapitel 2.4.3 wurde der hierarchische, in mehreren Ebenen gegliederte Aufbau von Informations- und Steuerungsstrukturen der Unternehmenslogistik in Industrieunternehmen dargestellt. Nach dem CIM- bzw. CIL-Konzept sind die einzelnen datenverarbeitenden Geräte jeweils untereinander vernetzt. Diese Geräte haben in Abhängigkeit von der Ebene der Informations- und Steuerungsstruktur eines Unternehmens, auf der sie eingesetzt werden, sehr unterschiedliche Aufgaben und sind sowohl hardware- als auch softwaretechnisch sehr unterschiedlich gestaltet.

Für die Vernetzung dieser Geräte ergeben sich somit auch unterschiedliche Anforderungen an die Kommunikationstechnik hinsichtlich der zu übertragenden Datenmenge und der Geschwindigkeit. Auf den einzelnen Ebenen sind die Geräte daher i.allg. mit verschiedenen Kommunikationsnetzen verbunden, welche auf die jeweiligen Anforderungen abgestimmt sind. Diese einzelnen Netze sind zu einem hierarchisch aufgebauten Gesamtnetz verbunden, so daß der Aufbau der Kommunikationstechnik die Hierarchie der Informations- und Steuerungsstruktur eines Unternehmens wiederspiegelt, s. Bild 7.3-1.

Bild 7.3-1 zeigt modellhaft den Aufbau der verschiedenen Informations- und Steuerungsebenen und der damit zusammenhängenden Kommunikationsebenen in einem Unternehmen. Die Benennung der Ebenen ist hier mit den in der Kommunikationstechnik üblichen Bezeichnungen allgemein gehalten. Ob und inwieweit die jeweiligen Ebenen ausgeprägt sind, hängt von der Art und dem Grad der Automatisierung in einem Unternehmen und dessen Größe ab.

Die Bereichsleitebene eines Unternehmens ist nach den Definitionen aus Kap. 2.4.3. auf eine Stufe mit der Logistikleitebene zu setzen. Die Bereichsleitrechner sind über ein sogenanntes *Backbone-Netz* miteinander verbunden. Dieses bildet das „Kommunikationsrückgrat" des Unternehmens und kann z.B. als FDDI ausgeführt sein. Je nach Aufbau des Unternehmens können sich die Bereichsleitrechner jeweils in verschiedenen Fabriken an unterschiedlichen Standorten befinden. An das Backbone-Netz ist auch das zentrale Rechenzentrum des Unternehmens angeschlossen. Die weltweite Rechnerkommunikation wird durch einen Zugang zum Internet ermöglicht.

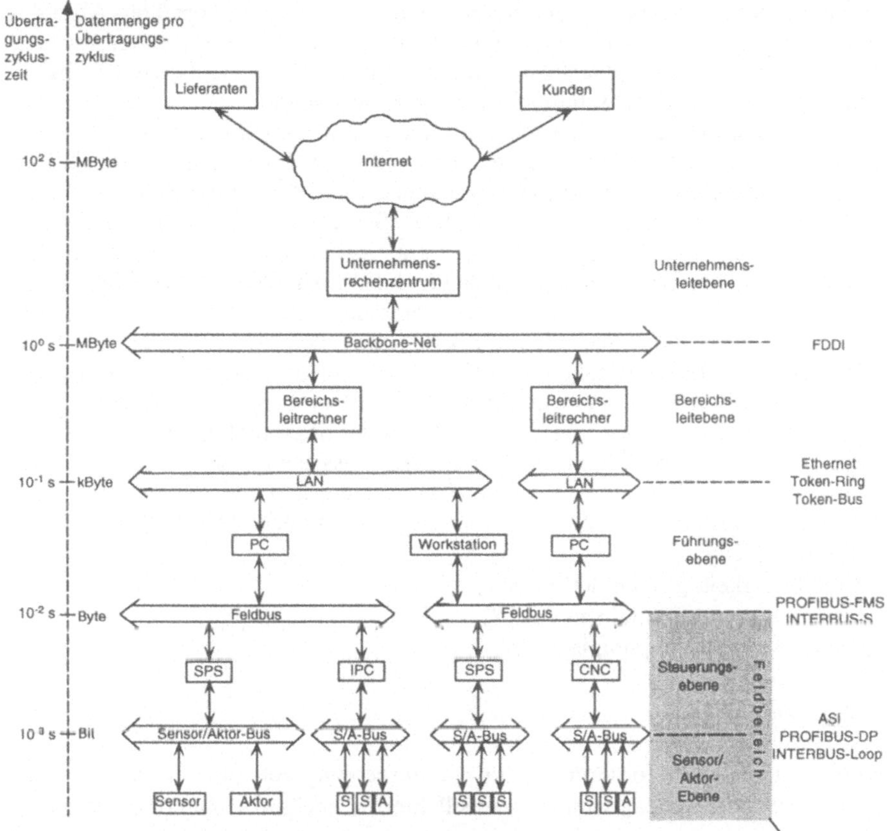

Bild 7.3-1: Kommunikationsebenen in der Automatisierungstechnik

Jeder einzelne Bereichsleitrechner kommuniziert über ein LAN mit den dem jeweiligen Bereich zugeordneten Rechnern der Führungsebene. Auf dieser Ebene ist nach Kap. 2.4.3 die Materialflußleitebene angesiedelt. Die Rechnersysteme dieser Ebene steuern als sogenannte Zellenrechner einzelne Fertigungszellen oder führen den Materialfluß zwischen den Fertigungszellen oder im Lagerbereich. Unterhalb der Zellebene beginnt der sogenannte *Feldbereich* der industriellen Kommunikation, die prozeßnahe Kommunikation. Die Kommunikationstechnik im Feldbereich dient der Anbindung von Gerätesteuerungen sowie von Sensorik und Aktorik.

Die Übertragungshäufigkeit nimmt von den oberen zu den unteren Ebenen hin zu, die jeweils übertragene Datenmenge nimmt hingegen ab. Es sei hier ausdrücklich darauf hingewiesen, daß es sich bei den in Bild 7.3-1 angegebenen Werten für die Übertragungszeit und die Datenmenge pro Übertragung lediglich um grobe Anhaltswerte für die Größenordnungen handelt. Insbesondere die Zeitdauer für Übertragungen ist für die einzelnen Ebenen untereinander nur grob vergleichbar. Auf den oberen Ebenen tritt ein Übertragungswunsch bei einem Rechner in der Regel nur in unregelmäßigen Abständen (azyklisch) auf. Die Zeitdauer vom Auftreten des Übertragungswunsches bis zum korrekten Abschluß der Übertragung wird als *Übertragungszeit* bezeichnet. Bei Netzwerken mit nicht deterministischen Zugriffsverfahren können für die Übertragungszeit lediglich Anhaltspunkte bzw. Durchschnittszeiten angegeben werden.

Auf der Sensor/Aktor-Ebene müssen hingegen ständig Daten zwischen jedem einzelnen Sensor bzw. Aktor und der übergeordneten Steuerung zyklisch ausgetauscht werden. Hier wird eine *Zykluszeit* angegeben. Dies ist die Zeit, welche der Datenaustausch zwischen der übergeordneten Steuerung und sämtlichen Teilnehmern (Sensoren und Aktoren) benötigt. Die Zykluszeit ist abhängig von der Anzahl der Teilnehmer. Sie wird meist für den Maximalausbau des Netzwerkes angegeben. Wenn die Zeitdauer für die Kommunikation deterministisch ist und hinreichend klein gegenüber den Zeitkonstanten des zu steuernden Systems, spricht man von Echtzeitfähigkeit. Auf der Steuerungsebene muß ebenfalls eine echtzeitfähige Kommunikation gewährleistet werden, wenn auch die geforderten Zykluszeiten meist deutlich höher liegen als auf der Sensor/Aktor-Ebene.

Für die Echtzeitfähigkeit eines Kommunikationssystems sind ein deterministisches Zugriffsverfahren und eine hohe Übertragungsgeschwindigkeit Voraussetzungen. Die sonstigen Anforderungen an die Kommunikationstechnik im Feldbereich sind [SCHN94]:

- Zuverlässigkeit, ggf. Fehlertoleranz,
- geringe Störempfindlichkeit (EMV),
- flächendeckende Topologie,
- Flexibilität,
- Wirtschaftlichkeit.

Um die genannten Anforderungen für die Vernetzung von Geräten im prozeßnahen Bereich zu erfüllen, wurden speziell hierfür geeignete Kommunikationssysteme entwickelt:

Im Feldbereich bestehen unterschiedliche Aufgaben und Leistungsanforderungen. Man unterscheidet daher zwischen Feldbussen für die Steuerungsebene und Sensor/Aktor-Bussen für die Sensor/Aktor-Ebene.

Tabelle 7.3–1 Abgrenzungskriterien zwischen Feldbus und Sensor/Aktor-Bus

Kriterium	**Feldbus**	**Sensor/Aktor-Bus**
Ausdehnung des Netzwerks	ca. 0.1 bis 1 km	bis ca. 100 m
Zykluszeit	ca. 10 ms bis 10 s	ca. 1 ms bis 1 s
Datenmenge pro Übertragung	8 bis einige 100 Byte	1 bis 8 Byte
Anzahl der Teilnehmer pro Netz	Mittel	hoch
Anschlußkosten pro Teilnehmer	300 DM bis 1500 DM	30 DM bis 200 DM

Der Sensor/Aktor-Bus ist i.allg. einer Steuerung zugeordnet. Der Feldbus dient dagegen zur Vernetzung der übergeordneten Steuerungen. Daraus ergeben sich große Unterschiede in der räumlichen Ausdehnung der Bussysteme. Für einen Sensor/Aktor-Bus sind hohe Übertragungsgeschwindigkeiten kurzer Informationen (oft nur ein Bit), eine große Anzahl Busteilnehmer und daher sehr niedrige Anschlußkosten pro Busteilnehmer gefordert. Feldbusse übertragen um einige Zehnerpotenzen höhere Datenmengen bei einer niedrigeren *Übertragungshäufigkeit*. In Tabelle 7.3-1 sind einige Abgrenzungskriterien zwischen Feldbussen und Sensor/Aktor-Bussen zusammengestellt [VDI1123].

7.4 Feldbussysteme

7.4.1 Klassifizierung von Feldbussystemen

Feldbussysteme lassen sich in geschlossene und offene Systeme einteilen. Geschlossene Systeme sind Teil eines von einem Hersteller als Komplettlösung angebotenen Systems. Vorteil von geschlossenen Systemen ist, daß keinerlei Kompatibilitätsprobleme auftreten. Der Anwender ist dann jedoch an einen Hersteller gebunden, was zum einen unökomisch sein kann, zum anderen wird von einem Hersteller u.U. nur ein Teilbereich eines komplexen Automatisierungssystems hinreichend abgedeckt. Aus diesem Grund wird man häufig auf Komponenten verschiedener Hersteller zurückgreifen müsssen, um ein automatisierungstechnisches Problem sowohl in funktioneller als auch in wirtschaftlicher Hinsicht optimal zu lösen. In diesem Fall ist man auf den Einsatz eines offenen Feldbussystems angewiesen, welches die Kommunikation von Komponenten unterschiedlicher Hersteller untereinander ermöglicht.

Die für Deutschland und seine Nachbarstaaten relevanten offenen Feldbussysteme sind PROFIBUS, INTERBUS-S, SERCOS und CAN. Erwähnt seien hier noch der französisch-italienische Feldbus FIP (Factory Instrumentation Protocol) und der japanische Bus FAIS (Factory Automation Interconnection System) [DUE95]. Für den von Phoenix Contact entwickelten INTERBUS-S existiert seit 1994 ein DIN-Entwurf (DIN E 19258). PROFIBUS (Process Field Bus) ist das Ergebnis eines vom Bundesministerium für Forschung und Technologie geförderten Projektes. PROFIBUS ist in der DIN 19245 spezifiziert. Das System SINEC L2 ist z.B. ein Feldbussystem gemäß PROFIBUS-Norm der Firma Siemens.

PROFIBUS und INTERBUS-S sind betreffend ihrer Ursprünge und ihres derzeitigen Einsatzes nicht auf bestimmte Bereiche der industriellen Kommunikation festgelegt und finden verstärkt auch in der Materialflußautomatisierung ihre Anwendung. Sie haben derzeit den größten Marktanteil in Deutschland und werden daher in den folgenden beiden Kapiteln näher behandelt.

SERCOS-Interface (Serial Realtime Communication System) wurde für den Datenaustausch zwischen CNC-Maschinen gemeinsam vom Verein deutscher

Werkzeugmaschinenhersteller (VDW) und dem Zentralverband der elektrotechnischen Industrie (ZVEI) konzipiert.

Der von der Firma Bosch entwickelte CAN-Bus (Controller Area Network) wurde ursprünglich für die Vernetzung von Komponenten in Kraftfahrzeugen konzipiert. Da der CAN-Bus daher an rauhe Umgebungsbedingungen angepaßt ist, wird er zunehmend auch in der Produktion eingesetzt. [DUE95].

7.4.2 PROFIBUS

Der als DIN 19245 verabschiedete Standard PROFIBUS (Process Field Bus) ist ein offenes, firmenneutrales Feldbussystem, welches für den Einsatz auf der Zell- und der Feldebene in der Hierarchie der industriellen Kommunikation konzipiert wurde. Er ermöglicht eine Vernetzung von Sensoren und Aktoren, von Gerätesteuerungen sowie von Zellensteuerungen und eine Anbindung an Netze der darüberliegenden Leitebene. Damit sind gleichzeitig eine große Funktionalität des Dienstangebotes und Echtzeitverhalten gefordert.

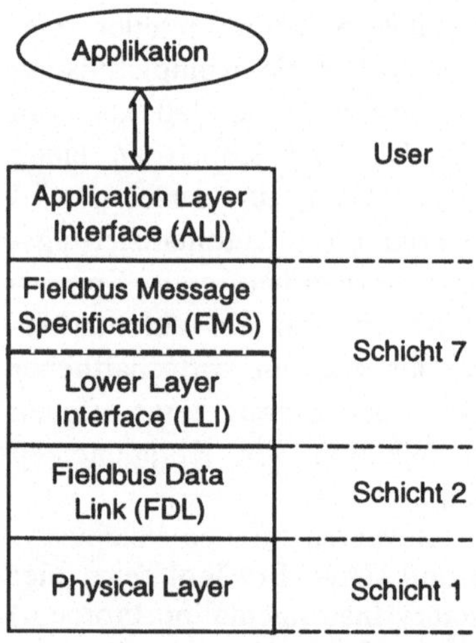

Bild 7.4-1: PROFIBUS-Protokollstapel und dessen Einordnung in das ISO/OSI-Modell

Bild 7.4-1 zeigt die Protokollgarnitur - auch Protokollstapel oder Protokollstack genannt - von PROFIBUS [SCHN94]. Im PROFIBUS-Protokollstapel sind nur die Schichten 1, 2 und 7 des ISO/OSI-Modells realisiert. Durch das zur Schicht 7 gehörige Lower Layer Interface, welches Teilfunktionen der nicht ausgeprägten Schichten, wie z.B. Verbindungsauf- und -abbau ausführt, wird die Anpassung der Schicht 7 an die Schicht 2 vorgenommen.

PROFIBUS-FMS (Fieldbus Message Specification), Schicht 7

Der Anwendungsdienst (Schicht 7), die Fieldbus Message Specification (FMS), besteht aus einer Teilmenge der Manufacturing Message Specification (MMS).

Der Kommunikation auf der Anwendungsschicht liegt dabei ein Client-Server-Konzept zugrunde. Ein Gerät, der Client, stellt eine Dienst-Anforderung an ein zweites Gerät, den Server. Dazu schickt der Client dem Server den entsprechenden Auftrag. Der Server führt den angeforderten Auftrag durch und schickt das Ergebnis an den Client zurück.

Um Unabhängigkeit von hersteller- oder anwendungsspezifischen Gegebenheiten zu schaffen, ist ein *objektorientierter Informationsaustausch* vorgesehen. Reale Objekte des Prozesses werden auf Kommunikationsobjekte abgebildet. Es gibt unterschiedliche Objektarten, z.B. Meßwerte von Sensoren oder SPS-Programme. Das zu einem Meßwert gehörige Kommunikationsobjekt ist z.B. von der Objektart *Variable*, das zu einem SPS-Programm gehörige von der Art *Program-Invocation*. Die Struktur von Variablen wird wie bei höheren Programmiersprachen durch den Datentyp definiert. Für eine Variable, welche den Zustand eines Näherungsschalters repräsentiert, ist dies der Typ *Boolean*; für den Meßwert eines Sensors der Typ *Integer* oder *Floating-Point*.

Zu jeder Objektart sind Operationen (Dienste) definiert, um auf das Objekt zuzugreifen. Auf ein Objekt der Art *Variable* kann beispielsweise mit den Operationen *Read* zum Auslesen des Variableninhalts und *Write* zum Neubeschreiben des Variableninhalts zugegriffen werden.

Aus Sicht eines Anwendungsprozesses, welcher auf ein entferntes Feldgerät zugreifen will, existiert ein sog. Virtuelles Feldgerät (Virtual Field Device - VFD), in welchem alle Kommunikationsobjekte und zugehörigen Operationen enthalten sind, die dem Anwendungsprozeß zur Kommunikation mit dem Feldgerät zugänglich sind. Ein VFD stellt eine dem Anwender dargebotene Abstraktion einer bestimmten Klasse realer Geräte dar. Auf diese Weise werden gerätespezifische Eigenschaften gekapselt. So kann das Starten eines Programms in verschiedenen Geräten unterschiedlich gelöst sein [KAT89]. Der Auftrag von einem übergeordneten Leitrechner an eine SPS, ein Programm zu starten, wird über PROFIBUS jedoch geräteunabhängig immer durch Ausführen der Operation *Start* auf das Objekt *Program-Invocation* des entsprechenden VFD erteilt.

Die Definition der Objektbeschreibung erfolgt bei demjenigen Busteilnehmer, bei dem das Objekt real existiert. Die Objektbeschreibungen sämtlicher Objekte, auf welche im Verlauf einer Kommunikation zugegriffen wird, müssen beiden Kommunikationspartnern bekannt sein. Sie befinden sich in *Objektverzeichnissen* (OV). Die Objektbeschreibungen der zu einem Busteilnehmer gehörigen, lokalen Objekte befinden sich in dessen Source-OV. Daneben existieren ein oder mehrere Remote-OV, in welchen eine vollständige oder teilweise Kopie der Objektbeschreibungen der jeweiligen Kommunikationspartner enthalten ist. Somit kann jeder Busteilnehmer ein Source-OV für lokal existierende Kommunikationsobjekte und eine oder mehrere Remote-OV besitzen. Die Remote-OV sind verbindungsspezifisch, d.h. für jede Verbindung kann ein anderes Remote-OV Gültigkeit besitzen [VDI728]. Die im OV abgelegte Beschreibung eines Objektes besteht unter anderem aus einem Index, Namen, Datentyp und eventuell der Länge des Objektes. Der Index ist die Adresse eines Objektes innerhalb eines Teilnehmers in Form eines 16-bit-Zählers. Er erlaubt eine kurze Adressierung beim Zugriff auf das Objekt.

Anhand des einfachen Beispiels in Bild 7.4-2 wird nun die Abwicklung eines Dienstes über PROFIBUS erläutert. Ein auf einem PC laufendes Anwendungsprogramm (Client) hat die Aufgabe, über PROFIBUS Weginkremente eines Gurtförderers in einer Hochleistungssortieranlage für Stückgut zu messen und das Gut an der vorgesehenen Position auszuschleusen. Die Weginkremente des Inkrementalgebers werden von einer schnellen Zählkarte (Server) erfaßt. Der Zählerstand der Zählerkarte wird zyklisch über PROFIBUS ausgelesen. Die PROFIBUS-Dienste werden dem Anwendungsprogramm über die Schnittstelle der Anwendungsschicht (Application Layer Interface - ALI) zugänglich gemacht. Das ALI verwaltet das Objektverzeichnis und realisiert das Verhalten des VFD, wie es für das Anwendungsprogramm sichtbar wird.

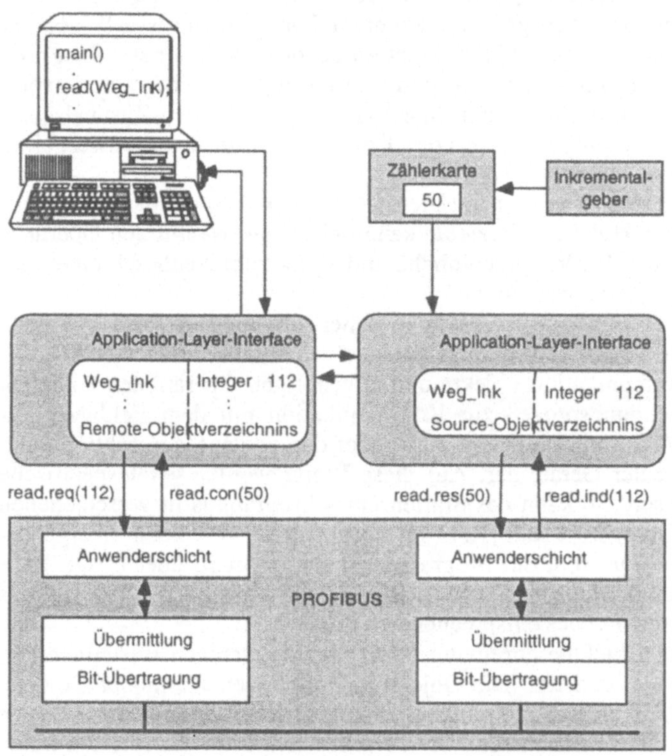

Bild 7.4-2: Beispiel einer PROFIBUS-Anwendung [VDI728]

Der Name des Meßwerts „Weg_Ink" wird in den Index (hier „112") übersetzt und der Leseauftrag read.req(112) der Anwendungsschicht übergeben. Auf Seite des Servers wird die Ankunft des Leseauftrages mit dem Dienstelement read.ind(112) angezeigt. Hier stellt sich das ALI als gerätespezifische Schnittstelle zum Feldgerät (Zählerkarte) dar. Nach einer eventuell notwendigen Konvertierung des von der Zählerkarte gelieferten Datentyps in den geforderten Datentyp (integer) wird der Leseauftrag mit dem Dienstelement read.res(50), welcher den Meßwert (50 Inkremente) als Parameter enthält, beantwortet. Nach der Rückübertragung der Antwort wird deren Ankunft mit read.con(50) angezeigt. Die Antwort des Leseauftrags enthält nur den Meßwert. Die Einheit (mm/Inkrement) ist dem Anwender bekannt. Wenn das Sortiergut die Wegstrecke bis zur Auswurfstelle auf dem Gurtförderer zurückgelegt hat, gibt der PC über PROFIBUS den Ausschleusungsauftrag an die Schwenkeinrichtung.

Die PROFIBUS-Dienste lassen sich grob in die Gruppen Produktivdienste, mit deren Hilfe auf Kommunikationsobjekte zugegriffen werden kann, und Managementdienste, welche der Verwaltung des Kommunikationssystems dienen, einteilen.

Im folgenden wird eine Auswahl der Aufgaben von PROFIBUS-Diensten vorgestellt:

Produktivdienste

Lesen und Schreiben von im Objektverzeichnis definierten Variablen eines Feldgerätes (Variable Access)

- Read Lesen einer Variablen
- Write Schreiben einer Variablen

Dienste zur Steuerung von Programmabläufen (Program Invocation)

- Start Starten einer Program Invocation
- Stop Anhalten einer Program Invocation

Dienste zum Melden von Ereignissen (Event Management)

- Event-Notification Melden des Auftretens eines Ereignisses (z.B. eines Alarms)

Managementdienste

Dienste zum Verbindungsaufbau, -abbau, - abbruch (Context Management)

- Initiate Verbindungsaufbau
- Abort Verbindungsabbau, -abbruch

Lesen und Schreiben des Objektverzeichnisses eines Feldgerätes (OV-Management)

- Get-OV Lesen eines Objektverzeichnisses
- Put-OV Beschreiben eines Objektverzeichnisses

Fieldbus Data Link, Schicht 2

Die Schicht 2 von PROFIBUS, im Sprachgebrauch des PROFIBUS auch mit Fieldbus Data Link (FDL) bezeichnet, beinhaltet die Steuerung des Buszugriffs, sowie die Abwicklung der Schicht-2-Dienste für die Datenübertragung.

Das PROFIBUS-Zugriffsverfahren ermöglicht sowohl eine Kommunikation von Automatisierungsgeräten untereinander als auch eine Kommunikation eines Automatisierungsgerätes mit einem einfachen Gerät, wie z.B. einem binären Sensor, auf niedrigerem Niveau. Die Automatisierungsgeräte sind aktive Busteilnehmer. Sie können sowohl selbst eine Kommunikation initiieren, als auch auf Anfragen anderer intelligenter Geräte reagieren. Die einfachen Geräte sind *passive*

Busteilnehmer. Sie können eine Kommunikation nicht initiieren, sondern ausschließlich auf Anfragen der Automatisierungsgeräte reagieren.

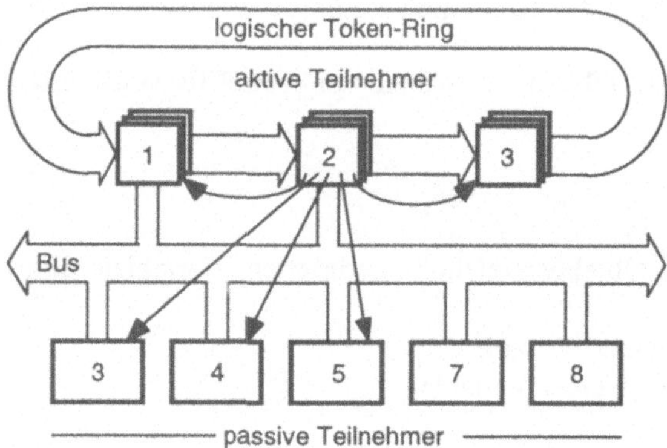

Bild 7.4-3: Hybrides Buszugriffs-Verfahren: Token-Passing / Master-Slave

Die Kommunikation zwischen den *aktiven Busteilnehmern* funktioniert nach dem Token-Passing-Prinzip. Das Token (die Buszugriffsberechtigung) wird im logischen Ring, welcher von den aktiven Teilnehmern gebildet wird, herumgereicht (vgl. Kap. 7.2.8.1). Das Gerät, welches momentan das Token besitzt, ist für eine gewisse Zeit der Master. Alle anderen Geräte, sowohl die aktiven als auch die passiven Teilnehmer agieren dann als Slaves. Der Master kann Anfragen an die Slaves stellen, welche jeweils mit einer Antwort-Nachricht an den Master reagieren. Die Slaves dürfen nur auf Anfragen reagieren und können selbst nicht aktiv werden. Spätestens nach einem festgelegten Zeitraum muß das Token an den in der logischen Reihenfolge nächsten aktiven Teilnehmer weitergegeben werden, so daß dieser der Master wird. Die passiven Teilnehmer erhalten niemals das Token und sind somit zu jedem Zeitpunkt Slaves.

Bild 7.4-3 verdeutlicht dieses „hybride" Zugriffsverfahren, eine Kombination aus Token-Passing und Master-Slave. Die von der Schicht 2 angebotenen Dienste für die Datenübertragung sind:

- SDN Send Data with No Acknowledgement
  (Daten-Sendung ohne Quittierungsantwort)
- SDA Send Data with Acknowledgement
  (Daten-Sendung mit Quittierungsantwort)
- RDR Request Data with Reply
  (Daten-Anforderung mit Daten-Rückantwort)
- SRD Send and Request Data
  (Daten-Sendung mit Daten-Anforderung und Daten-Rückantwort)
- CRDR Cyclic Request Data with Reply
  (zyklischer RDR-Dienst)
- CSRD Cyclic Send and Request Data
  (Zyklischer SRD-Dienst)

Die erstgenannten vier Dienste sind azyklische Dienste, welche hauptsächlich für zeitunkritische Daten mit geringer Wiederholungsrate verwandt werden. Bei diesen Diensten muß jeder Datentransfer explizit angestoßen werden.

Der SDN-Dienst wird größtenteils für Broadcast-Nachrichten (Rundruf) von einem aktiven Teilnehmer an alle übrigen Teilnehmer verwendet. Er bleibt daher unquittiert. Alle anderen Dienste werden für die Abwicklung einer Zwei-Partner-Kommunikation verwendet.

Letztere beiden der oben aufgezählten Dienste sind zyklischer Natur. Nach einmaliger Anforderung des CRDR-Dienstes durch die Anwendungsschicht wird ein zyklisches Abfragen eines Gerätes angestoßen, so daß ständig ein möglichst aktueller Wert dieses Gerätes (z.B. der Meßwert eines Sensors) auf der Schicht 2 zur Verfügung steht. Dieses zyklische Abfragen wird mit Polling bezeichnet. Das hardwarenahe Polling auf Schicht 2 dient der Geschwindigkeitsoptimierung und einer Entlastung des Anwendungsprozesses.

Die Schicht 2-PDU werden i.allg. als Rahmen bezeichnet; auf dem Gebiet der prozeßnahen Kommunikationstechnik spricht man auch oft von Telegrammen. Bei PROFIBUS existieren unterschiedliche Telegrammformate mit jeweils verschiedenen Ausprägungen des Nutzdatenteils:

- Telegramme mit fester Informationsfeldlänge ohne Nutzdatenfeld,
- Telegramme mit fester Informationsfeldlänge mit Nutzdatenfeld,
- Telegramme mit variabler Informationsfeldlänge (variable Länge des Nutzdatenfeldes).

Jedem Telegramm muß natürlich eine Information über die Art des Telegramms mitgegeben werden. Außerdem enthält jedes der oben genannten Telegramme Absender und Empfängeradresse, Kontrollinformationen über den Dienst und die Priorität, eine Prüfsumme zur Datensicherung und eine Endekennung. Bei Telegrammen mit variabler Länge des Nutzdatenfeldes steht im Telegrammkopf die Länge des Informationsfeldes (Adressenfelder + Kontrollinformationsfeld + Nutzdatenfeld) in doppelter Ausführung zur höheren Sicherheit. In einem Telegramm mit fester Informationsfeldlänge umfassen die Nutzdaten genau 8 Byte. Eine Übertragung der Längenangabe des Informationsfeldes entfällt dann, so daß kurze Nutzdaten in einem einfacheren, kürzeren Telegrammformat übertragen werden können.

Telegramme ohne Nutzdatenfeld können z.B. für eine Anforderung von Daten (RDR_request), Telegramme mit Nutzdatenfeld z.B. für die Rückübertragung der Antwortdaten (RDR_response) benutzt werden.

Eine aus nur einem Byte bestehende, nicht adressierte Kurzquittung und das Token entsprechen zwei weiteren Telegrammformaten. Die Kurzquittung besteht aus einem einzelnen Zeichen. Das Token-Telegramm beinhaltet nach dem Startbyte, welches gleichzeitig die Art des Telegramms (hier: Token) angibt, nur noch die Absender- und die Empfängeradresse.

Der Adreßumfang für Teilnehmer am PROFIBUS beträgt 0 bis 127, wobei die Adresse 127 als Globaladresse für Broadcast- und Multicast-Telegramme reserviert ist. Somit können 127 Teilnehmer adressiert werden, wovon maximal 32 aktive Teilnehmer sein dürfen [SCHN94], [VDI728].

Die Zeichendarstellung erfolgt in dem in DIN 19244 festgelegten UART-Format. Jedes Zeichen wird dabei mit einem Startbit (binär „0“) eingeleitet. Es folgen acht Informationsbits, welche das jeweilige Zeichen codieren, ein Paritätsbit und ein Stopbit (binär „1"). Die *Parität* ist ein einfaches Datensicherungsverfahren. Die Informationsbits werden durch das Paritätsbit so ergänzt, daß die Quersumme über alle Informationsbits und dem Paritätsbit gerade (gerade Parität) bzw. ungerade (ungerade Parität) ist. Bei PROFIBUS ist mit der Parität jedes Zeichen einzeln gesichert, so daß eine zusätzliche Sicherung zur Prüfsumme, welche das Telegramm insgesamt absichert, gegeben ist. Mit der Parität können alle Fehler, welche eine ungerade Anzahl Bits betreffen, entdeckt werden.

Übertragungstechnik, Schicht 1

Bei der Topologie von PROFIBUS handelt es sich um eine Linien- (Bus-) Struktur mit kurzen Stichleitungen zu den einzelnen Teilnehmern. Durch Einsatz von Repeatern kann auch eine Baumstruktur realisiert werden. Um die je nach Einsatzbereich unterschiedlichen Anforderungen, wie z.B.:

- große Entfernungen,
- Explosionsschutz,
- besondere elektromagnetische Verträglichkeit (EMV)

an die Übertragungstechnik abzudecken, stehen verschiedene physikalische Schnittstellen und Übertragungsmedien zur Verfügung. So ist z.B. speziell für den Einsatz in extrem gestörter Umgebung, wie etwa im Bereich elektrischer Antriebe, die Verwendung von Lichtwellenleitern aus Kunststoff oder Glasfaser spezifiziert [SCHN94].

Weit verbreitet ist die in der DIN 19245, Teil 1 als Version 1 spezifizierte Datenübertragungstechnik, auf welche hier näher eingegangen wird. In der Version 1 wird als Busleitung eine geschirmte, verdrillte Zweidrahtleitung (Shielded Twisted Pair) mit mindestens 22 mm^2, einem Kapazitätsbelag von etwa 60 pF/m und einem Wellenwiderstand von 100 Ω bis 130 Ω spezifiziert.

Pro Bussegment (Linie) können maximal 32 Teilnehmer angeschlossen sein, wobei auch jeder an die Linie angeschlossene Repeater als Teilnehmer zählt. Zwischen zwei Teilnehmern dürfen maximal drei Repeater liegen. Abhängig von der Übertragungsgeschwindigkeit darf ein Bussegment bis zu 1200 m lang sein, die Stichleitungen von der Busleitung zu den einzelnen Teilnehmern dürfen jeweils 0.3 m lang sein. Als Übertragungsgeschwindigkeit sind 9.6, 19.2, 93.75, 187.5 und 500 kbit/s spezifiziert, wobei bei 187.5 kbit/s die Busleitung nur 600 m, bei 500 kbit/s sogar nur 200 m lang sein darf.

Als physikalische Schnittstelle ist eine Datenübertragung nach dem US-Standard EIA *RS-485* (EIA: Electronic Industries Association) mit asynchroner Datenübertragung (vgl. Kap. 7.2.3) und einer Bitcodierung im NRZ-Code (Non-Return-to-Zero) vorgesehen. Bei dem NRZ-Code handelt es sich um eine einfache Eins-zu-Eins-Abbildung zwischen dem Wert eines Bits und dem Signalpegel (bzw. der Differenzspannung auf der Datenleitung bei symmetrischen Schnittstellen wie der RS-485). Bei der Übertragung zweier aufeinanderfolgender Bits gleicher Wertigkeit („00" oder „11") ändert sich der Signalpegel nicht, so daß der Übertragungstakt nicht wie z.B. bei der Manchester-Codierung (vgl. Kap.7.2.3) aus dem Signal gewonnen werden kann. Die Übertragung jedes einzelnen UART-Zeichen (s.o.) wird gesondert synchronisiert.

Der Ruhezustand auf der Leitung entspricht der binären „1“. Die Bit-Synchronisierung des Empfängers beginnt immer mit der negativen Flanke des Startbits eines UART-Zeichens, d.h. beim Übergang von binär „1“ nach „0“. Das Startbit und die weiteren Bits werden in der zeitlichen Bitmitte abgetastet. Das Startbit muß in Bitmitte binär „0“ sein, ansonsten wird die Synchronisierung abgebrochen. Das Stopbit mit binär „1“ schließt die ordnungsgemäße Synchronisierung des UART-Zeichens ab. Tritt anstelle des Stopbits ein binäres „0“-Bit ein, so wird dies als Fehlsynchronisation interpretiert [DIN 19245].

Bild 7.4-4 zeigt die Anschaltung der Teilnehmer an das Buskabel. Beim ersten und beim letzten Teilnehmer muß jeweils ein Leitungsabschluß vorgenommen werden. Diese Teilnehmer müssen auch die Versorgungsspannung V_P zur Verfügung stellen. Außer dem Leitungsabschlußwiderstand R_t muß an den beiden Leitungsenden auch ein Pullup-Widerstand R_u gegen das Versorgungsspannungsplus und ein Pulldown-Widerstand R_d gegen das Datenbezugspotential geschaltet werden, um ein definiertes Ruhepotential auf der Leitung sicherzustellen, wenn kein Teilnehmer sendet.

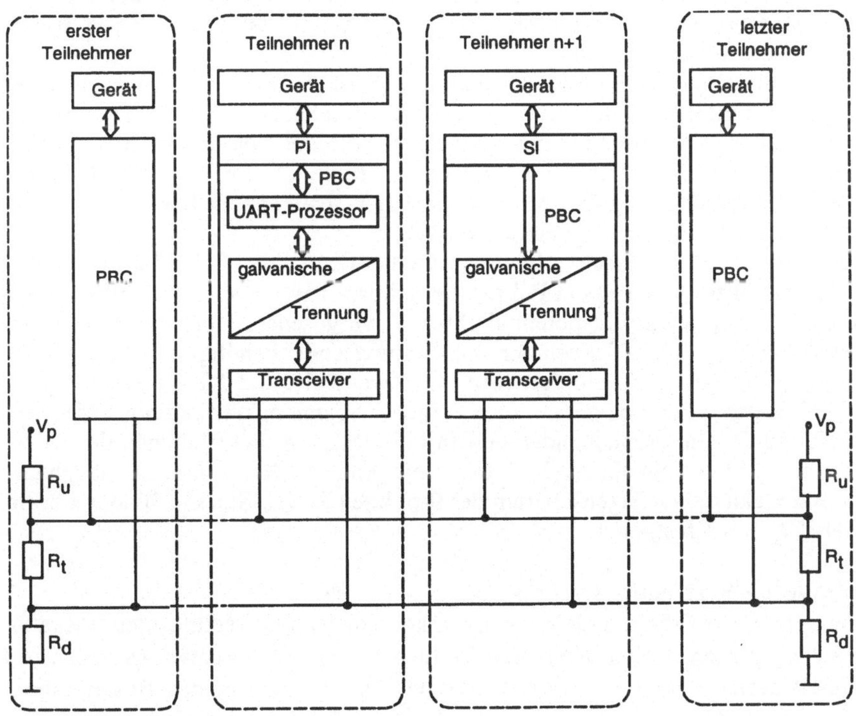

V_p: Versorgungsspannungsplus
R_t: Leitungsabschlußwiderstand
R_u: Pullup-Widerstand
R_d: Pulldown-Widerstand
PI: parralleles Interface
SI: serielles Interface
PBC: PROFIBUS-Controller

Bild 7.4-4: PROFIBUS-Anschaltung

Die galvanische Trennung in den PROFIBUS-Controllern (PBC), s. Bild 7.4-4, kann z.B. mit Optokopplern vorgenommen werden. Zur Anpassung an die unterschiedlichen angeschlossenen Geräte kommen unterschiedlich aufwendige Varianten der PBC zur Anwendung. In der einfachsten ist nur der Transceiver, die galvanische Trennung und eine serielle Schnittstelle zum angeschlossenen Gerät enthalten. Der PBC übernimmt in diesem Fall ausschließlich Schicht-1-Funktionen, s. Teilnehmer n+1 in Bild 7.4-4. Alle Funktionen der Schichten 2 und 7 müssen vom angeschlossenen Gerät übernommen werden. Voraussetzung für den Einsatz eines solchen PBC mit geringstmöglichem Hardwareaufwand ist genügend freie Prozessorkapazität im angeschlossenen Gerät, um das FDL-Protokoll sowie das Anwendungsprotokoll abzuwickeln.

In aufwendigeren Varianten übernimmt der PCB auch Funktionen der höheren Schichten. So kann die PBC einen UART-Baustein enthalten (Teilnehmer n in Bild 7.4-4), welcher der Schicht 2 zuzuordnen ist.

Noch aufwendigere Varianten enthalten einen leistungsfähigen Mikroprozessor und können zusätzlich die Funktionen der FDL sowie Funktionen der Anwendungsschicht unterstützen. In diesen Fällen ist die Schnittstelle zwischen PCB und angeschlossenem Gerät parallel.

Die Verbindung des Übertragungsmediums (Buskabel) mit der Busanschaltung (PBC) wird mittels 9-poligem Sub-D Steckverbinder hergestellt. Der Steckverbinder mit den Buchsenkontakten (Female) befindet sich an der Busanschaltung, der Steckverbinder mit den Stiftkontakten (Male) als Teil eines T-Stücks am Buskabel. Es ist also möglich, einen Teilnehmer abzukoppeln bzw. auszuwechseln, ohne das Buskabel auftrennen zu müssen.

Von den 9 Polen des Steckverbinders ist außer den beiden Polen für die Datenübertragung (Stifte 3 und 8) ein Pol für die Schirm- bzw. Schutzerde (Stift 1) und ein Pol für das Datenbezugspotential (Stift 5) vorgesehen. Über einen weiteren Pol, welcher nur beim Teilnehmer am Leitungsende benötigt wird, wird die Versorgungsspannung V_P geliefert (Stift 6). Zwei Pole sind für die Übertragung von Hilfsenergie für Feldgeräte ohne eigene Spannungsversorgung reserviert (Stifte 2 und 7). Die verbleibenden beiden Pole (Stifte 4 und 9) dienen der Übertragung eines Steuersignals zur Richtungssteuerung von Repeatern. Die mechanischen und elektrischen Eigenschaften der 9-poligen D-Sub-Steckverbinder sind in DIN 41652, Teil 1 festgelegt.

Redundante Übertragungstechnik

Optional kann zur Erhöhung der Verfügbarkeit ein zweites, redundantes Buskabel vorgesehen werden, wobei dann jeder Teilnehmer zwei Transceiver (je einen pro Buskabel) besitzen muß. Gesendet wird dabei simultan auf beiden Busleitungen. Empfangen wird dagegen nur von einer Leitung. Wenn eine dauerhafte Störung oder eine Unterbrechung der Datenübertragung auf dieser Leitung festgestellt wird, so wird der Empfang auf die andere Busleitung umgeschaltet. Diese Aufgabe obliegt der Schicht 2.

7.4.3 INTERBUS-S

INTERBUS-S arbeitet nach dem Master-Slave-Prinzip. Es existiert ein *Busmaster* und eine i.allg. größere Anzahl *Slaves*. Ein Datenaustausch erfolgt dabei immer nur zwischen dem Master und den Slaves. Zentrales Element ist die INTERBUS-S-Anschaltbaugruppe, welche als Master alle Funktionen des Systems steuert und INTERBUS-S mit dem übergeordneten Hostsystem über eine hostspezifische E/A-Schnittstelle koppelt. Auf dem Host, typischerweise eine SPS oder ein PC, läuft das Anwendungsprogramm; die Anschaltbaugruppe organisiert unabhängig vom Host den Datenverkehr auf dem INTERBUS-S.

Zur Ankopplung der INTERBUS-S-Teilnehmer (Slaves) stehen eine Vielzahl von Modulen zur Verfügung, z.B. Ein-/Ausgabe-Module mit 8, 16 oder 32 binären Ein-/Ausgängen zur Ankopplung von Sensoren und Aktoren, Koppelkarten zur Ankopplung von unterlagerten SPS, V.24-Kommunikationsmodule und Zählerbaugruppen. INTERBUS-S erlaubt die Vernetzung aller Feldgeräte vom Sensor bis zum Roboter mit einem Übertragungsprotokoll, welches sowohl komplexere Anwendungsdienste zur Kommunikation mit intelligenten Feldgeräten als auch das Einlesen binärer Sensoren und das Ansteuern binärer Aktoren in effektiver Weise ohne großen Protokoll-Overhead ermöglicht. Zahlreiche Gerätehersteller haben die INTERBUS-S-Schnittstelle in ihre Geräte integriert.

Topologie

Die Topologie des Datentransports weist bei INTERBUS-S eine Ringstruktur mit Punkt-zu-Punkt-Verbindungen auf, s. Bild 7.4-5.

Um den scheinbaren Widerspruch zwischen der Bezeichnung als Bus im Namen INTERBUS-S und dem oben beschriebenen Aufbau als ringförmiges Schieberegister aufzuklären, sei bemerkt, daß in dem ausgehend vom Master von Teilnehmer zu Teilnehmer geschleiften Datenkabel jeweils zwei Datenkanäle vorhanden sind: über den einen Datenkanal sind jeweils die einzelnen Teilnehmer angeschaltet, der andere Kanal dient der Rückführung des Übertragungskanals zum Master, um den Ring zu schließen. Aus der Sicht der Installation gleicht INTERBUS-S daher einer Busstruktur bzw. Baumstruktur, obgleich die einzelnen Teilnehmer ringförmig verkabelt sind.

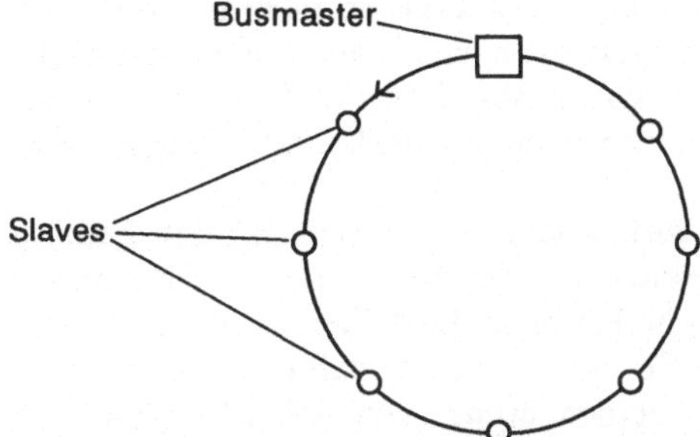

Bild 7.4-5: INTERBUS-S Topologie aus Sicht des Datentransportes

Segmentierung mit Busklemmen, Fernbus, Peripheriebus
Ein INTERBUS-S-Netzwerk kann sich in mehrere Ringsegmente gliedern: In den vom Master ausgehenden Hauptring können ein oder mehrere Ringsegmente über *Busklemmen* - auch *Buskoppler* - eingekoppelt werden. Ein solches Ringsegment stellt sich aus Sicht der Installation als abzweigende Stichleitung dar; aus Sicht des Datentransports werden die an diese Stichleitung angeschlossenen Slave-Teilnehmer in den Ring integriert. Wenn mehrere Ringsegmente angschlossen werden stellt sich die Installationstoplogie als Baum dar, s. Bild 7.4-6.

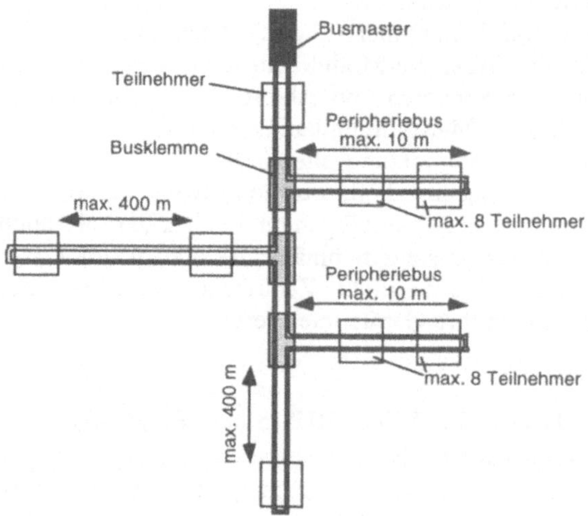

Bild 7.4-6: Beispiel für eine INTERBUS-S Topologie aus Sicht der Installation

Der vom Master ausgehende Baumstamm heißt *Fernbus.* Die in den Fernbus integrierten Teilnehmer dürfen bis zu 400 m voneinander entfernt sein. Die als Stichleitungen abzweigenden Ringsegmente (die Zweige) können lokale Ausprägung haben, man spricht dann vom sog. *Peripheriebus* - auch *Lokalbus.* Dieser eignet sich vorzugsweise zur Zusammenfassung von E/A-Modulen in einem Schaltschrank.

Der Peripheriebus darf maximal 10 m lang sein. Es dürfen nicht mehr als acht Teilnehmer angeschlossen sein, welche jeweils höchstens 1,5 m voneinander entfernt sein dürfen. Der Peripheribus ist galvanisch vom Fernbus getrennt und besitzt eine eigene Stromversorgung, welche über die Busklemme eingeschleift wird.

Im Peripheriebus auftretende Fehler wirken sich nicht direkt auf den Fernbus aus. Der Fehler kann durch Netzwerkmanagementfunktionen im Busmaster lokalisiert werden. Des weiteren wird ein Peripheriebusfehler über eine in der entsprechenden Busklemme integrierte LED signalisiert, so daß die Lokalisierung eines Fehlers erleichtert wird. Eine Segmentierung von INTERBUS-S mit Busklemmen kommt auch einer schrittweisen Inbetriebnahme oder Teilabschaltung einer Anlage entgegen.

Um entlegene Anlagenteile anzubinden, besteht die Möglichkeit, über einer Busklemme mit Fernbus-T-Verzweigung ein Ringsegment, welches eine Fernbusstichleitung darstellt, abzuzweigen. In diesen Abzweig können alle INTERBUS-S-Fernbusteilnehmer installiert werden [PHO96]. Die Gesamtausdehnung des INTERBUS-S-Systems darf bis zu 13 km betragen. Die Datenübertragungsrate beträgt 500 kbit/s und es sind maximal 256 Teilnehmer zugelassen.

Physikalische Schnittstellen, Übertragungsmedien

Weit verbreitet ist *Shielded Twisted Pair* als Übertragungsmedium. Aus den zwei Datenkanälen mit je zwei Adern und der Mitführung des Datenbezugspotentials ergibt sich, daß fünf Adern benötigt werden. Wie bei PROFIBUS ist die physikalische Schnittstelle nach dem RS-485-Standard realisiert. Der Busmaster verfügt über eine Schnittstelle zum Anschluß einer Fernbusstrecke.

Ein Slave-Teilnehmer verfügt über zwei Schnittstellen - eine ankommende Schnittstelle, über welche Daten vom vorherigen INTERBUS-S-Teilnehmer empfangen werden und eine weiterführende Schnittstelle, über welche Daten an den nächsten Teilnehmer gesendet werden. Auf diese Art und Weise werden Daten vom Master ausgehend von Teilnehmer zu Teilnehmer bis zum letzten Teilnehmer am Buskabel gesendet. In der weiterführenden Schnittstelle des letzten Teilnehmers sind Sende- und Empfangsschaltung automatisch verbunden. Dies setzt voraus, daß jedes Gerät seinen Status als „letzter Teilnehmer“ oder „nicht letzter Teilnehmer“ automatisch erkennen kann, was durch eine Brücke im Stecker des weiterführenden Kabels ermöglicht wird.

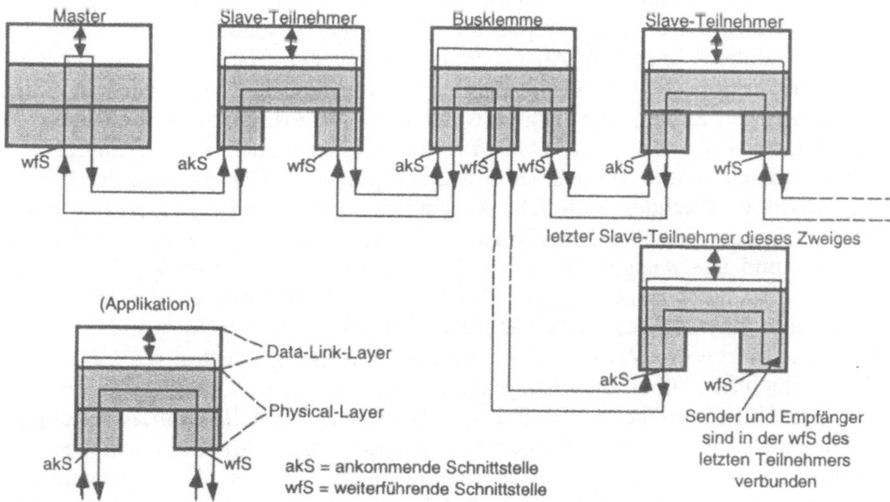

Bild 7.4-7: Schnittstellen beim INTERBUS-S

Die Daten werden nun vom letzten Teilnehmer ausgehend auf den Rückweg zum Master geschickt (der Ring wird geschlossen). Hierzu werden die Daten wieder von Teilnehmer zu Teilnehmer über den Sender der ankommenden Schnittstelle an den vorherigen Teilnehmer geschickt, welcher die Daten über den Empfänger seiner weiterführenden Schnittstelle empfängt. Auf dem Rückweg findet kein Datenaustausch, sondern lediglich eine Weitergabe von Daten statt. Die Verbindung von Sender und Empfänger erfolgt daher auf dem Rückweg bereits auf physikalischer Ebene.

Busklemmen verfügen über eine ankommende und mindestens zwei weiterführende Schnittstellen - eine zum Einschleifen eines Peripheriebusses oder einer Fernbusstichleitung und eine zum Weiterführen des Fernbusses. Ansonsten entsprechen die Verhältnisse auf der physikalische Ebene denen der Slaves.

Bild 7.4-7 verdeutlicht das Zusammenspiel von weiterführenden und ankommenden Schnittstellen des Busmasters, der Slaves und der Busklemmen.

Neben *Twisted Pair* werden auch andere Medien wie z.B. Lichtwellenleiter oder Datenlichtschranken verwendet, wobei die Punkt-zu-Punkt-Struktur bei INTERBUS-S dem gemischten Einsatz verschiedener Medien entgegenkommt.

Übertragungsverfahren

Jeder INTERBBUS-S-Teilnehmer besitzt ein Schieberegister begrenzter Länge von typischerweise einem bis vier Bytes. Über die ringförmige Punkt-zu-Punkt-Topologie von INTERBUS-S sind die Schieberegister aller Teilnehmer zu einem einzigen, großem Schieberegisterring zusammengeschaltet, durch welches sowohl alle Nachrichten vom Master an die Teilnehmer als auch die Nachrichten von den Teilnehmern an den Master getaktet werden.

Die Kommunikation gliedert sich in aufeinanderfolgende Buszyklen. Am Beginn eines jeden Buszyklus stehen in den Schieberegistern der Slave-Teilnehmer Daten, die zum Master gesendet werden sollen - die Eingangsdaten. Der Master hält gleichzeitig die Daten, die an die Teilnehmer gesendet werden sollen - die Ausgangsdaten - in seinem Ausgabepuffer bereit. Der Master schiebt nun Bit für Bit seine Ausgangsdaten auf der einen Seite auf den Schieberegisterring. Gleichzeitig wird der anfängliche Inhalt des Schieberegisterringes auf der anderen Seite des Registerringes Bit für Bit zum Master hinausgeschoben. Die Gesamtlänge der Ausgabedaten an alle Teilnehmer entspricht genau der Gesamtlänge des Schieberegisterringes. Nachdem sämtliche Ausgabedaten auf den Ring geschoben worden sind, befinden sich alle Eingabedaten als Prozeßabbild im Eingangspuffer des Masters und alle Ausgabedaten jeweils im Teilschieberegister des Teilnehmers, für den diese auch bestimmt sind. Die einzelnen Teilnehmer werden also bedingt durch ihre physikalische Lage im Ring adressiert und nicht wie bei anderen Systemen durch die Vergabe einer Adresse. Die Ausgabedaten werden nun von den Teilnehmern übernommen, gespeichert und an die Ausgabeperipherie (z.B. Aktoren), für die sie bestimmt sind weitergegeben. Ebenfalls zu diesem Zeitpunkt werden neue Peripherieinformationen (z.B. Sensorzustände) in die Schieberegister eingelesen, so daß diese zur Übertragung an den Master als Eingabedaten im nächsten Buszyklus bereitstehen. Nachdem auch der Master die Eingabedaten übernommen und die nächsten Ausgabedaten in seinem Ausgabepuffer hinterlegt hat, beginnt der nächste Buszyklus.

Es ist zu erkennen, daß die Datenübertragung bei INTERBUS-S im Vollduplex-Betrieb abläuft: Daten werden gleichzeitig gesendet und empfangen. Im Gegensatz dazu erlaubt PROFIBUS nur einen Halbduplex-Betrieb.

Summenrahmenprotokoll
Die Übertragung der Nutzdaten (Eingangs- und Augangsdaten) erfolgt in einem speziellen Protokollrahmen. Dabei werden die Informationen vom Master an sämtliche Teilnehmer (Ausgabedaten) sowie die Informationen sämtlicher Teilnehmer an den Master (Eingabedaten) in diesem Protokollrahmen, dem sog. *Summenrahmen* übertragen.

Das *Summenrahmenprotokoll* hat im wesentlichen zwei Aufgaben. Zum einen muß es dafür sorgen, daß das Ende eines Buszyklus erkannt wird, damit die im Master-Buffer bzw. in den Teilschieberegistern der Slave-Teilnehmer vorliegenden Ein- und Ausgabedaten jeweils zum richtigen Zeitpunkt übernommen bzw. aktualisiert werden können. Zum anderen nimmt das Summenrahmenprotokoll eine Datensicherung mittels CRC (vgl. Kap. 7.2.8.1) vor. Bild 7.4-8 [BLBO94] zeigt den Ablauf eines Buszyklus und die Summenrahmen, die jeweils an den einzelnen Bussegmenten zu sehen sind. Man erkennt hier, daß während der Buszyklus abläuft in jedem Bussegment jeweils unterschiedliche Daten zu sehen sind. Dabei sind die Datenblöcke innerhalb des Summenrahmens in chronologischer Reihefolge von rechts nach links zu lesen.

Ein Buszyklus beginnt immer damit, daß der Master das Loopback-Steuerwort (LB) aussendet. Während beim ersten Teilnehmer das Loopback-Wort am Eingang eingetaktet wird, liefert er am Ausgang seine für den Master bestimmten Eingangsdaten, welche am Eingang von Teilnehmer 2 eingetaktet werden. Dieser liefert wiederum an seinem Ausgang seine Eingangsdaten für den Master an den Eingang von Teilnehmer 3. In entsprechender Weise läuft dieser Vorgang bei allen Teilnehmern gleichzeitig ab. Der letzte Teilnehmer liefert in diesem ersten Schritt seine Eingangsdaten direkt an den Master ab.

Auf das Loopback-Wort folgen in den nächsten Schritten die Ausgabedaten an die einzelnen Teilnehmer entsprechend deren physikalischer Reihenfolge am Bus. Die Ausgabedaten für den letzten Teilnehmer (in Bild 7.4-8: S4) folgen unmittelbar auf das Loopback-Wort, dann die Daten für den vorletzten Teilnehmer (S3) usw. bis zum ersten Teilnehmer (S1). Während dieser Schritte werden die bereits ausgegebenen Ausgabedaten von Teilnehmer zu Teilnehmer weitergeschoben. Diese Ausgabedaten schieben - bildlich gesprochen - das Loopback-Wort vor sich her, welches wiederum die noch nicht an den Master ausgelieferte Schlange der Eingabedaten vor sich her zum Master schiebt. Wenn der Master schließlich das Loopback-Wort wieder empfängt, ist bekannt, daß nun alle Ausgabedaten in den richtigen Schieberegistern stehen und daß alle Eingabedaten empfangen sind.

Im Anschluß an die Ausgabedaten folgt im Summenrahmen die CRC-Sicherungssequenz. Weil an den einzelnen Bussequenzen jeweils unterschiedliche Daten zu sehen sind, muß jeder Teilnehmer eine eigene CRC-Sequenz berechnen. Die Datensicherung kann daher immer nur zwischen benachbarten Teilnehmern erfolgen: Ein Teilnehmer prüft die empfangenen Daten anhand der empfangenen CRC-Daten und sendet gleichzeitig die neuen CRC-Daten aus, welcher für seinen ausgesendeten Summenrahmen Gültigkeit besitzt. Die Ergebnisse der CRC-Prüfungen gelangen mit dem Kontrollwort (CNRT) am Ende des Summenrahmens zum Master. Jeder Teilnehmer setzt in diesem Kontrollwort bestimmte Bits auf Null, wenn er einen Fehler erkannt hat. Hat er keinen Übertragungsfehler erkannt reicht er das Kontrollwort unverändert weiter.

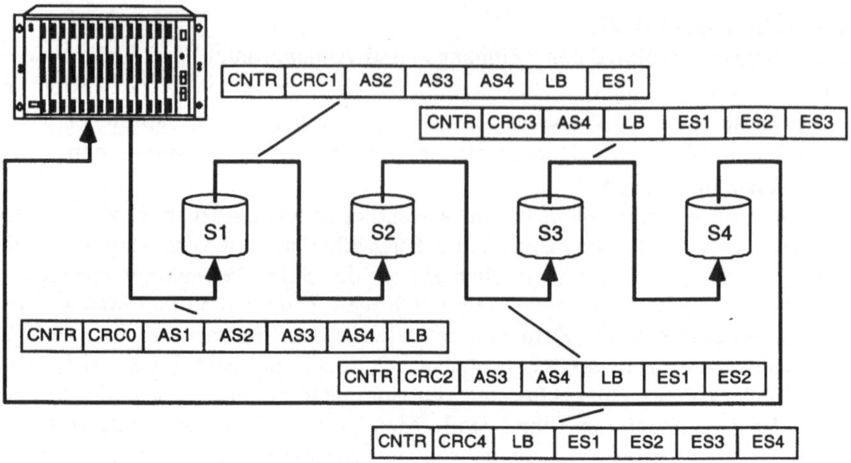

Bild 7.4-8: Ablauf eines Buszyklus bei INTERBUS-S

Parameter- und Prozeßdaten

In der prozeßnahen Kommunikation kann man zwischen Parameter- und Prozeßdaten unterscheiden. Prozeßdaten sind zyklisch anfallende, kurze Informationen, wie z.B. Meßwerte von Sensoren. Diese müssen in einem festen, kurzen Zeitraster übertragen werden, um dem Anwendungsprogramm ständig ein aktuelles Prozeßabbild zur Verfügung zu stellen. Im allgemeinen sind Prozeßdaten nur ein bis zwei Byte pro Teilnehmer lang. Für die Übertragung solcher Prozeßdaten ist das Summenrahmentelegramm prädestiniert.

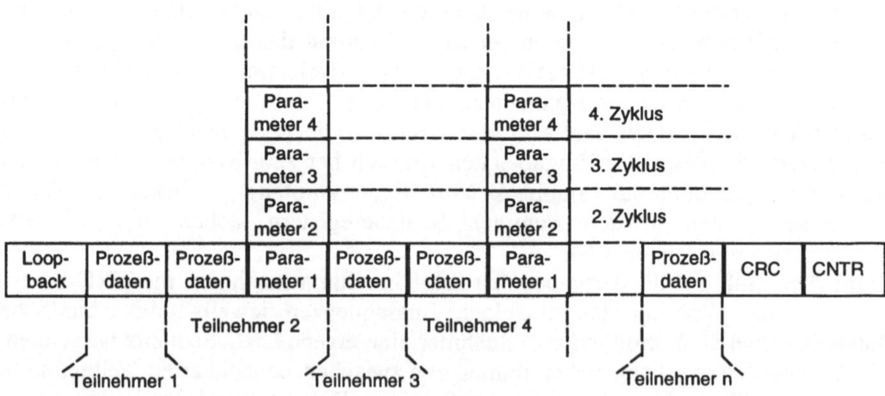

Bild 7.4-9: Übertragung von Parameter- und Prozeßdaten im Summenrahmenprotokoll

Parameterdaten dienen der Kommunikation mit mehr oder weniger intelligenten Feldgeräten. Es kann sich dabei z.B. um Daten zur Parametrierung von Sensoren handeln. Hier handelt es sich zwar um einen zeitunkritischen Datentransfer, dafür kann aber die Datenmenge Größenordnungen von einigen hundert Byte erreichen [BLBO94].

Um die Übertragung von Parameterdaten in den Protokollrahmen zu integrieren, wird für Teilnehmer, für die eine Kommunikation über Parameterdaten vorgesehen ist, zusätzlicher 2 bis 16 Byte breiter Schieberegisterspeicher vorgesehen, so daß entsprechend freier Platz im Telegrammrahmen entsteht. In diesen Platz werden dann bei Bedarf Parameterblöcke sequentiell eingefügt. Das bedeutet, daß ein kompletter Parameterblock in einzelne, kurze Informationsteile zerlegt wird, die nacheinander in das zyklische Protokoll eingebracht werden, s. Bild 7.4-9. Dadurch wird der zyklische Echtzeittransfer nur so stark belastet wie mit entsprechend 2 bis 16 Byte Prozeßdaten.

Anwendungsschnittstelle

Um sowohl die Übertragung der Prozeß als auch der Parameterdaten optimal zu unterstützen, weist der INTERBUS-S-Protokollstapel und damit auch der Zugriff des Anwendungsprogrammes auf die Netzwerkdaten eine hybride Struktur auf, s. Bild 7.4-10.

Das INTERBUS-S-Protokoll stellt dem Anwender zwei Übertragungskanäle zur Verfügung, den Prozeßdatenkanal und den Parameterkanal. Über den Prozeßdatenkanal kann der Anwender in einfacher Art und Weise auf die Prozeßdaten zugreifen. In einem Speicherbereich auf der INTERBUS-S-Anschaltbaugruppe ist ein vollständiges Prozeßabbild enthalten, welches durch ein zyklisch auf der INTERBUS-S-Anschaltbaugruppe ablaufendes Programm ständig aktualisiert wird. Der Anwender bzw. das Anwendungsprogramm hat somit über einen einfachen Speicherzugriff aktuellen Zugriff auf die Ein- und Ausgänge aller INTERBUS-S-Module. Beim Zugriff auf die Prozeßdaten gibt es dabei keinen Unterschied zu einem Zugriff bei traditioneller Parallelverkabelung mit I/O-Karten. Bestehende Software läßt sich deshalb weiter einsetzen [BEN92].

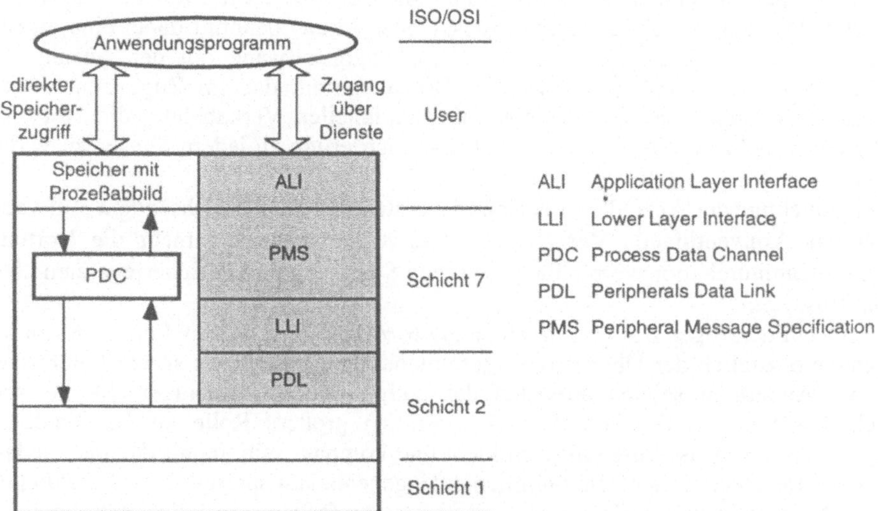

Bild 7.4-10: INTERBUS-S-Protokollstapel mit Einordnung in das ISO/OSI-Modell

Der Austausch von Parameterdaten erfolgt über den Parameterdatenkanal. Die Ebene 2 des Parameterkanals ist gegenüber dem Prozeßdatenkanal um die PDL-Teilebene (Peripheral Data Link) erweitert, welche für die Aufteilung der zu sendenden Parameterkanal-Telegramme auf Einheiten von 2 bis 16 Byte, für die Zusammensetzung der empfangenen Einheiten und für die Übertragungssicherung der Parameterkanal-Telegramme zuständig ist. Auf die PDL setzt die Anwendungsebene auf. Für den INTERBUS-S-Prozeßdatenkanal existiert auf der Anwendungsebene wie beim PROFIBUS-Protokollstapel ein Lower Layer Interface (LLI) zur Anpassung an die Schicht 2, s. Bild 7.4-1.

Die Anwendungsdienste des INTERBUS-S, PMS (Peripheral Message Specification), werden dem Anwendungsprogramm über das ALI (Application Layer Interface) zugänglich gemacht. Die PMS ist dabei eine Untermenge der in DIN 19245 spezifizierten Anwendungsdienste FMS von PROFIBUS (vgl. Kap. 7.4.2). Als PMS-Dienste stehen Dienste für den Aufbau von Kommunikationsverbindungen (Context Management) für das Lesen und Schreiben von Variablen oder Parametern (Read/Write) sowie für das Starten und Stoppen von Programmen zur Verfügung [SCHN94].

7.5 Sensor/Aktor-Bus

Mit zunehmend komplexer werdenden Automatisierungssystemen wächst auch die Anzahl der Sensoren und Aktoren in den Systemen. Über 80% der Sensoren und Aktoren arbeiten binär, geben also die kleinste informationstechnische Einheit - ein Bit - aus, bzw. benötigen diese [VDMA91].

Beispiele für binäre Sensoren sind induktive Initiatoren und Lichtschranken (vgl. Kap. 8). Ventile für Pneumatikzylinder und Relais für Motorsteuerungen sind typische binäre Aktoren. Bei der konventionellen Punkt-zu-Punkt-Verkabelung werden die einzelnen Sensoren und Aktoren sternförmig mit der Steuerung verbunden. Jedes Peripheriegerät (Sensor oder Aktor) benötigt dabei eine eigene Leitung zur Steuerung, so daß der Verkabelungsaufwand mit der Anzahl der eingesetzten Peripheriegeräte wächst. Hinzu kommt, daß im Zuge zunehmend parametrierbarer Sensoren bei einer konventionellen Verkabelung die Notwendigkeit besteht, weitere Leitungen zur Parametrierung zu jedem Sensor zu verlegen.
Mit zunehmender Anzahl von Peripheriegeräten und damit wachsendem Aufwand für eine konventionelle Verkabelung überwiegen mehr und mehr die Vorteile einer Kommunikationsverbindung zwischen Steuerung und Peripheriegeräten über ein Bussytem.

An ein derartiges Bussystem, einen *Sensor/Aktor-Bus*, werden höhere Anforderungen bezüglich der Übertragungsgeschwindigkeit gestellt als an ein Feldbussystem. Außerdem spielen aufgrund der i.allg. großen Teilnehmerzahl die Anschlußkosten pro Teilnehmer eine wesentlich größere Rolle als bei Feldbussystemen. Die Anschlüsse müssen klein und kompakt sein, damit der Platzbedarf für die Installation nicht die räumlichen Gegebenheiten sprengt. Das Anschließen und Abkoppeln von Teilnehmern soll sich so einfach wie möglich gestalten, um den Aufwand bei Umbau oder Erweiterung der Anlage gering zu halten. Des weiteren sollen Daten und Energie für die Teilnehmer auf demselben Buskabel, am besten über eine einfache Zweidrahtleitung, übertragen werden, um die Installation so einfach wie möglich zu gestalten.

Geringere Anforderungen an einen Sensor/Aktor-Bus gegenüber einem Feldbus bestehen hingegen bezüglich der Datenmenge pro Übertragung (häufig handelt es sich um nur ein Bit). Außerdem müssen beim Sensor/Aktor-Bus dem Anwender keine komplexen Kommunikationsdienste wie beim Feldbus zur Verfügung gestellt werden. Es muß lediglich das Ansprechen binärer Ausgänge bzw. das Abfragen binärer Eingänge ermöglicht werden.

AS-Interface

Das AS-Interface (Aktor-Sensor-Interface) (ASI) wurde von einem Konsortium von elf Herstellern binärer Sensoren und Aktoren initiiert. Dabei wird die herkömmliche Verdrahtung zwischen einer SPS und Sensoren/Aktoren - jeweils eine Leitung pro Sensor bzw. Aktor zur E/A-Baugruppe der SPS - durch ein Bussystem ersetzt.

Die Topologie kann dabei linienförmig sein, Stichleitungen enthalten oder sich wie ein Baum verzweigen. Die Teilnehmer können entweder gleichmäßig über die gesamte Kabellänge verteilt sein oder sich jeweils an den Enden der Äste eines Baumes gruppieren. Die Gesamtlänge ist auf 100 m beschränkt. Für größere Entfernungen können Repeater eingesetzt werden. Das ASI zeichnet sich insbesondere aus durch:

- Übertragung von Daten und Energie für alle Sensoren und die meisten Aktoren gleichzeitig auf einem einzigen Zweileiterkabel,
- einfaches, robust arbeitendes Übertragungsverfahren,
- kleine, kompakte Busanschlüsse,
- einfaches An- und Abkoppeln von Teilnehmern (Aktoren oder Sensoren).

Als Buskabel wird eine selbstheilende, ungeschirmte, nicht verdrillte Zwei-Draht-Flachband-Profilleitung verwendet. Die ASI-Teilnehmer werden mittels Koppelmodulen an das Buskabel angeschlossen. Die dabei verwendete Durchdringungstechnik ermöglicht das Anklemmen der Koppelmodule, ohne daß das Buskabel aufgetrennt oder abisoliert werden muß. Die Koppelmodule enthalten Steckverbindungen zu den Sensoren und/oder Aktoren. Somit wird das Anschließen, Abschließen oder eine Veränderung des Ortes von Teilnehmern in sehr einfacher Art und Weise möglich. Es sind zwei Arten von Koppelmodulen erhältlich:

- aktive Module enthalten die ASI-Elektronik und eignen sich zum Anschluß von Sensoren/Aktoren, welche nicht als ASI-Slave ausgestattet sind,
- passive Module enthalten keine ASI-Elektronik und dienen zum Anschluß von Sensoren/Aktoren, welche bereits als ASI-Slave ausgestattet sind.

Ein Datensignal, welches gleichzeitig mit der Energieversorgung auf einem Kabel übertragen werden soll, muß gleichstromfrei sein. Gleichzeitig muß ein für eine Übertragung auf der ASI-Busleitung, geeignetes Signal schmalbandig sein, da die ASI-Busleitung aufgrund ihrer Bauform einen mit der Frequenz stark ansteigenden Dämpfungsverlauf aufweist. Zur Bitcodierung wird aus diesen Gründen das Verfahren der alternierenden Pulsmodulation (APM) eingesetzt. Der Sender erzeugt dabei eine Folge von näherungsweise sin^2-förmigen, alternierend positiven und negativen Spannungspulsen auf der Datenleitung, wobei die Information in der Phasenlage der Pulse enthalten ist. Diese Modulationsart erzeugt nur einen geringen Anteil an Oberwellen und zeigt positive Eigenschaften bezüglich der elektromagnetischen Verträglichkeit (EMV) [VOL96].

Um den Protokolloverhead so gering wie möglich zu halten, wird bei ASI ein Großteil der Datensicherung bereits auf Schicht 1 (der Bitübertragungsschicht) erledigt: Im Verlauf einer Bitzeit wird das empfangene Signal sechszehnmal abgetastet. Das Bit wird nur dann als korrekt akzeptiert, wenn die Abtastwerte die erwartete Signalform eines Bits repräsentieren. Als konventionelle Datensicherung kommt lediglich eine einfache Paritätsprüfung hinzu.

Das Buszugriffsverfahren von ASI ist ein Master-Slave-Verfahren mit zyklischem Polling. Der ASI-Master ist auf einer Anschaltbaugruppe implementiert, welche von einer SPS, einem PC oder einem Gateway zu einem anderen Bussystem (z.B. PROFIBUS) angesteuert wird. Er sendet ein mit einer 5-Bit-Adresse an einen bestimmten Slave-Teilnehmer adressiertes Telegramm. Es können somit im Vollausbau 31 Slaves adressiert werden (die Adresse „0“ wird nicht vergeben). Jeder ASI-Slave kann vier Binärelemente wahlweise als Eingang oder Ausgang ansprechen. Bei Vollausbau ergeben sich also 124 mögliche Binärelemente [FLA94].

Der durch das Telegramm aufgerufene Slave schickt ein Antworttelegramm zurück an den Master. Das Anworttelegramm ist dabei nicht adressiert (es ist klar, daß der Master der Empfänger ist). Es enthält nur vier Informations- und ein Paritätsbit. Dabei werden die einzelnen Slaves normalerweise zyklisch der Reihe nach angesprochen. Die Reihenfolge kann jedoch unterbrochen werden, wenn ein fehlerhaft empfangenes Telegramm nachgefordert wird. Außerdem können in den Strom der zyklischen Datentelegramme azyklische Telegramme eingestreut werden. Dazu gehören Telegramme zur Parameterübertragung und zur Busorganisation, wie das Einstellen bzw. Ändern der Slave-Adresse oder die Identifikation eines Slaves.

PROFIBUS-DP

Auf der Sensor/Aktor-Ebene werden oft so hohe Geschwindigkeitsanforderungen an die Übertragung der E/A-Daten gestellt, daß sie von PROFIBUS-FMS (vgl. Kap. 7.4.2), nicht erfüllt werden können. Andererseits werden die Anforderungen an die dem Anwender zur Verfügung stehenden Dienste für die Sensor/Aktor-Ebene von PROFIBUS-FMS bei weitem übererfüllt.

Auf Sensor/Aktor-Ebene reicht es aus, dem Anwendungsprogramm eine Kommunikation über ein zyklisch aktualisiertes Prozeßabbild zu ermöglichen. Diese stark vereinfachte und damit auch schnellere Kommunikation stellt der *PROFIBUS-DP* (Dezentrale Peripherie) zur Verfügung. Das aufwendige, objektorientierte Protokoll der Schicht 7 des PROFIBUS-FMS ist bei PROFIBUS-DP durch den Direct Data Link Mapper (DDLM) ersetzt, welcher über eine User-Schnittstelle einen Austausch der E/A-Werte des angeschlossenen Prozesses ermöglicht. Diese Funktionalität ist im laufenden Betrieb gefordert und wird von einem sogenannten Master Klasse 1 erfüllt. Ein Master Klasse 1 kann z.B. eine SPS, CNC oder Robotersteuerung sein. Er erfaßt über PROFIBUS-DP die Meßwerte der ihm zugeordneten Sensoren und steuert die ihm zugeordneten Aktoren an. Hingegen handelt es sich bei einem Master Klasse 2 um ein Inbetriebnahme-

und Diagnosegerät mit welchem z.B. den Slaves Adressen zugewiesen werden können und die Konfiguration des Busses gelesen werden kann.

Mit PROFIBUS-DP kann eine Übertragungsrate von 12 Mbit/s erreicht werden, welche somit erheblich höher liegt als bei PROFIBUS-FMS. Ein gemischter Einsatz von PROFIBUS-DP und PROFIBUS-FMS ist möglich.

INTERBUS-Loop

INTERBUS-Loop ist ein Sensor/Aktor-Bus, welcher dasselbe Übertragungsprotokoll benutzt wie INTERBUS-S. Dieses Übertragungsprotokoll ist prädestiniert für die Vernetzung von Sensoren und Aktoren, da sich die zu übertragende Datenmenge pro Teilnehmer beliebig verringern läßt (bis hinunter zu einem Bit), ohne daß die Effektivität des Protokolls (das Verhältnis der Nutzdaten zu den Protokolldaten) darunter leidet.

Der Unterschied von INTERBUS-Loop zu INTERBUS-S besteht lediglich in der anderen physikalischen Schicht von INTERBUS-Loop, welche eine sehr wirtschaftliche Verdrahtung der Sensoren und Aktoren ermöglicht, da INTERBUS-Loop mit einer einfachen, ungeschirmten, verdrillten Zweidrahtleitung als Übertragungsmedium arbeitet. Dies wird ermöglicht, weil im Gegensatz zu INTERBUS-S der Datenring nicht innerhalb eines Kabels geführt wird, sondern bei INTERBUS-Loop auch die Installation der Datenleitung ringförmig auszuführen ist. Die INTERBUS-Loop-Übertragungstechnik beinhaltet außerdem die Übertragung der Versorgungsspannung für die einzelnen Teilnehmer gleichzeitig mit der Dateninformation über die Zweidrahtleitung. Der Abstand zweier Teilnehmer darf maximal 10 m betragen. Insgesamt kann ein INTERBUS-Loop bis zu 100 m Ausdehnung erreichen.

INTERBUS-Loop läßt sich nahtlos in ein INTERBUS-S-System einfügen. Da keinerlei Protokollumsetzung erforderlich ist, entfallen aufwendige Gateways. INTERBUS-Loop wird über eine spezielle Busklemme an den INTERBUS-S-Fernbus angekoppelt. Neben der Umsetzung auf die neue Übertragungsphysik übernimmt die INTERBUS-Loop-Busklemme die Einspeisung der 24V-Versorgungsspannung.

8 Sensortechnik

8.1 Allgemeines

Ein *Sensor* ist ein technisches Bauelement mit der Aufgabe, die von einem Ereignis oder einem Zustand beeinflußte physikalische Meßgröße aufzunehmen und in eine verarbeitbare Signalgröße umzuwandeln, die in einem direkten Zusammenhang zur Ursache steht. Diese Signalgröße wird gegebenenfalls einer Auswertelogik zugeführt und in Form eines elektrischen Signales als Eingangsgröße an das Steuerungssystem übermittelt.

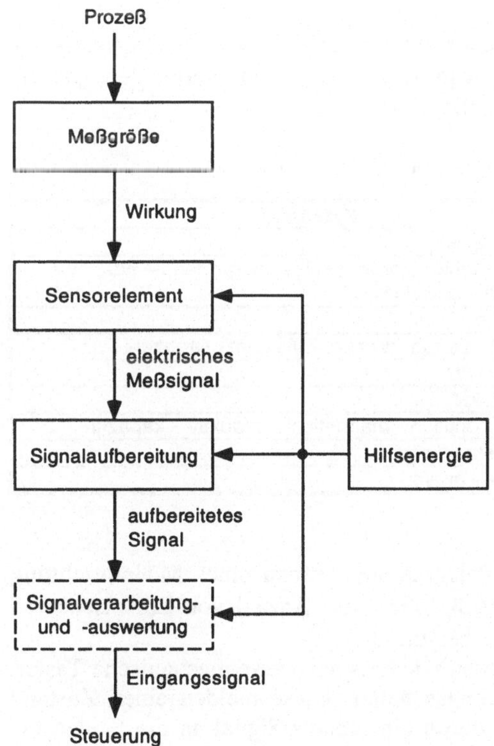

Bild 8.1-1: Allgemeine Struktur eines Sensorsystems

Sensoren stellen also die Schnittstelle zwischen dem Materialflußprozess und dem Steuerungssystem eines Materialflußsystems dar. Die Interpretation der Signalgrößen aller in einem Materialflußsystem installierten Sensoren ergibt ein selektiertes Abbild des gesamten Materialflußprozesses zur zielgerichteten Beeinflussung des Prozesses. Durch die Selektion wird die reale Welt auf die für die Steuerung relevanten Ausschnitte reduziert.

Bild 8.1-1 stellt die allgemeine Struktur eines *Sensorsystems* dar, unabhängig von der gerätetechnischen Realisierung. Das allgemeine Sensorsystem gliedert sich in drei Funktionseinheiten. Das mit meist elektrischer Hilfsenergie versorgte Sensorelement tritt in Wechselwirkung mit dem Prozeß. Dabei soll der Einfluß des Sensors auf den Prozeß selbst möglichst vermieden werden. Durch die Wirkung der Meßgröße auf das Sensorelement wird das elektrische Meßsignal erzeugt, das in der Signalaufbereitung verstärkt, gegebenenfalls gefiltert oder einem Schwellenwertvergleich unterzogen wird. Das so aufbereitete Signal wird bei komplexen Sensoren noch einer Vorauswertung unterzogen, bevor es als Eingangssignal an die Steuerung übermittelt wird.

8.2 Klassifikation der Sensoren

Eine Klassifizierung von Sensoren kann unter einer Vielzahl unterschiedlicher Kriterien erfolgen. Eine hierarchisch gestufte Auswahl von Merkmalen, die als Hauptkriterien anzusehen sind gibt Tabelle 8.2-1.

Tabelle 8.2-1: Merkmale zur Klassifierung von Sensoren

Merkmal	Klassen
Sensorkonzept	einfach – komplex
Intelligenzgrad des Sensors	unintelligent - fehlertolerant - selbstüberprüfend – adaptiv - selbstlernend – autonom
Bezug der Meßgröße	intern – extern
Art der Meßgröße	Anwesenheit - Länge - Winkel - Moment - Drehzahl - ...
Dimension der Meßgröße	0D - 1D - 2D - 3D
Erfassung der Meßgröße	taktil - nicht taktil
Meßprinzip	mechanisch - optisch - magnetisch - induktiv – kapazitiv - ...
Meßverfahren	direkt – indirekt
Darstellung der Meßgröße	binär - digital – analog

Sensorkonzept

Der bereits angesprochene Komplexitätsgrad im Aufbau einer Meßeinrichtung wird durch die Art und Anzahl der Meßgrößen, der Anzahl von Einzelsensoren und die zusätzliche Auswerteelektronik bestimmt.

Einfache Sensoren sind Einzelsensoren wie beispielsweise mechanische Taster, Lichtschranken oder induktive Näherungsschalter. Diese melden einen Zustand oder das Eintreffen eines Ereignisses durch ein binäres Signal an die Steuerung. Zu den einfachen Sensoren zählen auch Drehzahl- oder Temperaturgeber, die ein einfaches, zur Meßgröße proportionales analoges Signal an die Steuerung melden.

Die wichtigsten Vorteile einfacher Sensoren sind der einfache und leichte Aufbau, sowie der relativ niedrige Preis und die geringe Störanfälligkeit. Nachteilig ist dagegen ein begrenztes Auflösungsvermögen, das nur die Erfassung einfacher Sachverhalte zuläßt.

Zu den *komplexen Sensoren* gehören unter anderem Sensoren wie Wegmeßsysteme, Laserscanner oder Bildverarbeitungssysteme, die in der Lage sind komplexe Muster zu erkennen. Gerade bei diesen Sensoren wird, wenn eine hohe Informationsdichte vorliegt, eine Vorauswertung im Sensor selbst vorgenommen. Die Vorauswertung erfolgt häufig bereits über einen Mikroprozessor. Der Aufwand für die Auswerteelektronik geht hin bis zu Parallelrechnern für komplexe Aufgaben der Bewegtbildauswertung und übersteigt in diesem Fall die Rechnerleistung, die für die eigentliche Steuerungsaufgabe eingesetzt wird.

Der Vorteil komplexer Sensoren liegt darin, daß sie komplexe Meßaufgaben einschließlich der Interpretation selbständig ausführen. Die Datenmenge wird durch die Vorausauswertung und Interpretation häufig um mehrere Zehnerpotenzen verringert. Der Steuerungsrechner ist hierdurch neben seiner originären Aufgabe, der Materialflußsteuerung, nicht zusätzlich belastet.

Intelligenzgrad

Mit wachsender Flexibilität und Autonomie von automatisierten Materialflußsystemen erlangt die Intelligenz eines Sensors eine immer höhere Bedeutung. Heutige Sensorsysteme verfügen über mehr oder weniger Eigenintelligenz. Entsprechend ihres Intelligenzgrades kann man sie in die Klassen nach Tabelle 8.2-1 einteilen.

Bezug der Meßgröße

Ein weiteres Unterscheidungskriterium ist das Bezugssystem, in dem der Sensor eingesetzt wird.

Interne Sensoren erfassen die inneren Zustandsgrößen eines automatisierten Systems, d.h. diejenigen Größen, die zum Betrieb der Anlage auch ohne Materialflußobjekte erforderlich sind. Zur Steuerung werden beispielsweise Drehzahl, Geschwindigkeit, Beschleunigung, Position und Drehwinkel benötigt, s. Bild 8.2-1. Weitere interne Sensoren dienen der Überwachung und der Sicherheit des Systems, d.h. dem Schutz des Systems vor Selbstzerstörung. Hierzu gehören z.B. absolute Endschalter und Kraft/Momenten-Sensoren. Absolute Endschalter verhindern das Überfahren einer maximal zulässigen Achsposition, indem sie die Antriebe stromlos schalten. Kraft/Momenten-Sensoren, welche mit Dehnungsmeßstreifen arbeiten, können zusätzlich zu anderen Maßnahmen (z.B. Motorstromüberwachung) eine Überlastung des Systems verhindern, indem sie das Einhalten der maximal zulässigen Achskräfte und -momente überwachen.

Die externen Sensoren stellen die Schnittstelle zu den Objekten des Materialflusses und der Umwelt des Systems dar. Die wesentlichen Objekt- und Peripherieinformationen in Materialflußsystemen sind Informationen über Anwesenheit, Art, geometrische Abmessungen, Identität, Position und Orientierung der im Aktionsbereich befindlichen Objekte, s. Bild 8.2-2.

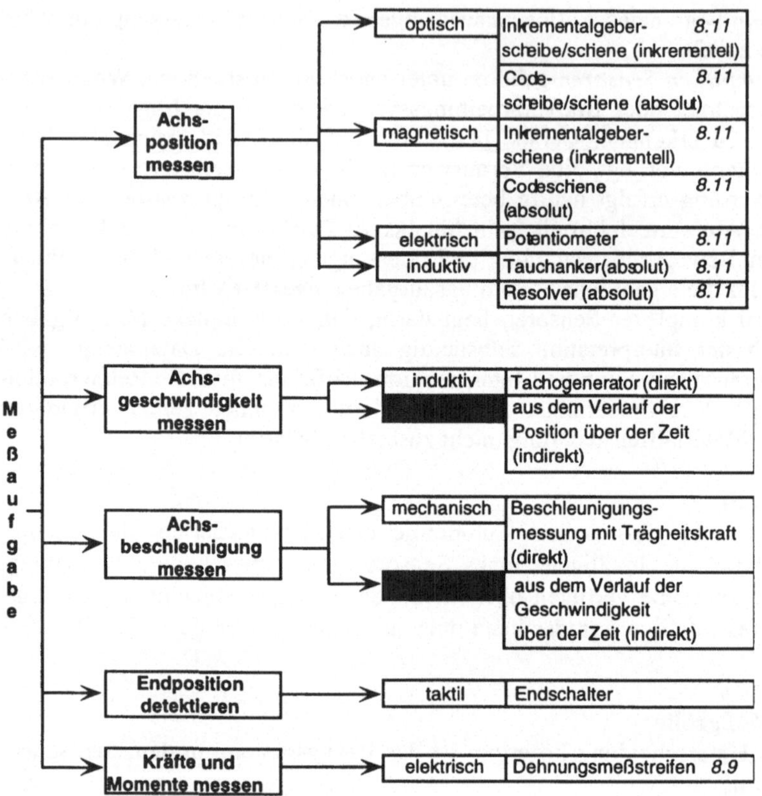

Bild 8.2-1: Interne Sensoren, Auswahl von Meßaufgaben und geeignete Sensoren

Insbesondere bei der Montage, z.B. beim Fügen, können auch die auf das Handhabungsobjekt wirkenden Kräfte und Momente interessieren. Diese wirken als Reaktionskräfte und Reaktionsmomente auf das Handhabungsgerät, und können mit einem integriertem Kraft-/Momentensensor gemessen werden. Die Meßaufgabe „Kräfte und Momente messen“ ist deshalb außer bei den internen Sensoren in Bild 8.2-1 auch bei den externen Sensoren in Bild 8.2-2 aufgeführt. Es sei darauf hingewiesen, daß die Ziffern in Bild 8.2-1 und in Bild 8.2-2 angeben, in welchem Unterkapitel der entsprechende Sensortyp behandelt wird.

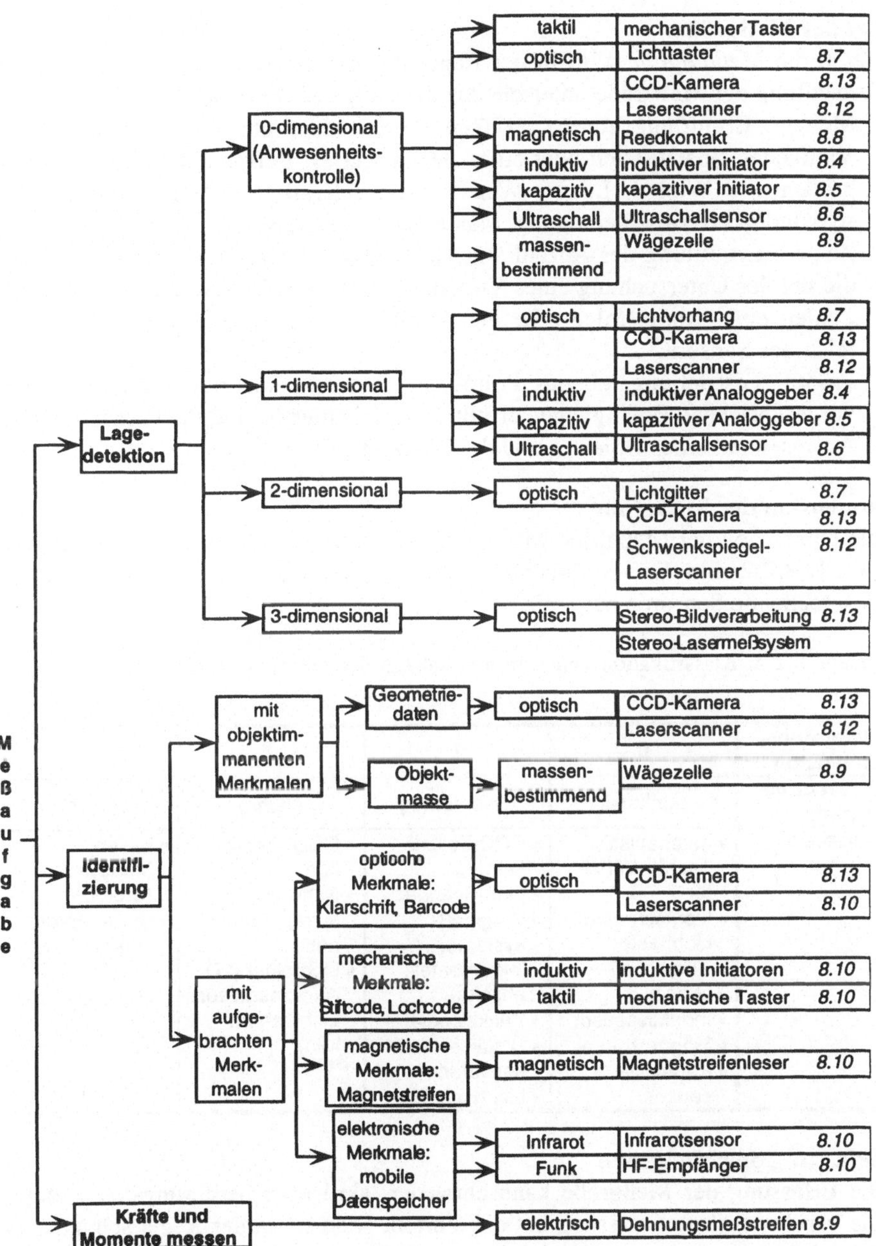

Bild 8.2-2: Externe Sensoren, Auswahl von Meßaufgaben und geeignete Sensoren

Art der Meßgröße

Durch die *Meßaufgabe* wird in der Regel die Art der Meßgröße festgelegt. Zur Feststellung der Meßgröße unterscheidet man folgende Funktionen:

- Messen: Ermittlung eines speziellen Wertes einer physikalischen Größe als Vielfaches einer Einheit oder eines Bezugswertes. Beispiele hierfür sind Meßgrößen wie Winkel, Länge, Weg, Position, Kraft, Moment, Drehzahl, Geschwindigkeit, Beschleunigung, Masse und Temperatur.
- Zählen: Ermittlung der Anzahl von gleichartigen Elementen oder Ereignissen, die bei der Untersuchung eines Vorganges auftreten. Beispiele hierfür sind das Zählen einer Impulsfolge oder die Abzählung der Objekte im Erfassungsbereich des Sensors.
- Prüfen: Feststellung, ob das Prüfobjekt eine oder mehrere vereinbarte oder vorgeschriebene Bedingungen erfüllt. Beispiele hierfür sind die Feststellung der Anwesenheit eines Objektes und die Objektidentifizierung.

Dimension der Meßgröße

Die Dimension der Meßgröße wird ebenfalls durch die Meßaufgabe festgelegt. In Tabelle 8.2-2 sind die verschiedenen Dimensionsklassen und einige Beispiele für entsprechende Sensoren aufgeführt.

Tabelle 8.2-2: Klassifikation von Sensoren anhand der sensorisch zu erfassenden Dimension

Meßgrößen-dimension	**0**	**1**	**2**	**3**
Erfassungs-bereich	punktuell	Linienförmig	flächig	räumlich
Beispiele	• mechanische Taster, Schalter • Lichtschranke, Lichttaster • Ultraschall-sensor • Induktivsensor • Magnetsensor • Kapazitiv-sensor	• CCD-Zeilen-kamera • Line-Scanner • Wegmeß-systeme: inkrementell, absolut • Winkelcodierer • Distanz-sensoren • Lichtvorhang	• CCD-Matrix-kamera • Schwenk-spiegel-Scanner • Lichtgitter (2D-Anordnung von Lichtschranken)	• Laser-Meßsystem (Stereo) • Stereo-Bild-verarbeitung

Erfassung der Meßgröße

Die Erfassung der Meßgröße kann entweder taktil oder berührungslos erfolgen. Die berührungslose Erfassung hat die Vorteile, daß sie in der Regel schneller ist, keinerlei Rückwirkung auf den Prozeß ausübt und keinen Stillstand des zu untersuchenden Objektes erfordert. Durch die bewegten Teile ist ein mechanisch betätigter Sensor zudem verschleißanfällig. Aus der Gruppe der taktilen Sensoren werden in Materialflußsystemen nur noch mechanische Taster für Zählaufgaben oder Anwesenheitskontrollen mit rückläufiger Tendenz eingesetzt.

Meßprinzip

Das Meßprinzip beschreibt die Nutzung einer charakteristischen physikalischen Erscheinung zur Messung, z.B. die Unterbrechung des Lichtstrahles einer Lichtschranke durch ein nichttransparentes Objekt oder beim induktiven Näherungsschalter die Verstimmung eines elektrischen Schwingkreises bei Annäherung eines ferromagnetischen Metallteiles. Das Meßprinzip stellt eine weitere Untergliederung der Klassen taktil und nicht taktil dar. Die überwiegend eingesetzten berührungslosen Meßprinzipien nutzen optische, magnetische, induktive oder kapazitive Effekte, die in den jeweiligen Kapiteln erläutert werden.

Meßverfahren

Bei den Meßverfahren unterscheidet man direkte und indirekte Meßverfahren. Bei den direkten Meßverfahren erfolgt die Ermittlung des Meßwertes durch einen unmittelbaren Vergleich mit einem Bezugswert derselben Meßgröße, beispielsweise ein Massenvergleich mit Gewichten. Indirekte Meßverfahren nutzen physikalische Zusammenhänge, um aus der gemessenen Größe den gesuchten Meßwert zu ermitteln. So ist eine gar nicht oder nur aufwendig zu messende Größe aus dem Meßwert einer einfacher oder schneller zu messenden Größe abzuleiten. Als Beispiel hierfür sei die Laufzeitmessung eines Ultraschallimpulses zur Entfernungsmessung genannt.

Darstellung der Meßgröße

Bei der Darstellungsform der Meßgröße, d.h. in welcher Form der Meßwert an die Steuerung übermittelt wird, unterscheidet man binäre, digitale und analoge Signale (vgl. Kap 5.3.1). Binäre Signale liefern im wesentlichen einfache Sensoren, z.B. mechanische Taster, Lichtschranken oder Initiatoren.

Digitale Signale werden z.B. von Codescheiben oder Barcode-Lesern geliefert. Bei der Codescheibe entspricht der digitale Wert einem Meßwert, welcher die aktuelle Position einer Achse beinhaltet. Mit Hilfe des Barcode-Lesers werden über eine digitale Codierung z.B. Werkstückträger oder Waren identifiziert.

Der Anteil von analogen Sensoren ist auf Grund der Störanfälligkeit der analogen Signalübertragung und den Preisvorteilen der digitalen Signalverarbeitung rückläufig. Zunehmend wird daher bei der Messung kontinuierlicher Größen die A/D-Wandlung in das jeweilige Sensorsystem integriert und das digitalisierte Signal über einen Bus zur Steuerung übertragen.

Merkmale einer Sensorapplikation

Neben dem Meßprinzip gibt es eine Reihe von Merkmalen, die die Applikation eines Sensors beschreiben, wie der Meßort oder der Meßzeitpunkt. Diese in Tabelle 8.2-3 aufgeführten Merkmale werden im folgenden anhand von Beispielen erläutert.

So kann z.B. ein laserbasierter optischer Sensor, ortsfest als Barcodeleser (Laserscanner) eingesetzt werden, oder auf einem Flurförderzeug mitfahrend der Positionsbestimmung (Laserradar) dienen. Eine CCD-Kamera kann ortsfest sein und zugeführte Objekte identifizieren und/oder deren Lage detektieren. Die Kamera kann diese Aufgabe aber auch z.B. auf einem Kran bzw. Portalroboter mitfahrend erfüllen, um in unbekannter Lage bereitgestellte Objekte aufnehmen zu können.

Tabelle 8.2-3: Merkmale einer Sensorapplikation

Meßprinzip	**Meßort**	**Meß-Zeitpunkt**	**Meß-häufigkeit**	**Meßdauer**	**Meßbereich**
taktil	fest	bei der Zuführung	kontinuierlich	schnell	fest
nicht taktil	mobil	bei der Aufnahme	zeitdiskret (einmalig, mehrmalig)	langsam	variabel
		beim Transport			
		bei der Abgabe			

Außer dem Merkmal *Meßort* unterscheidet sich bei o.g. Beispielen auch das Merkmal Meßzeitpunkt. Eine ortsfeste Kamera identifiziert zugeführte Objekte oder detektiert deren Lage, d.h. sie mißt bei der Zuführung. Eine auf einem Kran mitfahrende Kamera unterstützt die Aufnahme und geordnete Abgabe von Objekten, z.B. das mehrschichtige Stapeln von Stahlcoils. Der Meßzeitpunkt hierbei ist die Aufnahme und die Abgabe. Ein Lasersensor auf einem FTF zur Positionsbestimmung mißt während des Transports.

Bezüglich der *Meßhäufigkeit* kann zwischen kontinuierlich und zeitdiskret messenden Sensoren unterschieden werden. Ein kontinuierlich messender Sensor liefert ein sich kontinuierlich änderndes Signal. Ein Beipiel ist der Tachogenerator an einem Motor, welcher eine der Drehzahl proportionale Spannung als Meßwert liefert. Der aktuelle Meßwert steht zu jedem beliebigen Zeitpunkt zur Verfügung und kann zum Beispiel in einem Analogregler zeitkontinuierlich weiterverarbeitet werden. Andererseites kann dieser Analogwert auch abgetastet, digitalisiert und dann werte- und zeitdiskret weiterverarbeitet werden.

Ein Beispiel für einen zeitdiskret messenden Sensor ist die CCD-Zeilen- oder -Matrixkamera. Die Meßwerte der einzelnen Photosensoren werden in einem festen Takt über ein Schieberegister seriell ausgelesen. Die Meßwerte werden erst jeweils nach einem vom Steuertakt abhängigen Zeitraum aktualisiert. Die Messung ist also zeitdiskret und mehrmalig. Im Gegensatz dazu ist ein Sensor zur Erkennung einer Referenzmarke ein zeitdiskret, einmalig messender Sensor, denn die Referenzierung erfolgt nicht ständig, sondern nur einmal oder in größeren Zeitabständen.

Die Dauer zur Ermittlung des Meßwertes kann je nach Meßprinzip und Komplexitätsgrad von Sensor zu Sensor stark differieren. Hier seien nur die beiden Extrema genannt: Initiatoren (schnell) und CCD-Kamera/Bildverarbeitung (langsam). Zum einen ist der Initiator selbst ein sehr schneller Sensor, zum anderen ist beim Initiator keine aufwendige Auswertung der Meßwerte erforderlich. Im Gegensatz dazu müssen die Photosensoren einer CCD-Kamera erst über einen von der Beleuchtungsstärke abhängigen Zeitraum Licht sammeln, bevor die Meßwerte jeweils aktualisiert sind, was die Taktzahl beschränkt. Darüber hinaus schließt sich der CCD-Kamera meist eine relativ aufwendige Bildverarbeitung zur Auswertung der Meßwerte an. Nimmt die Bildauswertung mehr Zeit in Anspruch als die Taktzeit der Kamera, so wird hierdurch die Geschwindigkeit des Sensorsystems noch weiter herabgesetzt.

Der Meßbereich ist bei Sensoren je nach Meßprinzip und Komplexitätsgrad fest oder variabel einstellbar. Bei Ultraschall-Abstandssensoren oder Lichttastern kann der Meßbereich meist manuell über ein Potentiometer eingestellt werden. Bei neueren Bauformen wird zunehmend auch die Möglichkeit einer automatischen Meßbereichs-Einstellung über einen Sensor/Aktorbus vorgesehen. Im Gegensatz dazu sind z.B. bei der Codescheibe Meßbereich und Auflösung fest: der Meßbereich beträgt 0° bis 360° und die Auflösung ist abhängig von der Anzahl der Spuren. Meßbereich und Auflösung können hier nicht durch Maßnahmen am Sensor selbst, sondern nur durch die Art des Einbaus, evtl. über ein Getriebe verändert werden.

8.3 Beispiele für Sensoraufgaben

8.3.1 Objektdetektion

Eine *Objektdetektion* kann je nach Augabenstellung mit unterschiedlicher Dimensionszahl erfolgen. Der einfachste Fall ist die nulldimensionale Lagedetektion. Hierbei handelt es sich um eine einfache Anwesenheitskontrolle, d.h. ob ein beliebiges Objekt anwesend ist oder nicht. Eine Anwesenheitskontrolle ist ausreichend, wenn die Identität, Positon und Orientierung eines Objektes durch geordnetes Zuführen bereits bekannt ist oder wenn die genaue Position und Orientierung gar nicht interessiert, z.B. beim Abzählen von Objekten. Die Anwesenheitskontrolle kann i.allg. mit einfachen Sensoren (mechanischer Taster, Lichttaster, Initiator usw.) vorgenommen werden.

Die eindimensionale *Lagedetektion* erfaßt bereits die Entfernung eines Objektes von einem Bezugspunkt. Hierfür geeignete Sensoren sind alle Arten von Distanz- und Wegmeßsystemen. Sollen ungeordnet oder teilgeordnet zugeführte Objekte gegriffen werden, so ist je nach Ordnungszustand eine höherdimensionale Lagedetektion nötig. Zur Lage eines Objektes gehört außer der Position auch die Orientierung des Objektes. Zur reinen Positionsbestimmung von Handhabungsobjektion ist ein zweidimensionaler Sensor ausreichend, wenn die Objekte in ihren geometrischen Abmessungen bekannt sind und sie in bekannter Höhe aufliegend bereitgestellt werden. Häufig kann aus den Daten eines zweidimensionalen Sensors auch auf die Orientierung des Objektes geschlossen werden. Ist dies aufgrund der Geometriedaten jedoch nicht möglich oder sind die Geometriedaten und/oder die Höhe der Auflagefläche unbekannt, so ist eine dreidimensionale Lagedetektion erforderlich.

Die zwei- oder dreidimensionale Lageerkennung erfordert komplexere Sensoren wie Laserscanner und CCD-Kameras. Ein höherdimensionaler Sensor ist selbstverständlich auch für eine Anwesenheitskontrolle geeignet, hierfür jedoch i.allg. zu aufwendig. Ist jedoch zusätzlich zur Anwesenheitskontrolle auch eine Identifizierung erforderlich, so sind beide Sensorfunktionen zweckmäßigerweise in einem Sensor zu integrieren. Der Nutzungsgrad des Sensors wird dadurch ohne wesentlichen finanziellen Mehraufwand erhöht.

Objekte, die keine Transport- oder Handhabungsobjekte sind, interessieren im wesentlichen aus Sicherheitsaspekten. So muß z.B. überwacht werden, ob sich ein anderes Gerät, ein Gegenstand oder ein Mensch unvorhergesehenerweise im Arbeitsraum des Gerätes befindet, oder gerade die Grenze des Arbeitsraums überschreitet.

8.3.2 Identifizierung

Bei der Objektidentifizierung unterscheidet man die *direkte Identifizierung* anhand natürlicher Merkmale und die *indirekte Identifizierung* anhand künstlicher Merkmale. Natürliche Merkmale sind die geometrischen Abmessungen, Form, Farbe oder Masse eines Objektes. Künstliche Merkmale sind aufgebrachte Kennzeichnungen wie Barcodes oder Tags.

Die Geometriedaten sind untrennbar mit dem zugehörigen Objekt verbundene Merkmale, sie sind objektimmanent. Ein weiteres objektimmanentes Merkmal ist die Masse des Objektes. Sofern die Massen sämtlicher zu identifizierenden Objekte unterschiedlich sind und sich die im Materialfluß befindlichen Objekte einzeln abwiegen lassen, - dies wäre z.B. nicht der Fall, wenn mehrere Objekte auf einer Palette liegen - kann auch die Masse zur Identifizierung herangezogen werden.

Insbesondere die Identifikation anhand der Geometriedaten ist relativ aufwendig. Man ist daher daran interessiert, diese möglichst zu vermeiden, oder nur einmalig durchzuführen. Oft ist eine Identifikation mit objektimmanenten Merkmalen auch gar nicht möglich, beispielweise bei verschiedenen Artikeln mit annähernd gleichem Gewicht, die in gleichen Kartons verpackt sind. In diesem Fall wird das Objekt oder das Ladehilfsmittel entweder in Klarschrift oder in maschinenlesbarer Form eindeutig gekennzeichnet.

Die Kennzeichnung in Klarschrift hat den Vorteil, daß sie auch vom Menschen gelesen werden kann. Ist jedoch eine häufige Identifizierung von Objekten im Materialfluß erforderlich, so bietet sich die Kennzeichnung der Objekte in maschinenlesbarer Form an. Die Codierung kann in unterschiedlicher Form aufgebracht werden, z.B. als Strich-Lücken-Kombination (Barcode), als Lochcode, als Stiftcode, auf Magnetstreifen oder in einem elektronischen Datenspeicher. Sie können dann mit entsprechend geeigneten Identifizierungssensoren automatisch an beliebiger Stelle wieder ausgelesen werden (vgl. Kap. 4).

8.3.3 Navigation

Bei fahrerlosen Transportsystemen (FTS) unterscheidet man leitliniengeführte und frei navigierende Fahrzeuge. Zur Vereinfachung des Problems der Positions- und Orientierungsbestimmung werden der Peripherie, z.B. der Fabrikhalle, einfach zu detektierende Marken hinzugefügt. Dabei kann es sich bei leitliniengeführten Fahrzeugen um Leitdrähte oder optische Linien auf dem Boden oder bei freinavigierenden Systemen um optische Reflexmarken an den Wänden handeln.

Die zur Erkennung der Marken eingesetzten Sensoren, meist optisch oder induktiv, sind externe Sensoren, wenn man das fahrerlose Transportfahrzeug (FTF) als System betrachtet. Ebenso wie bei der Lageerkennung eines Handhabungsobjektes wird bei der Positions- und Orientierungsbestimmung für FTF durch Auswertung der Sensorsignale die Position und/oder Orientierung des Sensors relativ zum Objekt bestimmt. Im ersten Fall ist der Sensorort bekannt, meist ortsfest, so daß die Lage des Objekts bestimmt werden kann. Im zweiten Fall ist der Sensorort mobil und die Lage des oder der Objekte bekannt, so daß der Sensorort und damit die Lage des FTF bestimmt werden kann.

Die externen Sensoren des FTF bilden zusammen mit den internen Sensoren des FTF zur Bestimmung des relativen Verfahrweges und des Lenkwinkels ein komplexes Sensorsystem, zu dem auch häufig ein Kreiselkompaß gehört, welcher im Gegensatz zu den bisher angesprochenen Sensoren einen absoluten Wert für die Orientierung liefert.

8.3.4 Typische Einsatzbereiche ausgewählter Sensoren

Bei der Auswahl eines Sensors für eine bestimmte Aufgabe sollte bedacht werden, daß unterschiedliche Lösungskonzepte in Betracht kommen, die jeweils Vor- und Nachteile hinsichtlich der Kosten, der Zuverlässigkeit, der Geschwindigkeit, des Meßbereichs, der Flexibilität usw. aufweisen.

Tabelle 8.3-1: Typische Einsatzbereiche ausgewählter Sensoren

Aufgabe	Anwesenheitskontrolle	Lagedetektion	Identifizierung	Vollständigkeit	Geometriedaten	Masse
taktilor Sensor	+	o	-	-	-	o
Lichttaster	+	o	-	-	o	-
Line-Scanner	+	o	+	o	o	-
CCD-Matrix	+	+	+	+	+	-
Ultraschallsensor	+	o	-	-	-	-
Induktivsensor	+	o	-	-	-	-
Kapazitivsensor	+	o	-	-	-	-
Magnetsensor	+	o	-	-	-	-
Wägezelle	+	o	o	o	-	+
DMS	+	-	-	-	-	+

+: gut geeignet **o: bedingt geeignet** **-: ungeeignet**

In Tabelle 8.3-1 ist in einer Übersicht dargestellt, welche Aufgaben vorzugsweise mit welchen Sensoren gelöst werden können.

Ein bestimmter Sensor kann meist für mehrere Aufgaben eingesetzt werden. So kann beispielsweise eine CCD-Matrixkamera zur Lagedetektion und zur Identifizierung benutzt werden. Ebenso kann eine Aufgabe oft mit unterschiedlichen Sensoren gelöst werden.

Die Aufgabe „Identifizierung" kann außer mit einer CCD-Matrixkamera auch mit Hilfe einer Wägezelle gelöst werden, jedoch nur dann, wenn das Gewicht die zu identifizierenden Objekte eindeutig repräsentiert und eine eindeutige Klassifizierung anhand des Gewichts vorgenommen werden kann. Eine Wägezelle ist also nur bedingt zur Identifizierung geeignet.

Falls die Bedingungen für eine Identifizierung mit einer Wägezelle jedoch erfüllt sind, so ist ihr Einsatz weniger aufwendig und kostengünstiger als eine CCD-Matrixkamera mit Bildverarbeitung. Ebenso verhält es sich auch mit den anderen Sensoren: sie sind für eine oder mehrere Aufgaben gut geeignet und für andere Aufgaben nur unter bestimmten Bedingungen.

8.4 Induktive Sensoren

Induktive Sensoren eignen sich zur Anwesenheitskontrolle oder zur *Abstandsmessung* von Objekten aus elektrisch oder magnetisch leitendem Material im Bereich kleiner Entfernungen (typischer Bereich um 10 mm). Induktive Sensoren in Form von messenden Sensoren werden induktive Analoggeber genannt. In Form von schaltenden Sensoren zur Anwesenheitsbestimmung werden sie auch *induktive Näherungsschalter* oder *Initiatoren* genannt. Insbesondere letztere haben auf Grund ihrer positiven Eigenschaften eine weite Verbreitung in der Automatisierungstechnik gefunden:

- kompakte Bauweise,
- große Unempfindlichkeit gegenüber Umwelteinflüssen,
- hohe Zuverlässigkeit,
- hohe Schaltfrequenz und
- lange Lebensdauer aufgrund ihrer berührungslosen Arbeitsweise.

Das Meßprinzip des Induktivsensors beruht auf dem physikalischen Effekt der *Induzierung* von *Wirbelströmen* in einem elektrischen Leiter, der sich in einem *magnetischen Wechselfeld* befindet. Das magnetische Wechselfeld wird mittels einer Spule erzeugt, die zu einem Parallelschwingkreis gehört. Gelangt ein elektrisch leitendes Objekt in das Magnetfeld, so werden Wirbelströme induziert, die dem Schwingkreis Energie entziehen. Der Schwingkreis ist Teil eines *Oszillators*. Die Schwingungsamplitude des Oszillators ist abhängig vom Verlustwiderstand des Schwingkreises. Ein Energieentzug durch ein leitendes Objekt im magnetischen Wechselfeld ist wiederum gleichbedeutend mit einer Vergrößerung des Verlustwiderstandes - einer Bedämpfung der Schwingung - und somit einer Verminderung der Schwingungsamplitude des Oszillators.

Bei Initiatoren ist dem Oszillator ein *Komparator* nachgeschaltet. Unterschreitet die Schwingungsamplitude einen bestimmten Wert, spricht der Komparator an und löst über die Endstufe ein Ausgangssignal aus - der Initiator schaltet, s. Bild 8.4-1.

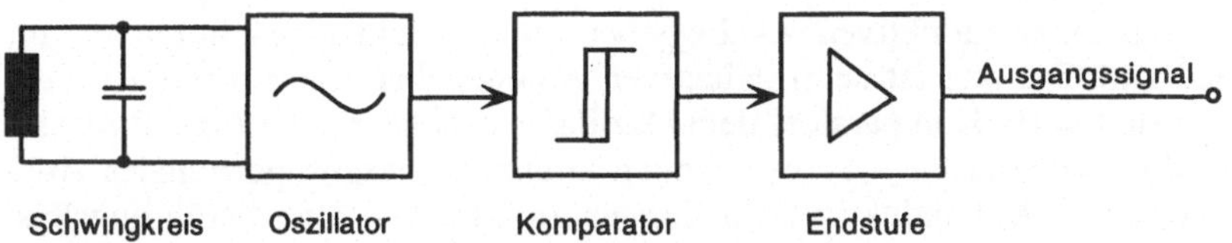

Bild 8.4-1: Blockschaltbild eines induktiven Näherungsschalters [SCHN93]

Bild 8.4-2 zeigt den prinzipiellen Aufbau des aktiven Elements eines induktiven Sensors. Es besteht aus der Spule, dem Ferritkern, einer Kunststoffkappe zum Schutz der Spule und dem Gehäuse. Der Kern der Spule ist als Schalenkern konstruiert, so daß die Magnetfeldlinien nur an einer Fläche, der aktiven Fläche des Spulenkerns, aus- und wieder eintreten. Ein leitendes Objekt muß sich der aktiven Fläche bis auf den Schaltabstand s annähern, damit der Initiator schaltet.

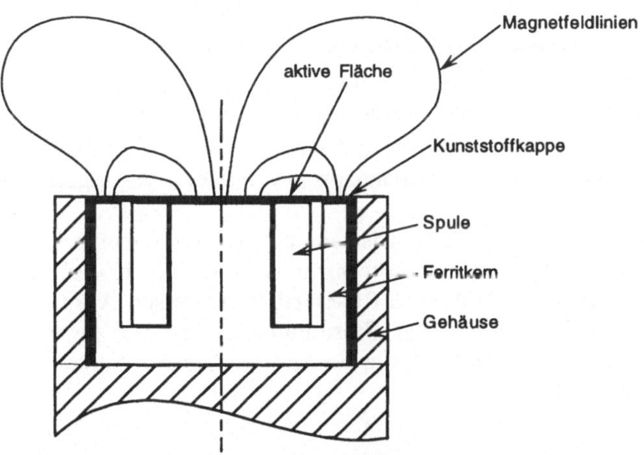

Bild 8.4-2: Aufbau des aktiven Elements eines induktiven Sensors

Die Größe des *Schaltabstandes* s hängt vom Material, insbesondere von dessen Leitfähigkeit σ und von dessen Permeabilität μ_r, sowie von den Geometriedaten des Objektes ab. Eine Kenngröße eines Initiators ist der *Nennschaltabstand* s_N. Der Nennschaltabstand ist der Schaltabstand, der sich für eine Norm-Meßfahne aus 1 mm starkem St37-Blech ergibt. Er ist im wesentlichen abhängig von der Konstruktion des aktiven Elementes, insbesondere vom Durchmesser des Ferritkerns. Typische Initiatoren haben Nennschaltabstände zwischen 3 und 15 mm.

Ein bündiger Einbau des Initiators in elektrisch leitendes Material bewirkt durch die dort induzierten Wirbelströme eine Vorbedämpfung der Oszillatorschwingung. Im Extremfall ist der eingebaute Initiator immer geschaltet, so daß seine Funktion nicht mehr gegeben ist. Hier sind Bauformen zu verwenden, bei denen der Ferritkern durch einen Kupferring abgeschirmt ist, der den Effekt der Vorbedämpfung vermindert.

Der Aufbau eines induktiven Analoggebers ähnelt dem eines Initiators. Im Unterschied zum Initiator ist beim induktiven Analoggeber eine Linearisierungsschaltung anstatt eines Komparators dem Oszillator nachgeschaltet (vgl. Bild 8.4-1), so daß die Endstufe ein - in bestimmten Grenzen - wegproportionales Ausgangssignal liefert. Mit induktiven Analoggebern läßt sich eine berührungslose Wegmessung einfach und kostengünstig realisieren. Nachteilig ist jedoch, daß der Meßbereich relativ gering ist (typisch: 3 bis 8 mm bei St37). Außerdem muß das Objekt, dessen Abstand bestimmt werden soll, vorab bekannt sein, weil das Ausgangssignal des Analoggebers nicht nur vom Abstand, sondern auch vom Material und den Geometriedaten abhängig ist. Dieser für die Abstandsmessung unerwünschte Effekt läßt sich jedoch auch positiv nutzen, um bei bekanntem Abstand Objekte aus verschiedenen leitenden Materialien oder Objekte unterschiedlicher Abmessungen zu identifizieren.

8.5 Kapazitive Sensoren

Kapazitive Sensoren arbeiten ebenso wie induktive Sensoren berührungslos. Mit ihnen lassen sich im Gegensatz zu induktiven Sensoren auch nichtleitende Materialien detektieren. Kapazitive Sensoren werden wie induktive Sensoren als Näherungsschalter, die bei Annäherung eines Gegenstandes auf den Schaltabstand s schalten, und als Analoggeber, die ein abstandsproportionales Ausgangssignal liefern, angeboten.

Aktives Element eines kapazitiven Sensors ist ein Kondensator, welcher von einer Sensorelektrode und einem geerdeten Abschirmbecher gebildet wird. Der Kondensator als aktives Element ist Teil eines RC-Oszillators, dessen Ausgangsspannung gleichgerichtet, gefiltert und einer Störimpulsausblendung zugeführt wird. Diese bildet ein Schaltsignal, das durch die Endstufe in das Ausgangssignal umgewandelt wird, s. Bild 8.5-1.

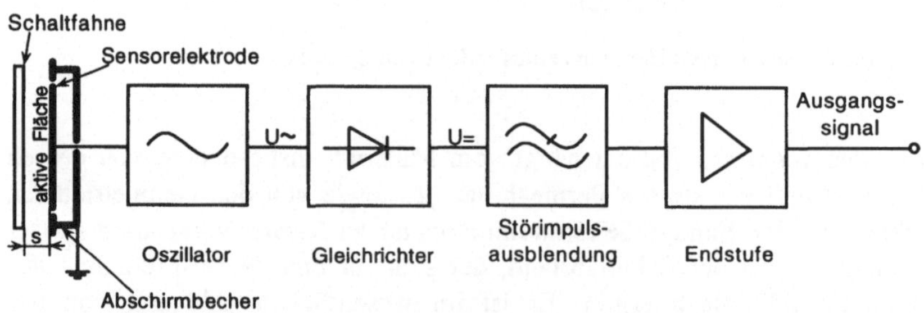

Bild 8.5-1: Blockschaltbild eines kapazitiven Sensors [SCHN93]

Das aktive Element ist so in die Oszillatorschaltung integriert, daß die Kreisverstärkung V des Oszillators ansteigt, wenn die Kapazität des aktiven Elementes sich vergrößert. Der Oszillator ist so ausgelegt, daß die Schwingbedingung ($V>1$) bei Abwesenheit einer Schaltfahne nicht erfüllt ist. Nähert sich eine Schaltfahne der aktiven Fläche des aktiven Elementes, so steigt dessen Kapazität und damit die

Kreisverstärkung des Oszillators. Wenn die Schaltfahne den Schaltabstand s unterschreitet, so wird die Kreisverstärkung größer als Eins. Der Oszillator schwingt dann an und löst das Ausgangssignal aus.

Vergleichbar dem induktiven Sensor ergeben sich auch beim kapazitiven Sensor für verschiedene Materialien verschiedene Schaltabstände. Die entscheidenden Materialkonstanten sind hier die Dielektrizitätskonstante δ und die elektrische Leitfähigkeit σ. Bei Schaltfahnen aus leitendem Material muß zusätzlich noch unterschieden werden, ob diese geerdet sind oder nicht.

Die größte Kapazitätserhöhung und damit auch der größte Schaltabstand, der gleichzeitig als Nennschaltabstand s_N eines kapazitiven Sensors definiert ist, ergibt sich für eine geerdete Schaltfahne aus gut leitendem Material (Metall). Diese bildet mit der Sensorelektrode eine weitere, zum Kondensator aus Sensorelektrode und Abschirmbecher parallele Kapazität.

Ist die Schaltfahne nicht geerdet, bildet sie ebenfalls eine parallele Kapazität. Diese besteht in diesem Fall jedoch aus einer Reihenschaltung zweier Kapazitäten (Elektrode/Schaltfahne und Schaltfahne/Abschirmbecher). Die Kapazitätserhöhung ist also geringer als bei einer geerdeten Schaltfahne. Die kleinste Kapazitätserhöhung und somit der geringste Schaltabstand ergibt sich für eine Schaltfahne aus nicht leitendem Material.

In diesem Fall wirkt die Schaltfahne als Dielektrikum im Bereich der Feldlinien des Kondensators. Die Kapazitätserhöhung ist dabei außer vom Abstand auch von der Dielektrizitätskonstante δ des jeweiligen Materials abhängig.

In Bild 8.5-2 ist verdeutlicht, auf welche Art und Weise sich jeweils die Gesamtkapazität durch die Anwesenheit einer Schaltfahne erhöht. Um die unterschiedlichen Schaltabstände für verschiedene Materialien ausgleichen zu können, bieten manche Bauformen die Möglichkeit, den Schaltpunkt über ein Potentiometer einzustellen.

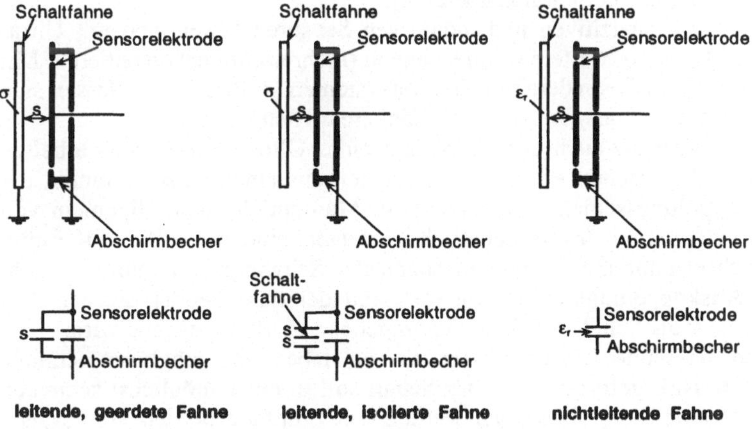

Bild 8.5-2: Kapazitätserhöhung bei verschiedenen Schaltfahnen

Kapazitive Sensoren sind empfindlich gegen Störungen durch elektrische Wechselfelder, die z.B. durch Leuchtstofflampen, Thyristorantriebe oder Rundfunksender verursacht werden. Diese werden über die Sensorelektrode eingekoppelt und können Schwingungen anregen, die zu Fehlschaltungen des Sensors führen. Dauerstörungen lassen sich durch Änderung der Schwingfrequenz des Oszillators ausschalten. Impulsförmige Störungen werden von der Störimpulsausblendung eliminiert. Dabei werden Impulse, die eine bestimmte, wählbare Zeitdauer nicht überschreiten als *Störimpulse* gewertet und ausgeblendet. Hierdurch können aber auch von einer Schaltfahne verursachte Schaltsignale nicht detektiert werden, wenn sie diese Zeitdauer unterschreiten, d.h. die mögliche Schaltfrequenz des kapazitiven Initiators wird stark beschränkt. Sie liegt normalerweise im Bereich von 1 bis 100 Hz.

8.6 Ultraschallsensoren

Ultraschallsensoren gehören zu den akustischen Sensoren und eignen sich zur *Abstandsmessung* oder zur *Anwesenheitskontrolle* von Objekten aus beliebigen Materialien. Das Prinzip beruht auf einer Messung der Laufzeit von ausgesendetem Ultraschall.

Befinden sich Ultraschallsender und -empfänger an einem Ort, wird die Laufzeit vom Aussenden eines kurzen Ultraschallimpulses bis zum Eintreffen des Echos, welches von einem in der ausgesendeten Schallkeule befindlichen Objektes reflektiert wird, gemessen. Diese Laufzeit ist proportional zum Abstand des Objektes. Stehen sich Ultraschallsender und -empfänger gegenüber, so bilden sie eine Einweg-Ultraschallschranke (s.u.), die zur Anwesenheitskontrolle geeignet ist. Es wird dann detektiert, ob der ausgesendete Ultraschall beim Empfänger ankommt (es befindet sich kein Objekt im Schrankenbereich) oder nicht (es befindet sich ein Objekt im Schrankenbereich).

Im Gegensatz zu kapazitiven und induktiven Sensoren lassen sich mit Ultraschallsensoren Objekte in weiteren Entfernungen (mehrere Meter) detektieren. Mit Ultraschallsensoren, insbesondere mit Einkopfsystemen (s. Bild 8.6-1), lassen sich jedoch keine Objekte im ausgesprochenen Nahbereich detektieren.

Sowohl der Sender als auch der Empfänger eines Ultraschall-Sensors arbeiten nach dem piezo-elektrischen Prinzip. Sie bestehen aus einer Piezo-Keramik, die auf eine Auskoppelungsschicht aufgebracht ist. Man spricht auch allgemein von einem *Ultraschallwandler*. Im Sendebetrieb wird dabei eine an die Piezo-Keramik angelegte Wechselspannung in eine mechanische Schwingungen umgewandelt, die über die Auskoppelungsschicht entsprechend der dem Sender eigenen Abstrahlcharakteristik als Schallwellen an die umgebende Luft abgegeben wird.

Für abstandsmessende Ultraschallsensoren ist dabei eine möglichst schmale Abstrahlcharakteristik gefordert, d.h. der Schall soll in einer möglichst schmalen Keule in die Meßrichtung abgegeben werden. Im Empfangsbetrieb verursachen auftreffende Schallwellen mechanische Schwingungen in der Piezo-Keramik, an der dann eine von den mechanischen Schwingungen hervorgerufe Wechselspannung anliegt.

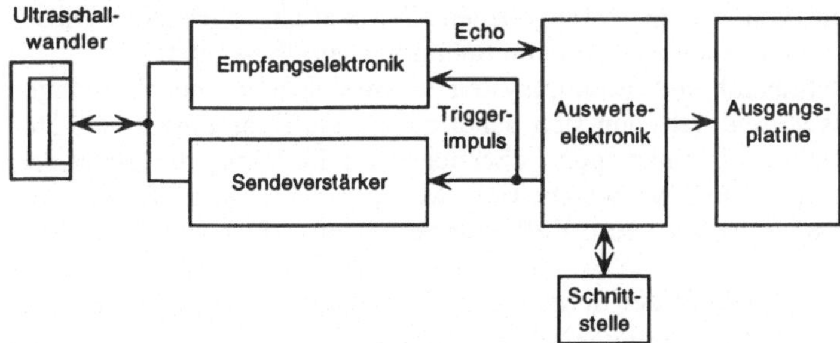

Bild 8.6-1: Blockschaltbild eines Ultraschallsensors im Einkopfsystem [SCHN93]

Ein Ultraschallwandler kann sowohl als Sender als auch als Empfänger arbeiten. Eine angelegte Wechselspannung wird in Schallwellen umgewandelt (Sendebetrieb) oder auftreffende Schallwellen werden in eine Wechselspannung umgewandelt (Empfangsbetrieb).

Ultraschallsensoren mit nur einem Ultraschall-Wandler heißen Einkopfsysteme. Der prinzipielle Aufbau eines Ultraschall-Sensors im Einkopfsystem ist in Bild 8.6-1 dargestellt.

Die Auswertelektronik setzt in einem bestimmten Takt Triggerimpulse ab. Ein Triggerimpuls markiert jeweils den Anfang einer Messung. Der Zeitabstand zwischen zwei aufeinanderfolgenden Triggerimpulsen muß dabei so groß sein, daß die jeweils aktuelle Messung nicht mehr von eintreffenden Echos weiter entfernter Gegenstände aus der vorherigen Messung gestört werden kann.

Ein abgesetzter Triggerimpuls veranlaßt den Sendeverstärker, ein zeitlich begrenztes Spannungs-Impulspaket mit ca. 250 V Amplitude (Spitze-Spitze) abzugeben, das den Ultraschallwandler treibt, der daraufhin ein Ultraschall-Impulspaket aussendet. Befindet sich ein schallreflektierender Gegenstand im Erfassungsbereich des Sensors, so wird vom Echoschall nach der Echolaufzeit im Wandler eine hochfrequente Wechselspannung erzeugt. Der Wandler arbeitet nun als Empfänger.

Die Echolaufzeit muß mindestens so lang sein, daß die vom vorherigen Sendebetrieb herrührende Schwingung des Wandlers so weit abgeklungen ist, daß sie betragsmäßig kleiner als die vom Echo erzeugte Schwingung ist. Ansonsten kann das Echo nicht erkannt werden. Daraus resultierend haben Einkopf-Systeme einen relativ großen Nahbereich (ca. 0,2 bis 0,8 m), in dem kein Echo detektiert werden kann.

Eintreffende Echospannungen werden von der Empfangselektronik verstärkt und mit einem Komparator in einen Rechteckimpuls umgewandelt, der an die Auswerteelektronik weitergeleitet wird. Die Auswerteelektronik ermittelt die Zeit zwischen dem Absetzen des Triggerimpulses und dem Eintreffen des Echos. Hiervon abhängig steuert sie die Ausgänge an:

Ein Ausgang liefert ein zeit- und damit entfernungsproportionales Signal. Dieser Ausgang wird zur Abstandsmessung benutzt. Man spricht auch von Tastbetrieb. Ein anderer Ausgang ist ein Schaltausgang und wird umgeschaltet, wenn die gemessene Laufzeit von einem vorgegebenen Zeitintervall abweicht. Dieser Ausgang wird zur Anwesenheitskontrolle im Schrankenbetrieb benutzt.

Bei Ultraschallschranken mit Einkopfsystemen sind Sender und Empfänger identisch (Transceiver) und befinden sich daher zwangsläufig an einem Ort. Der Transceiver bildet dann mit einem gegenüberstehenden Reflektor die Schranke. Man spricht dabei auch von Zweiwegebetrieb, weil der Schall vom Transceiver zum Reflektor hin- und als Echo vom Reflektor zum Transceiver wieder zurückläuft, s. Bild 8.6-2.

Befindet sich kein Objekt in der Schranke, so liegt die gemessene Laufzeit im Zeitintervall $2 \cdot (t_r \pm dt)$. Das Zeitintervall $\pm dt$ ergibt sich aus unvermeidlichen Schwankungen der Übertragungseigenschaften des Übertragungsmediums Luft (Lufttemperatur, -druck und -feuchte).

Befindet sich ein schallreflektierendes Objekt im Schrankenbereich, so ist die Laufzeit kleiner als $2 \cdot (t_r - dt)$. Befindet sich ein stark schallabsorbierendes Objekt oder ein Objekt, welches die Schallwellen zur Seite reflektiert, im Schrankenbereich, kommt kein Echo zurück. In beiden Fällen wird der Schalteingang umgeschaltet. Im ersten Fall beträgt die Reaktionszeit $2 \cdot t_0$, im zweiten Fall $2 \cdot (t_r + dt)$.

Ist bei einem Ultraschallsensor jeweils ein eigener Wandler für den Sender und Empfänger vorhanden, so läßt sich damit eine Einweg-Ultraschallschranke realisieren. Sender und Empfänger stehen sich dann gegenüber, s. Bild 8.6-3. Der Schaltausgang wird geschaltet, wenn ausgesendeter Schall nach der Zeit $t_E + dt$ nicht beim Empfänger angekommen ist.

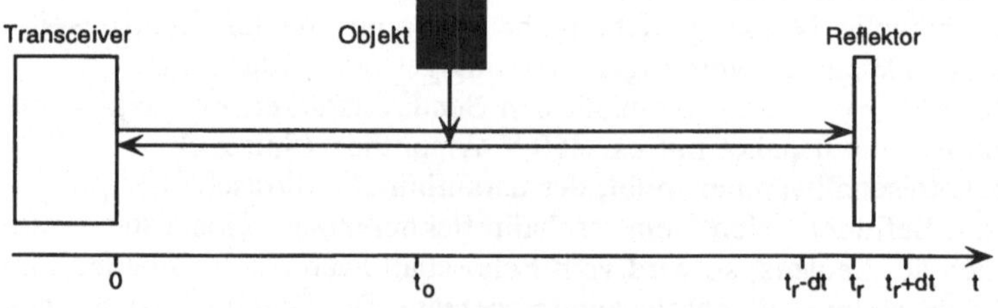

Bild 8.6-2: Ultraschallschranke im Zweiwegebetrieb

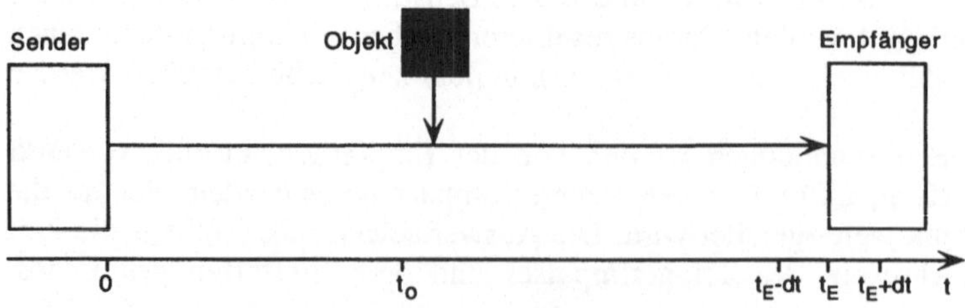

Bild 8.6-3: Ultraschallschranke im Einwegbetrieb

Durch die halbierte Weglänge und die entfallenden Reflexionsverluste am Reflektor lassen sich mit Einwegschranken gegenüber Zweiwegeschranken um den Faktor 2,5 bis 3 größere Schrankenweiten realisieren.

Ultraschallschranken eignen sich zur Anwesenheitskontrolle längs einer Strecke. Will man dagegen ausgedehnte Raumbereiche auf Anwesenheit von Objekten überwachen, so kann man dies mit einer Anordnung mehrerer Sensoren mit schmalwinkeliger Abstrahlcharakteristik erreichen.

Eine andere Möglichkeit ist die Verwendung eines Weitwinkelsensors, der sich auch als Schmalwinkelsensor mit Beugungsgittervorsatz realisieren läßt. Als weitere Alternative kann man auch einen Sensor mit schmalem, aber steuerbaren Abstrahlwinkel verwenden, mit dem der zu überwachende Raumbereich abgescannt wird. Diese Methode hat den Vorteil, daß neben dem Objektabstand auch der Winkel, in dem sich das Objekt bezogen auf die Sensorachse befindet, und die Objektkontur festgestellt werden kann.

Ein steuerbarer Abstrahlwinkel läßt sich durch einen Wandler mit mehreren unabhängig ansteuerbaren Piezo-Keramiken, die Ultraschall mit jeweils zueinander verschobener Phasenlage aussenden, realisieren. Die einzelnen Piezo-Keramiken sind so angeordnet, daß sich aus der Interferenz der einzelnen Schallwellen näherungsweise eine einzelne schmale Schallkeule ergibt, deren Winkel zur Sensorachse von der Phasenverschiebung abhängt. Über eine elektronische Ansteuerung läßt sich die Phasenverschiebung und damit der Abstrahlwinkel einstellen.

Ultraschallsensoren mit annähernd gleicher Frequenz, die sich innerhalb ihres gegenseitigen Erfassungsbereichs befinden, können sich gegenseitig stören. Die Auswerteeinheit kann nicht unterscheiden, ob es sich bei einem ankommenden Signal um ein Echo eines eigenen Signals oder um ein Fremdsignal handelt. Eine Gegenmaßnahme ist die Verwendung schmalbandiger Sensoren, die bei jeweils unterschiedlichen Frequenzen arbeiten.

Arbeiten alle Sensoren bei der gleichen Frequenz, so kann man jedem Sensor eine Kennung geben. Es wird dann anstatt eines einzelnen Ultraschallimpulses eine Impulsfolge ausgesendet, und von den empfangenen Signalen werden nur die ausgewertet, die zum jeweiligen Sensor gehörige Kennung haben. Nachteilig ist bei dieser Methode, daß zum Aussenden einer Impulsfolge mehr Zeit benötigt wird, als für einen Einzelimpuls. Dies beschränkt die mögliche Taktfrequenz, vergrößert also die mögliche Reaktionszeit.

Eine weitere Methode ist die Verwendung fester, aber unterschiedlicher Taktraten. Nimmt man an, daß sich sämtliche zu detektierenden Objekte unterhalb einer bestimmten Maximalgeschwindigkeit bewegen, so kann man Störimpulse anhand der Unterschiede der gemessenen Laufzeiten aufeinanderfolgender Impulse feststellen.

Wenn eine sehr genaue Messung gefordert ist, müssen die Parameter Temperatur, Luftdruck und Luftfeuchte, welche die Schallgeschwindigkeit beeinflussen, einbezogen werden. Hier bietet sich der Einsatz eines Referenzsensors an, der ständig die aktuelle Schallgeschwindigkeit mißt, die dann in die Berechnung der Abstände aus den Echolaufzeiten mit einbezogen wird.

Ein Beispiel für eine Anwendung von Ultraschallsensoren in Materialflußsystemen ist die Lageerkennung von Objekten in einem automatischen Kommissionierlager. Ein auf dem Lastaufnahmemittel des Kommissioniergerätes installierter

Ultraschallsensor liefert einen Scan der Abstände zwischen den Objekten und dem Sensor.

In Bild 8.6-4 ist der Scan längs eines Lagerfaches, in welches zwei Kartons in unterschiedlicher Tiefe eingelagert sind, dargestellt. Mittels der vom Sensor gelieferten Information ist es so möglich, die Kartons zu greifen, auch wenn deren Position zuvor unbekannt war. Außerdem kann erkannt werden, ob zwischen oder vor den Kartons noch eine Einlagerung möglich ist. Das System ist so wesentlich flexibler als ein System ohne Sensorsteuerung, bei dem die Lagerartikel immer an genau vordefinierten Plätzen positioniert sein müssen.

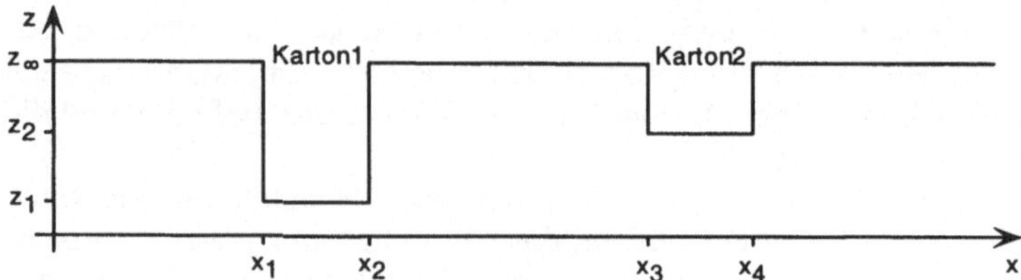

Bild 8.6-4: Scan längs eines Lagerfaches

Für dieses Anwendungsbeispiel muß eine Kommunikation mit einer übergeordneten Steuerung realisiert werden. Bei modernen Ultraschallsensoren ist die Auswerteeinheit als Mikroprozessorsystem realisiert. Ausgerüstet mit einer Busschnittstelle kann der Sensor dann über einen Automatisierungsbus mittels eines einfachen Befehlssatzes parametriert und ausgelesen werden.

8.7 Optische Sensoren

Zur Gruppe der optischen Sensoren gehört eine große Anzahl unterschiedlicher Sensortypen, die jeweils für spezielle Aufgaben konzipiert sind. In diesem Kapital werden im wesentlichen die einfachen optischen Sensoren zur Anwesenheitskontrolle (Lichttaster, -schranken, -vorhänge, -gitter) behandelt. Sie werden auch optische Schalter genannt. Komplexeren optischen Sensorsystemen wie Lasersensoren und CCD-Sensoren sind eigene Kapitel gewidmet.

Bei *Lichttastern*, s. Bild 8.7-1, wird Licht (bei optischen Schaltern meist im Infrarot-Bereich) von einem Sender (LED) ausgestrahlt. Befindet sich ein Objekt im Erfassungsbereich des Sensors, so wird das ausgesendete Licht von diesem diffus reflektiert. Ein Teil des reflektierten Lichts trifft auf den Empfänger (Fotodiode). Dort wird das optische Signal in ein elektrisches Signal umgewandelt und an eine Schaltstufe weitergeleitet. Die Schaltstufe aktiviert den Ausgang bei Überschreiten eines festgelegten Signalpegels.

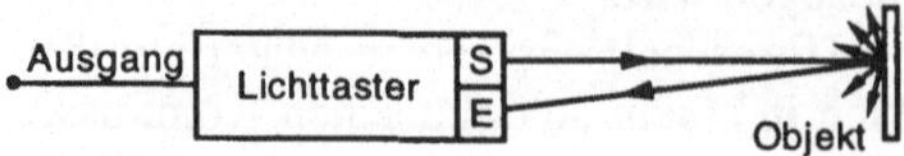

Bild 8.7-1: Lichttaster

Der Vorteil von Lichttastern liegt im geringen Aufwand für deren Installation und Justage. Eine einfache Ausrichtung des Tasters auf das zu erfassende Objekt genügt.

Nachteilig ist, daß Lichttaster nur bei im Vergleich zu Lichtschranken relativ kurzen Distanzen (bis ca. 500 mm) arbeiten, weil nur ein geringer Teil des diffus reflektierten Lichts aus den Empfänger trifft. Außerdem muß die Oberfläche der Objekte genügend diffuses Licht reflektieren, um diese in beliebiger Lage erfassen zu können. Spiegelnde Objekte reflektieren nicht diffus; sie können nur dann erfaßt werden, wenn sie nicht sämtliches auftreffendes Licht am Empfänger vorbei reflektieren. Bei stark lichtabsorbierenden Objekten sinkt sie Tastweite erheblich. Daher wirken sich auch Verschmutzungen zu erfassender Objekte nachteilig auf die Konstanz der Tastweite aus.

Ein weiterer Nachteil von Lichttastern liegt darin, daß Reflexionen aus dem Hintergrund zu Fehlschaltungen führen können. Dem kann jedoch abgeholfen werden, indem man Sender und Empfänger so einrichtet, daß sich deren optische Achsen schneiden. Erfaßt werden dann nur Objekte, die sich im wirksamen Raum um den Schnittpunkt der beiden optischen Achsen befinden, s. Bild 8.7-2. Der wirksame Raum wird durch Einstellen der Winkel der optischen Achsen an die entsprechende Applikation angepaßt. Der Hintergrund wird so ausgeblendet.

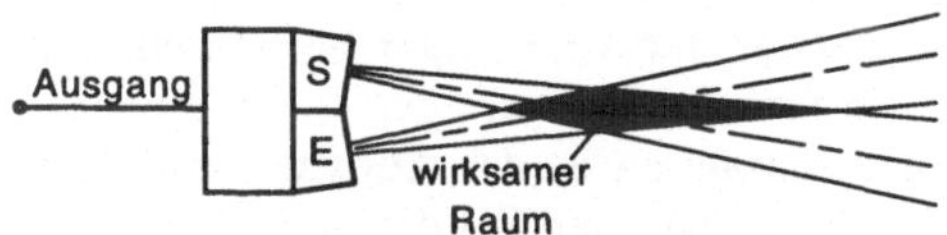

Bild 8.7-2: Lichttaster mit Hintergrundausblendung

Bei *Lichtschranken* wird die Anwesenheit eines Objektes durch die hierdurch verursachte Unterbrechung des Strahlenganges zwischen Sender und Empfänger detektiert. Vergleichbar den Ultraschallschranken kann man auch bei Lichtschranken zwischen *Zweiwege-* und *Einweg-Lichtschranken* unterscheiden.

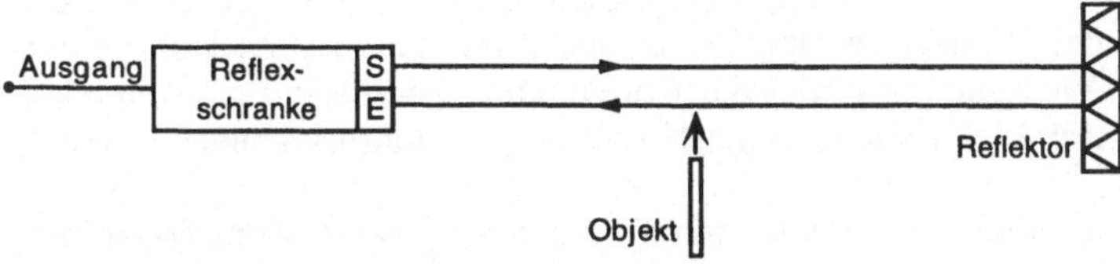

Bild 8.7-3: Reflexlichtschranke

Bei einer Zweiwege-Lichtschranke steht die in einem Gehäuse integrierte Sender/Empfänger-Einheit einem Reflektor gegenüber, welcher das ausgestrahlte Licht in den Empfänger reflektiert, s. Bild 8.7-3. Die Zweiwege-Lichtschranke wird daher auch als *Reflexlichtschranke* bezeichnet.

Wenn der Strahlengang von einem Objekt unterbrochen wird, empfängt der Empfänger kein Licht mehr und der Ausgang wird aktiviert. Auch bei einer Reflexlichtschranke sind spiegelnde Objekte problematisch. Ein spiegelndes

Objekt im Strahlengang kann Licht auf den Empfänger reflektieren, so daß die Anwesenheit des Objektes nicht detektiert wird.

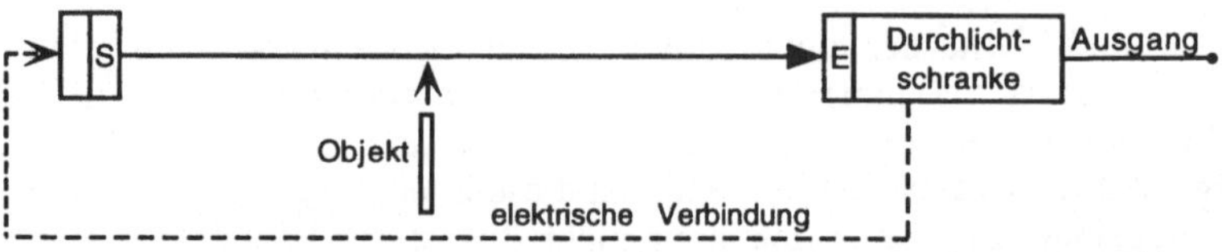

Bild 8.7-4: Durchlichtschranke

Bei einer Einweg-Lichtschranke, auch *Durchlichtschranke* genannt, stehen sich Sender und Empfänger gegenüber, s. Bild 8.7-4. Mit ihr können auch spiegelnde Objekte sicher detektiert werden. Mit Durchlichtschranken können sehr große Entfernungen von bis zu 100 m überbrückt werden, Reflexlichtschranken erzielen ca. 20 m.

Lichtschranken haben erheblich größere Reichweiten als Lichttaster. Dem steht jedoch auch ein höherer Installationsaufwand gegenüber, da Lichtschranke und Reflektor bei Reflexlichtschranken, bzw. Sender und Empfänger bei Durchlichtschranken insbesondere bei größeren Entfernungen sehr genau aufeinander ausgerichtet werden müssen. Bei Durchlichtschranken ist der Aufwand am größten, weil zusätzlich eine elektrische Verbindung zwischen Sender und Empfänger erforderlich ist.

Der Einsatz herkömmlicher Lichttaster bzw. Lichtschranken setzt eine gewisse Mindestgröße der zu erfassenden Objekte voraus. Verbindet man Sender und Empfänger mit Lichtleitern und verwendet Vorsatzoptiken, so lassen sich auch sehr kleine Objekte erfassen. Ein Lichttaster für sehr kleine Objekte läßt sich realisieren, indem man die Enden der Lichtleiter für Sender und Empfänger parallel anordnet. Eine Durchlichtschranke erhält man bei gegenüberliegender Anordnung der Lichtleiterenden.

Mit einer einzelnen Lichtschranke läßt sich eine lineare Strecke auf Anwesenheit überwachen. Ordnet man mehrere Lichtschranken in gewissen Abständen parallel übereinander an, können Objekte anhand ihrer spezifischen Höhe unterschieden werden. Verwendung findet die Kombination paralleler Lichtschranken auch als *Unfallschutz-Lichtvorhang* zur Überwachung gefahrbringender Bereiche (Maschinen).

Optische Schalter sind vielfältigen Störeinflüssen ausgesetzt. Zum einen können von außen eindringende elektromagnetische Wellen Störungen induzieren. Zum anderen kann auch Fremdlicht zu Fehlverhalten führen. Dieses kann Sonnenlicht, Licht von Glühlampen oder Leuchtstoffröhren oder auch Fremdlicht von anderen optischen Schaltern sein.

Zur Minderung von Störeinflüssen wird kein gleichförmiges Licht ausgesendet, sondern eine Rechteckimpulsfolge. Hierdurch kann eine Störung durch Gleichlicht herausgefiltert werden. Außerdem kann ein kurzer Rechteckimpuls mit viel größerer Leistung abgestrahlt werden, als dies im Dauerbetrieb möglich wäre. Dadurch erhöht sich das Signal/Rauschverhältnis.

Als weiteren Vorteil bietet die Rechteckmodulation des ausgesendeten Lichtes die Möglichkeit, impulsförmige Störsignale auszutasten: Ein Nutzsignal ist ganz kurz nach einem Sendesignal zu erwarten. Die Wahrscheinlichkeit, daß Störsignale genau zu diesem Zeitpunkt auftreten ist gering. Nach einer zu langen Zeit nach Aussenden eines Impulses empfangene Signale können als Störsignale erkannt und ausgetastet werden. Zufällig zum Sendezeitpunkt auftretende Störimpulse können mittels einer speziellen Filterung, die auf einer statistischen Auswertung mehrerer Antworten auf Sendeimpulse beruht, erkannt werden. Je größer die Filtertiefe ist, d.h. je mehr Antworten auf Sendeimpulse jeweils ausgewertet werden, umso sicherer ist die Störunterdrückung. Allerdings sinkt mit steigender Filtertiefe die Schaltfrequenz.

Zur Vermeidung der gegenseitigen Störung optischer Schalter werden diese mit unterschiedlichen Impulsfrequenzen betrieben. Die zunächst naheliegende Variante, mit gleicher Frequenz jedoch mit unterschiedlichen Phasen zu senden, so daß die Sendeimpulse des einen Sensors immer in der Zeitlücke der Störaustastung des anderen Sensors liegen, erweist sich bei näherer Betrachtung als ungünstig: Wegen unvermeidlicher Frequenzschwankungen kann die Phasenverschiebung nicht dauerhaft sichergestellt werden, so daß immer wieder Zeitbereiche auftreten, in denen die Sensoren zum gleichen Zeitpunkt senden und sich gegenseitig stören.

Ein weiteres Problem optischer Schalter besteht in der Verschmutzungsgefahr. Wenn durch Schmutz auf dem Sender oder dem Empfänger zu viel Licht absorbiert wird, ist die Funktion nicht mehr gewährleistet. Hier ist insbesondere zu bedenken, daß optische Schalter mit nach oben gerichteter Optik leicht verstauben.

8.8 Magnetfeldsensoren

Die Ausmessung magnetischer Felder ist im allgemeinen keine Aufgabe der Automatisierungstechnik. *Magnetfeldsensoren* werden jedoch benutzt, um indirekt über die Messung eines Magnetfeldes eine *Anwesenheitskontrolle* durchzuführen oder Abstände, Drehwinkel und Drehzahlen zu messen.

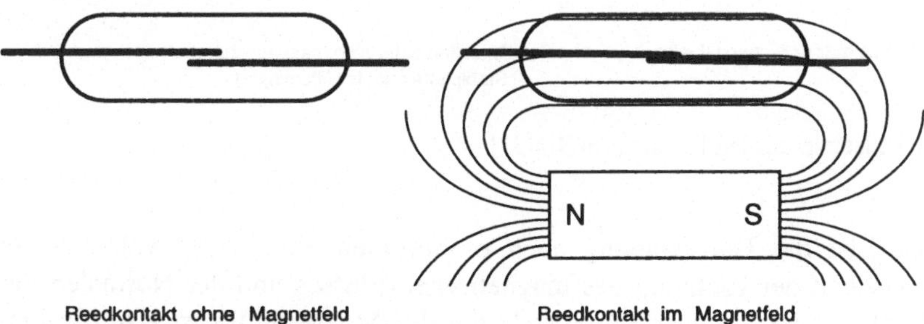

Bild 8.8-1: Reedkontakt

Ein einfacher Magnetfeldsensor ist der *Reedkontakt*, s. Bild 8.8-1. Es handelt sich hierbei um einen elektrischen Schalter, der im Grundzustand, d.h. ohne Magnetfeld geöffnet ist. Unter dem Einfluß eines Magnetfeldes schließt der Reedkontakt.

Ein Reedkontakt kann z.B. zur Anwesenheitskontrolle eines mit einem Magneten markierten Werkstückträgers dienen. Fixiert man einen Magneten auf einer Drehachse, so kann mittels eines ortsfesten Reedkontaktes indirekt die Drehzahl gemessen werden. Hierzu wird in einer Auswerteeinheit die Anzahl der vom Reedkontakt gelieferten Impulse pro Zeiteinheit bestimmt.

Im Gegensatz zum Reedkontakt ist der *Hallsensor* ein Magnetfeldsensor, welcher einen Analogwert liefert. Das Meßprinzip des Hallsensors nutzt den Halleffekt aus: Durchfließt ein Strom einen plattenförmigen Halbleiter, welcher gleichzeitig von einem Magnetfeld mit einer zur Stromrichtung senkrechten Komponente durchdrungen ist, so entsteht quer zum Strom aufgrund der Lorentz-Kraft ein elektrisches Feld. Dieses erzeugt die Hallspannung U_H, die an den parallel zur Stromrichtung liegenden Kanten des Halbleiters abgegriffen werden kann.

Die Hallspannung ist proportional zur magnetischen Flußdichte B, die wiederum mit sinkendem Abstand eines magnetischen Objektes steigt, s. Bild 8.8-2 a). Mit einer entsprechenden Auswertung der Hallspannung lassen sich so Abstandsmessungen durchführen. Will man mit dem Hallsensor eine reine Anwesenheitskontrolle realisieren, so muß die Hallspannung nur auf das Überschreiten eines Schwellwertes hin ausgewertet werden.

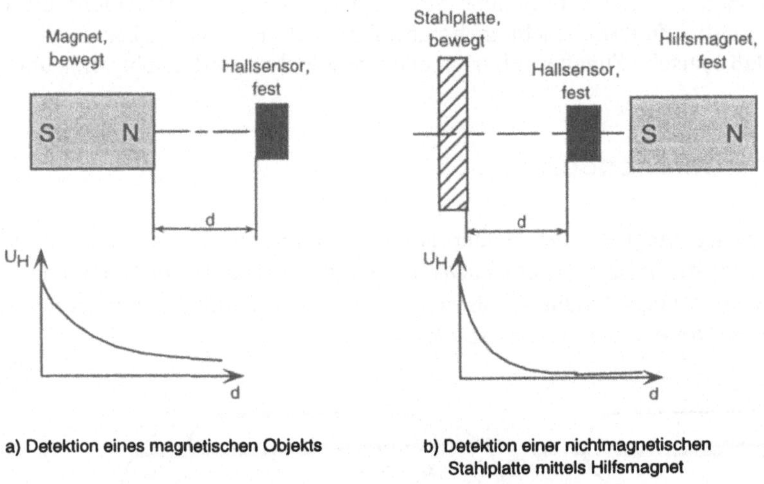

Bild 8.8-2: Einsatz eines Hallsensors [SCHN93]

Andererseits ist die Hallspannung auch proportional zu $cos(\alpha)$, wobei α der Winkel zwischen der Richtung des magnetischen Flusses und der Normalen der Plattenoberfläche ist. Die wirksame Richtung des Magnetfeldes ist also die Flächennormale. Aufgrund dieser Richtungsempfindlichkeit des Hallsensors lassen sich auch Drehwinkelmessungen durchführen.

Will man nichtmagnetische Objekte mit Hallsensoren auf Anwesenheit konrollieren oder deren Abstand messen, so muß man diese mit einem Magneten markieren. Sind die entsprechenden Objekte zwar nicht magnetisch, jedoch magnetisierbar (z.B. aus Stahl), so kann man alternativ auch einen Hilfsmagneten einsetzen. Dieser wird dann ortsfest hinter dem Sensor angeordnet. Nähert sich ein magnetisierbares Objekt dieser Anordnung (s. Bild 8.8-2 b.), so steigt aufgrund der Feldverzerrung die Hallspannung in qualitativ gleicher Weise wie bei Annäherung eines magnetischen Objektes.

Magnetfeldabhängige Widerstände (*magnetoresistive Sensoren*) vermögen - mit entsprechender Beschaltung - dieselben Aufgaben zu erfüllen wie Hallsensoren, so daß sie ihren hauptsächlichen Einsatz in der Automatisierungstechnik als Näherungsschalter und Positionssensoren finden. Magnetfeldabhängige Widerstände sind wie Hallsensoren plattenförmig. Die wirksame Richtung des Magnetfeldes kann - je nach Konstruktion - mit der Flächennormalen der Platte zusammenfallen, oder parallel zur Plattenoberfläche (senkrecht zur Flächennormalen) und gleichzeitig senkrecht zur Stromrichtung sein.

Einige Bauformen besitzen durch eine spezielle Konstruktion des Sensors (Verwendung eines vormagnetisierten Ferromagnetikums, z.B. Permalloy) eine - in gewissen Grenzen - lineare, zum Nullpunkt symmetrische $\Delta R/B$-Kennlinie, d.h. eine Flußdichte mit positivem Vorzeichen bewirkt eine Widerstandserhöhung, eine Flußdichte mit negativem Vorzeichen bewirkt eine Widerstandsabsenkung. In diesem Fall bietet sich die Verwendung von vier Sensoren in einer Wheatstone-Brücke an, wodurch sich die Empfindlichkeit infolge der Richtungsempfindlichkeit um das Vierfache gegenüber einer Brückenschaltung mit einem Einzelsensor erhöht. Eine komplette Wheatstone-Brückenschaltung von vier richtungsempfindlichen magnetfeldabhängigen Widerständen in einem Gehäuse bietet beispielsweise die Firma Valvo mit ihrem Typ KMZ10 an.

Sättigungskernsonden, welche eine sehr hohe Empfindlichkeit aufweisen, bestehen aus einem hochpermeablen Kern mit einer Magnetisierungswicklung und einer Sondenwicklung. Die Magnetisierungswicklung wird mit einem sinusförmigen Wechselstrom beaufschlagt, mit dessen magnetischen Wechselfeld der Kern periodisch in die Sättigung getrieben wird, so daß die in die Sondenwicklung induzierte Spannung keinen sinusförmigen Verlauf mehr aufweist. Ohne äußeres Magnetfeld ist der Verlauf des Flusses und damit auch der Sondenspannung symmetrisch zur Nullinie. Wird die Sonde einem externen Magnetfeld ausgesetzt, bewirkt dies eine Verschiebung des Verlaufs der Feldstärke und damit auch des Flusses und der induzierten Spannung. Die Sondenspannung ist nun nicht mehr symmetrisch zur Nullinie. Während Fourierentwicklungen symmetrischer Signale nur ungeradezahlige Harmonische enthalten, weisen Fourierentwicklungen unsymmetrischer Signale auch geradzahlige Harmonische auf. Über eine Auswertung der geradzahligen Harmonischen des Spannungssignals kann daher die Stärke des externen Magnetfeldes bestimmt werden.

8.9 Verformungssensoren

Verformungssensoren werden mit *Dehnungsmeßstreifen (DMS)* realisiert. Mit DMS können kleine Dehnungen von Körpern gemessen werden. Unter der Dehnung ε eines Körpers versteht man dessen relative Längenänderung, d.h. dessen absolute Längenänderung Δl bezogen auf eine Basislänge l_0:

$$\varepsilon = \frac{\Delta l}{l_0} \tag{8.1}$$

Eine Dehnung mit negativem Vorzeichen wird auch Stauchung genannt. Dehnungen eines Körpers werden durch Temperaturänderungen und durch das Angreifen von Kräften verursacht. In der Automatisierungstechnik ist im wesentlichen letzteres interessant, um eine auf einen Körper einwirkende Kraft über die von ihr verursachte Dehnung des Körpers mittels DMS zu bestimmen. Die Dehnung eines Körpers ist für den hier relevanten Bereich der elastischen Dehnung proportional zur auf den Körper wirkenden Kraft.

Das Meßprinzip eines DMS beruht auf der durch eine Dehnung eines elektrischen Leiters verursachten Widerstandsänderung. Für den hier betrachteten Bereich sehr kleiner Dehnungen und unter der Voraussetzung, daß der spezifische Widerstand ρ nicht von der Dehnung abhängt, was bei metallischen Leitern in guter Näherung gilt, besteht ein linearer Zusammenhang zwischen relativer Widerstandsänderung dR/R und der Dehnung ε:

$$dR / R = k \cdot \varepsilon\,, \tag{8.2}$$

wobei der Proportionalitätsfaktor k eine Materialkonstante ist.

Die häufigste Ausführungsform ist der Folien-DMS, s. Bild 8.9-1. Er besteht aus einem aus Metallfolie herausgeätzten, mäanderförmigen Leiter, der auf einer Trägerfolie aufgebracht ist und zum Schutz von einer weiteren Folie abgedeckt wird.

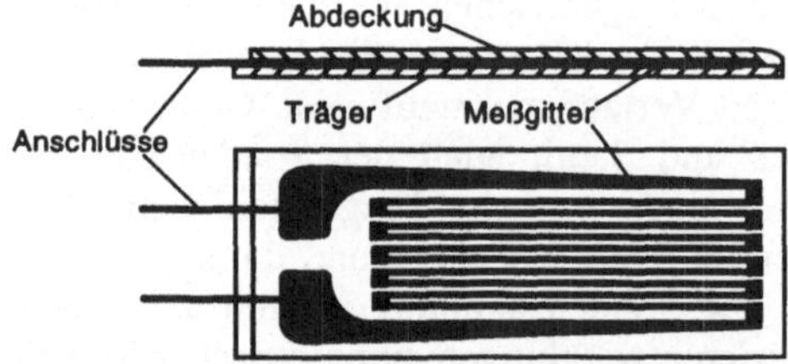

Bild 8.9-1: Aufbau eines Folien-DMS

Der Folien-DMS wird mit einem speziellen Kunststoff auf das Bauteil, dessen Dehnung gemessen werden soll, appliziert. So wird die Dehnung verlustfrei vom Bauteil auf den elektrischen Leiter übertragen.

Wirkt eine Kraft in Längsrichtung des DMS auf das Bauteil, so verursacht diese eine zur Kraft proportionale Dehnung des Bauteils und damit auch des elektrischen Leiters des DMS. Hierdurch verändert sich der Widerstand des DMS proportional zur Dehnung und damit auch proportional zur wirkenden Kraft.

Die kleinen Widerstandsänderungen eines DMS werden fast ausnahmslos mit der Wheatstone-Brücke gemessen und mit einem Operationsverstärker in Subtrahierschaltung verstärkt [SCHN93]. Kann man an einem Bauteil vier DMS derart anbringen, daß eine auf das Bauteil wirkende Kraft an zwei der DMS eine Dehnung und an den anderen zwei eine entsprechende Stauchung verursacht, so kann man mit diesen vier DMS eine Vollbrücke realisieren. Die Temperaturgänge der vier DMS gleichen sich dann aus. Die Vollbrücke ist die optimale Schaltung, da sie die höchste Empfindlichkeit hat.

Bei einer Halbbrücke werden zwei DMS derart angeordnet, daß einer der DMS von der wirkenden Kraft gedehnt und der andere gestaucht wird. Eine Halbbrücke hat jedoch eine nur halb so hohe Empfindlichkeit wie eine Vollbrücke. Eine Viertelbrücke mit nur einem aktiven DMS versucht man nach Möglichkeit zu vermeiden, da ihre Empfindlichkeit nur ein Viertel der Vollbrücke beträgt. Der Temperaturgang des aktiven DMS muß dann von einem inaktiven DMS quer zur Kraftrichtung kompensiert werden.

Ein wichtiger Einsatzbereich für DMS ist der Kraft/Momentensensor. Dies ist ein Sensorsystem bestehend aus einem Trägerkörper, auf den acht DMS aufgebracht sind, s. Bild 8.9-2. Die Konstruktion des Trägerkörpers und die Aufbringung der DMS ist derart, daß sowohl die auf den Sensor wirkenden Kräfte als auch die wirkenden Momente jeweils in den drei Dimensionen x, y und z aus den Widerstandsänderungen der acht DMS berechnet werden können.

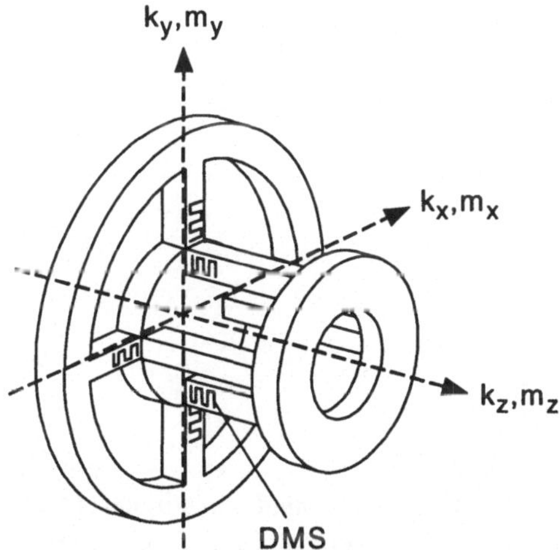

Bild 8.9-2: Kraft/Momentensensor

Industrieroboter (IR) werden beispielsweise mit einem *Kraft/Momentensensor* ausgerüstet, um die auf das Werkzeug wirkenden Kräfte und Momente in die Achsregelung einzubeziehen. Dazu erfolgt der Einbau des Kraft/Momentensensors zwischen IR-Arm und Werkzeug. Die sensorunterstütze Regelung wird z.B. beim Einfügen eines Bolzens in eine Passung angewandt, um ein Verkanten des Bolzens zu vermeiden. Eine reine Positionsregelung reicht hier aufgrund unvermeidbarer Positions und Fertigungstoleranzen oft nicht aus.

Eine weitere Anwendung für eine Kraft/Momentensensor-unterstützte Regelung bei Industrierobotern ist das Entgraten, wo eine reine Positionsregelung aufgrund der unregelmäßigen Grathöhe nicht ausreicht. Schließlich dienen Kraft/Momentensensoren auch dem Schutz der Werkstücke und des Roboters selbst, denn ungenaue Werkstückpositionen und Toleranzstreuungen der Werkstückgeometrie verursachen Kollisionen, die mit Kraft/Momentensensoren detektiert und verhindert werden können.

In Bild 8.9-3 ist eine weitere Anwendung von DMS dargestellt: Ein einseitig eingespannter Biegebalken als Grundelement einer *Wägevorrichtung*. Wird der Biegebalken an der gekennzeichneten Stelle mit der Gewichtskraft eines Objekts belastet, so biegt er sich in der angedeuteten Art und Weise durch. Hierdurch treten eine Dehnung auf der Oberseite und eine betragsmäßig gleich große Stauchung auf der Unterseite des Balkens auf. Die Dehnung bzw. Stauchung ist näherungsweise proportional zur Kraft und damit zur Masse des Objektes. Die dehnungsbedingten Widerstandsänderungen der DMS können nun mit Hilfe einer Vollbrücke, welche eine hohe Empfindlichkeit besitzt und mit der gleichzeitig der Temperatureinfluß kompensiert wird, in ein zur Dehnung und damit auch näherungsweise zur Objektmasse proportionales Spannungssignal umgewandelt werden.

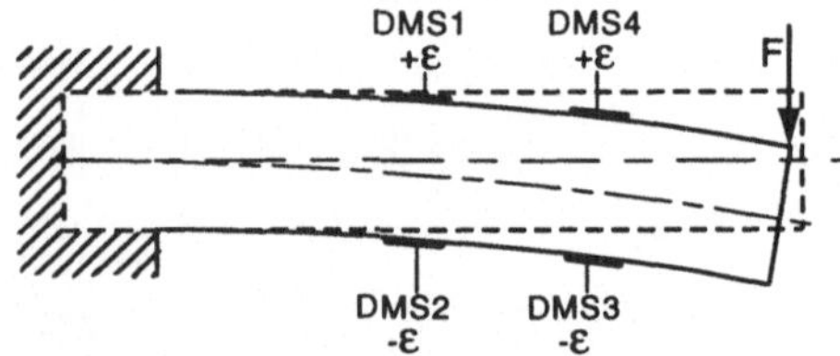

Bild 8.9-3: Belasteter Biegebalken

8.10 Identifizierungssensoren

Identifizierungssensoren haben die Aufgabe, Objekte anhand künstlicher Merkmale wiederzuerkennen, die in einem Datenträger verschlüsselt sind. Je nach physikalischem Prinzip, mit dem die Datenträger gelesen und beschrieben werden können, unterscheidet man mechanische, magnetische, optische und elektronische Codierungen (vgl. Kap. 4). Identifikationssensoren basieren je nach Codierung auf

- mechanischen Tastern,
- Magnetfeldsensoren,
- optischen Sensoren,
- induktiven Sensoren oder
- Funkempfängern.

Im Unterschied zu den Einzelsensoren, auf denen sie basieren, zeichnen sich Identifikationssensoren durch ihren komplexeren Aufbau und eine integrierte Auswertelogik aus, die nach der physikalischen Messung eine Decodierung in eine numerische oder alphanumerische Information vornimmt. Aufgrund dessen spricht man in der Regel von *Identifikationssystemen*. Sie können manuell und automatisch eingesetzt werden. Identifikationssysteme dienen der Kopplung von

Materialfluß und Informationsfluß. Sie werden sowohl in der Materialflußsteuerung als auch in Informationssystemen eingesetzt. Identifikationssysteme werden daher den Informationsflußmitteln zugeordnet und sind ausführlich in Kap. 4 behandelt.

8.11 Weg- und Winkelsensoren

Unter der Rubrik *Weg- und Winkelsensoren* werden in diesem Kapitel ausschließlich Sensoren zur Bestimmung von Achspositionen zusammengefaßt. Diese Sensoren werden als interne Sensoren (vgl. Kap.8.2) sowohl in Stetig- als auch in Unstetigförderern eingesetzt. Wegsensoren zur Messung der Distanz zu externen Objekten, wie z.B. Ultraschallsensoren und Triangulationssensoren sind ihrem physikalischen Meßprinzip entsprechend anderen Kapiteln zugeordnet (Kap. 8.4, 8.5, 8.6, 8.8 und 8.12).

Meßprinzipien

Die Meßprinzipien für Wege und Winkel sind gleich. Für die meisten Meßprinzipien existieren Ausführungen jeweils sowohl als Winkelsensor wie auch als Wegsensor. Der Aufbau des Wegsensors entspricht dann einem abgewickelten Winkelsensor *(Linearmeßsystem)*. Winkelsensoren können unter Zwischenschaltung von Zahnstangen oder Zahnriemen und Ritzeln, oder von Kugelrollspindeln und Muttern zur Umsetzung der translatorischen in eine rotatorische Bewegung auch zur *Wegmessung* eingesetzt werden. So sind oft konstruktiv einfachere und kostengünstigere Lösungen möglich als bei Linearmeßsystemen [WAL85]. Man spricht dabei auch von indirekter Wegmessung - im Gegensatz zur direkten Wegmessung bei Linearmeßsystemen.

Ein Nachteil der indirekten Wegmessung ist die geringere Genauigkeit im Vergleich mit der direkten Messung, verursacht durch das Getriebespiel. Soll die Wegmessug beispielsweise bei einem Regalbediengerät indirekt über einen Winkelsensor am Laufrad erfolgen, so wird die Messung durch den Schlupf im Rad-Schiene-System verfälscht. Die Messung sollte daher auf keinen Fall über das Antriebsrad erfolgen.

Es werden analoge und digitale Weg- und Winkelsensoren unterschieden. Bei analogen Sensoren wird der Weg bzw. der Winkel in eine elektrische Spannung umgewandelt, deren Wert oder zeitlicher Verlauf der Größe des zu messenden Weges oder Winkels entspricht. Dies kann nach verschiedenen physikalischen Prinzipien erfolgen [SCHN93], [WAL85], [BEY90], [ERN89]:

- ohmsch: Position des Schleiferkontaktes eines Linear- oder Ringpotentiometers,
- induktiv: Position eines Ferritkernes in einer Luftspule, Position eines Ferritkernes in einem Differentialtransformator, oder Positon zweier Spulen zueinander,
- kapazitiv: Position der Kondensatorplatten in einem Drehkondensator.

Die analoge Positionserfassung fand in der Vergangenheit häufig bei Regalbediengeräten Verwendung [JÜN89]. Sie spielt aber heute in der Automatisierungstechnik keine Rolle mehr.

Resolver, s. Bild 8.11-1, arbeiten nach dem induktiven Prinzip: Die Rotorspule wird mit einer Wechselspannung gespeist. Bei einer Drehung wird in jede der beiden Statorspulen eine Spannung induziert, welche proportional zur Gegeninduktivität der Statorspule ist. Diese wiederum ist proportional zum Cosinus des Drehwinkels φ der Rotorspule gegenüber der jeweiligen Statorspule. Über die Messung des Drehwinkels hinaus wird die Anzahl der Umdrehungen mitgezählt (digitales, inkrementelles Meßprinzip), falls ein größerer Meßbereich als 360° abgedeckt werden soll.
Resolver kommen hauptsächlich als Bestandteil von *Servoantrieben* vor. Der Anwender in der Automatisierungstechnik betrachtet den Servoantrieb jedoch als geschlossene Antriebskomponente. Die intern zum Teil analog arbeitende Sensorik tritt für ihn nicht als solche in Erscheinung.

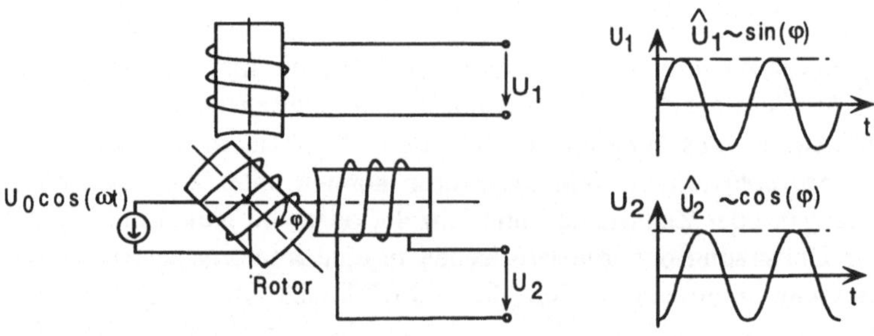

Bild 8.11-1: Funktionsprinzip eines Resolvers

Ein weiteres induktives Meßsystem, das Induktosyn [ERN89], ist sowohl als Linear- als auch als Rundinduktosyn erhältlich. Es ist als Abwicklung eines Resolvers zu verstehen, wobei sowohl Maßstab als auch Abtaster plattenförmig und mit einer gleichartigen mäanderförmigen Leiterstruktur versehen sind. Beide Platten stehen sich mit ihrer Leiterstruktur gegenüber, wobei der Leiter des Maßstabs mit einem Wechselstrom gespeist wird. In den Mäanderleiter des Abtasters wird eine maximale Spannung induziert, wenn sich die Mäanderleiter von Maßstab und Abtaster exakt gegenüber liegen. Sind diese dagegen um 90° phasenverschoben, wird keine Spannung induziert. Es ergibt sich ein vom Weg periodisch abhängiges Signal. Das Induktosyn verliert jedoch zunehmend an Bedeutung.

Für den Anwender interessant sind im wesentlichen *digitale Weg- und Winkelsensoren.* Diese bestehen aus zwei Grundkomponenten:

1. Einer Schiene oder Scheibe, auf welche mechanische, optische oder magnetische Markierungen einer oder mehrerer Spuren als Träger der Information über die Verschiebung bzw. Verdrehung aufgebracht sind (Codeschiene bzw. Codescheibe).

2. Einem Lesekopf, welcher mittels mehrerer Abtaster (z.B. Lichtschranken bei optischen Markierungen) an mehreren Stellen - bei mehrspurigen Codes entsprechend der Anzahl der Spuren - gleichzeitig feststellt, ob jeweils eine Markierung vorhanden ist oder nicht. Diese Information wird entsprechend in ein binärcodiertes elektrisches Signal umgewandelt.

Bei der Winkelmessung ist der Lesekopf ortsfest, der Codeträger (Codescheibe) befindet sich auf der Rotationsachse. Die Codescheibe wird mittels einer speziellen Kupplung, welche die durch Fertigungstoleranzen bedingten Fehlerquellen wie Mittenversatz und Winkelabweichung zwischen der Sensorwelle und der Welle der Rotationssachse ausgleicht [WAL85], angekuppelt und bewegt sich synchron mit der Achse. Dagegen ist bei der direkten Wegmessung der Codeträger (Codeschiene) ortsfest und der Lesekopf wird direkt mit der Achse bewegt. In beiden Fällen verursacht eine Bewegung der Achse eine entsprechend große Relativbewegung zwischen Codeträger und Lesekopf. Es lassen sich *inkrementelle* und *absolute* Wegsensoren bzw. Winkelsensoren unterscheiden.

Inkrementelle Weg- und Winkelsensoren

Bei inkrementellen Wegsensoren ist die Codeschiene durch einen Wechsel von markierten und unmarkierten Abschnitten gleichmäßig eingeteilt. Ein markierter Abschnitt wird z.B. bei optischen Wegsensoren physikalisch durch die Lichtdurchlässigkeit dieses Abschnitts repräsentiert, während ein unmarkierter Abschnitt lichtundurchlässig ist. Bei einer Vorwärtsbewegung der Achse wird ein Zähler entsprechend der vom Lesekopf überstrichenen Abschnitte inkrementiert, so daß der Zählerstand der Position entspricht.

Bei einer Rückwärtsbewegung wird entsprechend der Zähler dekrementiert. Um die Bewegungsrichtung feststellen zu können, werden zwei gegeneinander phasenverschobene Abtastsignale benötigt. Als Phasenverschiebung wählt man 90° bzw. ein Viertel der Teilungsperiode *T*. Als Vorteil ergibt sich hieraus, daß das zweite Signal außer zur Richtungserkennung dann sehr einfach durch eine EXCLUSIV-ODER-Verknüpfung mit dem ersten Signal zu einer Verdopplung der Anzahl der Zählimpulse benutzt werden kann, wodurch sich die Auflösung des Sensors entsprechend erhöht, s. Bild 8.11-2 a) und b).

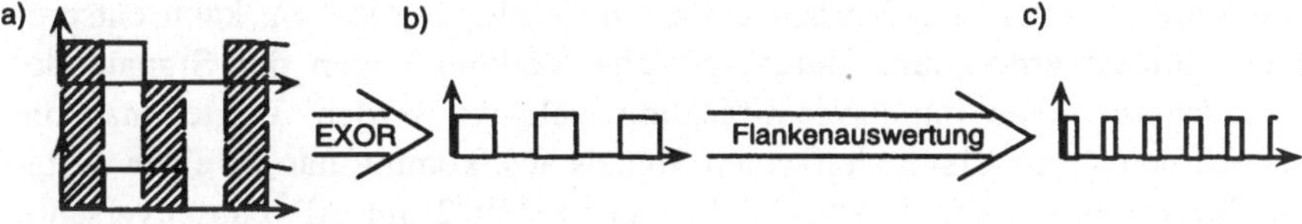

Bild 8.11-2: Prinzip der Impulsvervielfachung

In Bild 8.11-3 ist dargestellt, wie zwei um 90° phasenverschobene Abtastsignale gewonnen werden können. Die beiden Abtaster sind um eine viertel Teilungsperiode *T* gegeneinander versetzt. Bei weiterem Versatz um volle Teilungsperioden ändert sich an der Phasenverschiebung nichts. Die Abtaster sind daher im Abstand $(T/4)+n \cdot T$ angeordnet, wobei *n* als ganzzahliger Wert unter dem Aspekt des

Platzbedarfs der Abtaster gewählt wird. Mit den zwei phasenverschobenen Signalen kann die Bewegungsrichtung nach Tabelle 8.11-1 erkannt werden.

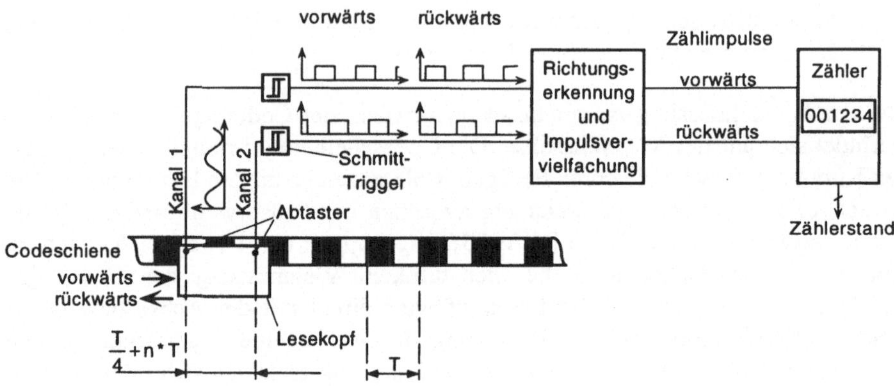

Bild 8.11-3: Funktionsprinzip inkrementeller Sensoren

Diese Erkennung der Bewegungsrichtung kann mit einer einfachen Schaltung aus Logikbausteinen realisiert werden. Sie ist immer zu den Zeitpunkten möglich, an denen eines der beiden Signale eine Flanke aufweist. Die Bewegungsrichtung wird jeweils bis zur nächsten gültigen Signalkombination in einem Flip-Flop zwischengespeichert.

Tabelle 8.11-1: Erkennung der Bewegungsrichtung bei inkrementellen Sensoren

		Signal von Abtaster 1			
		H-Pegel	L-Pegel	pos. Flanke	neg. Flanke
Signal von Abtaster 2	H-Pegel	keine Erkennung	keine Erkennung	rückwärts	vorwärts
	L-Pegel	keine Erkennung	keine Erkennung	vorwärts	rückwärts
	pos. Flanke	vorwärts	rückwärts	-	-
	neg. Flanke	rückwärts	vorwärts	-	-

Wenn *n* Abtaster mit 180°/*n* Phasenversatz zur Verfügung stehen, kann entsprechend der Impulsverdopplung durch logische Verknüpfungen der Signale der einzelnen Abtaster eine Impulsver-n-fachung realisiert werden. Wertet man die Flanken des bereits impulsvervielfachten Signals aus, kommt man zu einer weiteren Impulsverdopplung, s. Bild 8.11-2 b) und c). Mit 2 um 90° phasenverschobenen Abtastern kann so eine Impulsvervierfachung mit entsprechender Erhöhung der Auflösung erreicht werden.

Aufgrund der räumlichen Ausdehnung eines Abtasters und anderer physikalischer Gegebenheiten ist - je nach Meßprinzip - das vom Abtaster gelieferte periodisch vom Ort abhängige Signal nie exakt rechteckig. Im einfachsten Fall wird das bei einer Bewegung des Lesekopfes erzeugte periodische Signal mittels Schmitt-Trigger in ein Rechtecksignal umgewandelt, welches dann digital weiterverarbeitet wird.

Wenn man durch eine entsprechende Auslegung von Codierung und Abtaster dafür sorgt, daß das Abtastsignal mit einer Sinus-Charakteristik vom Ort abhängig ist, und den Schmitt-Trigger durch eine Interpolationsschaltung ersetzt, welche durch Auswertung der Größe der von den beiden Abtastern gelieferten Signale die Stellung des Lesekopfes innerhalb einer Teilungsperiode bestimmt, kann die Auflösung auch ohne zusätzliche Abtaster (Impulsver-n-fachung durch n Abtaster, s.o.) erheblich gesteigert werden.

Von den verschiedenen Interpolationsverfahren [ERN89] soll hier das Prinzip der digitalen Interpolation kurz erläutert werden. Die beiden Abtastsignale werden abgetastet, digitalisiert und der zu diesen beiden Digitalwerten gehörige Winkel ϕ aus einer Tabelle ausgelesen, die den Arcustangens aus dem Quotient der beiden Signale unter Berücksichtigung des Quadranten enthält. Eine volle Teilungsperiode T auf der Codeschiene umfaßt einen Winkel von 360°, so daß der berechnete Winkel ϕ den „Feinwert" für die Stellung des Lesekopfes innerhalb einer Teilungsperiode repräsentiert. Entsprechend der Änderungen der am Ausgang der Tabelle anliegenden digitalen Werte für die Winkel werden dann Rechtecksignale als Inkrementalsignale erzeugt.

Um unter Verwendung eines inkrementellen Sensors eine absolute Position angeben zu können, ist das Sensorsystem zu referenzieren. Dabei wird dem Inkrementzähler an einer durch zusätzliche Sensorik definierten Achsposition ein absoluter Referenzwert zugewiesen.

Nach dem Einschalten der Anlage muß zunächst die *Referenzposition* angefahren werden. Erst nach der Referenzierung liegt die gültige Achsposition am Inkrementzähler an. Meist wird die Referenzmarke auch im laufenden Betrieb von Zeit zu Zeit angefahren. Sie kann dann der Fehlerkorrektur dienen, da der Schlupf im Antriebssystem oder störungsbedingt verlorene Impulse Positionsfehler verursachen.

Vor einem erneuten Anfahren der Referenzmarke können derartige Positionsfehler allerdings nicht erkannt werden. Auch wenn die für den betreffenden Sensor vorgegebene maximale Verfahrgeschwindigkeit überschritten wird, gehen aufgrund der begrenzten Signalverarbeitungsgeschwindigkeit des Sensors Impulse verloren. Je feiner die Auflösung eines inkrementellen Sensors ist, um so geringer ist dessen maximale Verfahrgeschindigkeit.

Absolute Weg- und Winkelsensoren

Die Nachteile der inkrementellen Sensoren, die notwendige Referenzierung und kumulierende Positionsfehler, treten bei absoluten Sensoren nicht auf. Absolute Weg- und Winkelsensoren liefern zu jedem Zeitpunkt, also auch nach Einschalten der Anlage oder einem Stromausfall, ein gültiges Datenwort, welches der jeweils aktuellen Achsposition entspricht. Kurzzeitig auftretende Störungen wirken sich nur während der Dauer ihres Auftretens aus und verursachen keine bleibenden Positionsfehler.

Auf der Codescheibe bzw. Codeschiene absoluter Sensoren ist jeder Position eine eindeutige Codekombination zugeordnet, welche mit mehreren Abtastern parallel ausgelesen wird. Es existieren Einspur- und Mehrspursysteme.

Bei den Mehrspursystemen liegt die Codierung senkrecht zur Bewegungsrichtung der Achse auf n Spuren als paralleler Code vor, wobei jede Spur von mindestens einem Abtaster abgetastet wird. Die einfachste Codierung ist der Dualcode, welcher die Position direkt als Dualzahl liefert. Der Dualcode hat jedoch den Nachteil, nicht einschrittig zu sein, d.h. beim Übergang von einer Position zur nächsten können mehrere Bits ihren Wert ändern. Da auf Grund der Fertigungstoleranzen die Signalflanken der Abtastsignale der einzelnen Spuren nie vollkommen gefluchtet sind, können im Grenzbereich zwischen zwei Positionen fehlerhafte Positionswerte entstehen.

So wechseln beim Übergang vom Positionswert 0111 (dezimal: 7) auf den Positionswert 1000 (dezimal: 8) gleichzeitig vier Bits ihre Wertigkeit. Wenn die Achse derart zwischen der Position 0111 und der Position 1000 steht, daß das niederwertigste und das zweit-niederwertigste Bit bereits gewechselt haben, das höchstwertigste und das zweithöchstwertige jedoch noch nicht, entsteht der fehlerhafte Positionswert 0100 (dezimal: 4). Gegen diesen Effekt (Jitter-Effekt) existieren eine Reihe von Gegenmaßnahmen [WAL85], [BEY90], [ERN89], denen gemeinsam ist, daß sie erhöhten Aufwand durch eine zusätzliche Hilfsspur und/oder zusätzliche Abtaster erfordern.

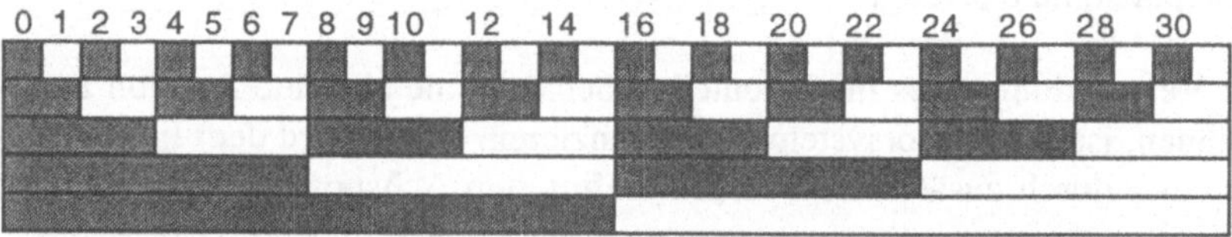

a) Dualcode

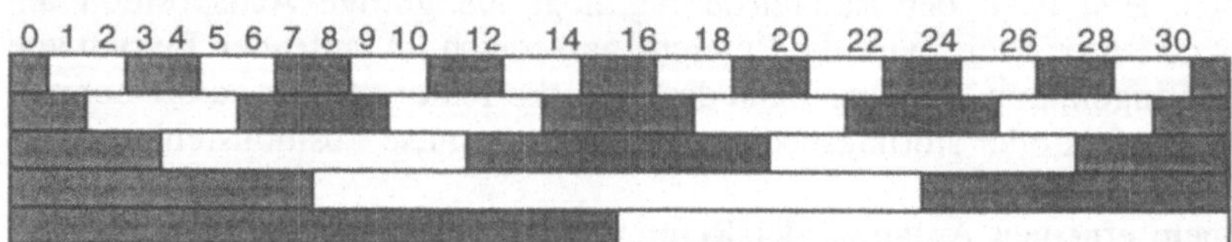

b) Graycode

Bild 8.11-4: Dual- und Graycode

Meist wird daher ein einschrittiger Code (i.allg. der *Graycode*, s. Bild 8.11-4) verwandt, bei dem vom Übergang von einer Position zur nächsten jeweils nur ein Bit seine Wertigkeit ändert, so daß der Jitter-Effekt vermieden wird. Es ist dann nur noch eine Umwandlung von Graycode in Dualcode erforderlich, welche mit geringem Aufwand realisiert werden kann.

Lineare Meßsysteme existieren auch als Einspursysteme, bei welchen die Positionskennziffer auf einer einzigen Spur codiert ist. Die einzelnen Bits der Positionscodierung liegen dabei als sequentieller Code in Achsbewegungsrichtung vor. Der Lesekopf liest in seinem r-stelligen Lesefenster Bits eines sequentiellen Codes, s. Bild 8.11-5. Diese r-stellige Codierung repräsentiert die aktuelle Position.

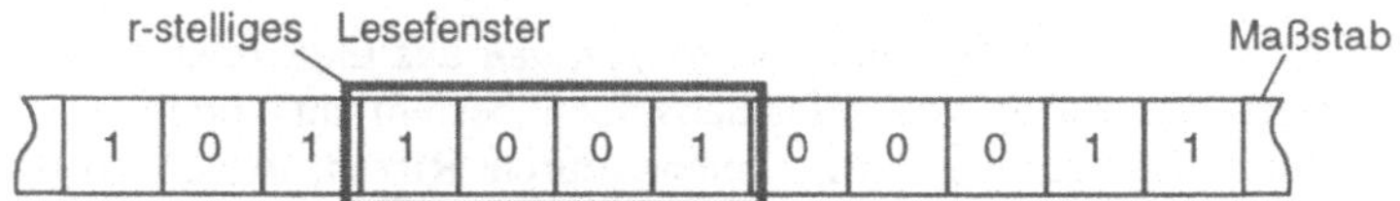

Bild 8.11-5: Prinzip eines einspurigen Längenmeßsystemes

Ein sequentieller Code läßt im Gegensatz zu einem parallelen Code keine beliebige Wahlfreiheit für die Positionscodierung zu. Der Wechsel von einer Position zur nächsten funktioniert nach dem Prinzip des Schieberegisters, dessen Inhalt um ein Bit verschoben wird. Für eine eindeutige Positionsbestimmung muß gewährleistet sein, daß jede Bitkombination auf dem Maßstab nur genau einmal vorkommt.

Zur Erzeugung eines solchen sequentiellen Codes existiert ein mathematischer Algorithmus [ROH95]. Bei einem sequentiellen Code können ungültige Übergangszustände nicht durch Verwendung eines einschrittigen Codes (z.B. Gray-Codes) vermieden werden, weil sich ein sequentieller Code nicht als einschrittiger Code anordnen läßt. Eine Lösungsmöglichkeit besteht in der Synchronisation der Lesung mit der Position des Sensorkopfes über dem Maßstab. Dabei kann der Synchronimpuls durch eine zusätzliche Taktspur oder die Absolutspur selbst erzeugt werden [HAR95].

Die absolute Wegmessung kann auch durch die Verwendung absoluter Winkelmeßsysteme erfolgen. Der Meßwinkelbereich (Einheit [rad]), der für die gesamte Wegmeßlänge benötigt wird, ergibt sich aus aus dem Quotienten der Meßlänge (Einheit [mm]) und der Steigung des Weg/Winkel-umsetzenden Getriebes (Einheit [mm/rad]).

Die Auflösung der Wegmessung hängt bei der indirekten Wegmessung außer von der Auflösung des Winkelsensors auch von der Getriebeübersetzung ab. Für die meisten Anwendungen der indirekten Wegmessung ergibt sich aus der benötigten Meßlänge und einer für die geforderte Auflösung hinreichend kleinen Getriebeübersetzung ein Meßwinkelbereich von mehr als 2π.

Für derartige Anwendungen existieren *Multiturn-Drehgeber*. Sie bestehen aus mehreren Codescheiben mit zugehörigen Leseköpfen. Die Codescheiben sind über Untersetzungsgetriebe miteinander verbunden, so daß die erste Scheibe den Winkel innerhalb einer Umdrehung angibt; aus den weiteren, mit untersetzter Drehzahl angetriebenen Scheiben läßt sich die Anzahl der Umdrehungen bestimmen.

Außer Code-Winkelmeßsystemen existieren auch Resolver als Multiturn-Ausführungen, so daß diese auch über einen Meßbereich von mehr als 360° als absolute Sensoren eingesetzt werden können. Das inkrementelle Mitzählen der Umdrehungen mit den besagten Nachteilen inkrementeller Sensoren kann dann entfallen.

Technische Realisierung

Für die technische Realisierung der Codierung und der Abtastung bei Weg- und Winkelsensoren sind im wesentlichen magnetische und optische Prinzipien von Bedeutung. Elektromechanische oder kapazitive Prinzipien haben nur geringe Bedeutung bzw. haben sich nicht durchgesetzt.

Für die optische Abtastung sind Systeme mit *Maßstäben* aus Glas oder Metall verbreitet. Das Markierungsmuster von Glasmaßstäben besteht aus lichtdurchlässigen und lichtundurchlässigen Feldern, welche durch Ritzen, Ätzen, Aufdampfen von Metall oder auf fotografischem Weg erzeugt werden.

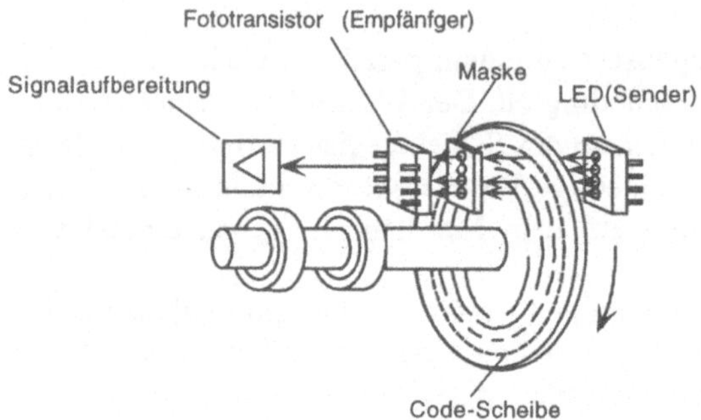

Bild 8.11-6: Absoluter Winkelsensor nach dem Durchlichtverfahren

Bild 8.11-6 zeigt die Anwendung eines Glasmaßstabs in einem absoluten Winkelsensor. Die aus Glas bestehende Codescheibe trägt auf mehreren Spuren ein Codemuster, welches auf fotografischem Weg aufgebracht wurde. Die einzelnen Spuren werden mit radial angeordneten Durchlichtschranken abgetastet. Die Codierung für den Winkelwert, welche die Verdrehung der Scheibe und damit der Achse repräsentiert, an welche diese angekuppelt ist, liegt nach einer Aufbereitung der von den einzelnen Lichtschranken gelieferten Signalen als n-Bit-Zahl (entsprechend der Anzahl der Spuren) vor.

Mittels fotografischer Verfahren lassen sich Teilungen im µm-Bereich in sehr hoher Genauigkeit auf die Codescheibe aufbringen, wie sie z.B. für Werkzeugmaschinen benötigt werden. Für eine Abtastung derart feiner Teilungen ist die Abtastung nach Bild 8.11-6 mit Durchlichtschranken und mit zwischengeschalteter Lochblende nicht geeignet, da sie keine ausreichende Auflösung bietet.

Mit einer Abtastung nach dem Moiré-Prinzip werden diese hochgenauen Sensoren meist inkrementell realisiert. Dabei trägt die Codeschiene oder -scheibe eine Gitterteilung von lichtdurchlässigen zu lichtundurchlässigen Feldern im Verhältnis 1:1. Die Abtastplatte mit gleicher Gitterteilung wird längs der Codeschiene verschoben. Dadurch ergeben sich vom Weg sinusförmig abhängige Helligkeitsveränderungen einer durch beide Gitter hindurch betrachteten Lichtquelle, s. Bild 8.11-7.

Die Periode der Helligkeitsschwankungen, welche mit Fotoelementen registriert werden, ist gleich der Teilungsperiode der Codeschiene. Das Moiré-Meßprinzip findet aufgrund von Beugungseffekten seine Grenze bei einer Teilungsperiode von ca. 10 µm. Durch Interpolation können jedoch Auflösungen von 0,1 µm erreicht werden.

Neben Meßsystemen, welche nach dem sogenannten Durchlichtverfahren arbeiten, existieren auch Linearmeßsysteme nach dem Auflichtverfahren. Der Maßstab (Codelineal) besteht dabei aus Stahl anstatt aus Glas. Die Teilungen bestehen aus reflektierenden Strichen und lichtabsorbierenden Lücken bzw. aus gerichtet reflektierenden Strichen und diffus reflektierenden Lücken.

Lichtquelle und Fotoelemente befinden sich auf derselben Seite des Maßstabs. Das Licht fällt durch die auch beim Auflichtverfahren aus Glas bestehende Abtastplatte, wird am Codelineal reflektiert, durchläuft nochmals die Abtastplatte und trifft dann auf die Fotoelemente. Bei einer Bewegung der Abtastplatte gegenüber dem Codelineal wird analog zum Durchlichtverfahren die Veränderung der Lichtmenge detektiert und ausgewertet. Aufgrund der dreimaligen Lichtbeugung (Abtastgitter - Codelineal - Abtastgitter) findet das Auflichtverfahren seine Grenze schon bei einer Teilungsperiode von 40 µm.

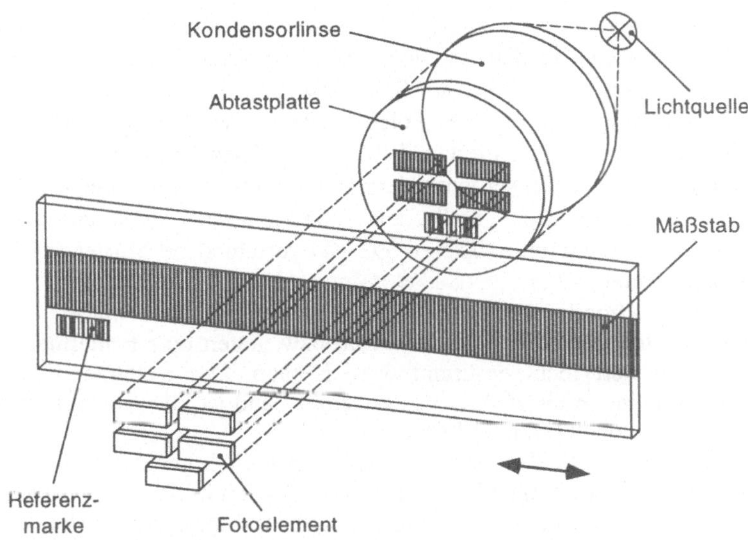

Bild 8.11-7: Aufbau eines optischen, inkrementellen Wegsensors

Die beim Auflichtverfahren verwendeten Stahlmaßstäbe haben allerdings den Vorteil, daß sie unzerbrechlich sind und sich mit ihnen erheblich größere Meßlängen (bis zu 30 m) realisieren lassen als mit Glasmaßstäben. Außerdem kann es aus Platzgründen von Vorteil sein, daß der Lesekopf nicht wie beim Durchlichtverfahren das Codelineal umfassen muß, sondern sich auf nur einer Seite des Lineals befindet.

Hochauflösende inkrementelle Sensoren haben den Nachteil, daß ihre maximale Verfahrgeschwindigkeit relativ gering ist. Die Verfahrgeschwindigkeit, bei der noch eine sichere Positionserfassung möglich ist, wird durch die Signalverarbeitungsgeschwindigkeit begrenzt. Tendenziell haben Sensoren mit höherer Auflösung eine geringere maximale Verfahrgeschwindigkeit.

Für typische Anwendungen von linearen Maßstäben im automatisierten Materialfluß (Brückenkran, Regalbediengerät, Einschienenhängebahn) sind Auflösungen im mm-Bereich erforderlich. Die Anforderungen an die Verfahrgeschwindigkeiten jedoch höher als bei Werkzeugmaschinen. Für diese Anwendungen im Materialfluß ist z.B. das Stahltronic Weg-Codiersystem WCS2 geeignet.

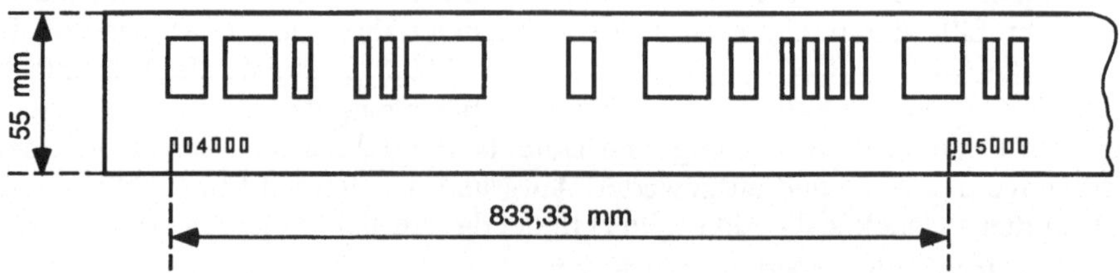

Bild 8.11-8: Codeschiene mit sequentiellem Code [STAHL]

Bei dem WCS2-System handelt es sich um ein kurvengängiges, absolutes, einspuriges Wegmeßsystem. Auf der aus Stahl bestehenden Codeschiene wird die sequentielle Codierung durch eine Folge rechteckiger Löcher und Stege unterschiedlicher Länge repräsentiert, s. Bild 8.11-8. Diese wird auf optischem Weg mittels Infrarotlichtschranken nach dem Durchlichtverfahren abgetastet. Die Abtastung durch den Lesekopf ergibt alle 0,833 mm ein neues aus 19 Bit bestehendes Muster. Insgesamt existieren 393.000 verschiedene Muster auf einer Weglänge von maximal 327 m.

Eine Auswerteelektronik im Lesekopf berechnet aus dem von den Lichtschranken erkannten Muster die Position als Binärzahl bzw. liefert eine Fehlermeldung, wenn der Positionswert nicht bestimmt werden kann. Das System wurde für Verfahrgeschwindigkeiten bis zu 12,5 m/s konzipiert und ist kurvengängig bis zu einem Kurvenradius von 500 mm [STAHL].

Optische Meßsysteme sind grundsätzlich störempfindlich gegenüber Betauung und Verschmutzung, sofern sie nicht vollständig gekapselt sind. Bei optischen Winkelsensoren ist eine vollständige Umkapselung des optischen Systems mitsamt des Maßstabs leicht möglich und bei den kommerziell erhältlichen Sensoren auch realisiert. Bei linearen Meßsystemen ist eine Kapselung nur bei kürzeren, geraden Maßstäben mit festgelegter Länge, wie sie meist für Werkzeugmaschinen verwandt werden, realisiert. Lange und flexible Maßstäbe sind hingegen nicht gekapselt, da eine Kapselung hierbei zu aufwendig wäre und die Flexibilität bezüglich des Einbaus der Codeschiene vermindert würde.

Gegebenenfalls kann eine Betauung durch eine Beheizung des Lesekopfes verhindert werden. Einer Verschmutzung der optischen Einheit kann durch an der Codeschiene befestigte Bürsten, welche bei Überfahrt des Lesekopfes die optische Einheit reinigen, entgegengewirkt werden.

Wegmeßsysteme mit *permanentmagnetischen Maßstäben* sind auch ohne Kapselung robust gegenüber Betauung und Verschmutzung. Inkrementelle permanentmagnetische Maßstäbe, z.B. Sony Magnescale [SONY], bestehen aus einem Trägerwerkstoff, auf den eine magnetische Schicht aufgetragen ist, welche sinusförmig auf der gesamten Länge mit einem magnetischen Wechselfeld magnetisiert ist. Zur Messung statischer Magnetfelder (das Signal soll auch im Stillstand gelesen werden können) stehen Hallsensoren, magnetoresistive Sensoren und Sensoren nach dem Sättigungskernprinzip (magnetisches Modulationsprinzip) zur

Verfügung, siehe auch Kap. 8.8. Der Lesekopf besteht aus zwei nach einem der o.g. Prinzipien arbeitenden Magnetfeldsensoren, welche zur Richtungserkennung zwei um 90° phasenverschobene, sinusförmig vom Ort abhängige Ausgangssignale liefern. Diese werden dann zur inkrementellen Ortsbestimmung nach den beschriebenen Prinzipien (vgl.Tabelle 8.11-1) ausgewertet.

Ein permanentmagnetisches, kurvengängiges Wegmeßsystem. mit absolutcodiertem magnetischem Maßstab bietet die Firma Fahrleitungsbau GmbH an [HAR95]. Die magnetische Codierung besteht aus einem sequentiellen Code mit einem Teilungsintervall von 4 mm, so daß mit der (dual) sechzehnstelligen Positionskennziffer eine Meßlänge von 262 m eindeutig darstellbar ist. Durch Anwendung von Interpolationsverfahren werden Auflösungen bis zu 0,5 mm erreicht.

Der Sensorkopf arbeitet nach dem magnetoresistiven Prinzip und befindet sich in flacher Bauweise einseitig vor der Codeschiene. Das Maßstabprofil wird zusammen mit den Stromschienen in Standardschleifleitungsträger montiert. Kurvengängigkeit, Unempfindlichkeit und die verfügbare Meßlänge machen dieses Meßsystem besonders für EHB-Anlagen geeignet. Durch die Ausrüstung einer EHB-Anlage mit einem solchen Wegmeßsystem läßt sich der Durchsatz gegenüber einer konventionellen Blockstreckensteuerung steigern.

8.12 Lasersensoren

Lasersensoren gehören prinzipiell zu den optischen Sensoren. Sie nehmen jedoch auf Grund ihres grundsätzlich komplexeren Aufbaus als Sensorsystem gegenüber den in Kap. 8.7 beschriebenen einfachen optischen Sensoren eine Sonderstellung ein. Lasersensoren nutzen die besonderen Eigenschaften des Laserlichtes (monochromatisch, kohärent, gebündelt) aus. Es existieren die unterschiedlichsten technischen Ausführungen laserbasierter Sensoren, die sich an den unterschiedlichen Aufgabenstellungen orientieren. Laserbasierte Sensoren haben in Materialflußsystemen folgende Einsatzgebiete:

- Distanzsensor,
- Konturvermessungssensor,
- Kollisionsschutzsensor,
- Navigationssensor,
- Barcodeleser.

Wegen der räumlichen Steuerbarkeit des Meßstrahles (Lichtstrahles) über Spiegel sind Lasersensoren auch für die Realisierung von 2D- oder 3D-Sensoren geeignet. Diese Art der Sensoren wird als *Laserscanner* bezeichnet und findet neben der Barcodelesung beispielsweise als Navigationssensoren für FTF (Fahrerlose Transportfahrzeuge) Anwendung.

Bei der optischen Distanzbestimmung wird Licht ausgesendet, von einem Objekt reflektiert und dieses reflektierte Licht wieder empfangen. Durch einen Vergleich von ausgesendeten und empfangenen Licht bezüglich Empfangsgeometrie (Triangulation), Laufzeit oder Phasenlage (von sinusförmig modulierten Licht) kann auf den Abstand des Objekts geschlossen werden.

Triangulationsverfahren

Eine Distanzmessung mittels *optischer Triangulation* läßt sich mit verhältnismäßig geringem Aufwand realisieren. Es sind preiswerte und kompakte *Triangulationssensoren* verfügbar. Bild 8.12-1 zeigt das Prinzip.

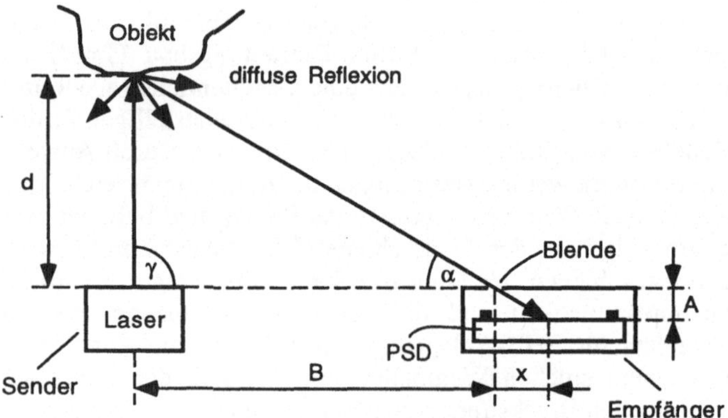

Bild 8.12-1: Distanzmessung mittels optischer Triangulation

Das diffus reflektierende Objekt, welches sich im Abstand d vor der Laserlichtquelle befindet, reflektiert das auftreffende Licht in alle Richtungen. Der Anteil des Lichtes, welcher genau in Richtung der Blende - im einfachsten Falle eine Lochblende, meist jedoch mit einer Linse versehen - reflektiert wird, tritt durch diese hindurch und fällt auf die Oberfläche des *Position-Sensing-Device* (PSD). Mit γ=90° berechnet sich die zu bestimmende Distanz d über die geometrischen Beziehungen nach Bild 8.12-1 wie folgt:

$$\tan(\alpha) = \frac{d}{B} \qquad \text{und} \qquad \tan(\alpha) = \frac{A}{x}$$

$$\Rightarrow \qquad d = B \cdot \frac{A}{x} \tag{8.3}$$

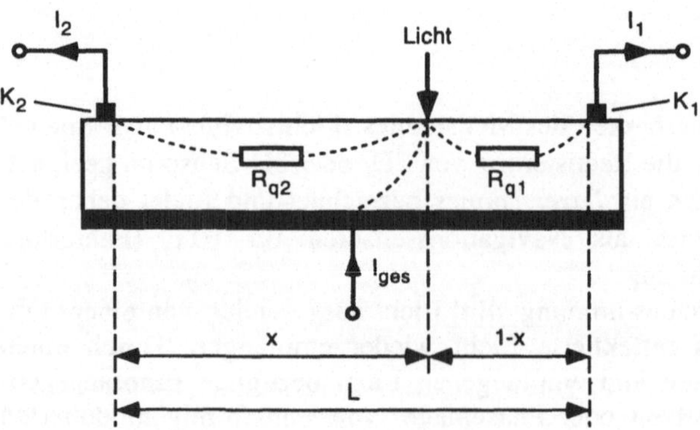

Bild 8.12-2: Position-Sensing-Device (PSD)

Sender (Lichtquelle) und Empfänger (bestehend aus Blende und PSD) sind i.allg. in einem Sensorgehäuse integriert. Daher sind A und B feste, unveränderliche Größen. Die von der zu bestimmenden Distanz d abhängige Größe x wird vom PSD als Meßwert geliefert.

Das PSD, in Bild 8.12-2 dargestellt, besteht aus einer streifenförmig gezogenen beleuchtungsempfindlichen Fläche mit je einem Anschluß an der linken und rechten Seite der streifenförmigen Fläche. Wird diese Fläche an einem Punkt x beleuchtet, so wird an dieser Stelle ein Fotostrom I_{ges} erzeugt. I_{ges} wird in einen zur linken Seite abfließenden Teilstrom I_2 und einen zur rechten Seite abfließenden Teilstrom I_1 entsprechend dem Stromteiler aus den Widerständen R_{q2} und R_{q1} aufgeteilt. R_{q2} und R_{q1} sind die Teilwiderstände, in die der gesamte Querwiderstand R_q des PSD zwischen den Kontakten K_2 und K_1 an der Stelle x aufgeteilt wird:

$$\frac{R_{q2}}{R_{q1}} = \frac{I_1}{I_2} \qquad \text{und} \qquad R_{q2} = \frac{x}{L} \cdot R_q \,, \qquad R_{q2} = \left(1 - \frac{x}{L}\right) \cdot R_q$$

$$\Rightarrow \qquad x = L \cdot \frac{I_1}{I_1 + I_2} \tag{8.4}$$

Bei einem Einsatz des PSD in einem Triangulationssensor entsprechend Bild 8.12-1 ergibt sich aus Gl. (8.12-1) und Gl. (8.12-2) für die zu bestimmende Distanz d:

$$d = \frac{B \cdot A}{L} \cdot \frac{I_1 + I_2}{I_1} \tag{8.5}$$

Problematisch bei der optischen Triangulation ist die mit dem Quadrat der Distanz d abnehmende Intensität des empfangenen Lichtes, wodurch eine ebenfalls quadratisch abnehmende Stromstärke des erzeugten Fotostroms I_{ges} bedingt ist. Weil außerdem der Quotient aus I_1 und $I_{ges}=I_1+I_2$ antiproportional zu d ist, nimmt der Strom I_1 mit der dritten Potenz zu d ab, was ohne Nachregelung der Sendeleistung den Meßbereich stark einschränken würde.

Komplette Triangulationssensoren, welche in verschiedenen Bauformen und von unterschiedlichen Herstellern erhältlich sind, stellen dem Anwender i.allg. bereits eine Nachregelung der Sendeleistung und eine Störlichtunterdrückung zur Verfügung. Auch die Auswertung der Gl. (8.3) wird dem Anwender vom Triangulationssensor, z.B. mit analogen Rechenbausteinen, abgenommen. Der Sensor stellt ein zur Distanz d proportionales Analogsignal als Meßwert am Ausgang zur Verfügung. Einige Bauformen liefern zusätzlich den Meßwert in digitaler Form.

Der Anwender dieser Sensoren muß im wesentlichen die optischen Eigenschaften der Objekte kennen, deren Distanz gemessen werden sollen. Stark lichtabsorbierende Objekte schränken die Größe des Meßbereichs ein. Annähernd ideal spiegelnde Objekte sind für die optische Triangulation nicht geeignet, weil sie auftreffendes Licht nur in eine Richtung reflektieren. Für die Auswahl eines Triangulationssensors muß überdies der benötigte Meßbereich berücksichtigt werden. Der von einem Sensor erreichbare Meßbereich hängt entscheidend von der verwendeten Lichtquelle ab.

Sensoren mit einem meist Helium-Neon-Laser als Lichtquelle senden stark gebündeltes Licht mit hoher Intensität aus und besitzen deshalb den größten Meßbereich (bis zu einigen Metern). Weil Helium-Neon-Laser jedoch das menschliche Auge schädigen können, müssen spezielle Schutzmaßnahmen getroffen werden.

Bei Verwendung von Laserdioden oder IR-LED beträgt der Meßbereich i.allg. weniger als 1 m. Dies liegt an der geringeren Leistung und der schlechten Fokussierung insbesondere bei Sensoren mit LED. Diesem Nachteil der LED steht der Vorteil der absoluten Augensicherheit und des günstigen Preises gegenüber.

Distanz-Laserscanner

Distanz-Laserscanner arbeiten nach dem *Triangulationsverfahren*, der *Laufzeitmessung* oder der *Phasenmessung*. Bei Laserscannern nach dem Triangulationsverfahren ist der die Meßrichtung bestimmende Winkel γ (Bild 8.12-1) nicht konstant 90° wie bei einfachen Triangulationssensoren, sondern variabel. Die Distanz berechnet sich dann für allgemeine Winkel γ zu:

$$d = A \cdot B \cdot \frac{\tan\gamma}{A + x \cdot \tan\gamma} \tag{8.6}$$

Eine Triangulationsmessung ist im Bereich kleiner Distanzen sehr genau. Auflösungen von 10 µm sind möglich. Die Genauigkeit sinkt aber mit zunehmender Meßdistanz: Wenn das Objekt so weit entfernt ist, daß das reflektierte Licht mit einem Winkel α annähernd 90° auf die Blende auftrifft (Bild 8.12-1), ändert sich der absolute Wert des Auftreffpunktes x auf dem PSD bei einer weiteren Vergrößerung der Objektdistanz kaum noch. Daher ist das Triangulationsverfahren ungünstig für die Messung großer Distanzen, wie z.B. die Umgebungsvermessung in einer Werkshalle mittels Laserscanner zur Standortbestimmung eines FTF (s.u.).

Laufzeitverfahren

Bei der Laufzeitmessung treten aufgrund der extrem kurzen Zeiten Standardabweichungen der Meßwerte von ca. 3 cm auf. Durch Mittelung vieler Meßwerten kann man auf Standardabweichungen von ca. 1 mm für den Schätzwert kommen. Der absolute Fehler bei der Messung bleibt bei der Laufzeitmessung im Gegensatz zum Triangulationsverfahren in Abhängigkeit von der Entfernung konstant. Das Verfahren der Laufzeitmessung wird daher vor allem zur Vermessung größerer Distanzen bis zu mehreren hundert Metern, wie sie z.B. bei der Umgebungsvermessung auftreten, sinnvoll eingesetzt.

Phasenmessung

Beim Verfahren der Phasenmessung wird der ausgesandte Laserstrahl mit einem Sinussignal moduliert und die Phasenlage zwischen ausgesandtem und reflektiertem Licht gemessen. Da das Verfahren Meßwerte liefert, die mit dem Vielfachen der Modulationswellenlänge periodisch sind, muß ein Kompromiß zwischen der Meßgenauigkeit (möglichst hohe Modulationsfrequenz) und der Reichweite (eine Wellenlänge der Modulationsfunktion) gefunden werden.

Beim Interferenzverfahren wird die Modulationsfrequenz kontinuierlich verschoben, und es werden diejenigen Frequenzen registriert, bei denen sich hin- und rücklaufende Welle (modulierter Laserstrahl) genau auslöschen. Dies ist dann der

Fall, wenn die entstehende modulierte Wellenlänge λ genau $n/2$ mal in die Meßlänge d paßt.

Lasernavigation

Bild 8.12-3 zeigt eine Anwendung eines Laserscanners auf einem FTF zur Umgebungsvermessung, welche den Zweck hat, die per *Koppelnavigation* gewonnenen Standortinformationen für das FTF zu korrigieren.

Die Standortinformation eines FTF wird per Koppelnavigation fortgeschrieben, d.h. von einem bekannten Aufsetzpunkt aus wird die jeweils aktuelle Position und Orientierung mittels der Werte des *Lenkwinkelgebers* und der *Inkrementalgeber* der Räder berechnet. Die Orientierungsbestimmung kann zusätzlich durch einen Kreiselkompaß unterstützt werden. Die hierbei z.B. durch Schlupf oder Bodenunebenheiten auftretenden Fehler führen dazu, daß die Standortinformation zunehmend ungenau wird. Sie wird daher von Zeit zu Zeit - je nach Frequenz des Scanners (z.B. alle 125 ms) - korrigiert. Die vom Laserscanner gelieferten Meßwerte ergeben ein „Bild" der vor dem FTF liegenden Umgebung, z.B. der Ecke einer Werkshalle (s. Bild 8.12-3).

Da die ungefähre Position des FTF bekannt ist, kann diese vermessene Ecke einer Ecke im gespeicherten Umweltmodell zugeordnet werden. Durch Vergleich des aus den Meßwerten gewonnenen Bildes der Umwelt mit den Daten des Umweltmodells können nun die Informationen über Position und Orientierung korrigiert werden. Diese Methode der Navigation mittels Umgebungserkennung ist bezüglich der Sensortechnik und der Datenverarbeitung relativ aufwendig.

Bild 8.12-3: Umgebungsvermessung mittels Laserscanner zur Standortbestimmung von fahrerlosen Transportfahrzeugen

Eine preiswertere Methode ist die Lasernavigation mit Hilfe künstlicher Landmarken. Dazu werden im Aktionsbereich des FTF an verschiedenen Positionen reflektierende Codierungen angebracht, die mittels des Laserscanners erkannt werden können. Aus der Distanz und Identität von mindestens drei Codierungsmarken kann die Position und Orientierung berechnet werden.

Barcodescanner

Laserscannerfür die *Barcodelesung* haben eine große Verbreitung in der Materialflußsteuerung und in logistischen Informationssystemen (vgl. Kap. 4). Barcodescanner in Lasertechnik generieren einen zeitlich veränderlichen Auftreffort eines fokussierten Laserstrahles durch elektromechanisch bewegte Spiegelflächen und ermöglichen dadurch die Barcodeabtastung unabhängig von der Objektbewegung. Gängige Spiegelausführungen sind Schwenkspiegel und Polygonspiegel.

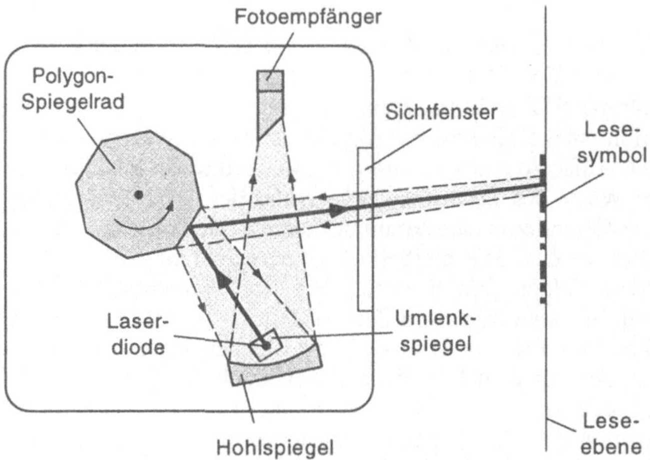

Bild 8.12-4: Optische Komponenten eines Barcodescanners und Strahlengang im Abtastsystem

Bild 8.12-4 zeigt den prinzipiellen Aufbau der Optik eines Barcodescanners. Die Laserdiode emittiert einen scharf gebündelten Laserstrahl, der nach einer Umlenkung um 90° auf die Spiegelfläche des rotierenden Polygonrades fällt und anschließend das Gehäuse durch das Sichtfenster verläßt.

Die Rotation des Polygonrades führt zu einer Verlagerung der Spiegelflächennormalen und damit zu einer permanenten Änderung des Reflexionswinkels. Trifft der Lichtstrahl auf die nachfolgende Spiegelfläche, findet ein Rücksprung des Reflexionswinkels zum Ausgangswinkel statt, wodurch der Lichtstrahl V-förmig geführt wird. Je nach Winkelgeschwindigkeit des Polygonrades und der Anzahl der Spiegelelemente scannt der Strahl zwischen 200 und 1000 mal pro Sekunde über die Leseebene. Von der Leseebene wird der Laserstrahl diffus reflektiert und tritt durch das Sichtfenster zurück auf den Polygonspiegel, wird auf den Hohlspiegel reflektiert und von dort auf den Fotoempfänger gebündelt.

Während des Überstreichens eines Barcodeetikettes detektiert der Fotoempfänger ein zeitlich veränderliches, intensitätsmoduliertes Lichtsignal, das die Hell-/Dunkelinformation des gedruckten Barcodes enthält. Der Empfänger, meist als Fotodiode oder Fototransistor ausgeführt, transformiert die Intensität des reflektierten Lichtes in ein elektrisches Signal, dessen zeitlicher Verlauf den unterschiedlichen Breiten der Striche und Lücken proportional ist. Dieses Signal wird nach Verstärkung und Binarisierung einer Auswertelogik zugeführt, welche die Decodierung der Impulsfolge je nach Codetyp durchführt. Die decodierte Zeichenfolge wird über eine Datenschnittstelle ausgegeben.

Die existierenden Gerätetypen unterscheiden sich nach Art und Anordnung der optischen Komponenten, Fokussierung und Gehäusebauformen. Das Abtastprinzip mittels bewegtem Laserstrahl ist jedoch bei allen Ausführungen identisch.

8.13 CCD-Sensoren

Der *CCD-Sensor* (Charge Coupled Devices) ist ein Halbleiterchip mit einer zeilen- oder matrixförmigen Anordnung lichtempfindlicher Elemente, auch *Pixel* genannt. CCD-Sensoren werden in den danach benannten CCD-Kameras eingesetzt. Zusammen mit dem Objektiv bildet die CCD-Kamera ein optoelektronisches Bildaufnahmesystem.

Die aufzunehmende Szene wird über die Kameraoptik auf den CCD-Sensor projiziert. Die einzelnen Pixel sammeln über eine festgelegte Zeitspanne - Integrationszeit genannt - die vom einfallenden Licht erzeugten Fotoelektronen in einem MOS-Kondensator. Auf diese Weise wird die Projektion der erfaßten Szene auf den CCD-Sensor in eine ortsdiskrete Darstellung mittels analoger Spannungen überführt.

Der prinzipielle Aufbau und der Pixeltransfer ist in Bild 8.13-1 für einen CCD-Interline-Transfer-Sensor (IT) dargestellt. Der IT-Sensortyp wird in fast allen kommerziellen Kameras eingesetzt und liefert auch in der Bildverarbeitung sehr gute Ergebnisse zu einem günstigen Preis [STE94].

Zur Erläuterung der Funktionsweise des CCD-IT-Sensors wird eine Kamera nach der europäischen Videonorm CCIR zugrunde gelegt. Die CCIR-Norm schreibt die Übertragung von 25 Bildern pro Sekunde mit einer Auflösung von 625 Zeilen im Zeilensprungverfahren vor, d.h. 50 Halbbilder pro Sekunde. Die zeilenversetzten Halbbilder werden im Empfänger wieder zu Vollbildern zusammengesetzt. Für eine Kamera nach der CCIR-Norm beträgt demnach die Integrationszeit bis zu 40 ms pro Halbbild.

Das horizontale, analoge Schieberegister wird alle 64 µs zeilenweise aus den vertikalen Transportkondensatoren geladen, seriell mit dem Sensortakt f_s ausgelesen und als analoges Videosignal am Kameraausgang ausgegeben. Für weitergehende Ausführungen zu dem Funktionsprinzip und den technischen Ausführungen von CCD-Kameras sei auf [LEM90] verwiesen.

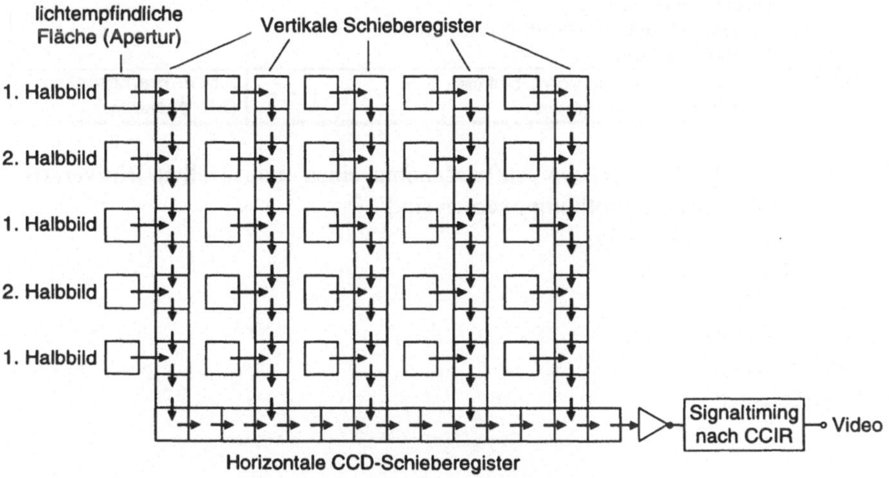

Bild 8.13-1: CCD-Interline-Transfer-Sensor [STE94]

CCD-Kameras werden in Schwarz/Weiß- und Farbversionen angeboten. Kameras, die entsprechend der Fernsehnorm (CCIR: Europa-Norm, EIA RS-170: US-Norm) arbeiten, besitzen eine Auflösung von maximal 800×600 Pixel (Spalten×Zeilen). Kameras mit nicht normierter Signalübertragung sind bis zu einer Auflösung von 2048×2048 Pixel (Spalten×Zeilen) erhältlich. Ferner sind Kameras nach HDTV-Fernsehnorm mit einer Auflösung von 1920×1100 Pixel erhältlich. Für die eindimensionale Bildaufnahme werden Zeilenkameras mit einem Bildformat von 1×256 bis 1×8000 Pixeln eingesetzt [STE92].

Objektive und Kameras verfügen üblicherweise über den genormten C-Mount-Anschluß, sodaß sich Objektive und Kameras verschiedener Hersteller problemlos kombinieren lassen. Es ist am Markt eine große Auswahl industrietauglicher Objektive mit Festbrennweiten von 8 bis 200 mm verfügbar. Die geeignete Objektivbrennweite ergibt sich für den jeweiligen Anwendungsfall aus der Objektgröße, der Objektentfernung und den Abmessungen des Bildsensors.

Industrielle Bildverarbeitung

CCD-Sensoren bzw. CCD-Kameras stellen eine Komponente *industrieller Bildverarbeitungssysteme* dar. In der Automatisierungstechnik existieren eine Vielzahl von Aufgabenstellungen für die *industrielle Bildverarbeitung*. In Tabelle 8.13-1 sind Beispiele für die unterschiedliche räumliche Dimension der Anwendung aufgeführt.

Tabelle 8.13-1: Anwendungen der industriellen Bildverarbeitung

Dimension	Beispielanwendungen	Sensor
0: Punkt	• Identifizierung von Objekten anhand des Grauwertes oder der Farbe ausgewählter Punkte	Zeilen-/Matrixkamera
1: Linie	• Barcodelesung • automatische Sichtprüfung von Endlosmaterialien	Zeilenkamera
2: Fläche	• Konturkontrolle • Vollständigkeitskontrolle • Objekterkennung • Vermessung der Position und Drehlage von Objekten	Matrixkamera
3: Raum	• 3D-Vermessung von Objekten • Autonome Navigation	2 Matrixkameras (Stereoskopie)

Bild 8.13-2 zeigt das typische Aufbauschema eines industriellen Bildverarbeitungssystems. Dessen Hauptkomponenten sind:

- Beleuchtungseinrichtung,
- Bildsensor mit Optik,
- A/D-Wandler,
- digitaler Bildspeicher,
- Rechenwerk,
- Prozeßausgabe.

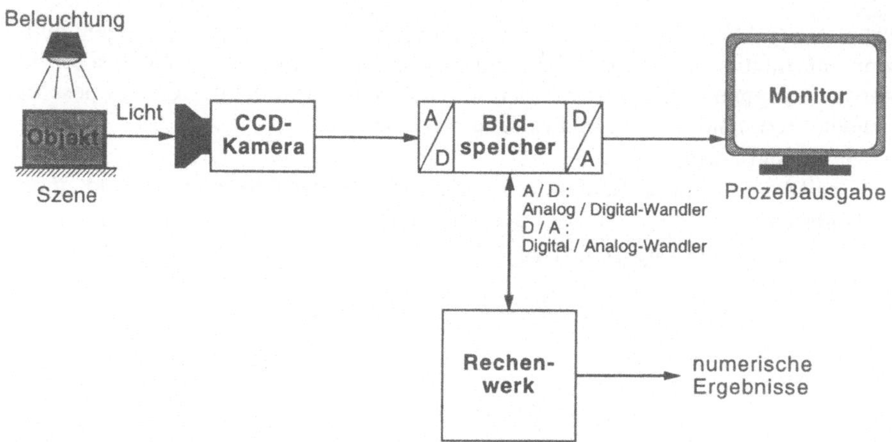

Bild 8.13-2: Aufbauschema eines Bildverarbeitungssystems

Für die Bildverarbeitung werden *Frame Grabber* Boards meist als Einsteckkarten für PC, VMEbus-Systeme oder für SPS angeboten. Der Funktionsumfang eines Frame Grabbers umfaßt den A/D-Wandler zur Digitalisierung des Videosignals, den digitalen Bildspeicher und häufig auch einen Videoausgang zur Darstellung des Bildspeicherinhaltes auf einem Monitor. Frame Grabber für hohe Anforderungen an die Geschwindigkeit der Bildauswertung haben einen integrierten Mikroprozessor. Für detailliertere Ausführungen zum Aufbau von Bildverarbeitungssystemen sei auf [GON92], [HAB85], [JÄH89], [WAH84] oder [ZAM89] verwiesen.

Die Schritte, die zu einer Bildanalyse in der Regel erforderlich sind, lassen sich grob einteilen in:

- Bildvorverarbeitung,
- Bildsegmentierung,
- Merkmalsextraktion,
- Merkmalsinterpretation.

Bild 8.13-3 zeigt eine schematische Darstellung der Bildverarbeitung mit den Eingangs- und Ausgangssignalen der einzelnen Verarbeitungsstufen.

Die *Vorverarbeitung* der digitalisierten Bildsignale dient der Signalaufbereitung zwecks *Bildverbesserung*, beispielsweise zur Reduzierung des Rauschanteils oder zur Kontraststeigerung. Kennzeichnend für Vorverarbeitungsschritte ist, daß die Operationen inhaltsunabhängig ausgeführt werden und daß sowohl das Eingangs- als auch das Ausgangssignal ein Bild ist. Eine Datenreduktion findet daher in dieser Phase noch nicht statt, vgl. Bild 8.13-3. Es existiert eine Vielzahl von Operatoren zur Bildvorverarbeitung, die umfassend in [KLE92] behandelt werden.

Das Ziel der *Bildsegmentierung* ist die Unterteilung des Bildes in informationsrelevante Regionen. Dazu wird das Bild in der Regel in Objektbereiche und Hintergrund zerlegt. Die sichere Entscheidungsfindung in der Zuordnung der einzelnen Bildpunkte zu bestimmten Objekten oder zum Hintergrund bestimmt dabei maßgeblich die Qualität der Segmentierung. Falsche Zuordnungen führen zum Informationsverlust und beeinträchtigen die nachfolgenden Analyseschritte. Aus dem segmentierten Bild werden im nächsten Schritt die das Objekt beschreibenden Merkmale *extrahiert*. Typische Merkmale sind:

- Größe und Form,
- Signifikante Kanten, Radien und Geradenstücke der Objektaußen- und -innenkonturen,
- Lage und Größe eingeschlossener Teilelemente des Objektes,
- Textur.

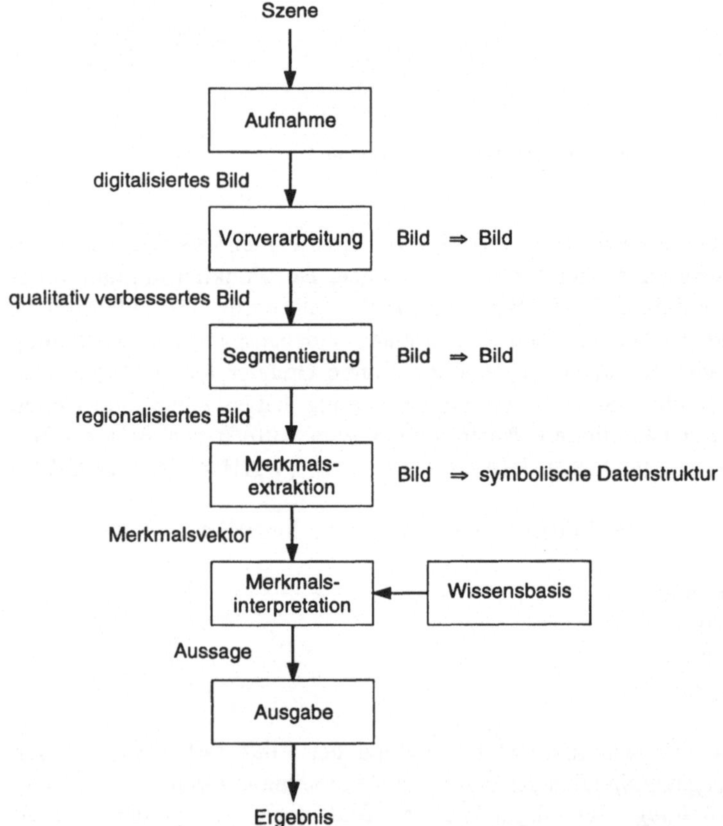

Bild 8.13-3: Schematische Darstellung der digitalen Bildverarbeitung

Die inhaltliche Auswertung des Bildes erfolgt in der Phase der *Merkmalsinterpretation*. Die extrahierten Merkmale werden dazu unter Einsatz einer Wissensbasis klassifiziert. Bei der Klassifizierung wird ein zu analysierendes Objekt auf Grund seines Merkmalssatzes oder einer Merkmalsfolge einer Musterklasse zugeordnet [KAZ80]. Der Identifikation der Objekte als Vertreter einer bestimmten Objektklasse schließt sich häufig eine Bestimmung der Position und Drehlage der Objekte an. Als Resultat der Bildinterpretation steht eine Szenenbeschreibung über Identität, Position und Orientierung der Objekte zur Verfügung. Der Umfang der die Szene beschreibenden Daten ist bei dieser abstrakten Darstellungform gegenüber dem aufgenommenen Bild um mehrere Zehnerpotenzen reduziert worden.

Seit Anfang 1991 bestehen Bestrebungen auf nationaler wie internationaler Ebene, sowohl die Aufnahme, Verarbeitung, Auswertung als auch den Austausch von Daten in der Bildverarbeitung zu standardisieren. Zuständig hierfür sind die Gremien ISO, IEC, JTC1, SC24 und DIN (NI-24.6). Die derzeit wichtigsten Aktivitäten dazu sind die Arbeiten zum Projekt "Image Processing and Interchange" (IPI), da hier eine große internationale Beteiligung vorhanden ist und das Projekt das Ziel hat, eine ISO/IEC-Norm festzulegen [SCHNEI93].

Die meisten Anwendungen der Bildverarbeitung in Materialflußsystemen haben die Bestimmung der Identität, Position und Orientierung von Objekten zur Aufgabe. Insbesondere die *indirekte* Identifikation auf Grund von Objektkennzeichnungen wie

- Strichcodes,
- Stanzcodes,
- Prägecodes,
- Schriftzeichen (Klarschrift, OCR),
- Farbcodes

und die *direkte* Identifikation von Objekten anhand ihrer charakteristischen natürlichen Merkmale wie

- Größe,
- Form,
- Oberfläche

an Warenverteilstationen oder zur Beschickung von Verarbeitungsmaschinen sind als Einsatzfälle zu nennen. Darüber hinaus ist die Position und Orientierung der Objekte überall dort zu bestimmen, wo Handhabungsautomaten Teile greifen sollen und die genaue Position der Teile nicht bekannt ist [BEY96].

Einsatzfälle, in denen neben der Objekterkennung auch die Kenntnis der Objektlage (Position und Orientierung) erforderlich ist, sind das Palettieren und Depalettieren von Werkstücken oder Paketen. In [KRÄ90] wird in diesem Zusammenhang ein Sensorsystem zur automatischen Steuerung eines Kommissionierroboters für Pakete vorgestellt. Der mobile Kommissionierroboter "ROMEO", ein horizontaler Schwenkarmroboter mit teleskopierbarem Arm, leistet mit Hilfe des Sensorsystems die vollautomatische Depalettierung und Palettierung von quaderförmigen Packstücken. Ein Großteil der Aufgaben zur Bewegungsgenerierung und Objektkontrolle wird dabei durch das Bildverarbeitungssystem durchgeführt.

Ein anderes Beispiel für einen realisierten Anwendungsfall ist ein Portalroboter, der mit Unterstützung eines Bildverarbeitungssystems die Depalettierung und Zuführung von Zylinderköpfen zu einer vollautomatischen Fertigungsstraße ausführt [ROB93]. Die als Gußrohteile angelieferten Zylinderköpfe unterschiedlichen Typs sind auf Paletten mehrlagig gestapelt und befinden sich nicht in vordefinierten Positionen. Die einzelnen Lagen sind durch Zwischenböden getrennt. Der Portalroboter hat die Aufgabe, auf der Palette einen Zylinderkopf vorgegebenen Typs zu suchen, aufzunehmen und an den bereitstehenden Werkstückträger der nachfolgenden Transferstraße zu übergeben.

Als weitere Anwendungen sind die Automatisierung der Lastaufnahme und -abgabe bei Kranen und die Navigation von FTF (Fahrerlosen Transportfahrzeuge) und zu nennen. Für die Kranautomatisierung wurde das *Polymodales Bildsensorsystem* (PBS) entwickelt [BEY96], das in Bild 8.11-1 dargestellt ist.

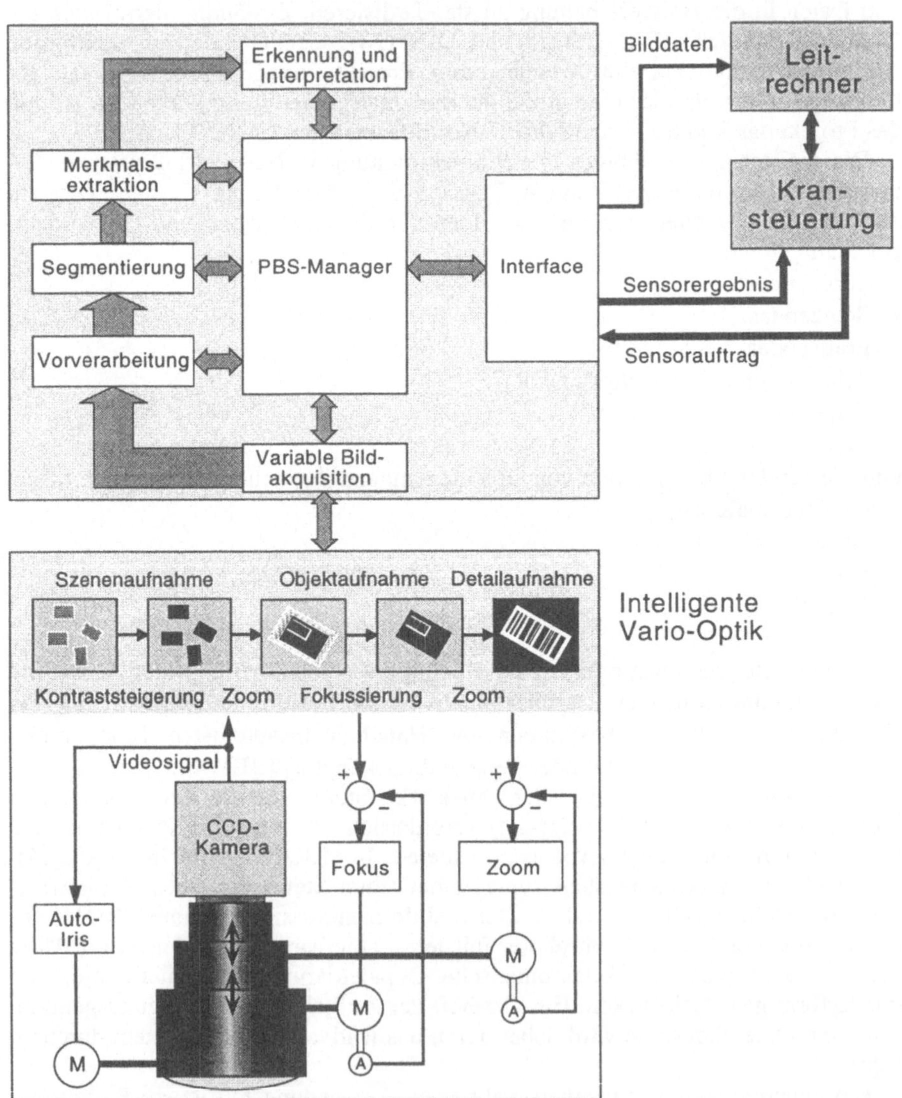

Bild 8.13-4: Polymodales Bildsensorsystem, Prinzipdarstellung [BEY96]

Bei dem PBS handelt es sich um ein intelligentes, multifunktionales Bildsensorsystem, welches im Dialog mit der übergeordneten Steuerung situationsabhängig in drei verschiedenen Betriebsmodi arbeiten kann:

- Szenenanalyse: grober Überblick über den aktuellen Arbeitsbereich des Kranes: Objekte mit ungefährer Position und Orientierung zueinander,
- Objektanalyse: genaue Vermessung von Position und Drehlage eines Objektes zur Generierung eines Bewegungsdatensatzes für den Kran,
- Detailanalyse: Barcodelesung, Höhenmessung von Objekten.

Das Polymodale Bildsensorsystem ist mit einer CCD-Matrixkamera und einem *Zoom-Objektiv* ausgerüstet, dessen optische Funktionen automatisiert wurden, s. Bild 8.13-4:

- Autozoom: je nach Anforderung an die jeweilige Detailauflösung sich automatisch einstellende Brennweite,
- Autofocus: Abbildung der verschiedenen Szenen stets mit größtmöglicher Schärfe,
- Autoiris: automatische Blendensteuerung zur Anpassung an wechselnde Lichtverhältnisse.

Durch den Einsatz der digitalen Bildverarbeitung ist der Automatikkran in der Lage, die folgenden Funktionen autonom auszuführen:

- Aufnahme ungenau bereitgestellter Lasten,
- Lastabgabe an wechselnden Zielpositionen,
- Lastidentifizierung und
- Hinderniserkennung.

9 Antriebstechnik

9.1 Allgemeines

Aktor- oder *Antriebssysteme* haben die Aufgabe der zielgerichteten Beeinflussung des Materialflußprozesses. Sie stellen die Schnittstelle zwischen dem maschinenbaulichen Teil und dem steuerungstechnischen Teil eines Materialflußsystems dar.

Bild 9.1-1 stellt die allgemeine Struktur eines Aktorsystems innerhalb materialflußtechnischer Anlagen dar, unabhängig von der gerätetechnischen Realisierung.

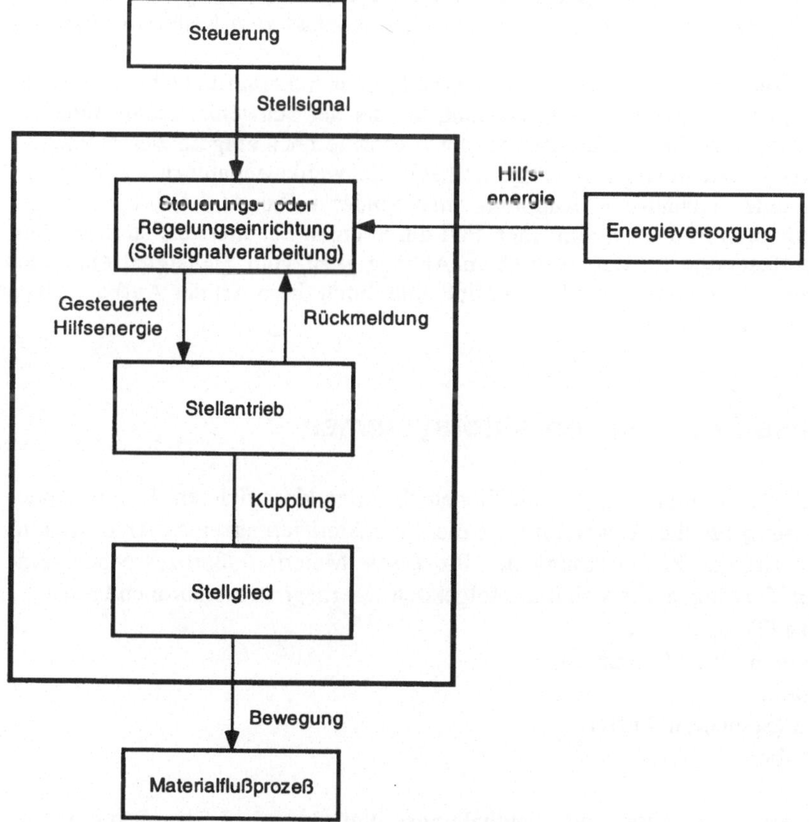

Bild 9.1-1: Allgemeine Struktur eines Aktorsystems

Das allgemeine Aktorsystem gliedert sich in drei Funktionseinheiten. Die Steuerungs- oder Regelungseinrichtung nimmt das *Stellsignal* der übergeordneten Steuerung entgegen, interpretiert es und steuert in Abhängigkeit hiervon mittels der bereitgestellten *Hilfsenergie* den *Stellantrieb* an. Der Stellantrieb wirkt über eine Kupplung auf das Stellglied, den eigentlichen Aktor, das dann in der festgelegten Weise auf den Materialflußprozeß wirkt. Der Stellantrieb erzeugt entweder eine rotarische oder translatorische Bewegung, die vom Stellglied in eine festgelegte Bewegung umzusetzen ist. Die Umwandlung einer rotatorischen Bewegung in eine translatorische Bewegung kann auf verschiedene Arten erfolgen, z.B. Kette, Zahnriemen, Zahnstange oder Spindel.

Um begriffliche Verwirrungen zu vermeiden, sei hier zum Begriff *Stellglied* folgendes angemerkt: Ein Stellglied ist nach DIN 19221 bzw. 19226 die Funktionseinheit am Eingang der Strecke, die in den Massenstrom oder Energiefluß eingreift und zur Strecke gehört. Die Bezeichnung Stellglied wird daher - je nach Betrachtungsweise - in verschiedenen Zusammenhängen verwendet. So ist beispielsweise im Fachgebiet Antriebstechnik der Motor die Steuer- oder Regelstrecke, der *Stromrichter* wird bei dieser Betrachtungsweise dann in der Regel als Stellglied bezeichnet. Hier soll jedoch die Wirkung auf den Materialflußprozeß im Vordergrund der Betrachtungen stehen und das Stellglied diejenige Funktionseinheit bezeichnen, die im direkten physikalischen Kontakt zum Materialflußprozeß steht.

Als Beispiel für ein Aktorsystem innerhalb einer materialflußtechnischen Anlage sei eine Schwenkeinrichtung genannt, bei der der Schwenkmechanismus das Stellglied darstellt. Der Stellantrieb ist der Motor, je nach eingesetzter Hilfsenergie elektrisch, pneumatisch oder hydraulisch. Schwenkmechanismus und Motor sind über eine mechanische Kupplung miteinander verbunden. Die Steuerungseinrichtung kann in diesem einfachen Fall durch einen Schalter realisiert werden, der die Hilfsenergie für den Antrieb in Abhängigkeit vom Stellsignal ein- oder ausschaltet. Informations- und Energiefluß sind durch diese Art des Aufbaus eines Aktorsystems getrennt.

9.2 Klassifizierung von Aktorsystemen

Antriebe lassen sich nach unterschiedlichen Kriterien klassifizieren. Von besonderer Bedeutung für die Anwendung ist die Charakterisierung eines Aktorsystems durch die Art der Beeinflussung des Prozesses. Materialflußprozesse sind eine Folge von Vorgängen, die sich unter folgenden Oberbegriffen einordnen lassen:

- Fördern (Transportieren),
- Zusammenführen (Sammeln),
- Verteilen,
- Lagern (Speichern, Puffern),
- Handhaben.

Fördermittel, Lagermittel und Handhabungsmittel sind nicht Thema dieses Buches. Eine detaillierte Systematik hierzu findet sich in [JÜN89].

Die technische Realisierung dieser Vorgänge erfordert vielfältige Bewegungsformen. Sie geschieht in der Regel durch eine Untergliederung in verschiedene rotatorische und translatorische Bewegungen, d.h. in Teilprozesse mit jeweils eigenen Aktorsystemen, wie Gurtantrieb, Schwenkantrieb, Hubantrieb, Fahrantrieb, Lenkantrieb. Analog zur Sensorik kann auch bei den Aktoren zwischen den Hauptkategorien *kontinuierlich* und *diskret* unterschieden werden, hier jedoch in bezug auf die Wirkung auf den Prozeß.

Als Beispiel hierfür kann die kontinuierliche Beeinflussung der Fördergeschwindigkeit eines Gurtförderers über die Drehzahlregelung des elektrischen Antriebes gegenüber der diskreten Beeinflussung der Förderrichtung an einer Ausschleusstation durch die beiden diskreten Stellungen einer pneumatisch betätigten Weiche angeführt werden. Bei kontinuierlich wirkenden Aktorsystemen kann weiterhin zwischen *proportionaler* und *integrierender Wirkung* unterschieden werden. Bei diskret wirkenden Aktorsystemen wird zwischen *absoluten* und *inkrementellen Wirkungen* auf den Prozeß unterschieden.

Im folgenden werden die unterschiedlichen Arten von Stellantrieben und Steuerungs- und Regelungseinrichtungen vorgestellt, die in Materialflußsystemen Verwendung finden. Dabei liegt der Schwerpunkt in der Darstellung der spezifischen Eigenschaften. Die Theorie wird insoweit behandelt, wie sie für das grundsätzliche Verständnis der unterschiedlichen Arbeitsweisen der Antriebe für den Anwender erforderlich ist. Bei Bedarf sei auf die weiterführende Literatur verwiesen.

Ein wichtiges Einteilungskriterium für Aktorsysteme ist die Art der Hilfsenergieversorgung für den Stellantrieb. Es lassen sich *elektrische, pneumatische* und *hydraulische Antriebe* unterscheiden, die mit ihren grundsätzlichen Unterscheidungsmerkmalen für die Anwendung in Materialflußsystemen in Tabelle 9.2-1 gegenübergestellt sind.

Diese Übersicht erhebt nicht den Anspruch auf Vollständigkeit und Allgemeingültigkeit, sie stellt jedoch bereits die sich aus den speziellen Eigenschaften ergebenden vorzugsweisen Einsatzfälle in materialflußtechnischen Anlagen dar. Die optimale Lösung einer Antriebsaufgabe ist immer davon abhängig, in welchem Maße die technischen und wirtschaftlichen Anforderungen erfüllt werden können. Dazu ist die einzelne Antriebsaufgabe in den Gesamtzusammenhang zu stellen und aus den verschiedenen Lösungsmöglichkeiten, auch mit unterschiedlicher Hilfsenergie, die am besten geeignete, z.B. durch einen Variantenvergleich, zu ermitteln. Im Extremfall ist vielleicht für eine einzelne Antriebsaufgabe im gesamten Materialflußsystem ein Pneumatikzylinder um ein Vielfaches preiswerter als ein Elektromotor, jedoch wird durch die Kosten, die durch die zusätzliche Hilfsenergiebereitstellung, beispielsweise durch einen Kompressor, anfallen, die Lösungsvariante unwirtschaftlich.

Tabelle 9.2-1: Übersicht Antriebstechniken in Materialflußsystemen

Antrieb	elektrisch	pneumatisch	hydraulisch
Bereitstellungsaufwand für Hilfsenergie	gering	mittel	hoch
Übertragungsentfernung	groß	groß	gering
vorwiegend erzeugte Bewegung	Rotation	Translation	Translation
Stellbereich	groß	klein	hoch
Regelbarkeit	sehr gut	schlecht	sehr gut
Haltemoment	möglich	gering	hoch
maximale Kräfte und Drehmomente	hoch	gering	sehr hoch
Überlastschutz	Strombegrenzung	Druckbegrenzung im zentralen Druckluftnetz	Druckbegrenzungsventile
Geräuschemission	niedrig	hoch	mittel
Anwendungsspektrum	groß	mittel	niedrig
vorwiegender Einsatz	universell einsetzbar für alle Arten von Antriebsaufgaben	einfache Antriebsaufgaben wie Stopper, Vereinzeler, Pusher, Weichen, Schwenken, Kippen, ...	Antriebsaufgaben mit Forderung nach hoher Leistung und Haltemomenten, meist Hubantriebe
Kosten	niedrig bis hoch	niedrig	hoch

Die elektrische Antriebstechnik hat das größte Produkt- und Anwendungsspektrum, angefangen vom einfachen Wechselstrommotor mit fester Drehzahl, der direkt am Netz betrieben wird, bis zum Servoantrieb mit ausgezeichneten Regeleigenschaften. Hiermit verbunden ist ein entsprechend großes Preisspektrum. Die Energiezufuhr gestaltet sich bei elektrischen Antrieben besonders einfach, da jeder Betrieb bereits über ein elektrisches Versorgungsnetz verfügt. Die Energieübertragung läßt sich auch über größere Entfernungen problemlos über flexible Kabel oder Schleifleitungen realisieren.

In Materialflußsystemen sind *elektrische* Antriebe universell einsetzbar. Die eingesetzten elektrischen Maschinen sind überwiegend Rotationsmotoren. Die Erzeugung von translatorischen Bewegungen erfolgt in der Regel über das mechanische Stellglied. Dem *Linearmoto*r sind jedoch auch einige Anwendungsfälle vorbehalten, auf die in Kap. 9.3.6 eingegangen wird.

Ein *pneumatischer* Antrieb ist ein hochgradig nichtlineares System, das regelungstechnisch nur mit sehr hohem Aufwand zu beherrschen ist. Ferner entsteht durch die ausströmende Luft eine relativ hoher Geräuschpegel. Pneumatische Antriebe sind jedoch relativ preiswert und vorzugsweise dann einzusetzen, wenn einfache lineare Bewegungen und/oder hohe Geschwindigkeiten gefordert sind, aber ohne große Anforderungen an die Genauigkeit. Zudem ist in vielen Betrieben bereits ein zentrales Druckluftsystem vorhanden. Hauptanwendungsgebiete pneumatischer Antriebe in Materialflußsystemen sind Antriebe zum Schwenken, Stoppen und Vereinzeln. Weiterhin findet man sie häufig bei Greifern für Robotersysteme.

Hydraulische Antriebe besitzen eine Reihe von Vorteilen, wie z.B. hohe Leistungsdichte, gute Dynamik, einfacher und kompakter Aufbau, hohe Zuverlässigkeit und lange Lebensdauer. Die Steuerung hydraulischer Antriebe erweist sich auf Grund ihrer geringen Dämpfung und ihres extrem nichtlinearen Verhaltens als sehr schwierig. Weiterhin ist die Energiezufuhr aufwendig und eine Rückführung aller Leckströme über eine gesonderte Leitung erforderlich. In Materialflußsystemen bilden daher hydraulische Antriebe eine Minderheit. Hydraulisch angetriebene Systeme findet man vor allem für Hubbewegungen schwerer Güter, beispielsweise bei Gabelstaplern oder Aufzügen.

Elektrische Antriebe können je nach Anwendung und Auswahl des Antriebskonzeptes eine große Leistung bereitstellen und/oder eine hohe Genauigkeit bieten. Auf Grund dieser Eigenschaft haben die elektrischen Antriebe das weiteste Einsatzfeld und die größte Verbreitung unter den Antrieben in materialflußtechnischer Systemen.

9.3 Elektrische Antriebe

Ein *elektrischer* Antrieb hat die Aufgabe, elektrische Hilfsenergie in mechanische Energie umzuwandeln. Die allgemeine Struktur eines elektrischen Antriebes ist in Bild 9.3-1 dargestellt.

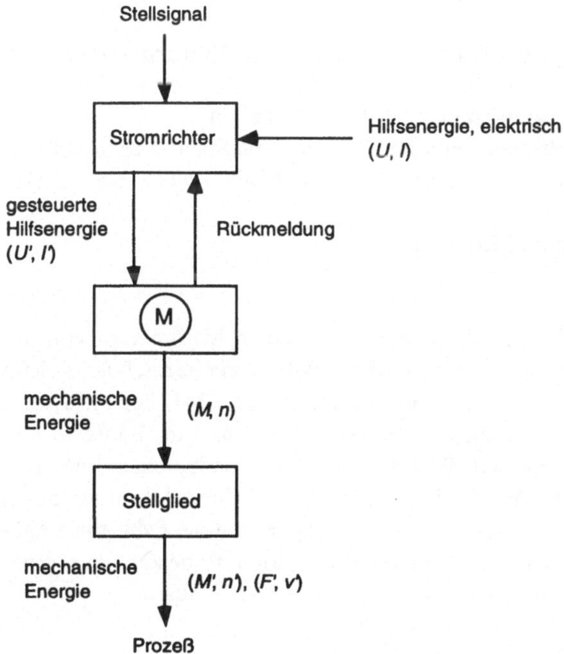

Bild 9.3-1: Struktur eines elektrischen Antriebes

Die physikalischen Größen, die die elektrische Hilfsenergie beschreiben sind die elektrische *Spannung U* und der elektrische *Strom I*. Die *elektrische Maschine* wandelt die gesteuerte Hilfsenergie (U', I') in mechanische Energie um. Diese wird bei Rotationsmaschinen durch das *Drehmoment M* und die *Drehzahl n* beschrieben. Aus der zugeführten Energie erzeugt das Stellglied entweder wieder eine rotatorische Bewegung mit den Kenngrößen (M', n') oder eine translatorische Bewegung mit den Kenngrößen Kraft F' und Geschwindigkeit v'.

Elektrische Antriebe weisen eine Reihe positiver Eigenschaften auf, die zu vielseitigem Einsatz und einer hohen Verbreitung führten:

- elektrisches Versorgungsnetz in jedem Betrieb, einfache Energiezufuhr über flexible Kabel oder Schleifleitungen,
- geringe Leerlaufverluste und hoher Wirkungsgrad,
- kleine Abmessungen mit guten Anbaumöglichkeiten,
- lageunempfindliche Aufstellung,
- Anpassung an den geforderten Drehmomentverlauf,
- großer Drehzahlbereich, verbunden mit hohem Stellbereich,
- Stillstandsbelastung ist möglich,
- hohe kurzzeitige Überlastbarkeit,
- Energierückspeisung im Bremsbetrieb möglich,
- geräusch- und erschütterungsarmer Lauf,
- einfache, meßtechnische Erfassung der Betriebszustände.

9.3.1 Prinzipieller Aufbau und Wirkungsweise eines Elektromotors

Ein Elektromotor besteht im wesentlichen aus folgenden Teilen:

- *Stator*: der feststehende elektromechanische Teil, auch als Ständer bezeichnet,
- *Rotor*: der rotierende elektromechanische Teil, auch als *Läufer* oder *Anker* bezeichnet,
- Gehäuse, Lager, Motorwelle und Kühlung.

Bauformen und Aufstellung

Die technische Größe eines Motors ist mit dem Abstand in Millimetern von der Welle zur Auflage definiert. Diese Distanz wird als Baugrösse bezeichnet, s. Bild 9.3-2. Für Asynchronmotoren ist diese Größe normiert [IEC 34], beispielsweise hat ein Motor der Baugröße 100 einen Durchmesser von 200 mm. Bauform und Aufstellung von Motoren werden nach IEC 34 mit dem Grundzeichen "IM" und einer Codierung nach Code I oder Code II bezeichnet. Code I umfaßt einen Buchstaben zur Wellenlage (B: horizontal, V: vertikal) und eine Zahl, die Lagerung, Befestigung, Wellenende usw. charakterisiert. Code II besteht aus einer Folge von 4 Ziffern und ist nur anzuwenden, wenn Code I nicht ausreicht.

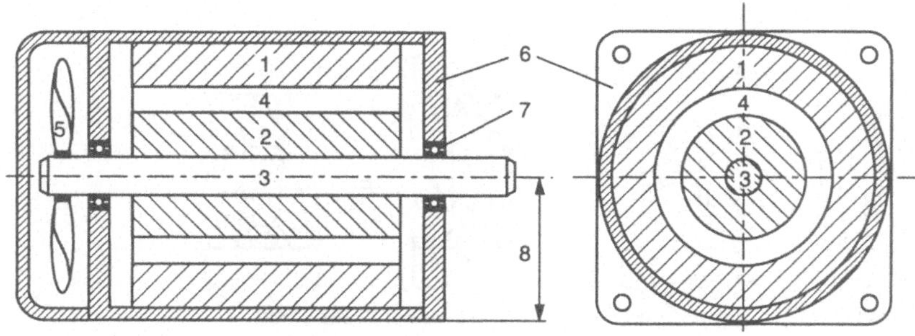

1: Stator, Ständer
2: Rotor, Läufer
3: Motorwelle
4: Luftspalt
5: Lüfter
6: Gehäuse
7: Lager
8: Baugröße

Bild 9.3-2: Prinzipieller Aufbau einer elektrischen Maschine

Wirkungsweise

Die prinzipielle Wirkungsweise aller rotierenden elektrischen Maschinen beruht auf dem physikalischen Effekt der Kraftwirkung auf einen stromdurchflossenen Leiter

$$F = B \cdot I \cdot l \tag{9.1}$$

in einem Magnetfeld der Flußdichte B, dem Strom I und der Leiterlänge l. Das Magnetfeld wird entweder durch integrierte Elektromagnete (Erregerwicklung) oder mit Permanentmagneten gebildet. Das resultierende Drehmoment am Radius r ergibt sich zu

$$M = F \cdot r\,. \tag{9.2}$$

Das Drehmoment wird im Luftspalt zwischen Stator und Rotor erzeugt. Mit der konstruktionsbedingten Proportionalitätskonstanten k und dem wirksamen Fluß ϕ kann das Drehmoment auch wie folgt beschrieben werden

$$M = k \cdot \phi \cdot I\,. \tag{9.3}$$

In Bild 9.3-3 ist das Prinzip der *Gleichstrommaschine* dargestellt, da die Drehmomenterzeugung an diesem Beispiel besonders einfach verständlich wird.
Um aus dem Drehmoment eine kontinuierliche Drehbewegung zu erzeugen, existieren zwei grundlegende Prinzipien:

- *Stromwendung* und
- *magnetisches Drehfeld.*

Bei der Stromwendung wird in Abhängigkeit vom Drehwinkel des Rotors die Richtung des Stromes in der Rotorwicklung umgeschaltet. Dieses Prinzip wird bei der Gleichstrommaschine angewendet (vgl. Kap. 9.3.2). Das Prinzip der Drehung des Magnetfeldes wird bei den sogenannten Drehfeldmaschinen verwendet. Hierzu zählen die Asynchronmaschine (vgl. Kap. 9.3.3) und die Synchronmaschine (vgl. Kap. 9.3.4).

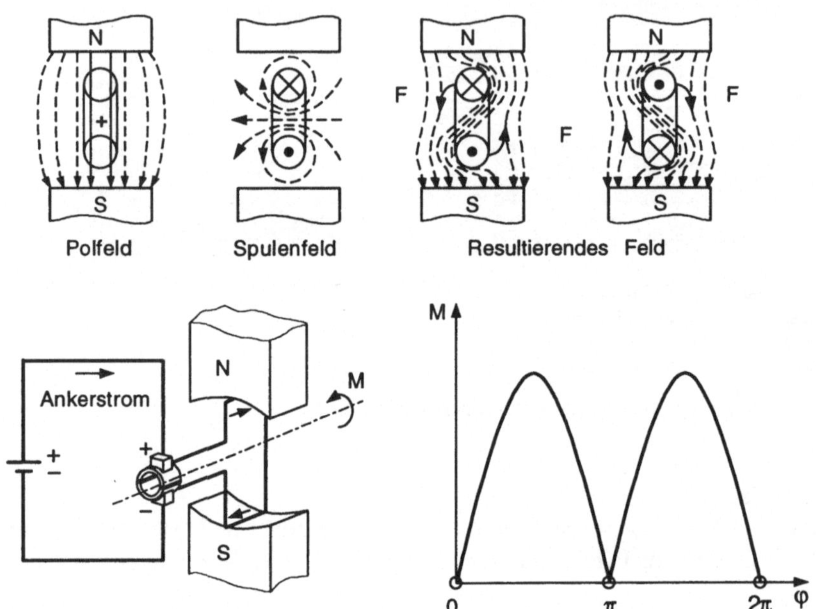

Bild 9.3-3: Drehmomenterzeugung, Prinzipdarstellung bei einer Gleichstrommaschine

Unter den *Nennwerten* eines Elektromotors versteht man die Werte für Leistung P_N, Drehmoment M_N, Spannung U_N, Strom I_N, Fluß ϕ_N und Drehzahl n_N, für die der Motor ausgelegt ist. Sie werden teilweise auf dem Leistungsschild angegeben. Bei einem Motor sind Nennleistung und -moment diejenigen Werte, die an der Welle bei Nennbelastung abgegeben werden. Ein Antriebssystem arbeitet jedoch nicht nur im Nennbetriebspunkt. Der Arbeitsbereich kann sich über alle 4 Quadranten erstrecken: positive und negative Drehrichtung, treibendes und bremsendes Drehmoment, s. Bild 9.3-4. Zur Auslegung eines Antriebes sind daher neben den Nennwerten auch die Motorkennlinien zu bewerten.

Die *Drehzahl-Momentenkennlinie* ist ein wesentliches Merkmal für einen Antrieb. Bei Antrieben mit fester Drehzahl wird die Drehzahl durch die Auslegung des Motors festgelegt. Von Bedeutung ist bei diesen Antrieben insbesondere der Anlauf aus dem Stillstand. Hierfür werden für die Anwendungsfälle spezielle Anlaßverfahren zur Beeinflußung des Momentenverlaufs verwendet. Bei den drehzahlveränderlichen Antrieben unterscheidet man *drehzahlgesteuerte* und *drehzahlgeregelte* Antriebe, auch *Servoantriebe* genannt. Drehzahlgesteuerte Antriebe sind als offene Steuerkette ausgeführt, die Drehzahl- und Momentensteuerung erfolgt nach einem Steuergesetz.

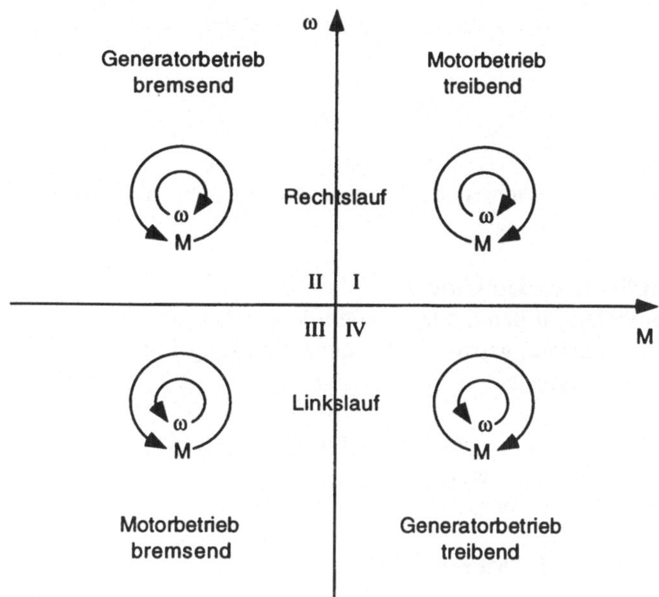

Bild 9.3-4: Betriebsquadranten mit Arbeitsweise elektrischer Maschinen

Servoantriebe sind als geschlossener Regelkreis ausgeführt, bei dem sowohl die Drehzahl als auch die Rotorlage auf den Drehzahlregler zurückgeführt werden. Für hohe Anforderungen an die Positioniergenauigkeit und hinsichtlich eines großen Stellbereiches mit guten Rundlaufeigenschaften über den gesamten Drehzahlbereich - insbesondere die Beherrschung niedriger Drehzahlen mit geringen Momentpulsationen - ist die Rückführung der Informationen über die Bewegung absolut notwendig.

Drehzahlveränderliche Antriebe werden heute - unabhängig davon, ob es sich um einen Gleichstrom- oder einen Drehstrommotor handelt - allgemein über Stromrichter aus dem 50-Hz-Drehstromnetz gespeist. Aufgabe der Stromrichter ist es, in Abhängigkeit vom Stellsignal den Energiefluß vom 50-Hz-Drehstromnetz unter Umwandlung der Stromart in den Motor zu steuern. Hauptkomponenten eines Stromrichters sind die stellsignalverarbeitende Elektronik und die Leistungselektronik zur Ansteuerung des Motors. Zur Drehzahlveränderung bei Gleichstromantrieben liefern entsprechende Stromrichter eine variable Gleichspannung. Bei Drehfeldmaschinen wird die Frequenz des Drehstromes verändert, die Stromrichter für Drehfeldmaschinen werden deshalb auch als Frequenzumrichter bezeichnet.

Beim Betrieb eines Motors treten Verluste P_V auf, um die die abgegebene Leistung P_{ab} kleiner ist als die aufgenomme Leistung P_{auf}.

$$P_{ab} = P_{auf} - P_v\,. \tag{9.4}$$

Der Wirkungsgrad η ist definiert als das Verhältnis von abgegebener zu aufgenommener Leistung

$$\eta = \frac{P_{ab}}{P_{auf}}. \tag{9.5}$$

In einem Elektromotor fallen verschiedene Verluste an, die den *Wirkungsgrad* beeinflussen.

Kupferverluste (Stromdichte in den Leitern)
- durch den Ankerstrombelag für den drehmomentbildenden Strom,
- für die Erregung (Magnetisierungsstrom). Bei einer Erregung mit Permanentmagneten entfallen diese Verluste.

Eisenverluste (Qualität des Blechmaterials und der Verarbeitung)
- Wirbelstromverluste (geblechte Eisenpakete),
- Ummagnetisierungsverluste (Hysterese).

Zusatzverluste (Konstruktion des Motors)
- Motorkühlung (Ventilator, ...),
- Reibungsverluste (Lager und Dichtung),
- Strömungsverluste im Motor (Luftspalt, ...),
- Oberwellenverluste und
- weitere.

Diese Verluste werden im Motor in Wärme umgesetzt. Die erzeugte Wärme muß wirkungsvoll abgeführt werden, damit sich der Motor nicht überhitzt.

Der Elektromotor ist nur ein Teil des Antriebssystems, in dessen Wirkungsgrad auch das Stellglied eingeht. Bezüglich des Wirkungsgrades ist insbesondere das Getriebe noch von Bedeutung, das meist noch zum Motor gezählt wird (Getriebemotoren). Richtwerte für Getriebewirkungsgrade sind in Tabelle 9.3-1 aufgeführt.

Tabelle 9.3-1: Richtwerte für Getriebewirkungsgrade [SIE84]

Getriebeart	Übersetzungsverhältnis $i = \frac{n_{Antrieb}}{n_{Abtrieb}}$	Getriebewirkungsgrad η_G
Stirnradgetriebe	bis 8 einstufig	0,96 ... 0,99
	6 bis 45 zweistufig	0,91 ... 0,97
	30 bis 250 dreistufig	0,85 ... 0,95
Schneckengetriebe	bis 60	0,50 ... 0,70 eingängig
		0,70 ... 0,80 zweigängig
Riemengetriebe	bis 8	0,94 ... 0,97
Kettengetriebe	bis 6	0,97 ... 0,98
Reibradgetriebe	bis 6	0,95 ... 0,98

Die Erwärmung spielt bei der Bemessung elektrischer Maschinen eine entscheidende Rolle. Je nach eingesetztem Isolierstoff, einschließlich Tränkmittel unterscheidet man nach VDE-Isolierstoffklassen [DIN VDE 0530] mit festgelegten Grenztemperaturen, s. Tabelle 9.3-2.

Die Isolierstoffklasse beschreibt die zulässige Dauertemperatur der Wicklungsisolation. Klasse B entspricht dem Standard, Klasse F ist bei stromrichtergespeisten Motoren empfehlenswert, Klasse H ist nur in besonderen Fällen erforderlich. Eine gute Ausnutzung der zulässigen Temperatur steigert die Maschinenleistung, begrenzt jedoch andererseits die Isolierstofflebensdauer. Nach dem "Montsingerschen Lebensdauergesetz" bedeutet eine dauernde Temperaturerhöhung von 8 bis 12 Kelvin über die Grenztemperatur hinaus eine Halbierung der Lebensdauer [SIE80].

Tabelle 9.3-2: Isolierstoffklassen und Grenztemperatur, nach VDE 0530, Teil 1

Isolierstoffklasse	Grenztemperatur in °C
Y	90
A	105
E	120
B	130
F	155
H	180
C	> 180

Die im Motor entstehende Verlustwärme wird durch die Kühlung nach außen abgeführt. Je wirkungsvoller die Kühlung ausgelegt ist, desto kleiner kann der Motor bei gleicher Leistung gebaut werden bzw. um so mehr Leistung kann ein Motor gleicher Bauart abgeben. Die Art der Kühlung elektrischer Maschinen wird mit den Buchstaben IC (International Cooling) und zwei Ziffern angegeben, s. Tabelle 9.3-3Tabelle 9.3-3.

Tabelle 9.3-3: Kühlarten elektrischer Maschinen, Auswahl

Erste Kennziffer		Zweite Kennziffer	
0	Maschine mit freiem Luftein- und -austritt	0	Selbstkühlung
4	Oberflächengekühlte Maschine, Kühlmittel: Umgebungsluft	1	Eigenkühlung
5	Maschine mit eingebautem Wärmetauscher, Kühlmittel: Umgebungsluft	6	Fremdkühlung

Die erste Kennziffer beschreibt die Wirkungsweise der Kühlung, die zweite beschreibt die Art des Zustandekommens der Kühlung. Bei Selbstkühlung wird die Maschine ohne Verwendung eines Lüfters durch Luftbewegung und Strahlung gekühlt. Bei Eigenkühlung wird die Luft durch einen Lüfter bewegt, der von der Rotorwelle angetrieben wird. Bei Fremdkühlung wird die Luft durch einen extern angetriebenen Lüfter bewegt oder aber die Kühlung erfolgt durch ein fremdbewegtes Kühlmittel. Bei drehzahlveränderlichen Antrieben wird die Maschine meist fremdgekühlt, damit die Kühlung unabhängig von der Drehzahl ist.

Die verschiedenen Einsatzfälle belasten die antreibende elektrische Maschine unterschiedlich. Die VDE-Bestimmungen (VDE 0530, Teil 1) ordnen die Vielfalt von verschiedenen Belastungen in ein System von neun Betriebsarten (S1 bis S9) ein, dargstellt in Tabelle 9.3-4.

Tabelle 9.3-4: Betriebsarten elektrischer Maschinen

Betriebsart	Belastung	Anmerkung
S1	Dauerbetrieb	konstanter Belastungszustand.
S2	Kurzzeitbetrieb	kurzzeitige, konstante Belastung, in den längeren Pausen Abkühlung auf Kühlmitteltemperatur.
S3	Aussetzbetrieb ohne Einfluß des Anlaufvorganges	Folge gleichartiger Spiele: konstante Belastung, Pause, Anlaufstrom trägt kaum zur Erwärmung bei.
S4	Aussetzbetrieb mit Einfluß des Anlaufvorganges	Folge gleichartiger Spiele: merkliche Anlaufzeit, konstante Belastung, Pause.
S5	Aussetzbetrieb mit Einfluß des Anlaufvorganges und der elektrischen Bremsung	Folge gleichartiger Spiele: merkliche Anlaufzeit, konstante Belastung, schnelle elektrische Bremsung, Pause.
S6	Durchlaufbetrieb mit Aussetz-belastung	Folge gleichartiger Spiele: konstante Belastung, Leerlauf, keine Pause.
S7	Unterbrochener Betrieb mit Anlauf und elektrischer Bremsung	Folge gleichartiger Spiele: merkliche Anlaufzeit, konstante Belastung, schnelle elektrische Bremsung, keine Pause.
S8	Ununterbrochener Betrieb mit periodischer Drehzahländerung	Folge gleichartiger Spiele: konstante Belastung und bestimmte Drehzahl, eine oder mehrere Zeiten mit anderer Belastung und Drehzahl
S9	Ununterbrochener Betrieb mit nichtperiodischer Last- oder Drehzahländerung	Belastung und Drehzahl ändern sich nichtperiodisch, Belastungsspitzen häufig über der Nennleistung.

Die in den Maschinentabellen der Hersteller genannten Leistungen gelten jeweils ohne ausdrücklichen Hinweis für den Dauerbetrieb S1. Da elektrische Maschinen überlastbar sind, kann kurzzeitig eine Mehrleistung genutzt werden, ohne die zulässigen Temperaturgrenzwerte zu überschreiten. Bei kurzzeitiger Belastung, d.h. für den S2-, S3- und S6-Betrieb, kann die Maschine daher produktspezifisch höher als mit der angebenen Dauerleistung genutzt werden. Genaue Angaben hierzu finden sich in den jeweiligen Herstellerunterlagen.

Die Schutzart für elektrische Geräte wird mit den Buchstaben IP (International Protection) und zwei Ziffern angegeben. Die erste Kennziffer bezeichnet den Schutzgrad gegen Berührung gefährlicher Spannungen und gegen Eindringen von Fremdkörpern wie Staub, die zweite Kennziffer definiert den Wasserschutzgrad, (vgl. Kap. 6).

9.3.2 Gleichstrommaschine

Die *Gleichstrommaschine* ist wegen ihrer günstigen Betriebseigenschaften der klassische *drehzahlgeregelte* Antrieb. Das Prinzip der Gleichstrommaschine ist relativ einfach, die mechanische Konstruktion dafür recht aufwendig. Der *Stator* besteht aus einem *Jochring* und den angeschraubten *Polen* mit den entsprechenden *Erregerspulen*. Diese werden vom konstanten *Erregerstrom* durchflossen und erzeugen ein konstantes magnetisches *Erregerfeld*. Die Anzahl der P*olpaare* wird mit p bezeichnet. In Bild 9.3-5 ist das Prinzip einer Gleichstrommaschine mit $2p = 4$ Polen und 16 Läufernuten dargestellt.

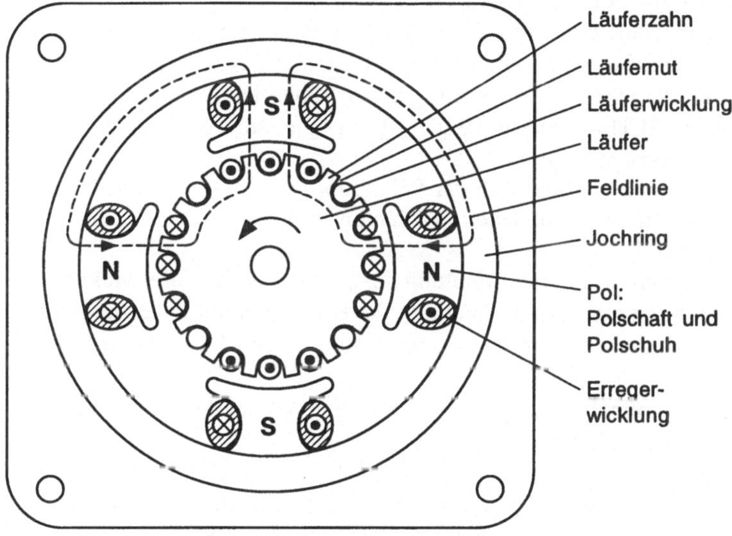

Bild 9.3-5: Querschnitt einer vierpoligen Gleichstrommaschine, Prinzipdarstellung

Die *Läuferwicklungen* liegen in den *Läufernuten* und werden vom *Ankerstrom* durchflossen. Auf die stromdurchflossenen Windungen wirkt durch das Erregermagnetfeld eine Kraft in tangentialer Richtung, die ein Drehmoment und damit die Rotationsbewegung erzeugt. Durch die Rotationsbewegung verändert sich die Position der einzelnen Windungen zum Magnetfeld. Um die Richtung der Kraft beizubehalten, wird der Strombelag des *Läufers* mittels des *Kommutator* - auch *Stromwender* genannt - der Drehbewegung nachgeführt. Dazu wird der Ankerstrom - ebenfalls aus einer Gleichspannungsquelle gespeist - über Kohlebürsten auf die gegeneinander isolierten *Stromwenderstege* geschaltet. Jeder Steg hat eine Lötfahne, in die die Spulenenden eingelötet werden. Durch die Rotation ändert sich die Stellung von Bürsten und Stegen zueinander und damit die Richtung des Stromes in den Windungen.

Die Betriebseigenschaften der Gleichstrommaschine werden durch die bereits in Kapitel 9.3.1 erläuterten physikalischen Gesetze bestimmt. Durch die vom Ankerstrom I durchflossenen Leiter der Ankerwicklung im Feld mit dem magnetischen Fluß ϕ wird ein Drehmoment M erzeugt, das folgender Proportionalitätsbeziehung folgt:

$$M \sim I \cdot \phi \,. \tag{9.6}$$

Für die Drehzahl n einer Gleichstrommaschine gilt ganz allgemein

$$n \sim \frac{U}{\phi} \,. \tag{9.7}$$

Die Drehzahl des Motors kann proportional zur Ankerspannung U und umgekehrt proportional zum magnetischen Fluß ϕ verstellt werden. Die Maximaldrehzahl einer Gleichstrommaschine wird durch die mechanische Festigkeit des Kommutators begrenzt. Weitergehende Ausführungen zur Theorie der Gleichstrommaschine findet man in [SCH94] oder in [BÖH86] mit einer stärker praxisbezogenen Darstellung der Zusammenhänge.

Gleichstrommaschinen werden nach der Schaltung ihrer Wicklungen eingeteilt. In Bild 9.3-6 sind die verschiedenen Varianten mit ihren charakteristischen Eigenschaften dargestellt:

- Reihenschlußerregung mit Serienschaltung der Erreger- und Läuferwicklung,
- Nebenschlußerregung mit Parallelschaltung der Erreger- und Läuferwicklung,
- Fremderregung mit zwei getrennten Spannungsquellen für Erreger- und Ankerwicklung,
- Compound- oder Doppelschlußschaltung mit einer Hilfsreihenschlußwicklung zusätzlich zur Nebenschlußwicklung.

Der *Reihenschlußmotor* wird aufgrund seines hohen Anlaufdrehmomentes vorwiegend in Hebezeugen und als Fahrantrieb eingesetzt. Für dynamisch hochwertige Antriebe wird der Reihenschlußmotor auf Grund des nichtlinearen Verhaltens von Drehzahl und Drehmoment nicht eingesetzt. Der fremderregte Gleichstrommotor ist der am häufigsten eingesetzte Typ von Gleichstrommaschinen. Für geregelte Antriebe erweist sich hier als Vorteil, daß diese Wicklungsart zwei unabhängige Stelleingänge aufweist. Unterhalb der Nenndrehzahl wird die Drehzahl bei Nennfluß über die Ankerspannung gesteuert. Dabei ist die Drehzahl proportional zur Ankerspannung bei nahezu konstantem Drehmoment. Dieser Betriebsbereich wird als Ankerstellbereich bezeichnet. Die Drehzahl kann über die Nenndrehzahl gesteigert werden, indem der Feldstrom reduziert wird. In diesem als Feldschwächbereich bezeichneten Betriebsbereich nimmt das Drehmoment jedoch umgekehrt proportional zur Drehzahl ab.

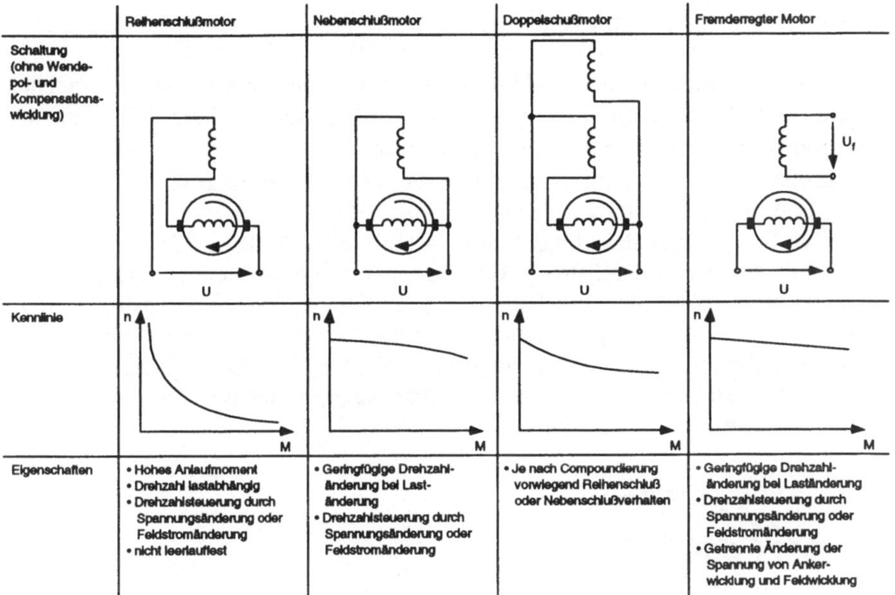

Bild 9.3-6: Einteilung der Gleichstrommaschinen

Als *Stromrichter* (Steuereinrichtung bzw. elektronisches Stellglied) kommen für den Ankerkreis *netzgeführte* Stromrichter oder *Gleichstromsteller* - auch *Chopper* genannt - mit Gleichspannungszwischenkreis zum Einsatz. Netzgeführte Stromrichter sind preiswerte Antriebsstromrichter, die sich durch große Zuverlässigkeit und geringen Wartungsaufwand besonders auszeichnen. Chopper sind periodisch arbeitende Gleichstromschalter. Sie sind aufwendiger im Aufbau, weisen als Vorteil jedoch eine sehr geringe Totzeit auf, so daß sie insbesondere für hochdynamische Servoantriebe eingesetzt werden. Für detailliertere Ausführungen sei auf die weiterführende Literatur z.B. [BRO89] oder [SCH94] und [SCH95] verwiesen. Die Reglereinstellung und Optimierung wird bei modernen Digitalgeräten durch selbstabgleichende Regler erleichtert.

Abschließend seien noch einmal die Haupteigenschaften der Gleichstrommaschine zusammengefaßt. Als Vorteile sind die gute Regelbarkeit, kostengünstige Speise- und Regelungseinrichtungen, der lineare Zusammenhang zwischen Drehmoment und Ankerstrom und die optimale Orientierung von Erregerfeld und Rotor durch den mechanischen Kommutator zu nennen. Durch die letztgenannte Eigenschaft kann bei Gleichstromservoantrieben ein Rotorlagegeber entfallen. Der Hauptnachteil der Gleichstrommaschine gegenüber Drehfeldmaschinen ist jedoch auch der Kommutator, der eine größere Baulänge zur Folge hat und durch den Bürstenverschleiß eine regelmäßige und sorgfältige Wartung bedingt. Weiterhin besteht für die Bürsten Einbrenngefahr bei Drehmomentabgabe im Stillstand.

9.3.3 Asynchronmaschine

Der Asynchronmotor gehört zu den Drehfeldmaschinen und ist der am meisten verwendete Industriemotor. Er kann direkt - mit Motorschutzschalter – an das Drehstromnetz angeschlossen werden, ist sehr robust, einfach im Aufbau und daher preiswert. Dieser Antrieb ist zudem international normiert und wird auf der ganzen Welt in großen Stückzahlen produziert.

Der Aufbau aller Drehfeldmaschinen ist recht ähnlich. Bild 9.3-7 zeigt hierzu den Schnitt durch eine Drehstrom-Asynchronmaschine. Im Stator liegt die Drehstromwicklung in Nuten eingebettet. Angeschlossen an ein Drehstromsystem erregt der Stator mit den gegeneinander verschobenen Strömen des Drehstromsystems ein Drehfeld mit dem magnetischen Fluß ϕ_d. Die Drehfeldleistung wird induktiv über den Luftspalt auf den Rotor übertragen, so daß ein Stromwender wie bei der Gleichstrommaschine entfällt.

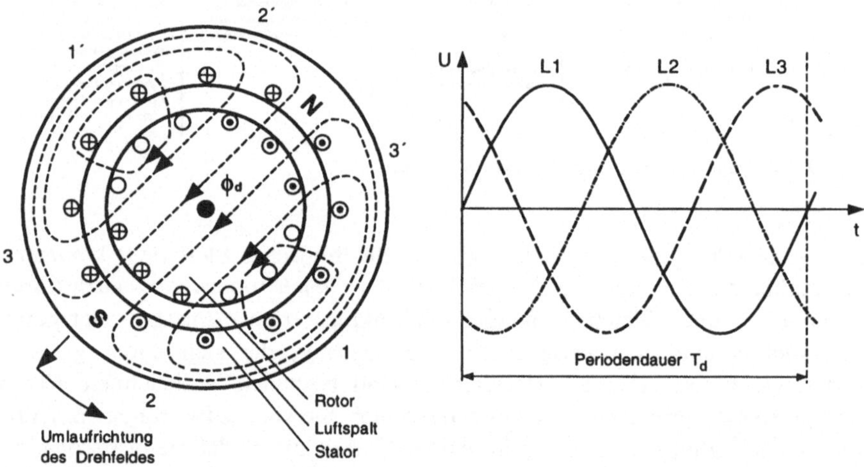

Bild 9.3-7: Schnitt durch eine zweipolige Asynchronmaschine, Prinzipdarstellung

Je nach Ausführung des Rotors unterscheidet man

- *Schleifringläufermaschinen*: gewickelter Läufer, dessen meist dreiphasige Wicklung an Schleifringe angeschlossen ist, so daß er von außen beeinflußbar ist,
- *Käfigläufermaschinen*: nur ein Leiter ist pro Nut eingelegt oder eingegossen. Die Leiter sind über Ringe an den Stirnseiten des Rotors zu einem Käfig verbunden. Da der Läuferstromkreis ohne zusätzlichen äußeren Widerstand geschlossen ist, spricht man auch von einem Kurzschlußläufer.

Die Bezeichnung Asynchronmotor leitet sich von der Tatsache ab, daß der Rotor sich nicht genau mit der Speisefrequenz dreht. Es wird nur ein Drehmoment erzeugt, wenn die Rotordrehzahl n von der synchronen Drehzahl n_d des Drehfeldes mit dem magnetischen Fluß ϕ_d abweicht, s. Bild 9.3-8.

Die relative Abweichung wird als Schlupf s bezeichnet

$$s = \frac{n_d - n}{n_d} . \tag{9.8}$$

Für die Drehzahl n einer Asynchronmaschine gilt

$$n = f \cdot \frac{1-s}{p} \tag{9.9}$$

mit der Speisefrequenz f, der Polpaarzahl p und dem Schlupf s.

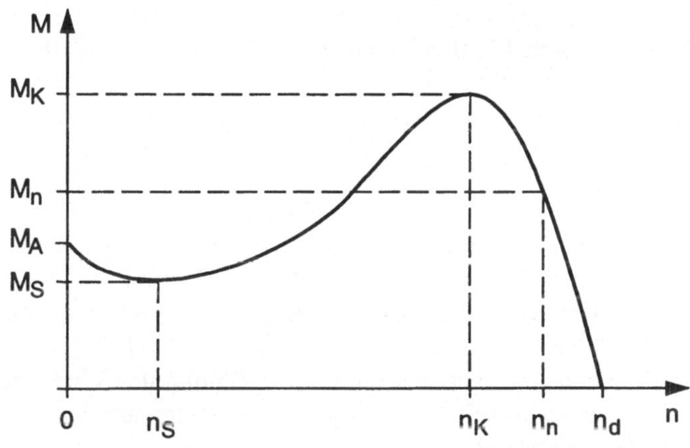

M_A : Anlaufdrehmoment
M_n : Nenndrehmoment
M_K : Kippdrehmoment
M_S : Satteldrehmoment
n_d : Drehzahl des Statorfeldes
n_n : Nenndrehzahl
n_K : Kippdrehzahl
n_S : Satteldrehzahl

Bild 9.3-8: Hochlaufkennlinie einer Asynchronmaschine

Das Drehmoment M der Asynchronmaschine ist proportional zum Quadrat der Speisespannung und umgekehrt proportional zum Quadrat der Speisefrequenz:

$$M \sim \frac{U^2}{f^2} \tag{9.10}$$

Das maximale Drehmoment wird als *Kippmoment* M_k bezeichnet. Das Verhältnis

$$\ddot{u} = \frac{M_K}{M_N} \tag{9.11}$$

wird als Überlastungsverhältnis bezeichnet und liegt üblicherweise im Wertebereich zwischen 2 und 3. Der Statorstrom I hängt linear von der Spannung ab:

$$I \sim U . \tag{9.12}$$

Wie bereits oben erwähnt treten beim Betrieb eines Motors Verluste P_v auf, um die die abgegebene Leistung P_{ab} kleiner ist als die aufgenomme Leistung P_{auf}. Der Schlupf, die abgegebene Leistung und die Verlustleistung stehen nach [BRO89] bei der Asynchronmaschine folgendermaßen in Beziehung

$$\frac{P_{zu}}{P_{ab}} = 1 - s \qquad \text{bzw.} \qquad \frac{P_{zu}}{P_v} = s\,. \tag{9.13}$$

Damit kann die Drehzahl auch wie folgt beschrieben werden

$$n = \frac{f}{p} \cdot \left(1 - \frac{P_v}{P_{zu}}\right). \tag{9.14}$$

Hiermit ergeben sich verschiedene Möglichkeiten, die Drehzahl zu verändern:

- Polpaarzahl,
- zugeführte Leistung,
- Verlustleistung im Läuferkreis,
- Speisefrequenz.

Die Änderung der Polpaarzahl wird dadurch erreicht, daß für jede Polpaarzahl im Stator eine entsprechend getrennte Wicklung vorgesehen wird. Die Drehzahl läßt sich dadurch in festen Stufen verstellen. Aus diesem Grund nennt man diese Antriebe auch *polumschaltbare Drehstrommotoren*. Muß die Drehzahl nur im Verhältnis 1:2 geändert werden, so läßt sich durch eine Teilung der Wicklungsstränge in zwei Hälften bei entsprechender Wicklungsverteilung im Stator die sogenannte Dahlanderschaltung anwenden.

Die Beeinflußung der zugeführten Leistung kann durch einen Drehstromsteller erfolgen, der die Speisespannung reduziert. Durch die Spannungsreduzierung wird allerdings das Drehmoment quadratisch reduziert ($M \sim U^2$). Die Methode der Drehzahlsteuerung über Drehstromsteller wird häufig - als *Sanftanlauf* - mit dem Ziel der Reduzierung des Anlaufmomentes und/oder Anlaufstromes ($I \sim U$) eingesetzt. Zur ausschließlichen Momentenreduzierung wird die *KUSA-Schaltung* (Kurzschluß-Sanftanlauf) eingesetzt, ein elektronisch steuerbarer Widerstand in einer Zuleitung der Drehstromspeisung. Der Sanftanlauf durch die Momentenreduzierung setzt jedoch leichte Anlaufbedingungen voraus.

Für besondere Anwendungen wie z.B. Aufzüge wird die Verlustleistung im Läuferkreis beim Schleifringläufer über einen an die Schleifringe anschließbaren äußeren Widerstand beeinflußt. Je höher der Widerstand ist, desto mehr verschiebt sich das Kippmoment zu tiefen Drehzahlen. Die Rotorleistung wird dann in externen Widerständen verheizt (Anlaufwiderstände) oder über ein Steuergerät (Untersynchrone Stromrichterkaskade) ins Netz zurückgespeist.

Für weitergehende Informationen bezüglich der beschriebenen Methoden der Drehzahländerung sei auf die einschlägige Literatur verwiesen z.B. [BÖH84], [BRO89], [ECK82] oder [LÄM89].

Durch den Einsatz eines *Frequenzumrichters* läßt sich über die Änderung der Speisefrequenz die Asynchronmaschine verlustleistungsarm in der Drehzahl verstellen. Der Frequenzumrichter wird zwischen Netz und Maschine geschaltet und erzeugt elektronisch die Speisespannung mit variabler Frequenz und Amplitude für die Maschine. Man unterscheidet nach [BRO89] allgemein zwei Arten:

Direktumrichter und solche mit Energiespeichern im Zwischenkreis, s. Bild 9.3-9. Die Entkopplung der beiden Netze verschiedener Frequenz, des festfrequenten Netzes und des die Maschine speisenden Netzes mit variabler Frequenz, übernimmt der Gleichspannungs- oder Gleichstromspeicher des Zwischenkreises.

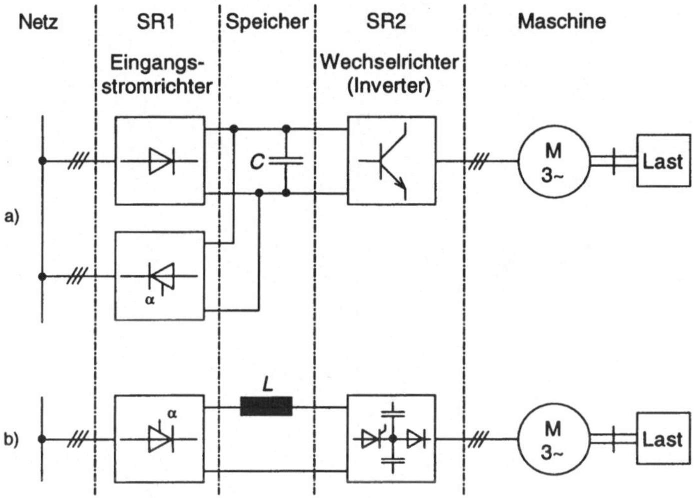

Bild 9.3-9: Hauptkomponenten eines Zwischenkreis-Frequenzumrichters [BRO89]: a) U-Umrichter mit Spannungszwischenkreis (Konstantspannungsquelle), b) I-Umrichter mit Stromzwischenkreis (Konstantstromquelle)

Die *Zwischenkreisstromrichter* bestehen aus drei Hauptkomponenten:

- gesteuerter oder ungesteuerter Eingangsstromrichter (SR1), der zur Energierückspeisung, u.U. durch einen antiparallelen Rückspeisestromrichter ergänzt wird,
- Energiespeicher im Zwischenkreis: Kondensator beim U-Umrichter, Spule beim I-Umrichter,
- Maschinenstromrichter (SR2), der die Gleichspannung oder den Gleichstrom des Zwischenkreises in ein dreiphasiges, symetrisches Spannungs- oder Stromsystem mit variabler Frequenz und Amplitude zur Speisung der Maschine umwandelt.

Die elektronisch erzeugten Spannungen und Ströme enthalten neben der Grundfrequenz noch Oberschwingungen und sind nicht mehr sinusförmig, sondern blockförmig.

Um ein möglichst hohes Drehmoment im gesamten Drehzahlbereich zu erzeugen, muß die Maschine mit konstantem Fluß arbeiten. Unter der Annahme verschiedener Vereinfachungen ist der Fluß nach [BRO89] proportional zum Verhältnis von Speisespannung zu Speisefrequenz:

$$\phi \sim \frac{U}{f} \tag{9.15}$$

Um den Fluß konstant zu halten, wird die Speisespannung durch den Umrichter frequenzproportional verändert. Dieses Verfahren wird *U/f-Kennliniensteuerung* genannt. Für eine Vielzahl von Anwendungen reicht diese Steuerung aus, um das geforderte Drehmoment zu erhalten.

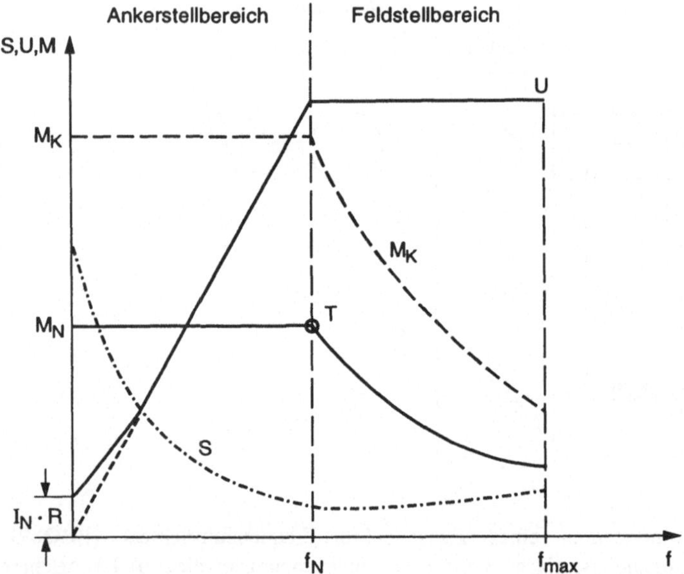

Bild 9.3-10: Momenten- und Schlupfkennlinie der Asynchronmaschine bei Umrichterspeisung

Beim Betrieb mit variabler Frequenz sind zwei Betriebsbereiche zu betrachten. In Anlehung an die Gleichstrommaschine spricht man auch vom *Ankerstellbereich* ($f<f_N$) und vom *Feldstellbereich* ($f>f_N$), s. Bild 9.3-10.

Bei konstantem Maschinenstrom ergibt sich im Ankerstellbereich mit steigender Speisespannung U eine zunehmende Leistung P bei konstantem Drehmoment M_N. Im Bereich niedriger Frequenzen wird zur Kompensation des Spannungsabfalles am Ständerwiderstand R die Spannung angehoben (Boost, $I{\cdot}R$-Kompensation), damit auch dort konstanter Fluß herrscht. Die Speisespannung erreicht am Typenpunkt T bei Nennfrequenz normalerweise ihren Maximalwert. Die Momentenkennlinien verlaufen im Ankerstellbereich parallel. Der Schlupf steigt bei sinkender Speisefrequenz mit $1/f$ an.

Im Feldstellbereich sinkt der Fluß, da die Speisespannung nicht mehr erhöht werden kann. Der Schlupf wächst nur noch unwesentlich über den Nennschlupf hinaus. Da das Drehmoment bei der Asynchronmaschine quadratisch von der Spannung abhängt, geht bei der Steigerung der Speisefrequenz und konstanter Speisespannung das Kippmoment quadratisch mit der Frequenz zurück.

Bei höheren Anforderungen hinsichtlich der Dynamik oder Genauigkeit der Drehmomentregelung wird die *feldorientierte Regelung* - auch *Vektorregelung* genannt - eingesetzt, um ein Führungs- und Lastverhalten vergleichbar der Gleichstrommaschine zu erreichen. Bei der feldorientierten Regelung wird sowohl das Moment als auch der Fluß geregelt. Dieses ist jedoch komplizierter als bei der Gleichstrommaschine, da die benötigten Regelgrößen nicht direkt zugänglich und nicht einfach nach Betrag und Phase meßbar sind. Zur Bestimmung von Betrag und Phase des magnetischen Flusses bieten sich zwei Möglichkeiten an:

- Messung des Flusses durch Hallsensor oder Meßwicklung - direkte Feldorientierung
- Schätzung des Flusses auf Basis eines Maschinenmodelles - indirekte Feldorientierung

Da für die Messung ein zusätzlicher Sensor in der Maschine eingebaut werden muß und dieser störanfällig ist, wird im allgemeinen die direkte Methode nicht angewandt [SCH94]. Bei der indirekten Methode wird in einem komplexen Modell mit den verfügbaren Signalen der Maschine wie Statorströme, Statorspannungen, und Drehzahl das Drehmoment und der Betrag sowie die Phasenlage des Flusses berechnet. Der Statorstrom wird zerlegt in zwei senkrecht zueinander stehende Komponenten, von denen die eine das Drehmoment und die andere den Fluß beeinflußt. Mit Hilfe dieser beiden Stromkomponenten, die über Speisespannung und -frequenz eingestellt werden, kann voneinander unabhängig sowohl auf das Drehmoment als auch auf den Fluß eingewirkt werden. Die aufwendige Berechnung mit Hilfe von dynamischen Maschinenmodellen macht den Einsatz von Mikroprozessoren in der Steuereinheit erforderlich. Durch den Mikroprozessoreinsatz ist es auch möglich geworden, Systeme zur Selbstdiagnose und -optimierung zu integrieren. In Testläufen ermittelt der Umrichter selbständig die benötigten Parameter, wodurch die Inbetriebnahme erheblich vereinfacht wird. Für detailliertere Ausführungen zur Drehzahlregelung bei Asynchronmaschinen sei auf die weiterführende Literatur z.B. [BRO89] oder [SCH94] und [SCH95] verwiesen.

Durch immer leistungsfähigere, preiswertere und komfortablere Frequenzumrichter gewinnt die Asynchronmaschine auch bei drehzahlgeregelten Antrieben stetig an Bedeutung. Viele Antriebsaufgaben, die früher nur mit Gleichstrommaschinen zu lösen waren, sind heute problemlos mit umrichtergespeisten Asynchronmaschinen lösbar. Im Vergleich zu Gleichstrommaschinen sind diese robust, kompakt, wartungsfrei und preiswert.

9.3.4 Synchronmaschine

Die *Synchronmaschine* gehört ebenfalls zu den Drehfeldmaschinen, bei der der Stator wie bei der Asynchronmaschine mit einer Drehstromwicklung versehen ist und der Rotor als *Polrad* ausgebildet ist, s. Bild 9.3-11. Bei der Synchronmaschine erfolgt die Erregung über das Polrad, d.h. über den Rotor. Das Polrad kann entweder durch Permanentmagneten oder durch eine Gleichstrom-Erregerwicklung realisiert sein, die über Schleifringe gespeist wird.

Das Charakteristikum der Synchronmaschine ist, daß der Rotor synchron mit der Frequenz des Stator-Drehfeldes dreht, wobei der Rotor bei Belastung um den Polradwinkel ν versetzt dem Drehfeld des Stators nacheilt. Der Polradwinkel ν ist ein Maß für das abgegebene Drehmoment M der Maschine.

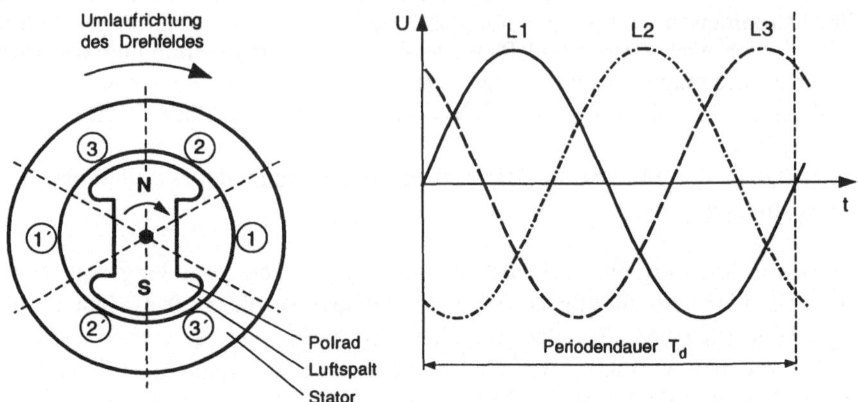

Bild 9.3-11: Schnitt durch eine zweipolige Synchronmaschine, Prinzipdarstellung

Das Kippmoment M_K stellt die Grenze der Überlastungsfähigkeit dar. Wächst die Belastung über das Kippmoment M_K hinaus, so gerät die Maschine "außer Tritt". Der Rotor läuft dann entweder asynchron weiter oder bleibt vollends stehen. In den Statorwindungen fließen dann sehr hohe Ströme und es kann zu einer thermischen Überlastung kommen, so daß dieser Betriebsfall zur Zerstörung des Motors führen kann. Das Kippmoment erreicht in der Praxis Werte von

$$M_K - 2 \cdot M_N , \tag{9.16}$$

wobei im Nennbetrieb von einem Polradwinkel

$$\nu \approx 25° ... 30° \text{ , bei } M = M_N \tag{9.17}$$

ausgegangen werden kann [LÄM89]. Für den normalen Betriebsfall gilt für die Drehzahl n eines mit der Speisefrequenz f gespeisten Synchronmotors mit der Polpaarzahl p

$$n = \frac{f}{p} . \tag{9.18}$$

Die Drehzahl ist damit nicht von der Belastung abhängig. Der Synchronmotor bietet über den gesamten Drehzahlbereich ein konstantes Drehmoment M, das linear proportional zur Speisespannung ist

$$M \sim U . \tag{9.19}$$

Auf Grund dieser einfachen, voneinander entkoppelten Zusammenhänge ist der Synchronmotor in Verbindung mit Frequenzumrichtern sehr gut für drehzahlgeregelte Antriebe und Servoantriebe geeignet. Insbesondere sind die permanenterregten Bauformen völlig wartungsfrei.

Bei Servoantrieben wird durch einen *Rotorlagegeber* im Motor der Drehwinkel φ des Rotors gemessen, Bild 9.3-12. Über den Drehwinkel φ ist dem Stromregler bekannt, welche Windungsspule gerade im Magnetfeld ist und eingeschaltet werden soll. Weiterhin ist hieraus durch Vergleich mit dem Drehfeld (Statorstrom) auch der Polradwinkel ν zu ermitteln, der - wie bereits erwähnt - ein Maß für das Drehmoment ist.

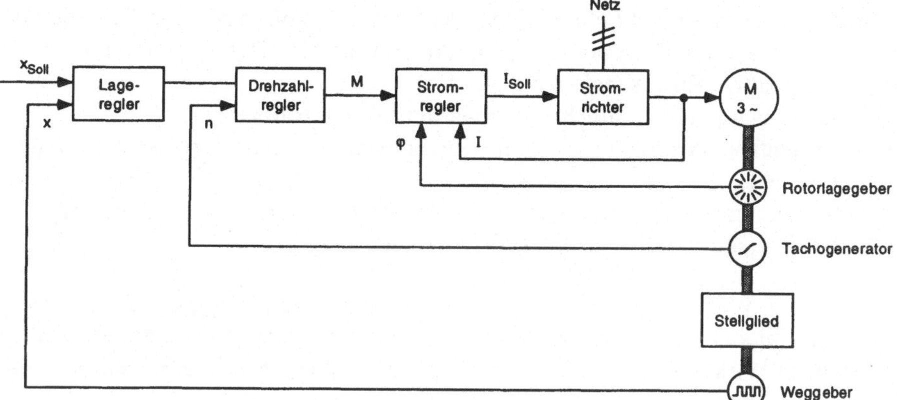

Bild 9.3-12: Typische Reglerstruktur für einen Servoantrieb mit einer Drehstromsynchronmaschine

Abschließend seien die wichtigsten Vor- und Nachteile des Synchronmotors zusammengefaßt. Durch die Permanentmagnete ist der Synchronmotor teurer als der Asynchronmotor, weist jedoch bessere Last- und Führungseigenschaften auf. Gegenüber dem Gleichstromservoantrieb zeichnet sich der Drehstromservoantrieb dadurch positiv aus, daß der Motor kostengünstig und wartungsfrei ist, da er ohne Kommutator arbeitet. Der Leistungsteil mit Frequenzumrichter ist dafür aufwendiger. Überdies ist ein Rotorlagegeber notwendig.

9.3.5 Schrittmotor

Der *Schrittmotor* stellt im Prinzip eine sehr hochpolige, permanenterregte Synchronmaschine dar, wobei auch die von Synchronmaschinen bekannten Probleme eines schwingungsfähigen Systems 2. Ordnung auftreten [BRO89]:

- mechanische Überlastung läßt die Maschine außer Tritt fallen und
- Momentenänderungen regen den Rotor zu Drillschwingungen an.

Im Betrieb werden die Motorwicklungen über Wechselrichter mit variabler Steuerfrequenz und bestimmten Schaltsequenzen aus einem Spannungszwischenkreis gespeist. Ziel des Betriebs ist die exakte Ausführung der vorgegebenen Schrittzahl bei variabler Drehzahl.

Die Größe des Schrittwinkels α ist allgemein bestimmt durch die Strangzahl m und die Polpaarzahl p des Motors

$$\alpha = \frac{360°}{2 \cdot m \cdot p} . \tag{9.20}$$

Die charakteristische Eigenschaft des Motors - das schrittweise Drehen der Motorwelle - erreicht man über das schrittweise Weitertakten des elektronisch erzeugten Drehfeldes. Eine volle Umdrehung der Motorwelle setzt sich aus einer definierten Anzahl von Einzelschritten zusammen. Es gibt Motoren mit 2, 3, 4 und 5 Strängen (Phasen) und Schrittzahlen von 8 bis 500 Vollschritten je Umdrehung. Im Halbschrittmodus verdoppelt sich die Schrittzahl. Der Schrittmotor weist folgende positive Eigenschaften auf:

- kostengünstig durch einfachen und wartungsfreien Aufbau,
- schrittgenaue Positionierung ohne Rückmeldung durch Vorgabe der Steuerimpulszahl,
- hohes Drehmoment auch bei kleinen Drehzahlen oder im Einzelschrittmodus,
- hohes Haltemoment im erregten Ruhezustand.

Von einigen Watt bis zu einigen Kilowatt Leistung wird dieses gesteuerte System bei Positionierantrieben eingesetzt. Es ist zwar sehr kostengünstig, hat aber einen schlechten Wirkungsgrad und ist nur für Anwendungen mit geringen Störmomenten geeignet.

9.3.6 Linearmotor

Der *Linearmotor* erzeugt direkt eine lineare Bewegung. Der Vorteil, der sich hieraus ergibt, besteht in der Ermöglichung sehr hoher Geschwindigkeiten und Beschleunigungen, weil keine Umsetzung einer Rotationsbewegung in eine Translationsbewegung erforderlich ist und somit mechanische Übertragungselemente entfallen.

Beim Linearmotor handelt es sich im Prinzip um eine abgewickelte elektrische Rotationsmaschine. Es existieren zwei unterschiedliche Ansätze, die sich auf die Asynchron- und die Synchronmaschine zurückführen lassen.

Bei der auf dem Induktionsprinzip beruhenden Variante wird durch eine Drehstromwicklung ein Wanderfeld erregt, das mit den in einer massiven Schiene induzierten Wirbelströmen eine Kraft in tangentialer Richtung erzeugt, die als Schubkraft wirkt. Die Geschwindigkeit des Wanderfeldes ist abhängig von der Frequenz f der Speisespannung U und der Polteilung τ_p der Maschine. Während einer Periode durchläuft die Welle die doppelte Polteilung. Mit dem Schlupf s ergibt sich folgende Geschwindigkeit v

$$v = 2 \cdot \tau_p \cdot f \cdot (1-s)\,. \tag{9.21}$$

Beim Linearmotor nach dem Synchronmaschinenprinzip sind am feststehenden Teil, hier ebenfalls Stator genannt, entlang des Fahrweges Wicklungen installiert. Der bewegliche Teil ist mit Permanentmagneten ausgerüstet. Durch Sensoren wird die Polarität der Permanentmagnete des Läufers relativ zum Stator erfaßt. In den am Fahrweg installierten Statorwicklungen fließt ein mittels Stromrichter gesteuerter Strom, so daß sich eine kontrollierte Vorschubkraft ergibt. Der Läufer schwebt bei aktiviertem Stator durch das Magnetfeld berührungsfrei über dem Stator.

Linearmotoren nach dem Induktionsmotorprinzip eignen sich für einfache Bewegungsvorgänge. Linearmotoren nach dem Synchronmaschinenprinzip bieten eine hohe Regelgüte und eignen sich deshalb gut für Positionierantriebe.

Eingesetzt werden Linearmotoren im Leistungsbereich von 10 Watt bis zu einigen Megawatt. Eine bekannte Anwendung dieser Technik ist die Magnetschwebebahn Transrapid. Realisierte Anwendungen mit Linearmotoren in materialflußtechnischen Anlagen findet man bei Kreisförderern aber auch beim Palettentransport.

9.4 Hydraulische und pneumatische Antriebe

Hydraulik und Pneumatik sind wichtige Bestandteile der Antriebstechnik. Durch ihre besonderen Eigenschaften und Vorteile haben sie einen festen Platz in Materialflußsystemen eingenommen.

Eine hydraulische Anlage besteht aus den Hauptelementen:

- Druckerzeuger (Pumpe),
- Druckstromverbraucher,
- Steuergeräte und
- Zubehör.

Druckstromerzeuger haben die Aufgabe, die mechanische Leistung P_{mech1} des Antriebsmotors, meist ein Elektromotor oder Verbrennungsmotor, in hydraulische Leistung P_{hydr1} umzuformen. Es handelt sich hierbei überwiegend um Verdrängerpumpen mit rotierender Antriebsbewegung, die auch als Hydrogeneratoren bezeichnet werden.

Druckstromverbraucher haben die Aufgabe, die hydraulische Leistung P_{hydr2} in mechanische Leistung P_{mech2} zurückzutransformieren. Sie werden Hydromotor genannt und sind Verdrängermaschinen für rotierende oder translatorische Abtriebsbewegung, die außer der mechanischen auch eine hydraulische Leistung P_{hydr3} abgeben, wenn in ihrer Abflußleitung Druck herrscht.

Das Steuergerät hat die Aufgabe, durch Schalt- und Steuersignale die Parameter Druck und Strom, welche die hydraulische Leistung kennzeichnen, zu beeinflussen. Steuergeräte sind Ventile, deren Durchflußquerschnitte entweder stetig verändert werden können oder aber die beiden Schaltzustände offen und geschlossen annehmen können.

Entsprechend ihren Aufgaben werden vier verschiedene Arten von Ventilen unterschieden:

- Druckventile (Druckhöhe oder -differenz),
- Stromventile (Stromdurchfluß),
- Wegeventile (Schaltventile für Leitungsverbindungen) und
- Sperrventile (richtungsabhängiges Öffnen oder Schließen).

Zum Zubehör werden alle nicht unmittelbar an dem Prozeß der Leistungsumformung beteiligten Komponenten gezählt, z.B. Behälter, Leitungen, Filter und Dichtungen.

Im folgenden sind die positiven und negativen Eigenschaften hydraulischer Antriebe zusammengefaßt:

Vorteile der Hydraulik

- Erzeugung großer Kräfte und Drehmomente bei geringen Abmessungen und Massen der Bauelemente als Folge der hohen Energiedichte der Hydraulik,
- niedriger Trägheitswiderstand und damit geringe Zeitkonstanten,
- einfache Erzeugung geradliniger Bewegungen,
- stufenlose Änderung der Abtriebsgeschwindigkeit bzw. -drehzahl, einfache Umkehr der Bewegungsrichtung, Anfahren aus dem Stillstand auch unter Vol- !ast,
- einfache Anzeige der wirkenden Kräfte und Drehmomente durch Druckmeßgeräte,
- Überlastschutz durch Druckbegrenzungsventile,
- in Verbindung mit elektronisch angesteuerten Hydraulikventilen Eignung für automatisierte Einrichtungen und Regelantriebe.

Nachteile der Hydraulik

- relativ hohe Investitionskosten,
- hohe Anforderungen an die Filterung der Hydraulikflüssigkeiten,
- geringe Übertragungsentfernungen durch die aus der relativ hohen Viskosität der Hydraulikflüssigkeiten resultierenden Druckverluste,
- Abhängigkeiten wichtiger Eigenschaften der Hydraulikflüssigkeiten wie Viskosität und Kompressibiltät von Druck und Temperatur,
- Rückführung aller Leckflüssigkeit über gesonderte Leitungen zum Ölbehälter erforderlich.

Der prinzipielle Aufbau einer pneumatischen Anlage ist in
Bild 9.4-1 dargestellt. Pneumatikzylinder werden vor allem für Hub-, Übergabe und Stoppereinrichtungen eingesetzt. Pneumatische Dreh- und Schwenkantriebe werden eingesetzt zum Wenden, Umsetzen, Verriegeln, Verstellen oder Kippen.

Im folgenden sind die positiven und negativen Eigenschaften pneumatischer Antriebe zusammengefaßt:

Vorteile der Pneumatik

- Speicherung der Hilfsenergie wegen der hohen Kompressibilität der Luft einfach, zentrale Druckluftstationen möglich,
- große Übertragungsentfernungen möglich, da auf Grund der geringen Viskosität der Luft nur geringe Druckverluste auftreten,
- bereits vorhandene zentrale Druckluftnetze in vielen Betrieben,
- Gewährleistung eines Überlastungsschutzes durch den vom zentralen Druckluftnetz begrenzten Druck.

Nachteile der Pneumatik

- Infolge der Energiespeicherfähigkeit der Luft (Unfallgefahr) wird der Druck pneumatischer Anlagen auf 0,6 bis 1,0 MPa begrenzt, weshalb pneumatische

Anlagen im Vergleich zu hydraulischen Anlagen geringere Kräfte übertragen können,

- Gleichförmige Bewegungen, insbesondere bei veränderlicher Last, sind wegen der großen Kompressibilität der Luft kaum möglich,
- Entlüftungsgeräusche beim Ausströmen der Abluft.

Für detaillierte Ausführungen in bezug auf pneumatische und hydraulische Antriebe sei auf die weiterführende Literatur wie [WIL83] oder [KRI86] verwiesen.

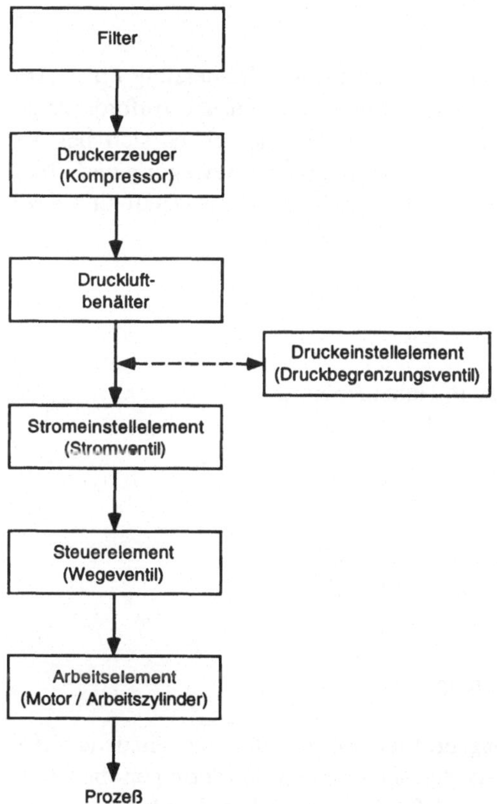

Bild 9.4-1: Aufbau einer Pneumatikanlage, Prinzipdarstellung

9.5 Auswahlkriterien

Ein Antrieb, gleich welcher Art, sollte i.allg. die folgenden Anforderungen erfüllen:

- Erfüllung des technischen Anforderungsprofiles,
- möglichst verlustarme Umwandlung der zugeführten Hilfsenergie in mechanische Energie,
- hohe technische Zuverlässigkeit und Verfügbarkeit,
- geringer Verschleiß und damit wartungsarm,
- einfache Einbindung.

Die grundsätzliche Vorgehensweise bei der Auswahl und Bemessung eines Antriebes ist, zunächst anhand der Aufgabendefinition das technische Anforderungsprofil zu erstellen. Dabei ist insbesondere von Bedeutung, ob es sich bei der gestellten Aufgabe um eine rotatorische oder translatorische Bewegung und ob es sich um einen Bewegungs- oder Positioniervorgang handelt. Im Detail sind dazu dann die im folgenden aufgeführten Punkte zu klären:

Technisches Anforderungsprofil

- geforderte Antriebscharakteristik,
- Leistungsaufnahme,
- Drehmomentverlauf (Losbrechmoment, Haltemoment),
- Drehzahlbereich: minimal, maximal, Stillstandslast,
- Drehzahlkonstanz,
- Betriebsquadranten,
- Norm-Betriebsart,
- Dynamik: Beschleunigungszeit, Bremszeit (Nothalt),
- Toleranzbereich: Position, Drehzahl, Drehmoment,
- Gleichlauf mit anderen Antrieben,
- Busschnittstelle,
- Bauform, Baugröße, Schutzart, Kühlung.

Nach der Erstellung des Anforderungsprofiles werden die verschiedenen Antriebsvarianten nach der Erfüllbarkeit der technischen Forderungen bewertet. Häufig wird sich dabei herausstellen, daß die technischen Forderungen von mehreren Antriebsarten erfüllt werden.

Diese verbleibenden Antriebsarten sind dann untereinander zu vergleichen, in den Gesamtzusammenhang der Anlage zu setzen und unter folgenden weiteren Kriterien zu bewerten:

Hilfsenergie

- elektrisch,
- pneumatisch,
- hydraulisch.

Netzverhältnisse für Hilfsenergie
- Netzkenngrößen,
- Netzleistungsfähigkeit,
- Netzschwankungen,
- zulässige Netzrückwirkungen.

Wartung/Bedienung/Personal
- Instandhaltung,
- Ersatzteile,
- Geräusche,
- Schutzmaßnahmen/Sicherheit.

Kosten
Der ausschlaggebende Punkt für die Entscheidung dürften letztendlich immer die Kosten eines Antriebssystemes sein. Dabei sind nicht nur die Beschaffungskosten, sondern auch die Betriebskosten (Wartung, Energieverbrauch) ins Kalkül miteinzubeziehen.

Glossar

AEP	Application Environment Profiles
ALI	Application Layer Interface
ALU	Aritmetic Logic Unit
ANSI	American National Standards Institute
ARPA	Advanced Research Project Agency
AS	Ablaufsprache
ASCII	American Standards Code for Information Interchange
ASI	Aktuator-Sensor-Interface
AT	Advanced Technology
ATM	Asynchronous Transfer Mode
AWL	Anweisungsliste
A/D	Analog/Digital
BAPI	Business Application Programming Interface
BCD	Binary Coded Decimals
BDE	Betriebsdatenerfassung
BIOS	Binary Input Output Service
BPR	Business Process Reengineering
BTX	Bildschirmtext
CAD	Computer Aided Design
CAE	Computer Aided Engineering
CAL	Computer Aided Logistics
CAM	Computer Aided Manufacturing
CAO	Computer Aided Office
CAP	Computer Aided Planning
CAQ	Computer Aided Quality Control
CASE	Computer Aided Software Engineering
CCD	Carge Coupled Device
CCG	Centrale für Coorganisation
CCITT	Comité Consultatif International de Télégraphique et Téléphonique
CD	Collision Detection
CIL	Computer Integrated Logistics
CIM	Computer Integrated Manufacturing
CIO	Computer Integrated Office
CNC	Computerized Numerical Control
CPU	Central Processing Unit
CRC	Cyclic Redundancy Check
CSMA	Carrier Sense Multiple Access
DB	Datenbank

DBMS	Datenbankmanagementsystem
DBS	Datenbanksystem
DDLM	Direct Data Link Mapper
DIN	Deutsches Institut für Normung
DOS	Disk Operating System
DSP	Digital Signal Processor
DSS	Decision Support System
DV	Datenverarbeitung
DWDB	Data-Warehouse-Datenbank
D/A	Digital/Analog
EAN	Europäische Artikelnumerierung
EDI	Electronic Data Interchange
EDIFACT	Electronic Data Interchange for Administration
EDM	Electronic Data Management
EDV	Eletronische Datenverarbeitung
EEPROM	Electronical Erasable Programmable Read-Only-Memory
EPROM	Erasable Programmable Read-Only-Memory
EIA	Electronic Industries Association
EISA	Enhanced Industrial Standard Architecture
EMV	Elektromagnetische Verträglichkeit
EUS	Entscheidungs-Unterstützungssystem
E/A	Eingabe/Ausgabe
FAN	Field Area Network
FBS	Funktionsbausteinsprache
FDDI	Fibre Distributed Data Interface
FDL	Fieldbus Data Link
FDM	Frequency Division Multiplex
FFZ	Flurförderzeug
FIFO	First-In First-Out
FIS	Führungs-Informationssystem
FLS	Fertigungleitsystem
FMS	Fieldbus Message Specification
FTAM	File Transfer Access and Management
FTF	Fahrerloses Transportfahrzeug
FTP	File Transfer Protocol
FTS	Fahrerloses Transportsystem
FUP	Funktionsplan
GAN	Global Area Network
HIPO	Hierachy plus Input-Process-Output
HRL	Hochregallager
HTML	Hypertext Meta Language
IEC	International Electrotechnical Commission
IEEE	Institute of Electrical and Electronics
IMP	Interface Message Processor
IPS	Industrial Personal Computer
ISDN	Integrated Service Digital Network

IR	Interrupt
ISO	International Standards Organization
ISR	Interrupt Service Routine
I/O	Input/Output
JIT	Just-in-time
JTM	Job Transfer and Management
KOP	Kontaktplan
LAN	Local Area Network
LIS	Logistik Informations- und Steuerungssystem
LLC	Logical Link Control
LVR	Lagerverwaltungsrechner
LVS	Lagerverwaltungssystem
MAC	Medium Acess Control
MAP	Manufacturing Automation Protocols
MDE	Maschinendatenerfassung
MDS	Mobile Datenspeicher
MIS	Management-Informationssystem
MMS	Manufacturing Message Specification
MOS	Metal Oxid Semiconductor
NC	Numerical Control
NRZ	Non-Return-to-Zero
OSI	Open System Interconnection
OV	Objektverzeichnis
PAA	Prozeßabbild Ausgange
PAE	Prozeßabbild Eingänge
PBC	PROFIBUS Controller
PC	Personal Computer
PCI	Protocol Control Information
PCM	Pulscodemodulation
PG	Programmiergerät
PP	Produktionsplanung
PPS	Produktionsplanung und -steuerung
PROM	Programmable Read-Only Memory
RAM	Random-Access Memory
ROM	Read-Only Memory
SAP	Service Access Point
SLG	Schreib/Lesegerät
SPS	Speicherprogrammierbare Steuerung
SQL	Structured Query Language
STM	Synchronous Transfer Mode
TCP/IP	Transmission Control Program/Internet Protocol
TDM	Time Division Multiplex
TOP	Technical and Office Protocols
UPC	Universal Product Code
VDA	Verband der Automobilhersteller
VDE	Verband Deutscher Elektrotechniker

VDI	Verein Deutscher Ingenieure
VDMA	Verband Deutscher Maschinen- und Anlagenbau
VDW	Verein Deutscher Werkzeugmaschinenhersteller
VFD	Virtual Field Device
VLB	VESA Local Bus
VME	Versa Module Europe
WAN	Wide Area Network
WWS	Warenwirtschaftssystem
XT	Extended Technologie
ZVEI	Zentralverband der Elektrotechnischen Industrie

Literaturverzeichnis

Literatur zu Kapitel 1

[JÜN89] Jünemann, R.: Materialfluß und Logistik.
Springer Verlag, Berlin u.a. 1989.

[POL94] Polke, M.: Prozeßleittechnik.
Oldenbourg Verlag, München 1994.

[SEL94] Selzle, H. (Hrsg.): Chronik einer Branche, 1969 - 1994.
In: Materialfluß: 25 Jahre Zeitschrift Materialfluß, Jubiläumsausgabe,
S. 13-49, Verlag Moderne Industrie, Landsberg Oktober 1994.

[SPU94] Spur, G.: Fabrikbetrieb.
Carl Hanser Verlag, München Wien 1994.

Literatur zu Kapitel 2

[BEC91] Becker, J.: CIM-Integrationsmodell - Die EDV-gestützte Verbindung betrieblicher Bereiche.
Springer Verlag, Berlin u.a. 1991.

[BEC93] Becker, J.; Rosemann, M.: Logistik und CIM - die effiziente Material- und Informationsflußgestaltung im Industrieunternehmen.
Springer Verlag, Berlin u.a. 1993.

[CHE76] Chen, P.P.-S.: The Entity-Relationship-Model - Toward a Unified View of Data.
In: ACM Transactions on Database Systems, Vol. 1, No. 1, Cambridge, Mass., March 1976, S. 9-36.

[COD70] Codd, E. F.: A relational model of data for large shared data banks.
In: Comm. ACM, 13 (1970), S. 377-387.

[DUR84] Durchholz, R.: Konzeptionelles Schema.
In: Informatik-Spektrum (1984) 7, S. 245-247.

[GEB87] Gebhardt, F.: Semantisches Wissen in Datenbanken - ein Literaturbericht.
In: Informatik-Spektrum (1987) 10, S. 79-88.

[GRO86] Grochla, E.: Grundlagen der Materialwirtschaft - das materialwirtschaftliche Optimum im Betrieb.
3., gründl. durchges. Aufl., unveränd. Nachdr., Verlag Gabler, Wiesbaden 1986.

[JÜN89] Jünemann, R.: Materialfluß und Logistik.
Springer Verlag, Berlin u.a. 1989.

[KRU87] Kruck, P.: Methodische Softwareentwicklung.
Dissertation an der Gesamthochschule Wuppertal, 1987.

[LÖF88] Löffler, S.; Warner, A.: Integration von Software-Entwicklungswerkzeugen.
In: Österle (Hrsg.): Anleitung zu einer praxisorientierten Software-Entwicklungsumgebung, Band 1, S. 29-37, Angewandte Informationstechnik Verlag, Hallbergmoos 1988.

[ORT85] Ortner, E.: Semantische Modellierung - Datenbankentwurf auf der Ebene der Benutzer.
In: Informatik-Spektrum (1985) 8, S. 20-28.

[ORT89] Ortner, E.; Söllner, B.: Semantische Datenmodellierung nach der Objekttypenmethode.
In: Informatik-Spektrum (1989) 12, S. 31-42.

[PFO96] Pfohl, H.-C.: Logistiksysteme.
5. Auflage, Springer Verlag, Berlin u.a. 1996.

[POL94] Polke, M.: Prozeßleittechnik.
Oldenbourg Verlag, München, 1994.

[RAS85] Rasmussen, I.: The role of hierarchical knowledge representation in decision making on system management.
In: IEEE Transactions on Systems, Man and Cybernetics, Vol SMC-15 (1985) 2, S. 234-243.

[SCHE88] Scheer, A.-W.: Wirtschaftsinformatik.
Springer Verlag, Berlin u.a. 1988.

[SCHE90a] Scheer, A.-W.: EDV-orientierte Betriebswirtschaft.
Springer Verlag, Berlin u.a. 1990.

[SCHE90b] Scheer, A.-W.: CIM - Computer Integrated Manufacturing.
4. Auflage, Springer Verlag, Berlin u.a. 1990.

[SCHL83] Schlageter, G.; Stucky, W.: Datenbanksysteme: Konzepte und Modelle.
B. G. Teubner Verlag, Stuttgart 1983.

[VAJ90] Vajna, S.; Schlingensiepen, J.: CIM Lexikon.
Vieweg & Sohn Verlag, Braunschweig 1990.

[VDI3590]Verein Deutscher Ingenieure (Hrsg.): VDI 3590, Blatt 1, 2 und 3 - Kommissioniersysteme, VDI-Verlag, Düsseldorf 1975, 1976, 1977.

[VET89] Vetter, M.: Aufbau betrieblicher Informationssysteme mittels konzeptioneller Datenmodellierung.
B. G. Teubner Verlag, Stuttgart 1989.

[WED80]Wedekind, H.; Ortner, E.: Systematisches Konstruieren von Datenbankanwendungen: Zur Methodologie der angewandten Informatik.
Hanser Verlag, München, 1980.

[WEN89] Wendt, W.: Nichtphysikalische Grundlage der Informationstechnik.
Springer Verlag, Berlin u.a. 1989.

Literatur zu Kapitel 3

[BUC96] Buck-Emden, R.; Galimow, J.: Die Client-Server-Technologie des SAP-Systems R/3.
3. Auflage, Verlag Addison-Wesley, Bonn 1996.

[FAN94] Fandel, G.; François, P.; Gubitz K.-M.: PPS-Systeme: Grundlagen, Methoden, Software, Marktanalyse.
Springer Verlag, Berlin u.a. 1994.

[GAB93] Gabler Wirtschafts-Lexikon.
13. vollständig überarbeitete Auflage. Verlag Gabler, Wiesbaden 1993.

[HAC89] Hackstein, R.: Produktionsplanung und -steuerung: Ein Handbuch für die Betriebspraxis.
2. überarb. Auflage, VDI-Verlag, Düsseldorf 1989.

[HUT97] Huth, S.; Kolbinger, R.; Meyer, H.-M.: SAP R/3 auf Windows NT.
Verlag Addison-Wesley, Bonn 1997.

[JÜN89] Jünemann, R.: Materialfluß und Logistik.
Springer Verlag, Berlin u.a. 1989.

[KEL97] Keller, G.; Teufel, T.: SAP R/3 prozeßorientiert anwenden: Iteratives Prozeß-Prototyping zur Bildung von Wertschöpfungsketten.
Verlag Addison-Wesley, Bonn 1997.

[MER84] Mertens, P.: Industrielle Datenverarbeitung, Band 2.
Verlag Gabler, Wiesbaden 1984.

[PAE86] Paetz, V.: Beitrag zur Gestaltung von Informationssystemen der Produktionslogistik.
Forschungsberichte zur Industriellen Logistik, Band 31, Deutsche Gesellschaft für Logistik (DGfL), Dortmund 1986.

[PAP88] Pape, D.: Konzeption logistikgerechter PPS-Systeme.
Dissertation, Universität Dortmund, 1988.

[PFO96] Pfohl, H.-C.: Logistiksysteme: Betriebswirtschaftliche Grundlagen.
5. Auflage, Springer Verlag, Berlin u. a. 1996.

[SCHE90] Scheer, A.-W.: Wirtschaftsinformatik.
3. Auflage, Springer Verlag Berlin u.a. 1990.

[SPU94] Spur, G.: Fabrikbetrieb.
Carl Hanser Verlag, München Wien1994.

[WIE87] Wiendahl, H.-P.: Belastungsorientierte Fertigungssteuerung: Grundlagen, Verfahrensaufbau, Realisierung.
Carl Hanser Verlag, München Wien 1987.

Literatur zu Kapitel 4

[BÄH91] Bähring, H.: Mikrorechnersysteme: Mikroprozessoren, Speicher, Peripherie.
Springer Verlag, Berlin u.a. 1991.

[BRA959] Brandt, S.: Trends in der Informationstechnik.
In: atp - Automatisierungstechnische Praxis 37 (1995) 2, R. Oldenbourg Verlag, S. 12-19.

[DIN 44300] Deutsches Institut für Normung (DIN) (Hrsg.): DIN 44300 - Informationsverarbeitung (Begriffe).
Beuth Verlag, Berlin Köln 1972.

[ELM94] Elmasri, R.; Navathe, S. B.: Fundamental of Database Systems.
Verlag Benjamin-Cummings, Redwood u.a. 1994.

[FAN94] Fandel, G.; François, P.; Gubitz K.-M.: PPS-Systeme: Grundlagen, Methoden, Software, Marktanalyse.
Springer Verlag, Berlin u.a. 1994.

[GAB93] Gabler Wirtschafts-Lexikon.
13. vollständig überarbeitete Auflage, Verlag Gabler, Wiesbaden 1993.

[GRO83] Grossenbacher, J.-M.: Verteilung der EDV.
Verlag Industrielle Organisation, Zürich 1983.

[HAN89] Hansen, G.; Lenk, B.: Codiertechnik - Der Schlüssel zum Strichcode.
Ident-Verlag, Karlsbad 1989.

[SCHW92] Schwinn, H.: Relationale Datenbanksysteme.
Carl Hanser Verlag, München Wien 1992.

[TAN95] Tanenbaum, A. S.: Moderne Betriebssyteme.
Carl Hanser Verlag, München Wien 1995.

[TAY92] Taylor, D.: Object-Oriented Technology.
Addison Wesley Publishing Company, 1992.

[VDI3964] Verein Deutscher Ingenieure (VDI): VDI-Richtlinie 3964: Mobile Datenspeicher (MDS) für Großladungsträger (GLT); Anforderungsprofil.
VDI-Verlag, Düsseldorf 1993.

[WER95] Werner, D. u.a.: Taschenbuch der Informatik.
Fachbuchverlag, Leipzig 1995.

[WIE91] Wiesner, W.: Der Strichcode und seine Anwendungen.
Verlag Moderne Industrie, 1991.

[WIT77] Witte, J.: Der Mikroprozessor in der Datenverarbeitung.
In: Hilberg, W.; Piloty R. (Hrsg.):Mikroprozessoren und ihre Anwendungen.
S. 140-161, Oldenbourg Verlag, München Wien 1977.

Literatur zu Kapitel 5

[CHI52] Chien, K.L.; Hrones, J.A.; Reswick, J.B.: On the automatic control of generalized passive systems.
Transact. ASME 74 (1952).

[FRE94] Frenck, Ch.: Ein Verfahren zur Untersuchung der Konsistenz der Regelbasen von Fuzzy-Reglern.
VDI-Berichte 1113, GMA-Aussprachetag: Fuzzy Control Tagung Langen, 22. und 23. März 1994, VDI-Verlag, Düsseldorf 1994.

[FRE87] Freund, E.: Regelungssysteme im Zustandsraum.
Oldenbourg Verlag, München 1987.

[DIN19226] Deutsches Institut für Normung (DIN) (Hrsg.): Regelungstechnik und Steuerungstechnik; Begriffe und Bestimmungen.
Beuth Verlag, Berlin Köln 1968.

[DIN 19237] Deutsches Institut für Normung (DIN) (Hrsg.): Steuerungstechnik; Begriffe.
Beuth Verlag, Berlin Köln 1980.

[JAK96] Jakoby, W.: Automatisierungstechnik - Algorithmen und Programme.
Springer Verlag, Berlin u.a. 1996.

[KAS94] Kaspers, W.; Küfner, H.-J.; Heinrich, B.; Vogt, W.: Steuern, Regeln, Automatisieren.
Vieweg & Sohn Verlag, Braunschweig Wiesbaden 1994.

[POL94] Polke, M.: Prozeßleittechnik.
Oldenbourg Verlag, München Wien 1994.

[REI96] Reinhard, H.: Automatisierungstechnik.
Springer Verlag, Berlin u.a. 1996.

[STRO90] Strohmann, G.: Automatisierungstechnik.
Band I: Grundlagen, analoge und digitale Prozeßleitsysteme.
Oldenbourg Verlag, München Wien 1990.

[VDI/VDE3683] Verein Deutscher Ingenieure, Verband Deutscher Elektrotechniker: Beschreibung von Steuerungsaufgaben: Anleitung zur Erstellung eines Pflichtenheftes.
VDI-Verlag, Düsseldorf 1986.

[VDMA15276] Verband Deutscher Maschinen- und Anlagenbau: Datenschnittstellen in Materialflußsteuerungen.
VDMA-Einheitsblatt 15276, Beuth Verlag, Berlin 1994.

[ZAH65] Zadeh, L.A.: Fuzzy Sets.
In: Information and Control (8), S. 338-353, 1965.

[ZIE42] Ziegler, J.G.; Nichols, N.B.: Optimum settings for automatic controller.
Transact. ASME 64 (1942).

[ZIM91] Zimmermann, H.-J.: Fuzzy-Set-Theorie - and its Application.
Kluwer Ac. Publ., Boston Dortrecht London 1991.

Literatur zu Kapitel 6

[BÄH91] Bähring, H.: Mikrorechnersysteme: Mikroprozessoren, Speicher, Peripherie.
Springer Verlag, Berlin u.a. 1991.

[FÄR94] Färber, G.: Prozeßrechentechnik.
3. Auflage, Springer Verlag, Berlin u.a. 1994.

[JOH95] John, K.-H.: SPS-Programmierung mit IEC 1131-3.
Springer Verlag, Berlin 1995.

[MES95] Messmer, H.-P.: PC-Hardwarebuch.
3. Auflage, Addison-Wesley Verlag, Deutschland 1995.

[PET93] Peterson, W. D.: The VMEbus Handbook - A User's Guide to the IEEE 1014 and IEC 821 Microcomputer bus.
3rd Edition, VFEA International Trade Association, Scottsdale, AZ USA, 1993.

[REM94] Rembold, U.; Levi, P.: Realzeitsysteme zur Prozeßautomatisierung.
Carl Hanser Verlag, München Wien 1994.

[SEI93] Seip, G. (Hrsg.): Elektrische Installationstechnik
Teil 1: Energieübertragung und -verteilung.
Teil 2: Installationsanlagen, -geräte und -systeme, Beleuchtungstechnik, Schutzmaßnahmen.
Siemens AG Verlag, 1993.

[STRO90] Strohrmann, G.: Automatisierungstechnik
Band I: Grundlagen, analoge und digitale Prozeßleitsysteme.
Oldenbourg Verlag, München Wien 1990.

[VIT87] VMEbus International Trade Association (VITA): The VMEbus Specification - conforms to: ANSI/IEEE STD1014-1987, IEC821 and 297.
VITA Scottsdale, AZ USA, 1987.

[WOL96] Wollert, J.; Fiedler, J.: atp-Marktanalyse Echtzeitbetriebssysteme.
In: atp - Automatisierungstechnische Praxis 38 (1996) 1,
R. Oldenbourg Verlag, S. 33-44.

Literatur zu Kapitel 7

[BEN92] Bent, R.: Vernetzung an der Basis,
Grundlagen und Einsatzgebiete des InterBus-S.
Sonderdruck aus Automatisierungspraxis (Elektonik plus) 1/92.

[BLBO94] Blome, W.; Borst, W.: Feldbusprotokolle im Vergleich.
Sonderdruck aus Elektronik 1/94.

[DUE95] Duelen, G.; Scholz-Reiter, B.: Feldbussysteme in der Fertigungstechnik.
CIM Management 11/95, S.16-21.

[FLA94] Flaschka, E.: Binäre Sensoren am Bus:
Mit ASI eine durchgängige Datenübertragung bis zum einfachen Sensor.
Elektronik 12/94, S. 64-68.

[IEEE802] IEEE-Project 802: Local Area Network Standards
IEEE Press, 345 East 47st Street, New York, NY 100017, USA
New York 1983.

[KAT89] Katz, M.; Biwer, G.; Bender, K.: Die PROFIBUS-Anwendungsschicht.
Automatisierungstechnische Praxis atp 12/89, S. 588-597.

[KÜPR91] Kühn, P.J.; Pritschow, G.: Kommunikationstechnik für den rechnerintegrierten Fabrikbetrieb.
Springer Verlag, Verlag TÜV Rheinland, Köln 1991.

[PHO96] Phoenix Contact GmbH & Co., Postfach 1241, D-32819 Blomberg.
Teilkatalog Nr.11: INTERBUS, Jahrgang 96/97.

[SCHN94] Schnell, G.: Bussysteme in der Automatisierungstechnik.
Vieweg & Sohn Verlag, Braunschweig Wiesbaden 1994.

[SCHW89] Schwarz, K.: Manufactuing Message Specification (MMS).
Automatisierungstechnische Praxis 31 (1989).

[SPU94] Spur, G.: Fabrikbetrieb.
Carl Hanser Verlag, München Wien 1994.

[STAL84] Stallings, W.: Local Networks.
Macmillan Publishing Company, New York 1984.

[TAN92] Tanenbaum, A. S.: Computer-Netzwerke, 2.Auflage.
Wolfram´s Fachverlag, 1992.
engl. Originalausgabe: Computer Networks, 2nd edition.
Prentice-Hall Inc., Englewood Cliffs, New Jersey 1989.

[UNG93] Ungerer, B.: Kampf der Standards:
Fast Ethernet am Scheideweg: zwei IEEE-Projekte für 100MBit/s.
c't 11/93, S.194-198.

[UNG94] Ungerer, B.: Artenvielfalt, Ethernet und kein Ende: Stand eines LAN-Klassikers.
c't 12/94, S.286-294.

[VDI1123] Verein Deutscher Ingenieure: Vernetzung durch industrielle Kommunikation.
VDI Berichte 1123, Tagung Langen, 5. Mai 1994, VDI-Verlag, Düsseldorf 1994.

[VDI728] Verein Deutscher Ingenieure: Offene Kommunikation im Feldbereich mit PROFIBUS.
VDI Berichte 728, Tagung Langen, 8. März 1989, VDI-Verlag, Düsseldorf 1989.

[VDMA91] Verband Deutscher Maschinen- und Anlagenbau: Feldbusse im Maschinen und Anlagenbau: VDMA-Umfrageergebnisse aus Sicht des Anwenders.
Maschinenbau-Verlag, Frankfurt 1991.

[VOL96] Volberg, J.: Entwicklung von Feldbussystemen, ASI-die Alternative zum Kabelbaum.
Industrie Service 5/96, S. 44-45.

Literatur zu Kapitel 8

[BEY90] Beyer, W.; et al.: Industrielle Winkelmeßtechnik.
expert Verlag, Ehningen bei Böblingen 1990.

[BEY96] Beyer, A.: Konzept eines Polymodalen Bildsensorsystems für die Kranautomatisierung.
Dissertation an der Fakultät für Maschinenbau der Universität Dortmund, Verlag Praxiswissen, Dortmund 1996.

[ERN89] Ernst, A.: Digitale Längen- und Winkelmeßtechnik.
Verlag Moderne Industrie, Landsberg/Lech 1989.

[GON92] Gonzales, R.C.: Digital image processing.
Addison-Wesley Publishing Company, 1992.

[HAB85] Haberäcker, P.: Digitale Bildverarbeitung.
Carl Hanser Verlag, München Wien 1985.

[HAR95] Hartmann, R.: Besondere Eignung für EHB-Anlagen: Absolutcodiertes Längenmeßsystem für die Fördertechnik.
in: Automatisierung , S.43-47, Nr. 9, 1995.

[JÄH89] Jähne, B.: Digitale Bildverarbeitung.
Springer Verlag, Berlin u.a. 1989.

[KAZ80] Kazmierczak, H. (Hrsg.); et. al.: Erfassung und maschinelle Verarbeitung von Bilddaten.
Springer Verlag, Berlin u.a. 1980.

[KLE92] Klette, R.; Zamperoni, P.: Handbuch der Operatoren für die Bildverarbeitung.
Vieweg & Sohn Verlag, Braunschweig Wiesbaden 1992.

[KRÄ90] Krächter, R. D.: Beitrag zur Gestaltung eines sensorgestützten Roboterkommisioniersystems zur Kommisionierung quaderförmiger Packstücke.
Dissertation an der Fakultät für Maschinenbau der Universität Dortmund, 1990.

[LEM90] Lemme,H.: Sensoren in der Praxis: Daten, Applikationen, Bezugsquellen.
S. 158 - 190, Franzis-Verlag, München 1990.

[ROB93] N.N.: Ordnung im Chaos: Sehender Roboter steuert Materialfluß.
in: Roboter, S. 40-42, August 1993.

[ROH95] Rohling, H.: Einführung in die Informations- und Codierungstheorie.
Teubner Studienbücher: Elektrotechnik.
B.G. Teubner Verlag, Stuttgart 1995.

[SCHA88] Schanz, G.W.:Sensoren-Fühler der Meßtechnik, Ein Handbuch der Meßwertaufnahme für den Praktiker.
2. erweiterte und aktualisierte Auflage, Dr. Alfred Hüthig Verlag, Heidelberg 1988.

[SCHNEI93] Schneider, B.: Standardisierung in der Bildverarbeitung.
in: Oehrl, S. (Hrsg.), Vision Jahrbuch 1993, S. I.21-I.25, EMS European Media Service, Witzmannsberg 1993.

[SCHN93] Schnell, G.: Sensoren in der Automatisierungstechnik.
Vieweg & Sohn Verlag, Braunschweig Wiesbaden 1993.

[SONY] Sony: Magnescale.
Technische Beschreibung, Sony Magnescale Deutschland GmbH, Fellbach.

[STAHL] Stahl: Stahltronic Weg-Codiersystem WCS2.
Technische Dokumentation TDF 5.301, Fa. Stahl.

[STE92] Stein, N.: Bildverarbeitung im Materialfluß.
in: Fördern und Heben, S.884-887, Nr.11, 1992.

[STE94] Stemmer: Der große Standardkatalog Bildverarbeitung.
Ausgabe 1994.

[VDI3964] Verein Deutscher Ingenieure: VDI-Richtlinie 3964: Mobile Datenspeicher (MDS) für Großladungsträger (GLT); Anforderungsprofil.
VDI-Verlag, Düsseldorf 1993.

[WAH84] Wahl, F.M.: Digitale Bildsignalverarbeitung: Grundlagen, Verfahren, Beispiele.
Springer Verlag, Berlin u.a. 1984.

[WAL85] Walcher, Hans: Winkel und Wegmessung im Maschinenbau.
2. neubearbeitete und erweiterte Auflage, VDI Verrlag, Düsseldorf 1985.

[ZAM89] Zamperoni, P.: Methoden der digitalen Bildsignalverarbeitung.
Vieweg & Sohn Verlag, Braunschweig Wiesbaden, 1989.

Literatur zu Kapitel 9

[ATL96] Altas Copco: Druckluft Antriebspraxis.
Taschenbuch der Fa. Atlas Copco, 1996.

[BÖH86] Böhm, W.: Elektrische Antriebe.
Vogel Verlag, Würzburg 1984.

[BRO89] Brosch, P. F.: Moderne Stromrichterantriebe: Arbeitsweise drehzahlveränderlicher Antriebe mit Stromrichtern.
Vogel Verlag, Würzburg 1989.

[DIN VDE 0530] Deutsches Institut für Normung [DIN]; Verband Deutscher Elektrotechniker: DIN VDE 530: Umlaufende elektrische Maschinen
Teil 1: Bemessungsdaten und Betriebsweise (IEC 34-1)
Teil 5: Einteilung der Schutzarten (IEC 34-5)
Teil 6: Kühlarten umlaufender elektrischer Maschinen (IEC 34-6)
Teil 7: Bauformen umlaufender elektrischer Maschinen (IEC 34-7)
Beuth Verlag, Berlin Köln 1995.

[ECK82] Eckardt, H.: Grundzüge der elektrischen Maschinen.
B. G. Teubner Verlag, Stuttgart 1982.

[KRI86] Krist, T.: Taschenbuch Hydraulik, Pneumatik, Fluidik/Pneulogik.
Technik-Tabellen-Verlag Fikentscher, Darmstadt 1986.

[LÄM89] Lämmerhirt, E.-H.: Elektrische Maschinen und Antriebe.
Carl Hanser Verlag, München Wien 1989.

[SCH94] Schröder, D.: Elektrische Antriebe: Grundlagen.
Springer Verlag, Berlin u.a. 1994.

[SCH95] Schröder, D.: Elektrische Antriebe: Regelung von Antrieben.
Springer Verlag, Berlin u.a. 1995.

[SIE80] Siemens Druckschrift: Motoren-ABC.
E719 Erlangen, 1980, Bestell-Nr. 719/106a.

[SIE84] Siemens: Drehstrommotoren für Niederspannung.
Planungsunterlagen, Katalog M10.1984/85, Nr. E86010-K170-A101-A1.

[WIL83] Will, D.: Einführung in die Hydraulik und Pneumatik.
Verlag Technik, Berlin 1983.

Sachverzeichnis

A

B

E

F

W

X

Y

Z

Springer und Umwelt

Als internationaler wissenschaftlicher Verlag sind wir uns unserer besonderen Verpflichtung der Umwelt gegenüber bewußt und beziehen umweltorientierte Grundsätze in Unternehmensentscheidungen mit ein. Von unseren Geschäftspartnern (Druckereien, Papierfabriken, Verpackungsherstellern usw.) verlangen wir, daß sie sowohl beim Herstellungsprozess selbst als auch beim Einsatz der zur Verwendung kommenden Materialien ökologische Gesichtspunkte berücksichtigen.
Das für dieses Buch verwendete Papier ist aus chlorfrei bzw. chlorarm hergestelltem Zellstoff gefertigt und im pH-Wert neutral.